新时代市政基础设施规划方法与实践丛书

系统化全域推进海绵城市建设的“光明实践”

深圳市城市规划设计研究院 编著
张　亮　张明亮　俞　露　任心欣　等

中国城市出版社

图书在版编目(CIP)数据

系统化全域推进海绵城市建设的“光明实践”/深圳市城市规划设计研究院等编著. — 北京：中国城市出版社，2021.12

(新时代市政基础设施规划方法与实践丛书)

ISBN 978-7-5074-3440-8

Ⅰ. ①系… Ⅱ. ①深… Ⅲ. ①城市建设—城市规划—研究—深圳 Ⅳ. ①TU984.265.3

中国版本图书馆 CIP 数据核字（2021）第 267715 号

本书是作者团队多年来在深圳市光明区深度参与和服务海绵城市试点建设的经验总结。光明区作为深圳市国家海绵城市建设试点区域的所在地，一直是深圳市乃至全国海绵城市建设的样板和最前沿“阵地”。在2019年住房和城乡建设部、财政部、水利部三部委组织的第二批国家海绵城市建设试点绩效考核中取得了第一名的成绩，得到了国家部委、深圳市委和专家的一致肯定。本书分为理论篇、实践篇、成效篇三个篇章，理论篇基于问题和目标双导向探讨海绵城市建设系统方案编制思路和框架体系，对“初期系统谋划、过程推进实施、后期监测评估”的各项关键技术环节进行详细阐述；实践篇对光明区基于海绵城市建设系统方案的实施与落地进行阐述，包括海绵城市顶层设计、规划指标落实、方案技术审查、事中巡查、竣工验收、运行维护、监测评估等海绵城市建设的全过程环节；成效篇对光明区海绵城市建设的总体成效、典范达标片区，以及部分海绵城市典范项目的全过程实施进行案例分析，并对未来海绵城市建设的方向和趋势进行了展望。

本书不但涉及知识面广、资料翔实、内容丰富，而且集系统性、全面性、实用性和可读性于一体，可供海绵城市规划建设领域的科研人员、规划设计人员、施工管理人员以及相关行政管理部门和公司企业人员参考，也可作为相关专业大专院校的教学参考用书和城乡防灾工程建设领域的培训参考书。

责任编辑：朱晓瑜

责任校对：李美娜

新时代市政基础设施规划方法与实践丛书

系统化全域推进海绵城市建设的“光明实践”

深圳市城市规划设计研究院
张　亮　张明亮　俞　露　任心欣　等　编著

*

中国城市出版社出版、发行（北京海淀三里河路9号）

各地新华书店、建筑书店经销

北京红光制版公司制版

北京京华铭诚工贸有限公司印刷

*

开本：787毫米×1092毫米　1/16　印张：20　字数：470千字

2022年2月第一版　2022年2月第一次印刷

定价：**75.00**元

ISBN 978-7-5074-3440-8

(904428)

丛书序言

城市作为美丽而充满魅力的生活空间，是人类文明的支柱，是社会集体成就的最终体现。改革开放以来，我国经历了人类历史上规模最大、速度最快的城镇化进程，城市作为人口大规模集聚、经济社会系统极端复杂、多元文化交融碰撞、建筑物密集以及各类基础设施互联互通的地方，同时也是人类建立的结构最为复杂的系统。2021 年 3 月，《中华人民共和国国民经济和社会发展第十四个五年规划和 2035 年远景目标纲要》对外公布，强调新发展理念下的系统观、安全观、减碳与生态观，将“两新一重”（新型城镇化、新型基础设施和重大交通、水利、能源等工程）放在十分突出的位置。

市政基础设施是新型城镇化的物质基础，是城市社会经济发展、人居环境改善、公共服务提升和城市安全运转的基本保障，是城市发展的骨架。城市工作要树立系统思维，在推进市政基础设施领域建设和发展方面也应体现“系统性”。同时，我国也正处在国土空间格局优化和治理转型时期，针对自然资源约束趋紧、区域发展格局不协调及国土开发保护中“多规合一”等矛盾，2019 年起，国家全面启动了国土空间规划体系改革，推进以高质量发展为目标、生态文明为导向的空间治理能力建设。科学编制市政基础设施系统规划，对于构建布局合理、设施配套、功能完备、安全高效的城市市政基础设施体系，扎实推进新型城镇化，提升基础设施空间治理能力具有重要意义。

深圳市城市规划设计研究院（以下简称“深规院”）市政规划研究团队是一支勤于思索、善于总结和勇于创新的技术团队，2016 年 6 月～2020 年 6 月，短短四年时间内，出版了《新型市政基础设施规划与管理丛书》（共包含 5 个分册）及《城市基础设施规划方法创新与实践系列丛书》（共包含 8 个分册）两套丛书，出版后受到行业的广泛关注和业界人士的高度评价，创造了一个“深圳奇迹”。书中探讨的综合管廊、海绵城市、低碳生态、新型能源、内涝防治、综合环卫等诸多领域，均是新发展理念下国家重点推进的建设领域，为国内市政基础设施规划建设提供了宝贵的经验参考。本套丛书较前两套丛书而言，更加注重城市发展的系统性、安全性，紧跟新时代背景下的新趋势和新要求，在海绵城市系统化全域推进、无废城市建设、环境园规划、厂网河城一体化流域治理、市政基础设施空间规划、城市水系统规划等方面，进一步探讨新时代背景下相关市政工程规划的技术方法与实践案例，为推进市政基础设施精细化规划和管理贡献智慧和经验。

党的十九大报告指出：“中国特色社会主义进入了新时代。”新时代赋予新任务，新征程要有新作为。未来城市将是生产生活生态空间相宜、自然经济社会人文相融的复合人居系统，是物质空间、虚拟空间和社会空间的融合。新时代背景下的城市规划师理应认清新局面、把握新形势、适应新需求，顺应、包容、引导互联网、5G、新能源等技术进步，塑造更加高效、低碳、环境友好的生产生活方式，推动城市形态向着更加宜居、生态的方向演进。

上善若水，大爱无疆，分享就是一种博爱和奉献。本套丛书与前面两套丛书一样，是基于作者们多年工作实践和研究成果，经过系统总结和必要创新，通过公开出版发行，实现了研究成果向社会开放和共享，我想，这也是这套丛书出版的重要价值所在。希望深规院市政规划研究团队继续秉持创新、协调、绿色、开放、共享的新发展理念，推动基础设施规划更好地服务于城市可持续发展，为打造美丽城市、建设美丽中国贡献更多智慧和力量！

中国工程院院士、深圳大学土木与交通工程学院院长　陈湘生

2021年仲秋于深圳大学

丛书前言

当前，我们正经历百年未有之大变局，突如其来的新冠肺炎疫情对我国经济和世界经济产生巨大冲击，将深刻影响城市发展趋势和人们的生活。城市这个开放的复杂巨系统面临的不确定性因素和未知风险也不断增加。在各种突如其来的自然和人为灾害面前，城市往往表现出极大的脆弱性，而这正逐渐成为制约城市生存和可持续发展的瓶颈问题，同时也赋予了城市基础设施更加重大的使命。如何提高城市系统面对不确定性因素的抵御力、恢复力和适应力，提升城市规划的预见性和引导性，已成为当前国际城市规划领域研究的热点和焦点问题。

从生态城市、低碳城市、绿色城市、海绵城市到智慧城市，一系列的城市建设新理念层出不穷。近年来，“韧性城市”强势来袭，已成为新时代城市发展的重要主题。建设韧性城市是一项新的课题，其主要内涵是指在城市或城市系统能够化解和抵御外界的冲击，保持其主要特征和功能不受明显影响的能力。特别是这次新冠肺炎疫情也给了我们一个深刻警醒，“安全”已成为城市最关注的公共产品。良好的基础设施规划、建设和管理是城市安全的基本保障。坚持以人为本、统筹规划、综合协调、开放共享的理念，提升城市基础设施管理和服务的智能化、精细化水平，不断提升市民对美好城市的获得感。

2016 年 6 月，深规院受中国建筑工业出版社邀请，组织编写了《新型市政基础设施规划与管理丛书》。该套丛书共 5 册，涉及综合管廊、海绵城市、电动汽车充电设施、新能源以及低碳生态市政设施等诸多新型领域，均是当时我国提出的新发展理念或者重点推进的建设领域，于 2018 年 9 月全部完成出版发行。2019 年 6 月，深规院再次受中国建筑工业出版社邀请，组织编写了《城市基础设施规划方法创新与实践系列丛书》，本套丛书共 8 册，系统探讨了市政详规、通信基础设施、非常规水资源、城市内涝防治、消防工程、综合环卫、城市物理环境、城市雨水径流污染治理等专项规划的技术方法，于 2020 年 6 月全部完成出版发行。在短短四年之内，深规院市政规划研究团队共出版了 13 本书籍，部分书籍至今已进行了多次重印出版，受到了业界人士的高度评价，树立了深规院在市政基础设施规划研究领域的技术品牌。

深规院是一个与深圳共同成长的规划设计机构，1990 年成立至今，在深圳以及国内外 200 多个城市或地区完成了近 4000 个项目，有幸完整地跟踪了中国快速城镇化过程中的典型实践。市政规划研究院作为其下属最大的专业技术部门，拥有近 150 名专业技术人员，是国内实力雄厚的城市基础设施规划研究专业团队之一，一直深耕于城市基础设施规划和研究领域。近年来，深规院市政规划研究团队紧跟国家政策导向和技术潮流，深度参与了海绵城市建设系统化方案、无废城市、环境园、治水提质以及国土空间等规划研究工作。

在海绵城市规划研究方面，陆续在深圳、东莞、佛山、中山、湛江、马鞍山等多个城市主编了海绵城市系统化方案，同时，作为技术统筹单位为深圳市光明区海绵城市试点建设提供6年的全过程技术服务，全方位地参与光明区系统化全域推进海绵城市建设工作，助力光明区获得第二批国家海绵城市建设试点绩效考核第一名的成绩；在综合环卫设施规划方面，主持编制的《深圳市环境卫生设施系统布局规划（2006—2020）》获得了2009年度广东省优秀城乡规划设计项目一等奖及全国优秀城乡规划设计项目表扬奖，在国内率先提出"环境园"规划理念。其后陆续主编了深圳市多个环境园详细规划，2020年主编了《深圳市"无废城市"建设试点实施方案研究》，对"无废城市"建设指标体系、政策体系、标准体系进行了系统和深度研究；自2017年以来，深规院市政规划研究团队深度参与了深圳市治水提质工作，主持了《深圳河湾流域水质稳定达标方案与跟踪评价》《河道截污工程初雨水（面源污染）精细收集与调度研究及示范项目》《深圳市"污水零直排区"创建工作指引》等重要课题，作为牵头单位主持《高密度建成区黑臭水体"厂网河（湖）城"系统治理关键技术与示范》课题，获得2019年度广东省技术发明奖二等奖；在市政基础设施空间规划方面，主编了近30个市政详细规划，在该类规划中，重点研究了市政基础设施用地落实途径，同时承担了深圳市多个区的水务设施空间规划、《深圳市市政基础设施与岩洞联合布局可行性研究服务项目》以及《龙华区城市建成区桥下空间开发利用方式研究》，在国内率先研究了高密度建设区市政基础设施空间规划方法；在水系规划方面，先后承担了深圳市前海合作区、大鹏新区、海洋新城、香蜜湖片区以及扬州市生态科技城、中山市中心城区、西安市西咸新区沣西新城等重点片区的水系规划，其中主持编制的《前海合作区水系统专项规划》，获2013年度全国优秀城乡规划设计二等奖。

鉴于以上成绩和实践，2021年4月，在中国建筑工业出版社（中国城市出版社）再次邀请和支持下，由司马晓、丁年、刘应明整体策划和统筹协调，组织了深规院具有丰富经验的专家和工程师启动编写《新时代市政基础设施规划方法与实践丛书》。该丛书共6册，包括《系统化全域推进海绵城市建设的"光明实践"》《无废城市建设规划方法与实践》《环境园规划方法与实践》《厂网河城一体化流域治理规划方法与实践》《市政基础设施空间布局规划方法与实践》以及《城市水系统规划方法与实践》。本套丛书紧跟城市发展新理念、新趋势和新要求，结合规划实践，在总结经验的基础上，系统介绍了新时代下相关市政工程规划的新方法，期望对现行的市政工程规划体系以及技术标准进行有益补充和必要创新，为从事城市基础设施规划、设计、建设以及管理人员提供亟待解决问题的技术方法和具有实践意义的规划案例。

本套丛书在编写过程中，得到了住房和城乡建设部、自然资源部、广东省住房和城乡建设厅、广东省自然资源厅、深圳市规划和自然资源局、深圳市生态环境局、深圳市水务局、深圳市城管局等相关部门领导的大力支持和关心，得到了各有关方面专家、学者和同行的热心指导和无私奉献，在此一并表示感谢。

感谢陈湘生院士为我们第三套丛书写序，陈院士是我国城市基础设施领域的著名专家，曾担任过深圳地铁集团有限公司副总经理、总工程师兼技术委员会主任，现为深圳大学土木与交通工程学院院长以及深圳大学未来地下城市研究院创院院长。陈院士为人谦逊随和，一直关心和关注深规院市政规划研究团队的发展，前两套丛书出版后，陈院士第一时间电话向编写组表示祝贺，对第三套丛书的编写提出了诸多宝贵意见，在此感谢陈院士对我们的支持和信任！

本套丛书的出版凝聚了中国建筑工业出版社（中国城市出版社）朱晓瑜编辑的辛勤工作，在此表示由衷敬意和万分感谢！

《新时代市政基础设施规划方法与实践丛书》编委会

2021年10月

本书前言

海绵城市，是生态文明建设背景下，基于城市水文循环，重塑城市、人、水关系的新型城市发展理念，具体是指通过加强城市规划建设管理，充分发挥建筑、道路和绿地、水系等生态系统对雨水的吸纳、蓄渗和缓释作用，有效控制雨水径流，实现自然积存、自然渗透、自然净化的城市发展方式。其建设能有效缓解快速城市化过程中的各种水问题，有效改善城市热岛效应等生态问题，创造具备生态和景观等功能的公共空间，是修复城市水生态，涵养城市水资源，增强城市防涝能力，扩大公共产品有效投资，提高新型城镇化质量，增强市民的获得感和幸福感，促进人与自然和谐发展的有力手段。

2013年12月，习近平总书记在中央城镇化工作会议上提到："许多城市提出生态城市口号，但思路却是大树进城、开山造地、人造景观、填湖填海等。这不是建设生态文明，而是破坏自然生态，要建设自然积存、自然渗透、自然净化的海绵城市。"2014年11月，住房和城乡建设部颁布《海绵城市建设技术指南——低影响开发雨水系统构建（试行）》，提出了海绵城市建设——低影响开发雨水系统构建的基本原则、规划目标的分解、落实及其技术框架的构建，明确了城市规划、工程设计、建设、维护及管理过程中低影响开发雨水系统构建的内容、要求和方法。

2014年12月，住房和城乡建设部、财政部、水利部三部委发布《关于开展中央财政支持海绵城市建设试点工作的通知》（财建〔2014〕838号），决定开展中央财政支持海绵城市建设试点工作。2015年1月，财政部发布《关于组织申报2015年海绵城市建设试点城市的通知》，启动2015年海绵城市建设试点城市申报工作。经过评选，最终16个城市被选为第一批海绵城市试点建设城市。2016年4月，福州、珠海、宁波、玉溪、大连、深圳、上海、庆阳、西宁、三亚、青岛、固原、天津、北京共14个城市入选第二批海绵城市建设试点城市。

光明区作为深圳市国家海绵城市建设试点区域的所在地，一直是深圳市乃至全国海绵城市建设的样板和最前沿"阵地"，在2019年住房和城乡建设部、财政部、水利部三部委组织的第二批国家海绵城市建设试点绩效考核中取得了第一名的成绩，得到了国家部委、深圳市委和专家们的一致肯定。光明区在系统化建设海绵城市方面建立了一套科学、有效的技术体系和工作方式，本书将全面介绍光明区海绵城市系统化建设的情况，探索和总结海绵城市系统化建设的推进模式，为海绵城市建设系统规划工作探索出一条科学化、规范化的道路，为推进海绵城市发展贡献力量。

深圳市城市规划设计研究院市政规划研究院是国内最早开始关注和开展海绵城市规划和建设实践的专业技术团队之一，从2007年开始，就率先在城市规划领域引入低影响开发理念进行规划和实践，逐渐形成了近150人、涵盖多专业的技术团队。自2011年以来，承担了国家水体污染控制与治理科技重大专项“低影响开发雨水系统综合示范与评估课题(2010ZX07320-003)”的研究工作，在深圳市光明区展开了从规划设计到建设监测的全过程技术研发，期间多次组织技术团队赴美国、日本、新加坡、澳大利亚、德国等开展学习和交流，结合在深圳市、佛山市、西咸新区、中山市、扬州市、台州市、遂宁市、济宁市等地的40余项相关规划与实践，逐渐形成和掌握了系统化全域推进海绵城市建设的理论和方法。同时，作为技术统筹单位为光明区海绵城市建设提供6年的全过程技术服务工作，全方位地参与光明区系统化全域推进海绵城市建设，助力光明区获得第二批国家海绵城市建设试点绩效考核第一名的成绩。基于光明区海绵城市建设经验，由笔者团队主编的《深圳市海绵城市标准图集》获得中国城镇供水排水协会2020年度科学技术奖三等奖，《基于海绵城市建设的城市面源污染控制关键技术及应用》获得2021年度广东省环境保护科学技术奖二等奖。

本书分为理论篇、实践篇、成效篇三个篇章，由司马晓、丁年、刘应明负责总体策划和统筹安排等工作，由张亮、张明亮、俞露、任心欣共同担任执行主编，负责大纲编写、组织协调和文稿汇总与审核等工作。本书凝结了30多位团队成员的心血和智慧，其中理论篇主要由任心欣、张亮、杨晨、陈世杰、吴亚男、孔露霆、高飞等负责编写，实践篇主要由张明亮、俞露、陆利杰、汤钟、李亚、孙付睿等负责编写，成效篇主要由张亮、房静思、孙静、吴丹、吴亚男、孙付睿、李亚等负责编写，附录部分由孙静、陆利杰、汤钟、杨鹏等负责完成。在本书成稿过程中，孙静、吴丹、简婕负责全书图表完善和美化工作，张明亮、刘应明、俞露对本书的总体框架提出了许多宝贵意见，并承担了全书审核工作。葛永学、李冰、李晓君、汤伟真、邓立静、杨可昀、马倩倩、曾小瑱、陈锦全、刘枫、镡正旭、郭倩楠、李亚坤、武振东、彭小凤、巫俪沅、胥瀚、杨鹏等多位同志完成了全书的文字校对工作。本书由司马晓、丁年审阅定稿。

本书是编写团队多年来对光明区系统化全域推进海绵城市建设实践工作的总结和凝练，希望通过本书与各位读者分享我们的规划理念、技术方法和实践经验，虽编写人员尽了最大努力，但限于编者水平和城市建设的快速发展，书中疏漏乃至错误之处恐有所难免，敬请读者批评指正。

本书在编写过程中参阅了大量的参考文献，在此向有关作者和单位表示衷心的感谢！所附的参考文献如有遗漏或错误，请直接与出版社联系，以便再版时补充或更正。

最后，谨向所有帮助、支持和鼓励完成本书的家人、专家、领导、同事和朋友致以真挚的感谢！

《系统化全域推进海绵城市建设的“光明实践”》编写组

2021年10月

目　录

第1部分

理　论　篇

城市因水而生，因水而兴，因水而美，如何实现城市与水的协调共生，是千百年人类社会发展的重要命题之一。海绵城市建设是传承中国传统治水智慧、借鉴国际城镇化发展经验的新理念，是新时代城市生态文明建设和绿色发展的新方式。本篇从国外和国内两个维度展开介绍了海绵城市如何在城市水系统和水管理发展演变的过程中被提出，并结合我国发展情况阐述了海绵城市的原理和内涵。

2015年、2016年，国家财政部、住房和城乡建设部、水利部确定了两批30个国家海绵城市建设试点城市，从而带动了全国海绵城市建设工作。由于自然条件和发展阶段的不同，各城市开展海绵城市建设的目标和路径都有很大差异，但其基本出发点是一致的，即重视水的系统性，以流域为整体提升城市水资源、水安全、水生态、水环境。限于篇幅，笔者着重介绍了海绵城市建设试点工作的整体情况、典型案例，以供读者参考。从试点情况来看，海绵城市建设倡导保护优先、灰绿结合、蓝绿交织、水城共融，可以有效改善城市生态环境、提升城市防灾减灾能力、扩大优质生态产品供给，让人民群众有获得感、幸福感，充分体现了中国的文化自信、制度自信、理论自信和道路自信。

第1章　国家海绵城市建设综述

1.1　海绵城市建设理念的缘起

1.1.1　“海绵城市”的由来

早在秦代（公元前200年）中华先贤就发明了梯田（图1-1），很好地解决了人、地、水的关系①。中国古人也将此理念引入城邑和村镇建设之中，如江西赣州的“福寿沟”、云南元阳的“哈尼梯田”、安徽南部的宏村等②。其核心内容和海绵城市建设内涵不谋而合。

图1-1　古代梯田

（来源：作者原创拍摄）

20世纪以来，世界范围内城镇化急速发展，城市人口急剧增长。联合国《2016年世界城市状况报告》中数据显示，1950年全球城镇化水平为29%，2005年已跃升至49%；特别是自1996年6月联合国在伊斯坦布尔举行第二届人类住区会议以来的20年间，随着社会经济发展，世界人口大规模向城镇迁移。以我国为例，统计年鉴数据显示1995年以来的20年间中国城镇化率直线上升，年均增加1.35%左右，城镇常住人口规模增加超过4亿人③（图1-2）。

城镇化能有效促进社会经济和文化的繁荣，但是人口规模的急剧膨胀和高强度城市开

① 杜鹏飞，钱易．中国古代的城市给水［J］．中国科技史料，1998（1）：4-11.

② 王媛媛，田凌宇，王钊，等．净水梯田在南宁海绵城市建设中的应用［J］．水工业市场，2017（3）：50-52.

③ 中华人民共和国国家统计局．中国统计年鉴2016. 北京：中国统计出版社，2016.

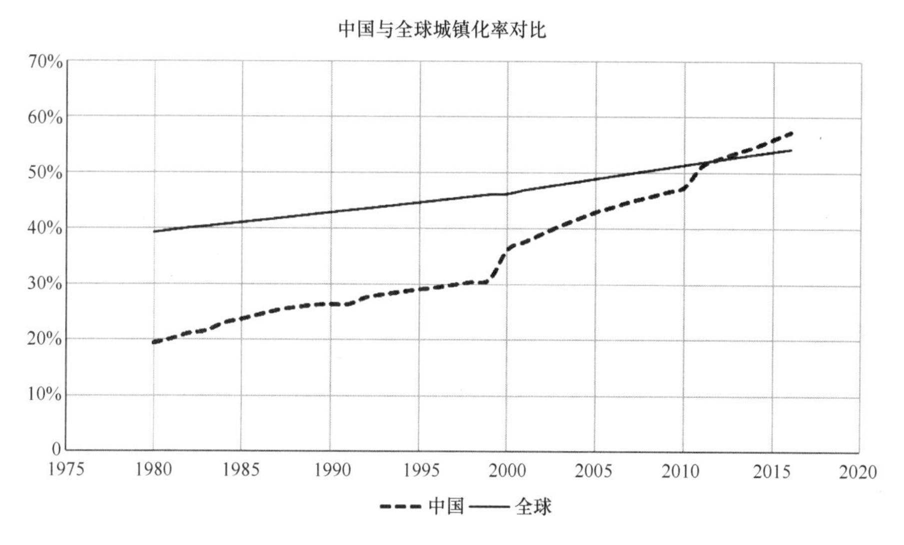

图 1-2 我国历年城镇化水平

发等容易造成生态环境恶化和资源危机等诸多负面效应，形成一系列“城市病”，给城市未来长期的可持续发展带来严峻的挑战[①]。在这些“城市病”中，近几十年来城市水问题越加突出、集中和复杂。城市地区的水系统循环呈现明显的“自然-社会”相耦合的二元特性，自然水循环由降水、蒸发、入渗、产流、汇流等环节组成，社会水循环由原水分配、耗水过程、污水排水收集与处理、再生水配置与调度等环节组成。城镇化的过程正是社会水循环对自然水循环逐渐介入的过程，在这个过程中水循环的自然过程往往遭到破坏，硬质化铺装比例高、湖泊湿地被侵占、河湖原生态受损、水体纳污量增加等一系列变化，使得城市水文循环和水生态不同于城市化前的状态，最终导致洪涝频发、面源污染加剧、水体黑臭、生态退化等城市水问题[②]。在这样的大背景下，人们将水文学和生态学结合城市实际需要发展出城市水文学和城市水生态学。城市水文学重点研究城市水文气象、径流管理、排水、城市水资源管理和水污染控制等内容，城市水生态学重点研究水生态规划、水环境治理、水生态修复、水景观建设等内容，并发展出“城市水文-水生态学”雨水管理的综合研究，如美国的低影响开发（Low Impact Development，LID）、英国的可持续城市排水系统（Sustainable Drainage Systems，SUDS）、澳大利亚的水敏感性城市设计（Water Sensitive Urban Design，WSUD）等[③]（图 1-3）。

近现代以来，对雨水管理的理论和技术研究则集中在管渠等工程层面。随着城市发展水平的提高，我国逐步加强低碳、生态等品质的提升。在此背景下，海绵城市理念应运而生。海绵城市是指通过加强城市规划建设管理，充分发挥建筑、道路和绿地、水系等生态系统对雨水的吸纳、蓄渗和缓释作用，削减雨水径流，是当前城市转型发展背景下，绿色

---

① 夏军，张永勇，张印，等．中国海绵城市建设的水问题研究与展望［J］．人民长江，2017，48（20）：1-5.

② 邱国玉，张清涛．快速城市化过程中深圳的水资源与水环境问题［J］．河海大学学报：自然科学版，2010，38（6）：629-633.

③ 任心欣，俞露．海绵城市建设规划与管理［M］．北京：中国建筑工业出版社，2017.

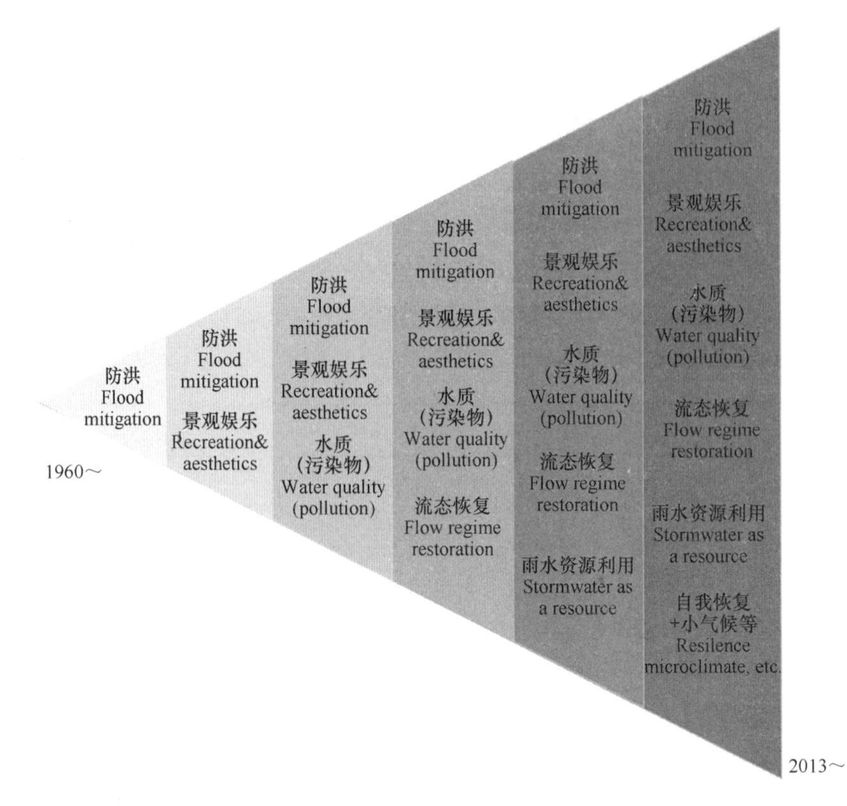

图 1-3　城市雨洪管理体系目标的演变

发展的重要实现方式。海绵城市建设以雨水管控为切入点，通过“源头减排（主要涉及各类城市开发建设用地的低影响开发）、过程控制（主要涉及雨水管网和泵站等排水防涝基础设施建设、城市重要生态节点和生态廊道的系统修复等）、系统治理（涉及山水林田湖草等生态要素和生态空间保护）”的技术路线，最大限度地减少城市开发建设对城市生态的影响，是城市生态文明建设的重要内容，是提高新型城镇化质量、促进人与自然和谐发展的重要举措[①]（图 1-4）。

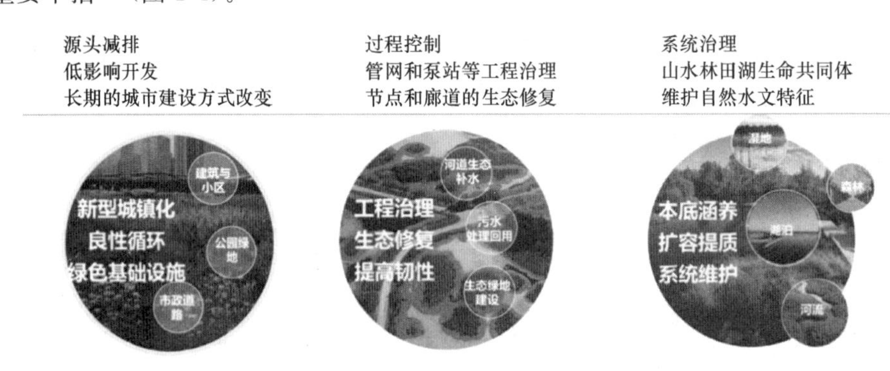

图 1-4　海绵城市建设内涵

① 王丽英．我国城市基础设施建设与运营管理研究［D］．天津：天津财经大学，2008.

海绵城市建设贯穿城市规划、建设、管理各个环节，涉及道路、建筑、园林、环保、水务、市政等城市建设的方方面面，需要多部门密切协作，多专业高度融合，全社会共同参与。因此，海绵城市建设也是推进城市治理体系与治理能力现代化的有益探索。

1.1.2 “海绵城市”的国外经验

20 世纪 70 年代以来，全球范围内出现的水资源紧缺和暴雨洪水导致的城市内涝灾害频发，部分发达国家将城市对待雨水管理的态度应由原来的“快速、高效的工程排水”转化为“雨水蓄渗、缓排、利用”[①]。各种新型雨洪管理理念被提出，其中包括低影响开发(LID)、可持续排水系统（SUDS）、水敏感城市设计（WSUD）、基于自然的解决方案(NBS)、集水区计划（ABC 水计划）等，如表 1-1 所示。国外城市的基础设施基本完善，大多是以绿色设施、源头、分散为主[②]。

新型雨洪管理理念　　表 1-1

		美国	英国	澳大利亚	日本	新加坡
概念	英语	LID（Low Impact Development）	SUDS（Sustainable Drainage Systems）	WSUD（Water Sensitive Urban Design）	WBHS（Well-balanced Hydrological System）	ABC 水计划（Active、Beautiful and Clean）
	译文	低影响开发	可持续发展的城市排水系统	水敏感城市设计	治水、水利、环境平衡的水文系统	集水区计划
特征		以绿地为基础的污染管理、雨水管理、BMP（最佳管理措施）、合理的水资源网络	综合设计（水量、水质、便利设施）、现地管理（设计、维持管理、教育）、透水性铺路、过滤器、洼、浸透设施、调蓄池	城市的水循环管理（上水、洪水控制、下水处理）、资源雨水利用、调蓄池、浸透系统、节水设备、处理水的再利用、排管、水路等的排水网、水质处理	以流域为单位发展、控制流出、雨水利用、重视水环境的平衡、雨水贮留浸透设施的普及	有机地结合了供水需求和雨洪管理

1. 美国经验

(1）最佳管理措施（Best Management Practices，BMPs)

20 世纪 70 年代，美国针对非点源污染控制问题，提出了最佳管理措施 BMPs[③]，美

① 郭久亦，于冰．世界水资源短缺：节约用水和海水淡化［J］．世界环境，2016（2)：58-61.

② 深圳市海绵城市建设工作领导小组办公室．深圳海绵城市建设的探索与实践［M］．北京：科学出版社，2021.

③ Urbonas B，Stahre P. Stormwater：best management practices and detention for water quality，drainage，and cso management. Englewood cliffs，N. J：Prentice-Hall，1993.

国环保局（USEPA）把 BMPs 定义为任何能够减少或预防水体污染的方法、措施或操作程序，包括工程、非工程措施的操作和维护程序。该理念最初运用在水利及农业方面，随后逐渐运用于城市雨水系统[①]。工程措施方面主要通过延长径流停留时间、减缓水流、增加入渗、沉淀过滤等方法，削减雨水径流体积及净化雨水水质。具体措施包括渗透路面、雨水湿地、砂滤系统等；非工程性措施包括法律法规和公众教育等，强调政府与公众的互动，通过加强管理和公众自觉维护来减少雨水径流对环境的影响。20 世纪 80 年代，美国污染物削减体系 NPDES 将雨水径流所带来的面源污染的防治纳入体系中，通过法律进一步促进 BMPs 的实施，并且经过多年的实践和不断完善，90 年代末 NPDES 重新修订，最终于 2003 年在全美范围内推广实施[②]。

随着研究的不断深入和实践的不断累积，20 世纪 90 年代，美国提出了第二代 BMPs，即低影响开发 BMPs（LID-BMPs）。它强调自然条件和景观结合的生态设计和非工程性的各种管理方法，主要采用分散的、小型的雨水处理设施取代大型的处理设施。主要措施有植草沟、生物滞留池、绿色屋顶等。相比第一代，第二代 BMPs 规模小且灵活，适合在建筑密度大的地区使用，造价也更加低廉，同时考虑到了城市景观、生态效益提升的需求。BMPs 已经进入了多目标、综合性可持续发展阶段。

（2）低影响开发措施（Low Impact Development，LID）

20 世纪 90 年代初，随着城市化的不断推进，美国城市排水等基础设施已经配套完成，为解决城市后开发区块的雨水问题，马里兰乔治王子郡环境资源署开始逐渐利用景观设计的方法来滞留雨水，首次提出 LID 理念，旨在从源头避免城市化或场地开发对水环境的负面影响，强调利用小型、分散的生态技术措施来维持或恢复场地开发前的水文循环，比如构建屋面雨水系统、雨水调蓄系统、植草沟等，故设施的尺度大多是场地尺度。美国环保局（USEPA）对 LID 的定义是：“在新建或改造项目中，结合生态化措施在源头管理雨水径流的理念与方法。”20 世纪 90 年代末，美国环境保护局（EPA）编制了第一个全面的 LID 设计技术标准。2008 年，EPA 在绿色基础设施框架下编制了一系列 LID 指导文件。2004 年，美国国防部颁布了《LID 设计手册》用于指导美国陆军工程兵团等机构实施 LID 技术。随后，美国绝大部分州也颁布了低影响开发设计手册等技术指导文件（张颖夏，2015）。历经多年的发展和研究，美国的低影响开发技术应用已迈进了法规化、系统化的全新阶段。

多年实践证明，这些主要针对高频次、小降雨事件的分散型 LID 措施一般有很好的环境和经济效益，弥补了传统灰色措施在径流减排、利用和污染控制方面的不足[③]。据统计资料表明：通过绿色屋顶、雨水花园、植草沟等 LID 措施可以显著去除雨水径流中的 SS、COD、TN、TP 和重金属等，还可以有效减少暴雨径流量，降低径流峰值，显著改

---

① Norsworthy，Ward S M，Shaw D R，et al. Reducing the risks of herbicide resistance：best management practices and recommendations [J]. Weed Science，2012，60（spl）：31-62.

② Usepa. National water quality inventory：report to congress executive summary [R]. Washington D. C.：USEPA，1995.

③ 杨凤茹，陈亮，张雅卓，等. 低影响开发雨水系统规划研究综述 [J]. 水力发电学报，2021，40（6）：62-78.

善水生态环境[①]。LID 技术还具有一定的景观功能性，适用于改造工程和新建地区，同时在城市道路、广场、公园、居住区等空间中，具有较强的适用性。它比传统的雨洪管理措施造价与维护费用低，经济适用性强。

2. 英国经验：可持续排水系统（Sustainable Drainage Systems，SUDS）

20 世纪 90 年代，针对传统排水系统水资源得不到合理利用、水环境遭到破坏等现象，可持续排水系统（SUDS）在借鉴美国 BMPs 的基础上逐渐形成并发展起来，建设目标从单纯的雨水管理逐渐发展到对整个自然水环境的保护。联合国教科文组织将其定义为：可持续城市排水系统的设计和管理可以满足城市当前和未来的发展需要，在发挥其本职功能之外还要求具有环境友好、生态完整、可持续的特点。21 世纪初，SUDS 迈入法规化阶段，英国首先将 SUDS 建设纳入法律强制条例，规定 2006 年之后新建地区必须采用可持续排水系统（王健，2014），随后于 2007 年发布了第一部《SUDS 指南》。2015 年，英国环境、食品及农村事业部发布了 SUDS 设计的最新版。

SUDS 系统是个多层次、全过程的控制系统，在设计上要求综合考虑土地利用、水质、水量、水资源保护、景观环境、生物多样性、社会经济因素等多方面问题，其主要宗旨是从可持续的角度处理城市的水质和水量，并体现城市水系的宜人性（图 1-5）。SUDS 系统改变了传统雨水设计的快速排放方式，采取过滤式沉淀池、渗透路面等多种措施来调峰控污，既可以应用于新建城区增加雨水的利用率，也可以改造老城区扩展其饱和的排水系统容量。英国建设丹佛母林东区时采用了包括源头控制、贮存池、滞留塘、暴雨径流湿地等在内的多项技术措施，构建起了完整的可持续排水系统，实施后区域地表径流排放大大减少，并且几乎完全消除了新开发区域的面源污染，同时节省了投资者的费用并提升了人与自然和谐的环境效应。

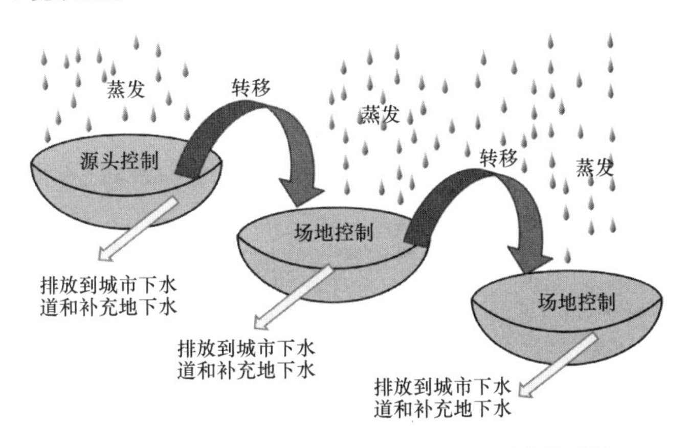

图 1-5 可持续城市排水系统（SUDS）雨水管理链

3. 澳大利亚经验：水敏感城市设计（Water Sensitive Urban Design，WSUD）

澳大利亚有超过一半的人口定居在城市并且该比例在逐年上升，而近年来水体污染、

① EPA，U.（2015，September）. Terminology of Low Impact Development. Retrieved from U. S. Environmental Protection Agency：https：//www. epa. gov/sites/production/files/2015-09/documents/bbfs2terms. pdf.

水土流失、城市内涝、水资源短缺等影响人们生活的城市水问题愈发严重①。1994 年，Whelan 等人在报告中正式提出针对澳大利亚城市特点的雨水管理模式方法，称为水敏感城市设计（WSUD）。随后于 1999 年在维多利亚雨洪大会中，研究者进一步补充、完善了 WSUD 的概念。到了 21 世纪初，人们更加重视 WSUD 与 LID 等其他系统的整合，同时注重排水管网与之的配合。澳大利亚国家水委员会（NWC）对该概念的界定是：“它将城市规划与城市水循环的管理、保护和保全有机结合在一起，以确保城市水管理对自然水文和生态循环的敏感性。”2009 年，澳大利亚水敏感城市联合指导委员会印发了《水敏感城市设计国家指南》，为各地方指南提供了水敏感城市设计目标、原则和技术参考，一些地区紧接着颁布了地方指南，便于将水敏感城市设计纳入当地的法律法案和管控体系。

WSUD 系统将供水、污水、雨水、地下水等在内的城市水循环作为一个整体进行考虑，并以雨水系统为核心，通过与其他子系统产生联系和衔接来构建城市的良性水循环系统，并通过雨水水量、水质、水资源、水生态及水景观的整合设计建立起城市社会功能、环境功能和经济效益之间的联系②。在水资源利用方面，澳大利亚黄金海岸水项目整合了三个供水来源为社区供水，包括自来水、处理后的废水以及收集的屋顶水，使自来水的用水量减少 80%以上。在径流控制及污染削减方面，澳大利亚林布鲁克房地产将建筑、道路、街道景观、公共开放空间与雨洪管理系统结合，形成一套完整的 WSUD 系统，有效降低了径流量和径流污染（削减了径流中 90%的悬浮固体、80%的磷、60%的氮）。

4. 日本经验：综合治水对策

日本的雨洪管理体系为综合治水对策，形成于 1976 年鹤见川流域台风洪涝灾害之后③，其核心思想是从流域的整体层面采取综合性治理对策，以恢复流域固有的蓄水、滞水能力，抑制城镇化对径流系数的影响，改变了仅仅整治河道恢复扩大其行洪能力的单一思路④。该体系的措施主要分为河川对策、流域对策以及软性减轻灾害对策三部分，具体包括土地利用规划、河道整治、流域渗滞蓄排措施、防灾预警教育和法律法规政策制度等多方面的措施。另外，日本综合治水对策体系中确立了雨水对策的分担概念，类似于海绵城市建设中灰绿结合的小系统、微系统和大系统概念，利用自然生态和人工的不同设施分别分担不同流量的雨水，如图 1-6 所示。

综合治水对策中比较成功的是雨水贮留渗透计划，除了作为流域对策以减少径流、涵养地下水、恢复河流、改善生态环境以外，还促进了雨水综合利用（包括集水、贮留、处理、给水等）的发展。该计划广泛实施并逐渐走向法制化：1992 年日本将雨水渗沟、渗透塘和透水地面等列为“第二代城市总体规划”的内容，要求新建和改建的大型公共建筑群必须设置雨水下渗设施；2003 年，《特定都市河川浸水被害对策法》规定“在住宅地以外的土地进行 1000m^2 以上的可能妨碍雨水渗透的项目时，必须取得许可（要采取使雨水

---

① 王锋，何包钢．水敏感城市治理模式与实践：澳大利亚的探索［J］．城市发展研究，2017，24（10）：86-93.

② 刘颂，李春晖．澳大利亚水敏性城市转型历程及其启示［J］．风景园林，2016（6）：104-111.

③ 李昌志，程晓陶．日本鹤见川流域综合治水历程的启示［J］．中国水利，2012（3）：61-64.

④ 石磊，樊瀞琳，柳思勉，等．国外雨洪管理对我国海绵城市建设的启示——以日本为例［J］．环境保护，2019，47（16）：59-65.

径流减少的措施)”。

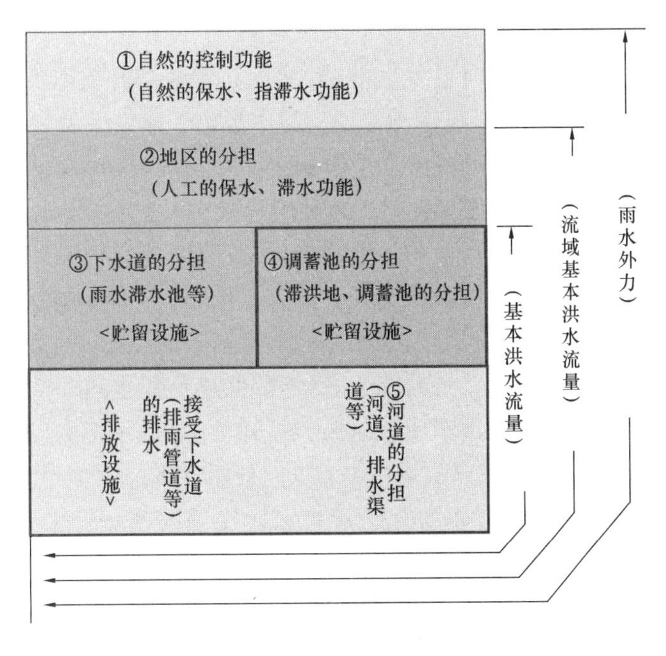

图 1-6 雨水分担概念①

5. 新加坡经验：集水计划

新加坡因为淡水资源极其匮乏，政府制定了独具岛国特色的集水区计划，境内三分之二的国土面积被划定为三类集水区：自然保护区（土地专门用来收集雨水）、河道蓄水池（利用河道出口和海滨堤坝修建）和城市骤雨收集系统（楼顶收集雨水的蓄水池通过管道与水库相连），形成了包括 17 座蓄水池、32 条人工河流、8000km 长的水道与排水管的通达的“海绵体”水道网络，有机地结合了供水需求和雨洪管理。

2006 年新加坡公共事务局提出“ABC 水计划”（“ABC”代表 Active、Beautiful 和 Clean，即活力、美丽和洁净，象征水系统管理的最终目的），其核心是倡导通过尽可能自然的手段来处理和管理雨水径流和地表水体，使其满足集水和排水功能的同时，实现生物多样性和美学价值最大化，成为充满活力、能够增强社会凝聚力的崭新城市休闲娱乐空间②。该计划的第一层次是通过清淤疏浚、美化河道两岸环境、配套建立休闲娱乐设施等使水道网络系统成为居民的亲水乐园；第二层次是将雨水花园、生态净化槽、人工湿地等净水元素充分融入建筑设计。新加坡政府 2006 年颁布城市集水区总体规划，2009 年制定“ABC 水计划设计导则”并将其融入集水区的土地规划建设中，远期规划到 2060 年将集水区增加到国土面积的 90%。

---

① 忌部正博，日本雨水贮留渗透技术协会．日本雨水贮留渗透技术的进程与展望［R］．2013.

② 沙永杰，纪雁．新加坡 ABC 水计划——可持续的城市水资源管理策略［J］．国际城市规划，2021，36（4）：154-158.

1.1.3 “海绵城市”的中国起源

党的十八大以来，中央政府将发展生态文明作为国家战略，提出生态文明建设是关系中华民族永续发展的根本大计，200 个地级以上城市提出了建设生态、低碳城市的发展目标。但是由于城市开发强度过高，城市化矛盾积累，削山填谷、水系填埋、大面积硬化、水资源过度开采、自然资源的过度消耗，导致环境恶化、生态系统退化，城市水系统普遍呈现水资源紧缺、水环境污染、水生态恶化、洪涝灾害频发等突出问题。

（1）水资源紧缺。中国的水资源总量居世界第六位，但是人均水资源量只有 2200m^3 左右，约为世界平均水平的 28%，是全球水资源最为稀缺的 13 个国家之一，每年因缺水而造成的经济损失达 100 多亿元。水利部 2020 年数据显示：全国 600 多个城市中有 400 多个供水不足，其中 110 多个城市严重缺水①。在 32 个百万人口以上的特大城市中，有 30 个长期受缺水困扰；14 个沿海开放城市中有 9 个严重缺水。预测到 2030 年，我国人口将达 16 亿峰值，人均水资源占有量将只有 1700m^3，接近世界公认的“缺水警戒线”。全国地表水和地下水过度开发现象严重：淮河、辽河水资源开发利用率超过 60%，海河超过 90%，远超国际水生态警戒线；全国 21 个省（区、市）地下水超采总面积近 30 万 km^2，年均超采近 170 亿 m^3，地下水超采造成地面沉降、地下水污染等问题。

（2）水环境污染。《2015 年中国环境状况公报》数据显示全国七大流域和浙闽片河流、西北诸河、西南诸河的 700 个地表水国控断面中，27.9%水质为Ⅲ类以下；近 1/10 为劣Ⅴ类，集中在海河、淮河、辽河和黄河流域。其中淮河流域水质 10 年前大约 60%为劣Ⅴ类，并且污染涉及地下水②。2013 年，研究人员对淮河流域 30 年的水质监测数据和当地人死亡原因统计数据的空间分析结果表明新出现的几种消化道癌症高发区与水污染严重区高度一致。2015 年我国 52%的地下水水质较差或极差，13.4%的地下水源地水质不达标。湖泊水质污染也相当严重，重点湖泊中 31%的水质为Ⅳ类以下、24.6%呈富营养状态。

2007 年由于水体富营养化，太湖爆发了严重的蓝藻污染事件，造成无锡全城自来水受到污染（图 1-7）。龙头水中充满藻类厌氧分解产物的异味以及藻类的绿色沉淀，让无锡人“谈水色变”。近年来，我国由于雨污合流和面源污染等带来的有机污染以及河湖水体原有生态系统的破坏导致的黑臭水体问题日益突出③。黑臭水体是水质有机污染的一种极端现象，而目前全国约 40%的城市河道存在黑臭现象，2015 年在城市黑臭水体整治监管平台中，各地排查确认近 2000 条城市黑臭水体，反映出我国水质污染的严峻形势。

（3）水生态恶化。城市土地开发建设、水资源的过度开发和水环境的严重污染等造成了我国海洋河湖湿地等水生态系统生态功能的极大破坏④。2013 年全国水利普查公报显示全国流域面积 100km^2 以上的河流有 22909 条，比 20 世纪 90 年代统计数据少 2 万多条，

① 2020 年度《中国水资源公报》[J]．水资源开发与管理，2021（8）：2.

② 李瑞农．“环境保护综述”．中国环境年鉴 Ed. 中国环境年鉴社，2016：263-264.

③ 张志彬，孟庆宇，马征．城市面源污染的污染特征研究［J］．给水排水，2016，42（s1）：163-167.

④ 刘世庆，许英明．中国快速城市化进程中的城市水问题及应对战略探讨［J］．经济体制改革，2012（5）：57-61.

图 1-7　无锡自来水厂太湖取水口蓝藻清理

除去统计方法差异，气候变化、社会经济发展也是河流萎缩消失的主要因素；全国水土流失面积 294.91 万 km^2，占国土总面积的 30.72%。1950 年到 2014 年，我国海岸带湿地面积共损失 800 万 hm^2，损失率为 58.0%；国家林业局调查数据显示我国内陆湿地面积 10 年间减少了近 340 万 hm^2，其中湿地面积减少最多的地区为长江中下游和东北三江平原①。湿地退化造成水生生物栖息地丧失、水源涵养和气候调节功能降低等问题。湖泊水面萎缩、水体干涸、调蓄功能丧失、生物多样性降低等问题亦十分突出。过去 50 年我国内陆天然湖泊共减少 1000 个左右；武汉曾被称为“百湖之城”，20 世纪 50 年代城区湖泊有 127 个，目前仅存 38 个，使得城区雨洪调蓄能力大大降低。

（4）洪涝灾害频发。近年来，我国城市雨洪灾害呈多发趋势。住房和城乡建设部数据显示 2008—2010 年我国 315 个被调查城市中有 62%的城市都出现过不同程度的积水内涝，其中 57 个城市的最大积水时间超过 12h，50cm 以上的内涝占 75%，一年发生 3 次以上内涝的城市有 137 个，甚至扩大到干旱少雨的西安、沈阳等西部和北部城市。北京、上海、深圳、武汉等大城市频繁出现“城市海景”②，同时造成了巨大的损失。北京市政府灾情通报数据显示，2012 年 7 月 21 日的特大暴雨导致北京市发生了 61 年来最强的洪涝灾害，共造成 79 人死亡、160 多万人受灾、116 亿元经济损失。2016 年 7 月长江中下游地区多日的强降雨导致武汉全城内涝、交通瘫痪，部分地区电力、通信中断（图 1-8）。

为探索海绵城市建设的机制体制、实施模式以及投融资方式，尽快形成可复制、可推广的建设模式，以带动全国海绵城市建设工作。住房和城乡建设部、财政部、水利部从 2015 年开

---

① 周云轩，田波，黄颖，等．我国海岸带湿地生态系统退化成因及其对策［J］．中国科学院院刊，2016，31（10）：1157-1166.

② 蒋宇新，王现军，赵庆胜．海绵城市开发与建设模式探讨［J］．山东水利，2021（4）：53-54.

图 1-8　2016 年 7 月武汉城区内涝

始，开展了中央财政支持海绵城市建设的试点工作，先后筛选了两批共 30 个试点城市[①]。

2014 年 10 月，住房和城乡建设部发布《住房城乡建设部关于海绵城市建设技术指南——低影响开发雨水系统构建（试行）的通知》（建城函〔2014〕275 号）；2015 年 10 月，国务院办公厅发布《国务院办公厅关于推进海绵城市建设的指导意见》（国办发〔2015〕75 号），要求通过海绵城市建设，综合采取“渗、滞、蓄、净、用、排”等措施，最大限度地减少城市开发建设对生态环境的影响，将 70%的降雨就地消纳和利用。2017 年，经国务院同意，由住房和城乡建设部、国家发展改革委组织编写的《全国城市市政基础设施规划建设“十三五”规划》（建城〔2017〕116 号）中提出“加快推进海绵城市建设，实现城市建设模式转型”，海绵城市被写入首部国家级市政基础设计规范，意味着在最高国家层面获得政策的支持与保障，海绵城市建设已成为我国城市化进程中一项重要战略。

2020 年 11 月，《中共中央关于制定国民经济和社会发展第十四个五年规划和二〇三五年远景目标的建议》提出“加强城镇老旧小区改造和社区建设，增强城市防洪排涝能力，建设海绵城市、韧性城市”[②]。

2021 年 4 月，财政部办公厅、住房和城乡建设部办公厅、水利部办公厅联合印发《关于开展系统化全域推进海绵城市建设示范工作的通知》（财办建〔2021〕35 号），要求系统化全域推进海绵城市建设示范工作，力争通过 3 年集中建设，示范城市防洪排涝能力及地下空间建设水平明显提升，河湖空间严格管控，生态环境显著改善，海绵城市理念得到全面、有效落实，为建设宜居、绿色、韧性、智慧、人文城市创造条件，推动海绵城市建设迈上新台阶。

1.2　海绵城市建设“十三五”发展情况

我国快速城镇化对推动经济社会发展和提高人民生活质量起到了极为重要的作用，随

① 徐振强．我国海绵城市试点示范申报策略研究与能力建设建议［J］．建设科技，2015（3）：58-63.

② 汤钟，张亮，俞露，等．老旧小区海绵城市改造策略研究及实践［A］//中国城市规划学会、重庆市人民政府．活力城乡 美好人居——2019 中国城市规划年会论文集（03 城市工程规划）［C］．中国城市规划学会，重庆市人民政府：中国城市规划学会，2019：9.

着经济、人口的高度集聚，资源和环境压力骤增，地面硬化面积加大割裂了自然界的水循环，城市内涝积水频发、水体黑臭、水资源短缺等问题逐步凸显，影响城市人居环境和社会经济可持续发展，严重制约了城市的高质量发展。针对上述问题，2013 年 12 月，习近平总书记在中央城镇化工作会议上指出，在提升城市排水系统时要优先考虑把有限的雨水留下来，优先考虑更多利用自然力量排水，建设自然积存、自然渗透、自然净化的“海绵城市”。《国务院办公厅关于推进海绵城市建设的指导意见》（国办发〔2015〕75 号）要求通过海绵城市建设，综合采取“渗、滞、蓄、净、用、排”等措施，最大限度地减少城市开发建设对生态环境的影响，将 70%的降雨就地消纳和利用。

2015 年起，财政部、住房和城乡建设部、水利部联合发文组织开展海绵城市建设试点工作，探索符合中国国情的海绵城市建设模式，得到了地方政府的高度重视和积极响应。2015 年、2016 年先后分两批在 30 个城市开展了国家海绵城市建设试点工作，涵盖南北方、东中西、大中小城市，有很强的典型性和代表性①。此外，各省还支持了 90 余个城市开展省级海绵城市建设试点建设工作。经过“十三五”期间各地的探索，海绵城市建设工作取得了较好的成绩并积累了一定的经验和成功的做法。

1.2.1　海绵城市建设试点情况

1. 基本情况

30 个海绵城市建设试点城市类型涵盖南北方、东中西、大中小城市，具有独特的自然和经济条件，有很强的典型性和代表性，具体见表 1-2。

海绵城市试点城市分类表　　**表 1-2**

序号	省份	试点城市	所在地区	城区人口（万人，2020 年）	城市级别	行政级别	降雨特点	地理特征
1	北京	北京	华北	1916	超大城市	直辖市	夏季降雨集中	地势低洼，多河汇聚
2	天津	天津	华北	1174	超大城市	直辖市	夏季降雨集中	北方滨海平原
3	河北	迁安	华北	32	小城市	县级市	夏季降雨集中	山前平原
4	辽宁	庄河	东北	33	小城市	县级市	降水相对少	低山丘陵
5	吉林	白城	东北	24	小城市	地级市	高寒地区，降雪多	平原
6	上海	上海	华东	2428	超大城市	直辖市	降水多，夏季台风暴雨	滨海平原
7	江苏	镇江	华东	79	中等城市	地级市	降水多，春季初夏多梅雨，夏季多暴雨	丘陵
8	浙江	宁波	华东	218	大城市	计划单列市、副省级城市	降水多，夏季台风暴雨	地势平坦，水系密布

① 深圳市规划和国土资源委员会，深圳市城市规划设计研究院有限公司．深圳市海绵城市建设试点实施方案[R]．

续表

序号	省份	试点城市	所在地区	城区人口（万人，2020年）	城市级别	行政级别	降雨特点	地理特征
9	浙江	嘉兴	华东	52	中等城市	地级市	降水多，春季初夏多梅雨，夏季多暴雨	平原、河网
10	安徽	池州	华东	28	小城市	地级市	降水多，春季初夏多梅雨，夏季多暴雨	沿江、湖泊多
11	福建	福州	华南	239	大城市	省会城市	降水多，夏季多台风暴雨	山地、丘陵
12	福建	厦门	华南	238	大城市	计划单列市、副省级城市	降水多，春季初夏多梅雨，夏季台风暴雨	近海区域，部分填海区
13	江西	萍乡	华东	51	中等城市	地级市	降水多，春季初夏多梅雨，夏季暴雨	丘陵
14	山东	济南	华东	481	大城市	省会城市、副省级城市	降水少，夏季降雨集中	丘陵
15	山东	青岛	华东	434	大城市	计划单列市、副省级城市	降水少，夏季暴雨	半丘陵、半山地
16	河南	鹤壁	华北	48	小城市	地级市	降水少，夏季暴雨	山前平原
17	湖北	武汉	华中	611	特大城市	省会城市、副省级城市	降水多，夏季雨涝同期	平原，沿长江
18	湖南	常德	华中	59	中等城市	地级市	降水多，夏季暴雨	平原
19	广东	深圳	华南	1344	超大城市	计划单列市、副省级城市	降水多，夏季台风暴雨	丘陵
20	广东	珠海	华南	115	大城市	地级市	降水多，夏季台风暴雨	填海造地区
21	广西	南宁	西南	253	大城市	省会城市	降水多	平原
22	海南	三亚	华南	33	小城市	地级市	降水多，多为台风雨	滨海冲积平原
23	重庆	重庆	西南	1214	超大城市	直辖市	降水多	山地
24	四川	遂宁	西南	54	中等城市	地级市	降水多	平原，四川盆地
25	贵州	贵安新区	西南	NA	小城市	国家级新区	降水多	丘陵
26	云南	玉溪	西南	35	小城市	地级市	降水偏少，夏季暴雨	高原阶梯形坡地
27	陕西	西咸新区	西北	NA	小城市	国家级新区	降水少	平原

续表

序号	省份	试点城市	所在地区	城区人口（万人，2020 年）	城市级别	行政级别	降雨特点	地理特征
28	甘肃	庆阳	西北	20	小城市	地级市	干旱，夏季暴雨	黄土发育区
29	青海	西宁	西北	134	大城市	省会城市	干旱，夏季暴雨	高原
30	宁夏	固原	西北	17	小城市	地级市	干旱	黄土高原

2. 实施成效

试点城市贯彻了“规划引领、生态优先、因地制宜、统筹建设”的原则，保护和修复生态空间、提升城市涉水基础设施的整体性和系统性，将海绵城市建设与排水防涝、黑臭水体治理、老旧小区改造等工作相结合，取得了显著效果。

（1）排水防涝能力明显提升

试点城市在评估现状排水防涝能力和内涝风险的基础上，构建了源头减排、排水管渠、排涝除险、应急管理的综合排水防涝体系，并与城市防洪系统有序衔接，增强了城市防灾减灾能力①。在源头减排方面，通过建设下沉式绿地、生物滞留设施等进行蓄水、渗水、滞水；在排水管渠方面，通过“雨水走地表、污水走地下”的方式实现雨污分流，提升管网排水能力；在排涝除险方面，建设雨水调蓄设施、打通城市内河湖泊沟塘，蓄排结合增强防洪排涝能力，基本实现了“小雨不积水、大雨不内涝”目标。萍乡市从全流域尺度构建“上截—中蓄—下排”的大排水系统，实现了 30 年一遇城市防涝标准，并在应对超标降雨方面有良好的韧性，使四大内涝区 43 个小区的 1.2 万户、超过 4 万名居民的内涝之苦得以大幅度缓解。镇江市构建了“外挡—内疏—上蓄”的洪涝体系，通过建设 171 个源头减排项目，扩大 11 个湖库库容，拓宽 17 条河道，梳理 20 余条骨干排水管渠，改、扩建 19 个排涝泵站，提高 81km 防洪堤的防洪标准，保障城区免受江洪危害、缓解城区防洪压力。武汉市系统构建蓄排平衡体系，持续提高设施排水能力，同步开展骨干排水管网更新改造，制定全市积水点“一点一策”，强化事前防控，提升了重点区域排水防涝能力。池州市通过道路竖向调整、绿地消纳、草沟有组织导流、湿地消纳等措施，解决道路积水问题；通过透水铺装、雨水原地调蓄、雨水花园的自然积存、自然渗透等措施，消除校园“逢雨必涝”问题，受到学生、教师、家长的一致好评。北京市通州区海绵城市试点区开展 3 座下凹桥区泵站提标改造工作，连续 5 年雨季未发生内涝②。深圳、珠海经受住 2018 年“山竹”台风暴雨考验，宁波、上海、青岛试点区域经受住 2019 年“利奇马”“米娜”等台风暴雨考验，没有发生大面积内涝和人员伤亡事故，城市基本实现安全运行。福州市结合地形地貌，在相对低洼处新建井店湖、义井溪湖、涧田湖等 5 个城市蓄滞水体，以及洋下海绵公园等 3 个城市海绵体，新增城市蓄、滞能力超过 200 万 m^3，城市抵

① 索二峰．海绵城市背景下城市防洪排涝规划研究［J］．黑龙江水利科技，2020，48（8）：123-124，235.

② 黄晶，李梦晗，康晋乐，等．基于社交媒体的暴雨灾情信息实时挖掘与分析——以 2019 年“4·11 深圳暴雨”为例［J］．水利经济，2021，39（2）：86-94，98.

御内涝的能力大幅提升。天津市针对原本地势低洼的老旧小区，通过设置截水沟、内部增设雨水蓄、渗措施等改造后，排水能力显著提高，在 2018 年 100mm 以上强降雨期间，改造后的老旧小区无明显积水现象，获得居民一致好评。

（2）水环境质量明显改善

试点城市以海绵城市理念为指导，开展了城市水污染治理和水环境质量提升工作。通过实施污水管网建设、雨污混接错接及分流改造、截污工程建设、合流制溢流污染控制、水体清淤、河道生态修复、利用再生水和雨水补充基流等措施，基本消除了试点区内黑臭水体，水环境质量较试点建设前有明显改善，形成水畅水清、岸绿景美的休闲滨水景观带，同时建立长效机制确保长制久清[①]。南宁市在那考河治理中，落实蓝绿灰结合的理念，通过源头地块建设低影响开发设施、河道沿岸截污纳管、河道实施生态修复等措施，消除了水体黑臭，缓解了流域城市内涝，部分水质指标已达到地表Ⅳ类水水质标准，恢复了河道自然生态，河道自净能力得到提升，生物多样性得到明显改善。常德市采取源头减排、调蓄、生态净化等海绵化措施，减少溢流污染频次与溢流污染量；对河道采取了生态修复、活水保质等措施，强化了水体的自净能力；综合以上措施，消除了水体黑臭，大大改善了穿紫河河道生态环境，同时恢复当地水文化、营造生态景观，实现资金自我平衡。厦门市坚持陆海统筹、河海共治，采用系统化治理方案，消除了新阳主排洪渠水体黑臭，取得了较好的社会反响。嘉兴市试点区内持续保持无黑臭水体，试点区内地表水环境质量明显提升，试点区所在的南湖区水体出境断面水质优于入境断面。上海市试点区海绵城市建设以保护滴水湖水质为核心，通过强化新区规划管控，从自然本底保护、竖向控制、绿地系统管控等规划要求着手，统筹开展滴水湖流域水环境保护、水生态治理与水安全保障工作，滴水湖水质稳中向好、逐年改善。深圳市推行流域综合治理模式，以小流域为单元，落实责任、分解任务，159 个黑臭水体全部实现不黑不臭，2019 年 5 月被国务院办公厅评为重点流域水环境质量改善明显的 5 个城市之一。青岛市通过“控源截污、内源治理、生态修复、活水保质、在线监测”等综合措施，消除了楼山河黑臭水体，李村河、板桥坊河、大村河等过城河道水环境质量得到了明显改善。固原市检测管网 178km，新建雨水管网 65km，城市管网“短板”逐步补齐，清水河水体黑臭现象基本得到消除。

（3）优质生态产品供给明显增加

海绵试点过程中，通过城市湿地、湖泊、大型山体公园的建设，形成了完善的绿色基础设施体系，极大地拓展了城市“蓝”“绿”生态空间，因地制宜推动水土保持、湿地湖泊和山体公园的建设，形成了完善的绿色基础设施体系，有效提高了城市生态品质，根本性提升了城市核心竞争力[②]。试点城市建设的一批海绵项目成为群众休闲游憩的好去处，也发挥了涵养水源、净化水质、缓解城市热岛效应、调节城市小气候等生态功能，还为生物提供栖息地，恢复城市生物多样性。南宁市严格保护生态红线和城市周边山体，修复河流、湖泊、湿地，重点建设了青秀山风景区、那考河湿地公园、石门森林公园、南湖公

---

① 汪继力．城市水环境质量问题分析与应对策略［J］．城市住宅，2020，27（10）：189-190.

② 于磊，蔡殿卿，李佳．北京国家海绵城市试点过程管控模式探讨［J］．北京水务，2020（3）：14-19.

园、五象湖公园等为代表的生态节点，打造“山、水、林、田、湖、草”生态格局。池州市修复和改造了生态岸线 9.58km，全市生态岸线比例达到 70.2%。武汉市青山江滩获“C40 城市气候领袖群”评比的未来奖，利用粉煤灰堆场改造的戴家湖公园获 2017 年中国人居环境范例奖。鹤壁市试点区内水面率由 3.3%提高至 4.02%，基本实现“步行 5min 即赏水景”。济南市海绵城市建设以“促渗保泉”为核心，按照“源头促渗减排—过程控制—系统治理”的总体思路，通过渗漏带保护与修复、南部山区生态修复与拦蓄、场地源头低影响开发改造等方式，提高地下水的补给能力，海绵城市建设为泉水持续喷涌贡献了力量。西宁市针对西北地区河谷地形特点，将“治山、理水、润城”作为海绵城市建设重点，解决水土流失现象等严重问题。实施整地种植、水土保持、冲沟治理，应势滞水、增绿成景，力争实现水不下山、泥不出沟；建设大型湿地，加强雨水和再生水循环利用，力争实现水清、岸绿、流畅、景美；合理滞蓄、利用雨水，力争实现雨水润城、生态宜居，试点区内山林覆盖率达到 85%，山体水土流失治理实现全覆盖①。庆阳市将海绵城市建设融入黄河大保护战略，针对本地区湿陷性黄土的地质特征，构建了“滞蓄为主，以净促用，适度渗透，有序排放”的海绵城市建设路径，实施城市周边沟道海绵化综合治理项目，打造张铁沟湿地公园，建成后将起到“拦沙控源、截流减排”的作用，可有效遏制塬面萎缩，防止水土流失②。天津市生态城完成了静湖湖岸绿地、蓟运河河岸白露洲初雨净化及绿地、甘露溪雨水调蓄及滨河绿带等多个项目，使得静湖、故道河、惠风溪等生态岸线比例达到 100%，还在多处设置了亲水活动区域，给市民提供了亲水戏水的游憩空间③。

（4）群众获得感、幸福感明显增强

试点期间各城市结合自身特点合理采取“海绵＋”“＋海绵”推进模式，将海绵城市建设与城市基础设施建设相结合，统筹海绵城市建设、棚户区改造、老旧小区改造、黑臭水体治理、建筑节能改造、城市管廊建设、城市绿色基础设施建设，综合回应市民迫切需求。海绵城市建设通过“共谋、共建、共管、共评、共享”，全过程鼓励、引导、强化公众参与，对老百姓而言，最直观的就是实现了“水清岸绿、水通河畅、小区环境显著提升”，居民获得感、幸福指数显著提高，政府口碑和公信力得到大幅提升。部分城市对海绵城市建设满意度调查显示，居民满意度均在 90%以上。各城市开展的小区海绵化改造，实现了拆墙透绿、打通微循环，城市面貌焕然一新。池州市对全市 41 个老旧小区实施海绵城市改造，不仅解决了小区原有排水管网和内涝积水等问题，还增加停车位、居民休闲活动场地、小区照明和安防设施等，惠及超 28000 户居民④。玉溪市海绵城市试点重点打造了第二幼儿园、特殊教育学校、干休所等为代表的海绵型校园、海绵型老人社区，专门针对儿童、老人需求解决场地积水、铺装破损、配套设施不足等问题，全面提高学习生活环境与景观品质，受益的老人和儿童带动亲朋好友更多地参与和宣传海绵城市建设工作，

---

① 徐顺凯．市党代表热议建设美丽大西宁［N］．西宁晚报，2021-08-11（A08）.

② 赵利强．黄河奔向“幸福河”［N］．中国铁道建筑报，2021-08-19（002）.

③ 王睿．从盐碱荒滩到全国示范［N］．天津日报，2021-07-01（T16）.

④ 黄开，赵赛，包苏俊，等．生态基底较好小区海绵化改造工程的高标准设计［J］．净水技术，2021，40（6）：140-146.

形成正向连锁反应。宁波市充分发挥社区业委会、基层党组织共同谋划、共同推进海绵改造，改造停车位 2520 个，新增停车位超过 430 个，近 5 万社区居民直接受益。深圳市在城中村综合改造中，一方面彻底解决社区污水横流的问题，将黑臭的排洪渠变成居民休闲空间，将恶臭的风水塘变成宜人的荷花池；另一方面针对居民停车难、活动空间不足的问题，建设生态停车场、透水铺装广场，原来"脏、乱、差"的甲子塘村改造后焕然一新，2019 年 4 月，全国人大常委会水污染防治法执法检查组在此考察后，给予了高度肯定。福州市选取群众对环境整治综合提升需求迫切的 62 个老旧小区、学校开展提升改造，解决小区内排水不畅、雨污混接、内涝积水等问题的同时，惠及服务片区内的 15.2 万市民，居民对改造措施和质量管理十分满意。

（5）促进了认识的提升和城市发展方式的转变

通过实施海绵城市建设，各市贯彻落实绿色发展理念的自觉性和主动性明显增强，尊重自然、顺应自然、保护自然的意识明显提高，填湖造地等破坏自然生态的建设行为明显减少①。各试点城市通过城市用地空间布局、竖向设计、低洼地保护、水系设计、生态化改造等方式，保护和恢复城市生态空间格局。如，上海市临港片区破解了平原滨海地区的防洪排涝和生态修复难题，以滴水湖为中心，形成"一湖四射七链"的空间格局，新开河道 20 多公里，区域河面率达到 12%，拓展了蓝绿空间。深圳市在试点期间优化城市蓝线，从原 73 条河流拓展到全部 310 条河道，划定河道蓝线区 237km^2，对河道及其沿岸的生态空间进行有效保护。庆阳市针对本地黄土高原沟壑区特征，在海绵规划管控上划定沟壑生态保护区，通过严控沟边开发建设，开展固沟保塬治理等措施，有效控制水土流失，逐步恢复沟道生态②。

1.2.2 海绵城市建设标准体系不断完善

2014 年，住房和城乡建设部印发《海绵城市建设技术指南——低影响开发雨水系统构建（试行）》，为海绵城市建设提供了基本的技术依据；2015 年以来，各地按照住房和城乡建设部《海绵城市建设技术指南——低影响开发雨水系统构建（试行）》开展了卓有成效的工作，30 个国家试点城市积极探索可复制、可推广的经验，初步形成了一套适宜本地特点的地方标准；2016 年，住房和城乡建设部又及时启动了 10 项规范标准制修订工作，及时调整了国家标准中与海绵城市建设理念相冲突的强制性条文和其他条文，为海绵城市建设扫清了障碍。主要有：《城乡建设用地竖向规划规范》CJJ 83，《城市居住区规划设计标准》GB 50180、《城市水系规划规范》GB 50513、《城市排水工程规划规范》GB 50318、《室外排水设计标准》GB 50014、《建筑与小区雨水控制及利用工程技术规范》GB 50400、《城市道路工程设计规范》CJJ 37、《城市绿地设计规范》GB 50420、《公园设计规范》GB 51192、《绿化种植土壤》CJ/T 340，随着海绵城市建设试点和各地实践的不断深入，海绵城市建设的标准体系还在不断完善。2018 年，住房和城乡建设部发布《海绵城

---

① 贾海峰．"全域海绵"加码美丽城市建设［N］．中国建设报，2021-06-24（006）．

② 何灏川．庆阳市非常规水资源与常规水资源协同配置研究［D］．西北农林科技大学，2020．

市建设评价标准》GB/T 51345—2018，明确了海绵城市建设的评价方法、指标和具体要求，从年径流总量及径流体积控制、源头减排项目实施有效性、路面积水控制与内涝防治、城市水体环境质量、自然生态格局管控与水体生态性岸线保护、地下水埋深变化趋势、城市热岛效应缓解等方面对海绵城市建设效果进行评估。2019 年起，住房和城乡建设部开始组织编制海绵城市建设专项规划与设计、施工验收与运行维护、监测等方面的标准体系，将在总结试点城市经验的基础上，进一步规范海绵城市规划、建设、运行维护等方面的技术要求。

1.3　海绵城市建设发展趋势

笔者通过参与两批试点城市绩效评价和评估工作发现，试点城市取得了突出的成绩，总结了一批可复制、可推广的经验，但也存在一些不足之处①。一是城市管理体制不适应海绵城市建设的要求，规划、建设、管理以及专业之间条块分割，试点期结束后，若没有强有力的制度约束将难以持续。二是个别城市的体系化不强，仅在试点区域内推进，没有在全域系统化实施，容易造成海绵城市建设的项目化、碎片化②。三是运行维护有待加强，试点期以设施建设为主，后期运行维护还面临着标准缺失、监测评估方法不成熟等问题，亟待规范。四是部分地区特别是西部地区的专业技术人员匮乏，能力不足，对海绵城市理解不到位，亟待加强人才队伍的培养。2021 年起，财政部、住房和城乡建设部、水利部启动了新一轮的海绵城市建设示范工作，首批选择了 20 个城市开展系统化全域海绵城市建设示范。与“十三五”试点不同，一方面，“十四五”规划已经将海绵城市建设作为明确的任务，海绵城市在试点经验的基础上，理念为更多人所接受，技术方法日益成熟，海绵城市的推进更加强调“系统化”和“全域”；另一方面，受新冠肺炎疫情冲击，全球经济受到明显影响，外部环境更趋复杂严峻和不确定，我国经济发展也面临着较大的压力。海绵城市建设也要坚持问题导向，聚焦雨水导致的城市水问题，更加注重高效集约。

一是建议国家层面出台工作规范，进一步落实城市人民政府的主体责任，明确海绵城市建设的做法和要求，指导地方规范开展和推进海绵城市建设。二是深入总结试点成功经验，借鉴国内外经验做法，增强海绵城市建设的系统性，以城市为整体谋划，提高城市基础设施建设的系统性和整体性。三是完善技术标准体系，规范海绵城市建设的技术要求，指导地方科学开展海绵城市的规划建设和运行维护。四是加强对各地海绵城市建设监测评估工作的指导，开展培训交流活动，帮助地方提高技术和管理人员的能力和水平。五是坚持问题导向，坚持简约适度，用适用的技术方法解决当前突出的问题，力求见到实效。

---

① 俞露，张亮，陆利杰．对海绵城市建设绩效评价与考核的思考及方案设计-以西咸新区为例［A］．海绵城市-理想空间-NO. 72［M］．上海：同济大学出版社，2016.

② 张玲玲．海绵城市建设的难点与技术要点探析［J］. 河北农机，2021（2）：82-83.

第 2 章　系统化全域推进海绵城市的内涵与关键环节

2.1　系统化全域推进的内涵

海绵城市是城市生态文明和绿色发展的新方式、新理念，其实质是通过加强城市规划建设管理，灰绿措施相结合，充分发挥建筑、道路和绿地、水系等生态系统对雨水的吸纳、蓄渗和缓释作用，在城市区域实现自然积存、自然渗透、自然净化，尽可能修复城市开发建设对自然水循环的不利影响，维系本底水文特征的原真性。

海绵城市建设要求城市建设要顺应自然，优先考虑利用和模仿自然力量排水，以雨水产汇流全过程管理和调控为核心，统筹城市建筑、道路、绿地、排水、水系等建设行为，使水的自然循环和社会循环有机融为一体，提升城市基础建设的系统性，实现城、人、水的协调共生。海绵城市建设要求多专业融合，城乡规划、建筑、环境、风景园林、道路、给水排水、水利等各专业都应积极将海绵城市理念与自身理论、方法、技术标准体系相结合，并与其他专业彼此协调、衔接。

正因为此，2021 年 4 月，《财政部办公厅　住房城乡建设部办公厅　水利部办公厅关于开展系统化全域推进海绵城市建设示范工作的通知》（财办建〔2021〕35 号）（以下简称《通知》），要求海绵城市建设走向系统化全域推进建设。

如何理解系统化全域推进？笔者认为系统性主要体现在以下五个方面：

一是充分认知“山水林田湖草”生命共同体的系统性。如何真正实现“以水定城、以水定地、以水定人、以水定产”，主要体现在分析好水生态敏感地区，研究好城市发展边界、城市蓝线等一区三线，做到从“不给水出路”到“城市开发为水让路”。

二是充分认识“水的自然循环”和“水的社会循环”的系统性。水的输入是城市正常运转和发展的命脉，水的输出是城市对自然最大的反馈之一。如何实现良性的水循环？近年来任南琪院士提出的“城市水循环 4.0”、夏军院士提出的“城市模拟器”都是先行探索。

三是充分认识到“水”的系统性。水的自然特点非常鲜明，来自大气环流，不可压缩，自然往低处流；也受到城市建设开发、人类活动的影响，渗透性减弱，设施排水、携带污染物等。这就要求海绵城市建设要因地制宜，要联动开发建设强度、经济发展方式、人口密度，联动城市蒸散发、地表、地下、市政排水；研究清楚水量、水质、水的产汇流路径、水的调蓄与排放，真正算清楚“城市水账”。有关专家提出，首先应充分考虑水体的岸上岸下、上下游、左右岸水环境治理和维护的联动效应；再者，要以水环境目标为导向，建立完整的污染治理设施系统。构建从产汇流源头及污染物排口，到管网、处理厂（站）、受纳水体“源-网-厂-河”的完整系统；对城市雨洪管理也要构建从源头减排设施

（微排水系统）、市政排水管渠（小排水系统）到排涝除险系统（大排水系统），并与城市外洪防治系统有机衔接的完整体系。

四是充分认识到“排水”的系统性。因天然或人工的排水组织，城市排水可以划分为一定的排水分区。每个分区中既有设计的市政排水设施，也有随着城市竖向形成的自然汇水通道、天然或人工调节调蓄设施或空间等。这些设施之间往往通过地下、地表进行联结，形成一个排水整体，在不同降雨情况下发挥不同的功能，这些功能往往各有侧重，不可分割。在海绵城市建设过程中，要充分认识到这一点，不能以点带面。所以，要以排水分区为单位，借助模型、监测等手段，对排水分区进行模拟分析，真正构建源头低影响开发设施系统、城市雨水管渠系统、内涝防治设施系统相衔接的体系，并与城市防洪系统相衔接，与应急管理相匹配。

五是充分认识到“水生态”的系统性。水是生态系统最主要的组成，也是生态系统中流动性最强的要素，对维系生物圈自然功能，甚至对保持区域气候稳定也有着重要作用。如何以水为基础，提升和优化城市生态系统，也应是海绵城市建设系统性的重要体现。

那如何看待全域呢？笔者认为，一是从流域、区域、城市等多个层次，做好不同层次的研究和分析，先梳山理水再造地营城；二是对城市建设开发行为进行管控，对新改扩建项目全面落实海绵城市要求，使得城市建设不欠新账；三是与城市防洪排涝设施建设、地下空间建设、老旧小区改造等融合实施，使得老城区问题得以缓解。

2.2 系统化全域推进的关键环节综述

作为一种新型的城市发展方式和开发理念，海绵城市建设不是一个单纯的工程建设，而是需长期贯彻才能产生成效的城市转型方式①。系统化全域推进海绵城市建设，其中重要的一项内容就是开展海绵城市建设项目全过程管控。通过建立健全规划建设管控制度，将海绵城市理念融入建设项目立项、设计、建设、验收等常规项目建设全过程审批程序，形成环环相扣的项目常态化管控体系②，建立“规划一张图、建设一盘棋、管理一张网”的管控态势和模式。

通过两批国家海绵城市建设试点的实践和经验总结，笔者认为海绵城市全过程管控中以下六个环节是影响海绵城市系统化全域推进实施成效的关键：

（1）海绵城市顶层设计。顶层设计内容主要包括海绵城市推进的组织结构、责任主体、工作机制、法规制度、资金管理等。高屋建瓴且考虑周全的海绵城市顶层设计是推进海绵城市的首要保障，构建完善的工作机制并形成沟通畅达的协调平台，是系统化全域推进海绵城市建设的关键所在。

（2）海绵城市规划编制与管控。海绵城市规划是海绵城市建设的指导性文件，注重提升生态性、强化系统性、落实可达性，在海绵城市建设指标、规划布局、项目实施、保障

---

① 莫神星，张平．论以绿色转型发展推动“城市病”治理［J］．兰州学刊，2019（8）：94-104.

② 张亮，俞露，任心欣，等．基于历史内涝调查的深圳市海绵城市建设策略［J］．中国给水排水，2015（23）．

措施方面应提出明确、可行的措施和要求，并应将有关要求和内容落实、协调到各相关专项规划中，且在下一层的详细规划中作为用地和工程建设的规划设计前提条件。

（3）海绵城市建设系统化方案编制。系统化方案以排水分区为基本单元，在衔接落实上位规划相关要求的基础上，通过对建设项目的系统统筹与合理组织，强化实施指导，以解决规划方案以行政区域为边界、对流域管理考虑不足的弊端，实现流域建设项目的整体效益。通过构建流域海绵城市建设评估体系，以及多个实施方案比选，提高流域海绵城市建设在水生态、水环境、水安全等方面的综合效益保障。作为连接规划和项目的桥梁，系统化方案对保证项目绩效可达、实现流域总体目标具有重要的作用。

（4）建设项目海绵化建设与维护。主要包括建设项目海绵化设计、海绵设施施工、海绵设施运行维护等，是海绵城市具体设施实施过程的关键阶段，是影响海绵设施是否能够实现预期的径流控制、污染削减、生态修复等目标的重要技术环节。在此过程中，应结合本地特征，按照相关标准和规范的要求，因地制宜地实施海绵设施的设计、施工和运维，保障海绵设施效益的充分发挥。

（5）海绵城市建设过程管控。主要包括设计管控、验收管控、项目巡查、第三方核查等，通过建设过程各节点的技术管控，保障建设项目落实海绵城市建设规划设计要求，项目施工质量符合海绵城市建设相关标准规范要求。

（6）海绵城市建设绩效评估。根据《海绵城市建设评价标准》GB/T 51345—2018 的相关要求，通过实际监测、模型评估等方式，对海绵城市项目、排水分区、流域等各层级的海绵建设效果进行评估。通过绩效评估，能够及时、有效地评估和反馈海绵城市建设的效果，保障海绵城市建设的长效推进。

2.3 关键环节的探索一：海绵城市顶层设计（机制建设）

有序推进海绵城市建设，要充分发挥政府的主体责任。不仅需要领导高度重视、高位推动，政府上下要转变思想理念，充分认识到海绵城市不是工程，而是城市发展新方式，还需要建立完善的工作机制，破解部门条块分割难题。

2.3.1 组织架构

海绵城市建设的复杂性和广泛性决定了其涉及部门的多样性。一般来讲，海绵城市建设涉及规划、住房城乡建设、市政、园林、水务、交通、财政、发展改革、国土、环保、水文等多个部门。然而，由于我国长期形成的建设项目管理的单部门管理惯性，导致目前城市管理碎片化问题非常突出，部门各司其政——“九龙治水”的方式很容易造成权责混乱、互相推诿、效率低下等诸多弊端。

为了有效保障海绵城市的实施，《海绵城市建设技术指南——低影响开发雨水系统构建（试行）》提出海绵城市建设必须要建立与之相适应的管理体制，并且将城市人民政府作为海绵城市建设的责任主体，完善部门协调与联动机制，建立规划、住房城乡建设、市政、交通、园林、水务、防洪等部门协调联动、密切配合的机制，统筹海绵城市规划与建设管理。

海绵城市建设的组织管理架构如图 2-1 所示。

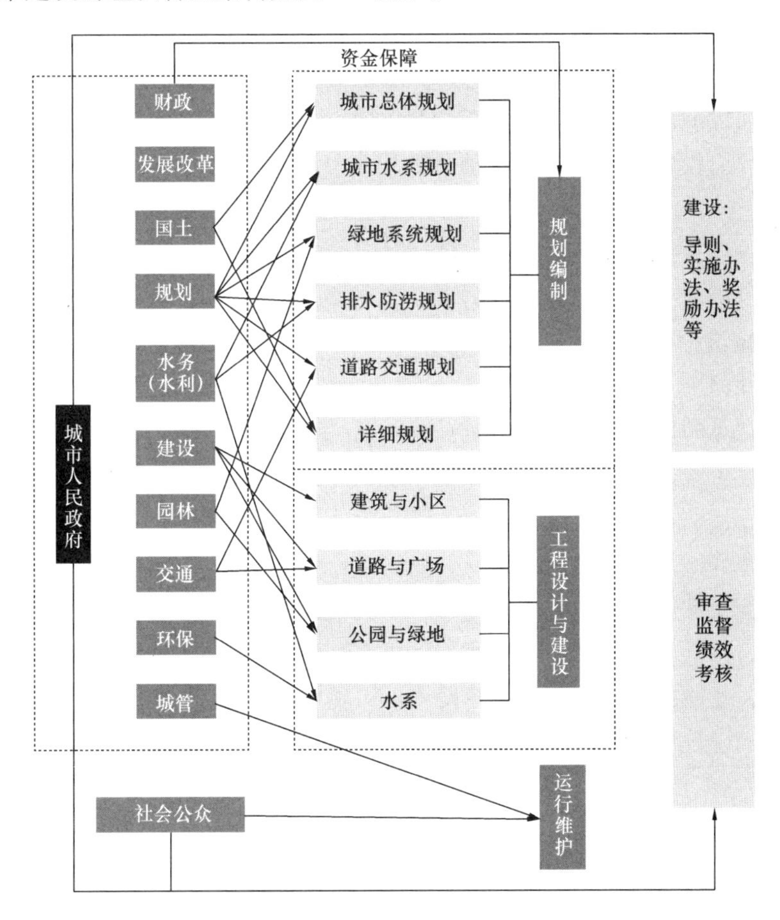

图 2-1　海绵城市建设组织管理架构示意图

海绵城市建设工作领导小组涉及的部门众多，应根据各地政府架构及职能划分，制定各成员单位职责分工，做到分工明确、各司其职，将海绵城市建设工作切实融入部门日常工作中。

各部门的职责分工可参考以下内容设置。

（1）发展改革部门

发展改革部门常见的职责一般包括：负责研究提出辖区国民经济和社会发展战略规划；负责辖区内基本建设项目的审批、申报；安排年度基本建设计划和重点建设计划，组织协调重点建设项目的前期论证、立项、设计审查、建设进度、工程质量、资金使用、概算控制、竣工验收等；会同有关部门确定和指导辖区内自筹建设资金、各类专项建设基金等资金的投向等。

发展改革部门海绵城市建设的职能分工一般包括：负责将海绵城市建设相关工作纳入市国民经济和社会发展计划；对海绵城市建设项目立项进行审查时予以把关；会同财政部门负责海绵城市建设项目 PPP 运作模式的研究与实施。

（2）财政部门

财政部门常见的职责一般包括：负责承办和监督辖区内财政的经济发展支出、政府性投资项目的财政拨款；参与拟订建设投资的有关政策，制定基本建设财务制度，负责有关政策性补贴和专项储备资金财政管理工作；承担财政投资评审管理工作等。

财政部门海绵城市建设的职能分工一般包括：积极拓宽投资渠道，强化投入机制，负责筹措和拨付政府投资海绵城市建设项目的资金；负责海绵城市建设项目 PPP 运作模式研究，做好 PPP 项目建设投资、收益等财务收支预测，落实政府购买服务付费方案；负责海绵城市建设项目投融资机制研究，包括财政补贴制度、绩效考评资金需求总额及分年度预算、资金筹措情况、长效投入机制及资金来源、奖励机制等；会同其他相关部门考核 PPP 公司海绵城市设施运营、管理和维护，依据考核结果，核发政府购买服务资金。

（3）规划部门

规划部门常见的职责一般包括：组织编制辖区近期建设规划、相关专项规划；贯彻执行国家有关方针政策、技术规范、标准，并组织实施；负责建设项目的规划选址、建设用地的规划管理工作；负责建设项目规划、建筑设计方案初步设计审查工作等。

规划部门海绵城市建设的职能分工一般包括：根据海绵城市建设要求编制相关规划、导则和其他政策文件，组织编制海绵城市专项规划；负责将海绵城市理念及要求纳入国土空间总体规划、详细规划、道路绿地等其他相关专项规划；负责划定城市蓝线、绿线和黄线，并出台相关政策；负责海绵城市建设项目的规划设计审查工作，将海绵城市的建设要求落实到控规和开发地块的规划建设管控中。将年径流总量控制率等指标作为规划许可“两证一书”的管控条件。

（4）水务（水利）部门

水务（水利）部门常见的职责一般包括：起草有关法规、规章，拟定相关政策，经批准后组织实施；承担水务工程的建设管理及其质量和安全的监督管理责任；贯彻执行国家、省、市有关水行政工作的法律、法规、规章和政策；承担辖区防汛抗旱指挥部的日常工作，组织、协调、监督、指导辖区防洪抗旱工作等。

水务（水利）部门海绵城市建设的职能分工一般包括：根据部门职责，负责编制水务工程海绵相关规划、标准和政策文件；在项目的排水施工方案审查和排水许可证等方面落实海绵城市建设要点审查；在水库、湖泊、河流等涉水项目，以及雨污分流管网改造、排水防洪设施建设、再生水和雨洪利用等相关城市排水项目中，全面落实海绵城市建设理念；负责内涝区整治、内涝信息收集、三防能力建设等相关工作。

（5）建设部门

建设部门常见的职责一般包括：贯彻执行国家、省、市城市建设、管理和环境保护各项方针、政策、法规，并组织实施和监督检查执行情况；拟定城市规划、工程建设的政策、规章实施办法并指导实施；指导辖区城市建设、负责建设项目监察和管理工作；贯彻执行工程勘察设计、施工、工程质量监督检测的法规，并负责监督管理。全面负责工程建设实施阶段的管理工作，监督工程建设程序的执行，抓好施工许可、开工报告、质量监督、竣工验收等工作；负责全市建设行业执业资格和科技人才队伍建设的管理工作，指导行业教育培训工作等。

建设部门海绵城市建设的职能分工一般包括：指导、监督部门主管行业范围内的海绵城市建设项目的建设和管理；负责编制海绵城市相关施工、运行维护、验收的技术指南或政策措施；将海绵城市建设要求纳入施工许可、竣工验收等城市建设管控环节，加强对项目建设的管理；督促施工图审图单位加强对项目海绵设施的审查；会同相关部门对竣工项目进行海绵城市专项验收并进行绩效评估；负责对海绵城市建设项目监管人员和设计、施工、监理等从业人员进行专业培训。

（6）园林部门

园林部门常见的职责一般包括：起草辖区相关地方性法规草案、政府规章草案；制定园林绿化发展中长期规划和年度计划，同有关部门编制城市园林专业规划和绿地系统详细规划，负责公共绿地管理，包括各类公园、动物园、植物园、其他公共绿地及城市道路绿化管理等。

园林部门海绵城市建设的职能分工一般包括：负责制定公园和绿地等的海绵设施建设、运营维护标准和实施细则；负责海绵型公园和绿地的建设与管理维护。

（7）交通部门

交通部门常见的职责一般包括：贯彻执行国家、省、市有关交通的政策、法规，制订有关交通的政策和规定，并监督实施；负责辖区公路桥梁、交通重点工程的建设、维护、造价控制和质量监督的管理工作等。

交通部门海绵城市建设的职能分工一般包括：负责编制道路交通设施的相关海绵城市技术指南或政策措施；负责道路交通设施中的海绵城市相关设施的建设和管理。

（8）环保部门

环保部门常见的职责一般包括：负责权限内规划和建设项目的环评审批工作；对各类环境违法行为依法进行查处；调查处理辖区内的重大环境污染事故和生态破坏事件；负责环境监测、统计信息工作；负责提出环境保护领域固定资产投资规模和方向、国家财政性资金安排的意见，参与指导和推动循环经济和环保产业发展，参与应对气候变化工作等。

环保部门海绵城市建设的职能分工一般包括：加强对海绵城市建设中具体建设项目或相关规划环境影响报告书（或规划的环境影响篇章、说明）的组织审查；严格环境执法，加强对企业污染源监管；负责开展相关河湖水质的环境监测工作；探索城市面源污染监控、评估、削减等机制、标准和方法。

（9）各市所辖下级政府部门

下级政府部门主要负责实施并监督、监察区海绵城市建设情况，道路广场、公园、建筑小区、水务相关项目符合条件的均应配套海绵设施；建议建立海绵城市建设重点区域、重点项目专人跟踪制度，完善项目全过程管控、加强区级海绵城市机制的探索工作，因地制宜地引导实践。

2.3.2　责任主体

城市人民政府是落实海绵城市建设的责任主体，应统筹协调财政、发展改革、水利、规划与自然资源、水务、园林、住房建设、交通运输、城市管理、生态环境、气象等职能部门及下级人民政府，强化政府部门对海绵城市建设的统筹管理。为了切实加强海绵城市建设的领导和管理，城市人民政府可成立海绵城市建设工作领导小组（以下简称“领导小组”），明确成员单位及各单位责任分工，健全工作机制。

领导小组的主要职能包括统筹推进海绵城市建设，决策建设工作的重要事项，研究制定相关政策，协调解决工作中的重大问题等。领导小组组长一般由城市人民政府的主要领导人担任，领导小组成员由海绵城市建设相关的职能部门以及下级人民政府的主要领导构成。海绵城市建设工作领导小组典型的组织架构示意如图 2-2 所示。

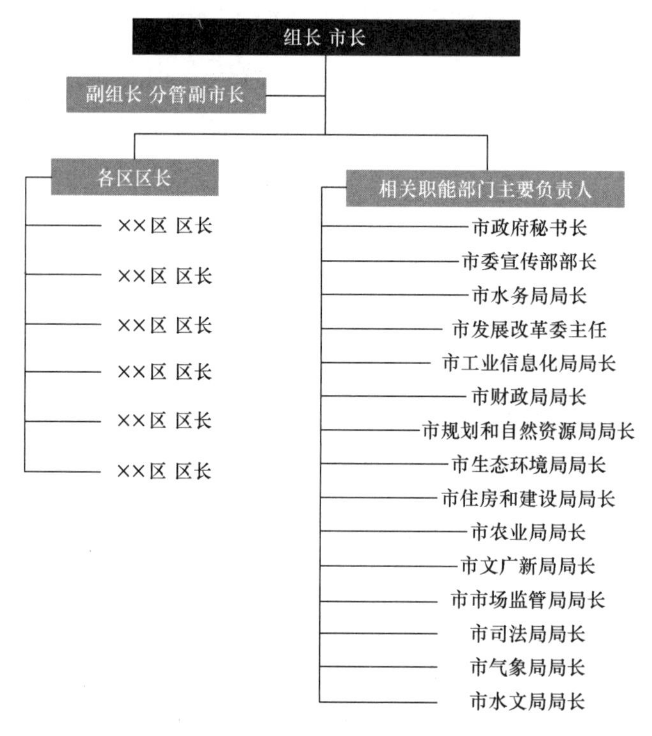

图 2-2　某市海绵城市建设工作领导小组架构

海绵城市建设工作领导小组可设置办公室（指挥部）作为日常办公机构，并落实经费预算和人员编制。根据各地实际情况，领导小组办公室（指挥部）可依托建设、水务、规划等部门设置，也可从领导小组成员单位抽调，实行集中办公。办公室肩负着海绵城市规划建设综合协调的责任，需积极调动各成员单位乃至社会的积极性，做好内外衔接，组织好全市的海绵城市建设工作。

除了在市级层面建立海绵城市建设工作领导小组，在区（县）级、镇（街）等级别也可参照设立相应的领导机构、办公机构，并与市级相关部门充分对接，进一步加强海绵城市建设工作的组织管理。一般而言，市级层面主要解决统一标准、研究机制、探索社会化融资等问题，区（县）级、镇（街）级则应着力统筹实施工作、抓重点区域和重点项目，纵向间相互协调、共同推进海绵城市建设。

海绵城市建设工作领导小组的设置具有阶段性、临时性的特点，在推进海绵城市建设工作的初期阶段，有助于加大系统推进的力度。但当海绵城市建设的理念已经彻底融入政府日常工作当中，并成为一种常态之后，海绵城市建设工作领导小组可逐步弱化机构职能、融入其他常设机构，直至撤销。

领导小组作为议事协调机构，其日常工作应由专人来承担开展。各城市可结合自身特点，借鉴国内其他海绵试点城市经验，合理设置统筹协调工作平台。如南宁市专门成立了市人民政府直属管理的参公事业单位，负责海绵城市统筹管理工作；遂宁市编办批复相关岗位编制 7 名，并通过海绵引智育智工作，聘请专家和专业技术团队常驻遂宁。

2.3.3　工作机制

在建立海绵城市建设工作领导小组及其办公室等机构、平台的同时，城市层面可考虑结合自身特点，采取任务分解、联席会议、信息报送等工作方式建立工作制度。

1. 任务分解

依托海绵城市建设工作领导小组，逐年制定“海绵城市建设任务分解表”，将本年度的规划编制、标准制定、机制建立、建设项目推进、重点区域推进等各项任务分配到各成员单位，并明确完成时限。各单位根据任务分解表的任务清单，结合本单位职责分工，制定具体的工作方案和计划，将每一项工作和每个项目分解落实到责任人。市海绵城市建设领导小组或其下属办公机构负责对各单位落实任务分解表的情况进行跟踪检查，分阶段对各单位履行职责和工作完成情况进行考核。通过任务的逐级分解和跟踪检查，形成各成员单位通力合作、协力推进海绵城市建设的工作格局。

如深圳市政府印发的《深圳市推进海绵城市建设工作实施方案》中，按年度制定了深圳市海绵城市建设工作任务分解表，分机制建设、实施推进、技术支持、考核监督、宣传推广 5 个大类，并细分 18 个小类，提出共计 57 项任务，对每一项都明确完成时间、责任单位，详情见表 2-1。

深圳市海绵城市建设工作任务分解表（第一批）　　**表 2-1**

大类	小类	任务项数
一、机制建设	（一）机构设置	1
	（二）政策制定	6
	（三）标准制定	10
	（四）管控机制	3
二、实施推进	（一）规划与研究	5
	（二）建筑与小区	3
	（三）道路与广场	3
	（四）公园和绿地	3
	（五）水务项目	3
	（六）综合整治类旧改项目	1
	（七）各区及重点区域	5
	（八）国家试点区域	6

续表

大类	小类	任务项数
三、技术支持	技术支持	1
四、考核监督	（一）绩效考核	1
	（二）检查监督	1
	（三）项目审计	1
五、宣传推广	（一）公众宣传	3
	（二）行业推广	1

2. 建立联席会议制度

为充分协调相关单位，协调推动工作，海绵城市建设工作领导小组办公室可建立联席会议制度，定期召开全体会议和工作会议。全体会议由海绵城市建设领导小组组长及所有成员单位负责人参加，工作会议各相关单位和部门负责人参加。

各成员单位指定落实一名联络员，定期参与工作会议，沟通和交流各部门及各区海绵城市建设的工作进度与动态。

3. 建立信息报送制度

为及时了解和掌握下级各辖区的海绵城市建设推进情况，海绵城市建设工作领导小组办公室可建立工作进度报送制度。下级各辖区政府定时（每月、每季、半年）向海绵城市建设工作领导小组办公室报送海绵城市建设推进情况；同时在每年年底前，编制年度海绵城市项目建设计划，包括各辖区各年度海绵城市建设项目数量、建设内容、建设规模、所处区域、建设周期、投融资方式等内容，报领导小组办公室备案。

领导小组办公室可根据全市推进情况，定期编制工作简报或通报（图 2-3），向各部门通报，以便及时总结全市海绵城市建设工作经验教训，反映海绵城市建设的进展与问题，促进各相关部门和机构共同协作努力提升；也可将工作简报向社会发布，向公众传播海绵城市建设的理念与成效。

图 2-3　海绵城市工作通报实例

4. 监督考核

监督考核评价是保障和提升海绵城市建设成效的重要手段。海绵城市是一项长期、系统的工作，其推进需要全面、有效的机制进行保障。海绵城市建设涉及规划、水务、城建、城管、交通等多个部门，为了推进各部门履行相应的职责分工，保障下达的各项任务能够切实落实到位，需要明确各级政府和各个部门的责任，并将这些职责纳入对其绩效考核之中，与其升迁、奖金、评优等进行挂钩，通过考核督促各级政府推进，各个部门积极落实。

考核应明确考评对象、考评内容及方法、考评程序，确保绩效考核流程清晰、责任明确，有序、系统、持续地推进海绵城市建设。在考评工作中通过滚动更新考核管理文件，进一步完善海绵城市政策标准体系等方式，落实海绵城市建设管控（图 2-4）。

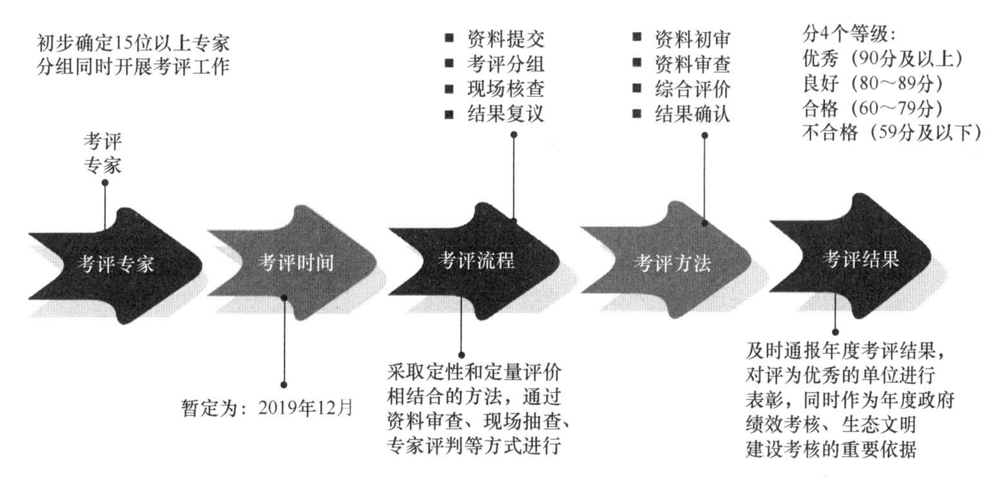

图 2-4 深圳市海绵城市绩效考评程序示例

2.3.4 法规制度

海绵城市的建设需要构建长效机制，需要以法制化实现长效政策保障。主要做法可分为两方面：一是结合现行法律法规的修编，纳入海绵城市相关内容，如排水、水土保持、节约用水等方面的法律法规；二是出台新的海绵城市规章文件。

如《深圳市节约用水条例》最新修改版于 2017 年 12 月正式印发实施。本次条例修编，深圳市将海绵城市理念相关要求纳入其中。一方面，提出在绿地、道路等的规划、建设中应当推广、采用低洼草坪、渗水地面，并鼓励单位和个人建设、利用雨水收集利用设施。另一方面，对非常规水资源的利用提出相关要求，鼓励和扶持对污水、中水、海水以及雨水等的开发、利用，并在城市规划建设中统筹考虑，要求污水、中水、海水以及雨水等综合利用应当纳入节约用水规划。

2.3.5 资金鼓励

财政资金的鼓励可以调动全社会参与海绵城市建设的积极性，引导和鼓励社会资本参与海绵城市建设，可对海绵城市建设起到引导和激励作用，故可尝试探索构建海绵城市建设奖励机制，规范和加强海绵城市项目补贴资金管理，提高补贴资金使用效益，保障各城市海绵城市建设各项工作顺利开展。

海绵城市建设鼓励机制应统筹考虑奖励的对象及范围设定，奖励的条件、额度的制定及资金来源，海绵城市建设投资认定或绩效评估方法，相关建设管理机构及部门的主要职责，奖励资金的申请及拨付方式，奖励资金的管理和监督等内容，结合区域海绵城市建设的实际情况和问题制定。奖励机制还应考虑建设区域的实际需求，制定多层次、差别化的奖励措施，从而促使激励效果最大化。

如深圳市出台了《关于市财政支持海绵城市建设实施方案（试行）》，并制定了《深圳市海绵城市建设资金奖励实施细则（试行）》，其中对社会资本（含 PPP 模式中的社会资本）出资建设的相关海绵设施，包括既有项目海绵化改造和新建项目配建海绵设施两类给予奖励；同时，为鼓励社会资本在海绵城市建设中的深度参与，对由社会资本投资开展的相关标准规范编制，项目建设、规划、施工、监理，研究平台和研究成果以及 PPP 项目前期研究方案等均设立了资金奖励（图 2-5），涵盖了海绵城市建设项目的多个环节及相关社会资本参与方。

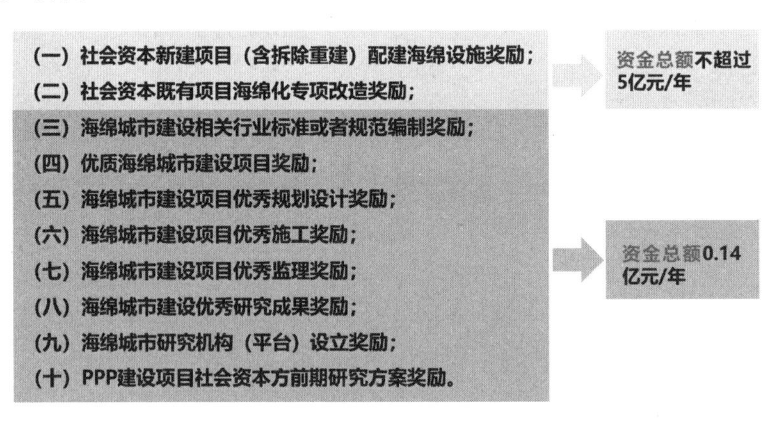

图 2-5　深圳海绵城市资金奖励类别

2.4　关键环节的探索二：海绵城市建设专项规划

城市发展，规划先行。在海绵城市推动的过程中，必须高度重视海绵城市理念及建设要求与规划体系的有机融合。如何结合现行的规划体系，厘清海绵城市建设专项规划的定位及工作任务，梳理各层级各相关规划涉及海绵城市建设要求的编制内容及深度要求，建立清晰，明确的规划传导规则，从总体规划到详细规划层面，实现海绵城市理念及建设要求等的逐级传导，是保障海绵城市建设以规划为引领，实现有序落实的重要环节。

2.4.1　专项规划工作任务

海绵城市建设是加强城市规划建设管理工作、落实生态文明理念的新型城市发展方式；其实施包括工程与非工程措施，涉及用地布局、竖向布置、绿地系统、河湖水系、建筑与小区、道路与广场等城市方方面面的规划建设。要实现《国务院办公厅关于推进海绵城市建设的指导意见》中提出的“到2030年，各城市80%以上的面积要达到海绵城市要求”，建立“海绵城市规划建设管控机制、目标指标和实施路径、建设内容和建设时序”等要求，必然要求我们发挥规划引领作用，重视开展海绵城市规划工作。

海绵城市规划工作既需要专门的研究与规划，以流域涉水相关事务为核心，以解决城市内涝、水体黑臭等问题为导向，以雨水径流管理控制为目标，绿色设施与灰色设施相结合，统筹“源头、过程、末端”的技术措施布局；又需要纳入城市规划体系，与其他相关城市规划建设内容协调衔接，比如土地利用布局、绿地系统、城市道路、竖向设计等，以实现海绵城市建设理念在规划层面的全面落实。

在当前海绵城市工作基础和经验积累较薄弱的情况下，应当通过海绵城市专项规划的编制及规划融合保障机制的建立，保障海绵城市建设要求纳入现行城市规划体系，进一步丰富城市规划的编制理念和内容。

2016年3月，颁布《住房城乡建设部关于印发海绵城市专项规划编制暂行规定的通知》(建规〔2016〕50号，简称《规定》)，充分体现了上述思路，明确了设市城市海绵城市专项规划的地位、范围、编制主体、审批主体、主要编制内容、规划衔接内容等，以指导各地加快设市城市海绵城市专项规划的编制工作，为形成完善的海绵城市规划体系奠定了基础。《规定》指出，设市城市海绵城市专项规划是建设海绵城市的重要依据，是城市规划的重要组成部分，可与城市总体规划同步编制，也可单独编制；其规划范围原则上应与城市规划区一致，同时兼顾雨水汇水区和山、水、林、田、湖等自然生态要素的完整性。城市人民政府城乡规划主管部门会同建设、市政、园林、水务等部门负责海绵城市专项规划编制的具体工作。海绵城市专项规划经批准后，应当由城市人民政府予以公布；法律、法规规定不得公开的内容除外。《规定》同时明确，编制或修改城市总体规划时，应将雨水年径流总量控制率纳入城市总体规划，将海绵城市专项规划中提出的自然生态空间格局作为城市总体规划空间开发管制要素之一。编制或修改控制性详细规划时，应参考海绵城市专项规划中确定的雨水年径流总量控制率等要求，并根据实际情况，落实雨水年径流总量控制率等指标。编制或修改城市道路、绿地、水系统、排水防涝等专项规划时，应与海绵城市专项规划充分衔接。

2.4.2 专项规划编制指引

对于城市而言，海绵城市专项规划可分为市级层面和区（县）级层面的专项规划，分别衔接市级总体规划和区（县）级总体规划（或分区规划），具体见图2-6。

1. 市级海绵城市专项规划

市级海绵城市专项规划的主要任务是提出海绵城市建设的总体思路；确定海绵城市建设目标和具体指标（包括水安全、水生态、水环境、水资源等目标，雨水年径流总量控制率等指标）；依据海绵城市建设目标、现状问题，因地制宜地确定海绵城市建设的实施路径；明确近期、远期要达到海绵城市要求的面积和比例，提出海绵城市建设分区指引；根

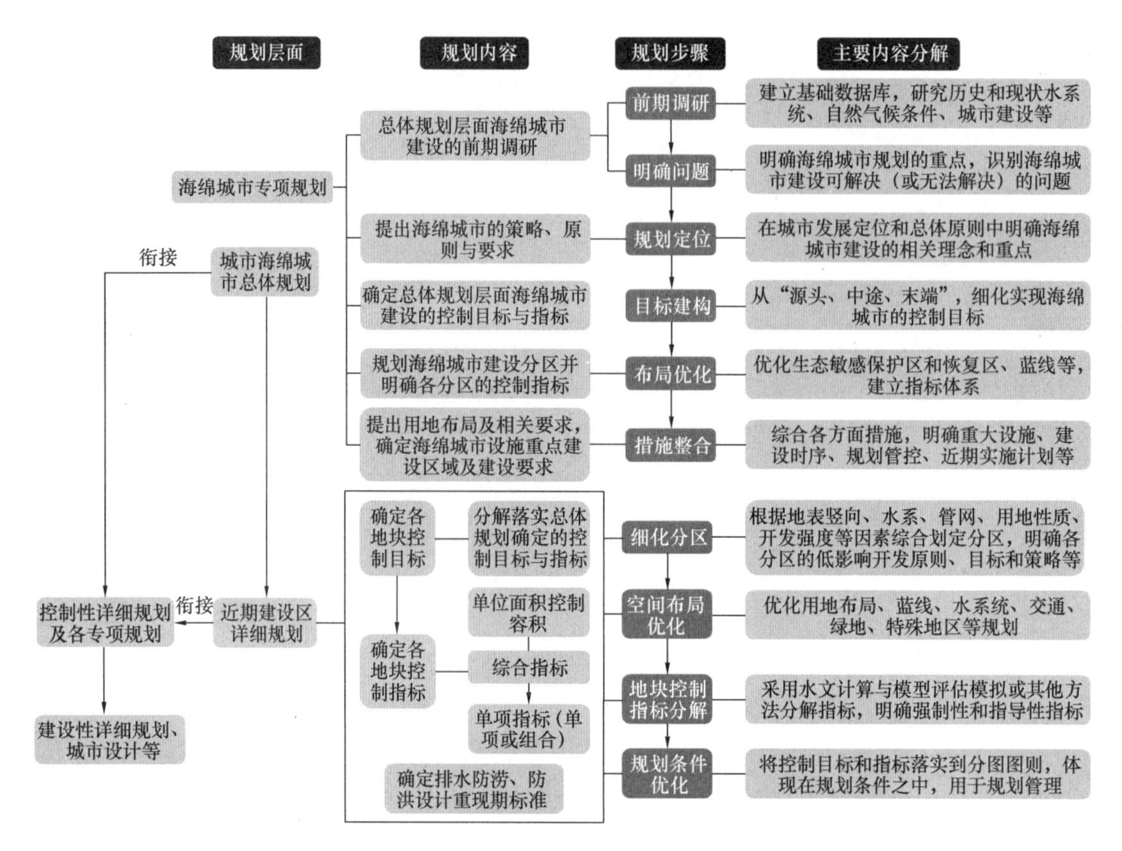

图 2-6　海绵城市规划工作关系与主要内容一览图

据雨水径流量和径流污染控制的要求，将雨水年径流总量控制率目标进行分解。目标要分解到排水分区，并提出管控要求。提出规划措施和相关专项规划衔接的建议；明确近期建设重点；提出规划保障措施和实施建议。

2. 区级海绵城市专项规划

区级规划相较市级规划，应在指标体系、达标路径、具体设施布局及近期实施等方面的内容结合区域特点进行进一步的细化，从而更能有效指导各区的海绵城市建设工作①。参考《海绵城市专项规划编制暂行规定》对海绵城市专项规划编制内容的要求，区级专项规划内容一般包括以下几个部分：

（1）海绵城市建设条件分析。分析规划区的区位、自然地理、社会经济现状和降雨、土壤、地下水、下垫面、排水系统、城市开发前的水文状况等基本特征，识别城市水资源、水环境、水生态、水安全等方面存在的问题。

（2）海绵城市建设目标与指标。确定海绵城市建设目标，落实市级海绵规划对本片区的要求，并根据本区实际情况优化和完善海绵城市建设的指标体系。

（3）海绵城市建设总体思路。依据海绵城市建设目标，针对现状问题，因地制宜确定

① 童炽昌主编．“海绵城市专项规划编制暂行规定”．浙江省新型城市化实践报告．Ed. 浙江工商大学出版社，2017：187-189.

海绵城市建设的实施路径。老城区以问题为导向，重点解决城市内涝、雨水收集利用、黑臭水体治理等问题；城市新区、各类园区、成片开发区以目标为导向，优先保护自然生态本底，合理控制开发强度。

（4）海绵城市建设目标分解及管控要求。识别山、水、林、田、湖等生态本底条件，优化和落实层次规划对本片区的海绵城市的自然生态空间格局，明确保护与修复要求；针对现状问题，划定海绵城市建设分区，提出建设指引。

（5）海绵城市工程规划。针对内涝积水、水体黑臭、河湖水系生态功能受损等问题，按照源头减排、过程控制、系统治理的原则，制定积水点治理、截污纳管、合流制污水溢流污染控制和河湖水系生态修复等措施，分别进行相关工程的规划。

（6）相关规划衔接。提出与城市道路、排水防涝、绿地、水系统等相关规划相衔接的建议。

（7）近期建设任务。在市级专项规划的项目库基础上，进一步细化项目库及实施进度，有效指导区内海绵城市建设的有序开展。

3. 重点片区海绵城市详细规划

各重点片区的详细规划是在市和区专项规划的基础上，结合重点发展片区的用地布局、建设项目、排水系统、水系等更为准确和细致的本地特点，细化和深化海绵城市规划方案，将海绵城市的控制指标分解至地块层面，并确定重要海绵城市设施的具体空间布局和规划。按建设用地类型分别给出海绵城市规划设计详细指引，指导各类项目的具体设计和建设。重点片区海绵城市详细规划主要编制内容包含如下几个部分：

（1）综合评价海绵城市建设条件。重点分析规划区土壤、地下水、下垫面、排水系统、历史内涝点、水环境质量等本底条件，识别水资源、水环境、水生态、水安全等方面存在的问题和建设需求。

（2）确定海绵城市建设目标和具体指标。根据市专规及区专规制定的管控单元目标，确定规划区的海绵城市建设目标（雨水年径流总量控制率），并对此目标进行复核，确定是否能够达到规划目标。参照《海绵城市建设绩效评价与考核办法（试行）》和总体规划层面的指标体系，提出规划区海绵城市建设的指标体系。

采用水文模型构建规划区水文模型，反复分解试算区域低影响开发控制目标，评估及验证控制目标的可行性①。结合控制性详细规划和修建性详细规划，将所在分区的径流总量控制目标、径流污染控制目标分解为建筑与小区、道路与广场、公园绿地等地块的指标。

（3）明确海绵城市建设总体思路

问题导向。针对城市内涝问题，落实排水防涝规划要求，从雨水径流控制、雨水管网系统建设、竖向调整、雨水调蓄、雨水行泄通道建设、内河水系治理等方面构建完善的排水防涝系统。针对黑臭水体问题，根据《城市黑臭水体整治工作指南》，按照“控源截污、

① 任心欣，汤伟真，李建宁，等．水文模型法辅助低影响开发方案设计案例探讨［J］．中国给水排水，2016，32（17）：109-114.

内源治理；活水循环、清水补给；水质净化、生态修复”的技术路线具体实施。

目标导向。通过海绵城市建设实现城市建设与生态保护和谐共存，构建“山水林田湖草”一体化的“生命共同体”。转变城市发展理念，从水生态、水环境、水安全、水资源等方面出发，规划先导，在不同城市发展尺度上，集成构建大、中、小三级海绵城市体系。以水库、河流为生态本底，保障高比例的生态用地比例，构建生态安全格局的“大海绵”体系；统领涉水相关规划，从供水安全保障、防洪排涝、水污染治理、水资源等方面，构建水安全保障度高、水环境质量提升、水资源丰盈的“中海绵”体系；落实低影响开发建设理念，源头削减雨水径流量、峰值流量，控制雨水径流污染，构建具备恢复自然水文循环功能的“小海绵”体系。通过不同层级海绵体系的层层递进，共同助力海绵城市建设。

2.4.3 规划融合保障机制

海绵城市作为一个新型城市建设发展理念，其贯彻落实必须高度重视海绵城市理念及建设要求与规划体系的有机融合。为从规划层面有效推进海绵城市建设工作，建立常态化、规范化和法制化工作机制，深圳市开展了有益探索，通过立法或政府规范性文件制定、规划编制技术标准体系完善等方式，保障了海绵城市建设相关内容在各层级各类型规划的全面落实。

1. 政府规范性文件制定

2018年深圳市人民政府办公厅印发《深圳市海绵城市建设管理暂行办法》（深府办规〔2018〕12号，简称《暂行办法》）。《暂行办法》涉及规划管理内容共四条，明确了不同层级规划编制的责任主体、编制技术要求、规划编制质量管控等要求。具体如下：

市规划国土部门负责组织编制或修编市级海绵城市专项规划，在建立“多规合一”信息平台时，应整合海绵城市相关规划信息，纳入全市空间规划一张蓝图。各区政府根据市级海绵城市专项规划，结合辖区内重点区域建设及本地区实际情况，组织编制区、片区级海绵城市专项规划（详细规划），并滚动编制建设计划。

市规划国土部门编制或修编城市总体规划、国土空间规划时，应当按照批准的海绵城市专项规划，纳入主要的海绵城市建设目标指标，并提出与该目标指标相匹配的建设、管理措施，全面贯彻海绵城市理念，保护自然生态空间格局，构建现代化市政设施体系。编制或修编法定图则时，应当依据海绵城市专项规划和详细规划的分区目标，根据实际情况，确定法定图则范围内建设用地的年径流总量控制率等海绵城市建设管控指标。编制详细蓝图、更新单元规划等详细规划时，应当编制海绵城市专题（专项）。海绵城市专题（专项）内容包括但不限于明确区域开展海绵设施建设的条件与要求，明确区域内生态控制线、蓝线等相关范围，并根据管控指标布局地块海绵设施等。编制或修编各层次城市竖向、道路、绿地、水系统、排水防涝等专项规划时应当与各层级海绵城市专项规划充分衔接。

市规划国土部门编制或修编《深圳市城市规划标准与准则》等各类城市规划技术规定时，应当纳入海绵城市的技术要求。

海绵城市专项规划（详细规划）的组织编制单位在编制工作中应广泛听取有关部门、专家和社会公众的意见。

2. 规划编制技术标准体系完善

2016 年，深圳市规划和自然资源局（原市规划国土委）出台《深圳市海绵城市规划要点和审查细则》，并于 2019 年根据海绵城市建设的最新要求以及深圳市行政审批制度改革要求开展修编。该细则细化明确了各层级各类型规划落实海绵城市建设的具体要求，包括内容要点和深度要求等，并对《法定图则编制技术指引》等规划编制技术标准提出了修订建议。

后续，在出台《深圳市拆除重建类城市更新单元规划编制技术规定》《深圳市建设工程规划许可（房建类）报建文件编制技术规定》等文件时，均将海绵城市建设要求作为重要组成内容予以纳入。

3. 相关规划的落实情况

总体规划方面。在编的全市国土空间总体规划已将海绵城市专项规划相关内容纳入，重点是基于专项规划的系统分析与指标体系，衔接海绵城市空间需求与专业需求；协调绿地、水系、道路、开发地块的空间布局与城市竖向、城市水系、排水防涝、绿地系统、道路交通等专项规划，从“源头、中途、末端”多个层面，为法定图则阶段细化落实源头径流控制利用系统、城市雨水管渠系统和超标雨水径流排放系统提供规划策略、建设标准、总体竖向控制及重大雨水基础设施的布局等相关重要依据与条件。

详细规划方面。法定图则编制或修编时已充分衔接海绵城市专项规划，根据实际情况，确定法定图则范围内建设用地的年径流总量控制率等海绵城市建设管控指标。城市更新单元规划编制时，则进一步将地块的海绵城市控制指标和引导性要求落实到地块布局设计之中，具体细化指导下阶段的场地设计和海绵城市设施的建设，以维持或恢复场地的“海绵”功能。

相关专项规划方面。全市海绵专项规划成果已纳入《深圳市生态文明建设规划（2017—2030）》《深圳市绿地系统规划修编（2014—2030）》《深圳市水战略 2035》《深圳市水务发展“十三五”规划》《深圳市水土保持规划（2016—2030）》《深圳市海洋环境保护规划（2018—2035）》和《深圳市海岸带综合保护与利用规划（2018—2035）》等 8 项全市的规划、行动计划中。如《深圳市可持续发展规划（2017—2030）》提出创新引领超大型城市可持续发展为主题，以供给侧结构性改革为主线，以人民对美好生活的向往为奋斗目标，着力破解“大城市病”和推动经济、社会与环境协调发展①。规划中提出要建设更加宜居宜业的绿色低碳之城，全面提升城市环境质量。深入实施治水提质工作计划，加快污水管网建设和污水处理设施高标准新改扩建，全面推进海绵城市建设，多管齐下实施生态修复、面源治理、清淤疏浚、生态补水等措施，切实保障饮用水源水质安全，营造水清岸绿、优美宜人的滨水休闲游憩空间。

---

① 罗勉．深圳：建设可持续发展的全球创新城市［J］．宁波经济（财经视点），2018，000（7）：12.

2.5 关键环节的探索三：海绵城市建设系统化方案

海绵城市的建设涉及城市建设方方面面，涉及城市建设领域的各个部门，涉及城市建设相关的多个专业，具有建设周期长、建设部门多、建设时序复杂等特点，导致海绵城市建设在推进过程中存在建设目的不清、缺乏统筹、碎片化建设、项目混乱等问题①。海绵城市系统化方案是按照系统推进，突出连片建设的思路制定的城市排水片区的系列工程方案，是破解海绵城市建设中存在的碎片化建设、项目间缺乏联系等问题的重要技术支撑。

2.5.1 系统化方案特征与任务

海绵城市系统化方案编制任务包括以下几个方面：

（1）海绵城市系统化方案应能为城市系统推进海绵城市建设、保证海绵城市建设效果提供技术支撑，并可为海绵城市近期建设指导实施提供建设指引。

海绵城市系统化方案编制过程中需对工程方案实施效果进行明确地分析，通过综合统筹排水片区内源头、过程、系统的各个环节，统筹优化各项目的边界和所起作用，协调绿色和灰色各种工程措施，系统统筹保护水生态、改善水环境、保障水安全、涵养水资源多目标任务，宜借助模型辅助分析建设效果，保障筛选出最优工程方案。海绵城市系统化方案重点是对近期海绵城市建设实施提供指导，明确制定近期分年度的工程实施计划，对近期建设提出明确的建设指引，同时兼顾对远期的建设指导。

（2）海绵城市系统化方案应衔接海绵城市规划和工程建设管理体系，落实海绵城市相关规划的目标和任务，系统谋划海绵城市建设工程体系，明确海绵城市规划对工程体系的建设要求。

编制海绵城市系统化方案是为有效解决区域规划和项目实施衔接不畅的问题，在海绵城市前期规划和后续项目设计中新增的中间环节。方案向上承接规划要求，向下对项目设计提出明确指引。海绵城市系统化方案通过综合统筹，整体谋划构建明确的工程体系，对海绵城市规划的指标进行细化落实，较海绵城市规划更注重建设和落地实施指导。在编制过程中需要对工程体系的不同项目需要承担的责任以及技术要求提出明确的指引，从而明确各单体项目设计的建设成效、项目间的统筹和项目内的建设要求，对后续项目设计提出明确指引。

（3）海绵城市系统化方案可为编制区域实施海绵城市建设项目和整体打包项目提供技术支撑，明确责任边界和建设任务，利于实施绩效考核。

海绵城市系统化方案从排水分区研究突出水问题成因，制定解决问题排水片区的工程方案，从而为按照排水分区工程建设项目整体打包提供技术支撑，利于推进 PPP、EPC 等建设模式，同时让政府对工程体系和工程投资有较为清晰的认识，利于制定合理的实施计划。

---

① 马洪涛．关于海绵城市系统化方案编制的思考［J］．给水排水，2018，44（4）：1-7.

海绵城市系统化方案能够对不同项目包、不同项目需要承担的责任以及需要满足的技术要求提出明确要求，因此利于理清PPP、EPC+O等模式涉及的不同主体的责任边界和建设任务，避免因责任边界不清导致的互相扯皮等情况，利于实施绩效考核、按效付费机制[①]。

2.5.2　系统化方案编制指引

海绵城市系统化方案应体现统筹建设、系统治理、生态优先、灰绿结合、面向实施等原则。系统化方案应以解决核心水问题为重点，突出连片效应，系统统筹源头减排、过程控制、系统治理全过程；优先利用自然水体、土壤和低洼地等进行雨水调蓄，科学采用灰绿结合的工程措施实现效益最大化；同时还应充分考虑实际条件，制定可实施性强、落地性强的工程体系。

1. 系统化方案编制期限

海绵城市系统化方案用于指导近期海绵城市建设实施，原则上应与近期建设规划期限相一致。无法一致时，也可根据实际需求确定编制期限。

2. 系统化方案编制范围

海绵城市系统化方案的编制范围宜为影响海绵城市建设目标实现的区域，并宜按排水分区划定。如编制范围不能完全覆盖影响区域时，应将所在排水分区作为研究范围统筹考虑。

对于建成区以涉水问题突出（如内涝积水、黑臭水体或水环境污染等）的排水分区作为编制范围；对于新建区以保证实现海绵城市建设目标和要求划定的排水分区作为编制范围。编制范围还可根据城市开发建设和管控分区适当调整。

3. 系统化方案编制内容及技术要点

海绵城市系统化方案编制应强调系统谋划、突出综合统筹、加强定量分析。海绵城市系统化方案的编制内容应包括现状及本底条件分析、问题成因分析、目标和指标体系、工程体系和管控体系。

（1）现状及本底条件分析，是开展海绵城市系统化方案编制的基础性工作和先决条件，应包括对区位条件、自然条件、社会经济概况、用地情况、涉水系统、建设情况、水生态现状、水环境现状、水安全现状和水资源现状的分析。

① 区位条件分析，应给出编制区域面积和区位图，应明确编制区域内城市河流的流域位置和上下游关系；对于有上位海绵城市专项规划的，应分析编制区域在海绵城市专项规划管控分区中的位置。

② 自然条件分析，应包括降雨、蒸发、河流水系、地形地貌、土壤下渗、地下水位和多年平均径流深度等内容。

③ 社会经济分析，应包括行政区划、人口规模、生产总值、产业结构及发展概况等内容。

---

① 王守清．项目融资：PPP和BOT模式的区别与联系［J］．国际工程与劳务，2011（9）：4-6.

④ 用地情况分析，应包括土地利用现状及规划情况分析，明确现状和规划的各类城市用地面积及占比。城市用地分类应参考最新的国土空间规划中的分类标准，编制区域所属行政区划无国土空间规划的，可参考现行国家标准《城市用地分类与规划建设用地标准》GB 50137—2011 中的有关规定。

⑤ 涉水系统分析，应包括对流域、排水体制、雨污水管网系统、排口和污水处理设施的分析。

水生态现状分析对象应包括下垫面情况、降雨产汇流特征、河湖护岸、生态基流、河湖生态和景观等；水环境现状分析应包括地表水体水质情况、水体流动性情况、河道底泥淤积情况和雨污水排放情况；水安全现状分析应包括水利和排水工程设施建设情况、历史积水点分布及影响程度；水资源现状分析应包括水资源量、蓄水动态、供用水情况和非常规水资源利用情况，可参考当地水利部门发布的水资源公报。

⑥ 建设情况分析，应包括城市建设情况、土地利用情况和下垫面情况，并应提出源头可改造、可实施的条件和需求。

（2）排水分区划分与模型构建

① 排水分区划分原则

就近分散、重力排放。应充分利用地形和水系划分排水分区，使雨水以最短的距离汇集，优先依靠重力流排入受纳水体或排水泵站。

高水高排、低水低排。合理划分排水分区，不应将地势较高、易于排水的地段与低洼地区划分在同一排水分区，不应对下游地区产生洪涝压力。

衔接规划、因地制宜。应与城市用地布局、道路竖向条件、排水管网布局、轨道交通等重大设施相衔接，合理划分排水分区。

兼顾近远、便于管理。排水分区划定后，应尽量保持稳定，不应因城市建设随意调整，排水分区大小应尺度合理，满足海绵城市管理需求。

② 排水分区的划分步骤

资料收集核实。一般包括地形图、卫星图片、现状和规划路网、规划道路竖向、现状和规划土地利用布局图、现状和规划水系图、现状和规划排水管渠、泵站、排口等，并应开展现场踏勘核实重要设施。

初步划定分区。根据自然地形地貌和水系分布，初步划定以水系为受纳水体的排水分区。

细化排水分区。在初步划分结果基础上，根据现状和规划排水管渠及其附属设施，结合城市道路路网和竖向，进一步细化。

优化排水分区规模和边界。根据系统方案编制研究范围的尺度规模以及海绵城市建设管理需求，优化调整排水分区大小，合理确定排水分区精度，明确排水分区边界。

③ 排水分区边界和精度，应综合考虑地形地貌、管渠汇流范围、城市用地布局、重大设施布局等因素。根据方案编制研究范围的基本情况，因地制宜地确定排水分区边界和精度；立体交叉下穿道路的低洼段和路堑式路段应设独立的雨水排水分区，分区外的雨水不应汇入，并应保证出水口安全、可靠。

④ 模型辅助，城市内涝治理、水环境提升、控制指标落实、设施布局等方案编制宜使用模型作为辅助工具。

方案编制前，宜利用模型评估现状，借助GIS空间分析技术，分析研究区域下垫面特征，获取用地分类与土壤等数据，辅助划定排水分区，识别低洼地段。耦合降雨、河道、管网、现状基础设施等资料，评估现状径流特征，评估现状问题与风险。构建详细模型前，可利用快速评估模型评估现状排水系统排水能力等。分解年径流总量控制率等指标时，宜使用模型进行指标校核，并根据指标辅助开展源头雨水径流控制设施的布局优化。利用模型对规划设计方案进行流量与污染物总量计算，核算控制目标，并定量分析方案内涝防治、污染控制、雨水利用、经济成本等[①]。

（3）现状问题分析

现状问题分析应以现状及本底条件为依据，并应从水生态、水环境、水安全、水资源等方面展开，还应定量识别产生问题的原因。

① 水生态问题分析，应包括自然水文特征改变、岸线侵占、护岸过度硬质化、生态基流不足、水下生态系统缺失等内容。

② 水环境问题分析，应包括污水直排水体、合流制溢流污染、分流制雨污水混接、城市地表径流污染及农业面源污染等；应通过水体污染源及环境容量分析，比对污染负荷和环境容量，提出导致水环境问题的主要成因；黑臭水体应逐条分析。

③ 水安全问题分析，应包括防洪能力不达标问题、管网排水能力较低问题、内涝积水问题等。

④ 水资源问题分析，应包括防洪能力不达标问题、管网排水能力较低问题、内涝积水问题等。

（4）目标和指标确定

海绵城市系统化方案编制过程中应坚持问题导向和目标导向相结合，通过分析评估合理确定近远期建设的目标和指标。海绵城市建设的具体指标应对照目标进行细化，将水生态、水环境、水安全、水资源等方面指标汇总，形成分项指标表[②]。

水生态目标应包括年径流总量控制率及径流控制体积、水面率、河湖水系生态岸坡率等。水环境控制指标应包括水环境质量目标、年径流污染控制率等。雨天分流制雨污混接排放口和合流制溢流排放口的年溢流体积控制率指标可结合区域实际情况选用。水安全控制指标应包括防洪标准、防潮标准、内涝防治设计重现期、雨水管渠设计重现期等。水资源控制指标应包括污水再生利用率、雨水资源化利用率等，宜结合实际需要采用雨水资源化利用率指标。

（5）方案制定

海绵城市系统化方案制定应对照海绵城市规划建设目标，针对现状问题及成因，因地

---

① 梁骞，任心欣，张晓菊．基于SUSTAIN模型的LID设施成本效益分析［J］．中国给水排水，2017，33（1）：1-4.

② 张利平，夏军，胡志芳．中国水资源状况与水资源安全问题分析［J］．长江流域资源与环境，2009，18（2）：116-120.

制宜制定海绵城市系统性的建设方案；老城区应以问题为导向，解决城市内涝积水、黑臭水体或水环境污染、非常规水资源利用不足等问题；新建区宜以目标为导向，优先对自然生态本底进行保护与恢复，对开发建设提出径流控制要求。

① 水生态保护与修复方案，应包括天然河湖水系的保护和修复要求及径流源头减排要求等。

水生态保护与修复方案应注重对天然河湖水系统的保护，在上位规划基础上进一步落实城市天然河湖水系的保护和要求，明确提出河、湖、库、渠、人工湿地、滞洪区等城市河流水系地域界线，充分发挥自然对雨水的渗透和积存作用，对需要保护的调蓄水面、城市低洼地、潜在的径流通道等天然调蓄空间提出明确的保护和修复要求；加强对河湖生态岸线和河湖生态系统的保护和修复，具备生态岸线改造条件的河湖岸线应制定具体的改造方案，并从河道生态基流保障、河流消落带保护、水下生态系统构建及水景观提升等内容提出河湖生态系统保护和修复要求。同时还应结合上位规划要求，根据实际建设条件明确源头减排工程的项目体系，并结合项目的可实施条件、建设目标和需求，因地制宜地提出源头减排工程对径流的控制要求。

② 水环境整治方案，应按控源截污、内源治理、生态修复、活水保质的技术路线进行编制，在现状分析的基础之上，量化分析水环境污染的核心问题，按标本兼治、系统施策的原则制定水环境整治技术路线。

控源截污应包括点源污染控制和面源污染控制。内源治理应包括垃圾清理、生物残体及漂浮物清理、河道清淤和淤泥处置。生态修复可通过河湖水系生态岸线建设、滨水消落带保护与恢复、河湖生态基流保障、河湖水下生态系统构建等方面加强对天然河湖水系生态保护与恢复，具体可参考水生态保护与修复方案相关内容。活水保质通过清水补给、循环补水等方式增加水体流动性，提升水体环境容量。

水环境整治方案应评估核算水环境质量目标、水功能区水质达标率、年径流污染削减率等目标可达性，以及工程实施后总污染物排放量与受纳水体水环境容量的关系。

③ 水安全保障系统方案，应包括源头减排、排水管渠、排涝除险、应急管理等内容，并应与城市防洪相衔接。

水安全保障系统方案应明确各类工程措施的空间布局、设施规模、服务范围、工程项目、工程实施效果等内容，能够指导工程建设。源头减排系统宜通过源头绿色基础设施建设，控制降雨期间的水量和水质。排水管渠系统应明确排水体制、排水模式及排水规划标准，综合采用建成区排水系统提标改造、新建区排水系统达标建设的方式，明确相应措施类型和规模。排涝除险系统宜利用城镇水体、调蓄设施和行泄通道，解决超标雨水排放问题，应提出消除内涝积水点或内涝高风险区域的措施，并应明确相应措施的规模。

④ 水资源利用方案，应包括水资源利用原则、水资源利用方向、雨水和再生水需水量计算、可利用雨水资源量计算、可利用再生水资源量计算及雨水和再生水资源配置方案。

水资源利用方案应结合当地用水需求，在区域供水规模、雨水资源、再生水资源等情况分析基础上，以就近利用、经济合理为原则，统筹配置雨水资源、再生水资源，保障区域水资源供需平衡。

⑤ 工程项目清单，应对水生态提升、水环境整治、水安全治理及水资源综合利用等方案进行多目标统筹，提出综合项目清单、项目分布图和近期建设项目清单。

（6）保障体系

保障体系应从组织、模式、制度、资金、监测以及其他管理等方面提出技术、经济政策与对策相关措施与建议。

2.6　关键环节的探索四：建设项目海绵化建设

建设项目海绵化建设作为海绵城市系统化全域推进的关键环节之一，其内容包括建设项目海绵化设计、建设项目海绵设施施工和运行维护。建设项目作为海绵城市建设系统中的一个个“细胞”，如何落实上层次规划和系统化方案明确的指标和建设要求，如何与项目地块周边的排水系统及海绵设施合理衔接；海绵设施在施工和运行维护时又需要注意哪些要点，以保障海绵设施的稳定运行，实现设施效益最大化。只有有效解决上述关键问题，才能实现海绵城市“细胞”功能的正常运转。

2.6.1　建设项目海绵化设计

海绵城市作为新兴的雨水管理方式，强调优先利用绿色生态化海绵设施组织排放径流雨水，以城市建筑、小区、道路、绿地与广场等建设为载体，以“慢排缓释”和“源头分散式”控制为主要设计理念，遵循生态优先的原则，将自然途径与人工措施相结合，在确保城市排水防涝安全的前提下，最大限度地实现雨水在城市区域的积存、渗透和净化。建筑与小区、道路与广场、公园绿地、城市水务等建设项目，均应结合项目实际、因地制宜地开展海绵化设计。

1. 设计原则

建设项目海绵化设计应当体现当地特点，遵守经济性原则、适用性原则，并采用本地化的参数（降雨资料、设计雨型、土壤渗透系数等）进行设计；应结合规划控制目标、水文地质、水资源等特点，并结合气候、土壤及土地利用等条件及技术经济分析，按照因地制宜和经济高效的原则选择海绵城市技术措施；相应的总平面设计、竖向设计、园林设计、建筑设计、给水排水设计、结构设计、道路设计、经济等相关专业相互配合，采取有利于促进场地建筑与环境可持续发展的设计方案。

在具体项目设计中，宜因地制宜正确选用国家、行业和地方相关标准，并在设计文件的图纸目录和施工图设计说明中注明所应用图集名称；重复利用其他工程的图纸，应详细了解原图利用的条件和内容，并做必要的核算和修改，以满足新设计项目的需要；当设计合同对设计文件编制内容及深度另有要求时，设计文件编制内容和深度应同时满足本规定和设计合同的要求；设计文件中选用的材料、构配件和设备，应当注明规格、性能等技术指标，其质量要求必须符合国家规定的标准。

2. 海绵化设计目标和指标

为在各类建设项目设计环节将海绵城市理念落实到位，应结合区域实际，在海绵城市专项规划、法定图则、详细蓝图规划（城市更新单元规划）提出各类项目海绵城市建设的具体控制目标与指标要求（表 2-2～表 2-8）。

新建建筑与小区年径流总量控制率目标和管控指标表　　表 2-2

类别			居住用地（%）	商业服务业用地（%）	公共管理与服务设施用地（%）	工业用地（%）
控制目标	东部雨型	壤土	70～75	60～65	65～75	60～68
		软土（黏土）	65～72	55～60	60～72	58～62
	中部雨型	壤土	60～68	55～60	60～68	55～62
		软土（黏土）	55～62	50～55	55～62	50～55
	西部雨型	壤土	68～72	58～62	62～72	58～65
		软土（黏土）	55～62	55	55～68	55～60
引导性指标		绿色屋顶比例	—			
		绿地下沉比例	60			
		人行道、停车场、广场透水铺装比例	90			
		不透水下垫面径流控制比例	70			

注：1. 居住用地（%）中，一类居住用地取上限，二类居住用地取下限；
2. 商业服务业用地（%）中，游乐设施用地取上限，商业用地取下限；
3. 公共管理与服务设施用地（%）中，教育设施用地取上限，宗教用地取下限；
4. 工业用地（%）中，普通工业用地取上限，新型产业用地取下限；
5. 除附注中特别指出的用地类型按上限或下限控制，其余用地类型在区间值内均可。

扩、改建建筑与小区年径流总量控制率目标和管控指标表　　表 2-3

类别			居住用地（%）	商业用地（%）	公共管理与服务设施用地（%）	工业用地（%）
控制目标	东部雨型	壤土	55～70	55～60	60～70	60～62
		软土（黏土）	55～65	50～55	55～65	55～57
	中部雨型	壤土	50～65	50	50～62	52～55
		软土（黏土）	45～60	45～55	45～57	55～50
	西部雨型	壤土	55～67	50～55	55～60	57
		软土（黏土）	50～62	50	50～60	52

续表

类别		居住用地（%）	商业用地（%）	公共管理与服务设施用地（%）	工业用地（%）
引导性指标	绿地下沉比例	40			
	人行道、停车场、广场透水铺装比例	70			
	不透水下垫面径流控制比例	60			

注：1. 居住用地（%）中，一类居住用地取上限，四类居住用地取下限；
2. 商业服务业用地（%）中，游乐设施用地取上限，商业用地取下限；
3. 公共管理与服务设施用地（%）中，教育设施用地取上限，宗教用地取下限；
4. 工业用地（%）中，中部雨型时，新型产业用地取上限，普通工业用地取下限；东部雨型时，普通工业用地取上限，新型产业用地取下限；
5. 除附注中特别指出的用地类型按上限或下限控制，其余用地类型在区间值内均可。

公园绿地年径流总量控制率目标和管控指标表　　表 2-4

类别			公园绿地
控制目标（%）	东部雨型	壤土	80
		软土（黏土）	75
	中部雨型	壤土	75
		软土（黏土）	70
	西部雨型	壤土	75
		软土（黏土）	70
引导性指标		绿地下沉比例（%）	30①
		人行道、停车场、广场透水铺装比例（%）	90
		不透水下垫面径流控制比例（%）	95

注：①此处指标适用于街头绿地，公园绿地目标根据汇水范围或具体情况确定。

广场类年径流总量控制率目标和管控指标表　　表 2-5

类别			广场
控制目标（%）	东部雨型	壤土	70
		软土（黏土）	65
	中部雨型	壤土	65
		软土（黏土）	55
	西部雨型	壤土	65
		软土（黏土）	60
引导性指标		绿地下沉比例（%）	80
		人行道、停车场、广场透水铺装比例（%）	90
		不透水下垫面径流控制比例（%）	85

各等级新建道路年径流总量控制率目标　　表 2-6

道路等级	绿化带宽度	年径流总量控制率（%）（东部雨型）	年径流总量控制率（%）（中部雨型）	年径流总量控制率（%）（西部雨型）
支路	无绿化带	无硬性要求	无硬性要求	无硬性要求
	小于 1.5m	55	50	55
	大于等于 1.5m	63	58	63
次干路	小于 1.5m	无硬性要求	无硬性要求	无硬性要求
	大于等于 1.5m	50	45	50
主干路	小于 1.5m	50～55	45～50	50～55
	大于等于 1.5m	58～65	53～60	58～65
高快速路	—	70	65	70

注：主干路取值：生活性主干路取下限，交通性主干路取上限；改建道路参照执行，扩建道路扩建部分参照执行。

城中村综合整治类年径流总量控制率目标和管控指标表　　表 2-7

类别			综合整治区域（%）
控制目标	东部雨型	壤土	55
		软土（黏土）	50
	中部雨型	壤土	50
		软土（黏土）	45
	西部雨型	壤土	55
		软土（黏土）	50

河道水系类海绵目标和管控指标表　　表 2-8

指标类型	指标名称	指标要求
控制性指标	蓝线保护	落实蓝线保护要求
可选性指标	防洪（潮）标准（年）	达到相应河段的防洪（潮）标准
	生态岸线恢复（新、改、扩建项目）	尽量恢复原有生态岸线，生态性岸线比例力争达到 70%
	水环境质量	达到或超过相应水功能区划要求
	生态补水	达到旱季生态用水需求

以深圳市为例，其海绵城市建设雨水径流及污染物的控制效果受降雨特征、土壤类型、下垫面种类、地面坡度等因素的影响，应分区分类进行管控。因此，深圳市在模型研究的基础上，结合各专业部门的实际应用，明晰了深圳市分区、分类建设项目的目标值，具体建设项目在开展海绵城市设计时可通过表格索引确定目标。其中控制目标为刚性要求，引导性指标为参考要求，可根据具体项目情况在确保达到控制目标情况下进行合理设置。

其中，绿色屋顶比例是指进行屋顶绿化具有雨水蓄滞净化功能的屋顶面积占全部屋顶面积的比例，公共建筑类/工业类建筑要求绿色屋顶率不低于50%，其他类型根据总体需求合理布置；绿地下沉比例是指包括简易式生物滞留设施（使用时必须考虑土壤下渗性能等因素）、复杂生物滞留设施等，低于场地的绿地面积占全部绿地面积的比例，其中复杂生物滞留设施不低于下沉式绿地总量的50%；人行道、停车场、广场透水铺装比例指人行道、停车场、广场具有渗透功能铺装面积占除机动车道意外全部铺装面积的比例；不透水下垫面径流控制比例是指受控制的硬化下垫面（产生的径流雨水流入生物滞留设施等海绵设施的）面积占硬化下垫面总面积的比例。

3. 设计流程及深度

建设项目海绵化设计一般分为场地调查与评估、方案设计、初步设计和施工图设计四个阶段。其中，对于技术要求相对简单的民用建筑工程，当有关主管部门在初步设计阶段没有审查要求，且合同中没有做初步设计的约定时，可在方案设计审批后直接进入施工图设计。不同阶段设计深度和内容均应满足《市政公用工程设计文件编制深度规定（2013年版）》的要求。

（1）现状调查与评估

① 明确需求与目标：明确项目海绵城市设计目标、设计条件，以及拟通过海绵城市解决的问题，面临的限制和制约因素，需要被保护或者修复的范围等。

② 项目调查：重点调查土壤类型、渗透能力（初始渗透能力、饱和渗透能力）、地下水位、地下水水质等信息。

③ 现状评估：结合水文和地质情况，评估开发前自然水文状态；根据现状调查获取的信息，识别需要重点解决的问题。

（2）方案设计

方案设计阶段应根据设计目标，明确雨水径流路径组织、海绵设施选型及平面布局、设施规模等内容。

① 竖向设计：从海绵城市设计的角度出发分析场地竖向设计，对于局部竖向不利于海绵城市建设和设施布局的，应提出竖向调整建议。

② 雨水径流路径组织：分析下垫面类型及分布，以控制不透水区域雨水径流为出发点，明确雨水径流路径组织，对于局部区域不利于不透水下垫面雨水径流控制的，应提出空间布局调整建议。

③ 汇水分区划分：根据竖向设计、排水管网，划分汇水分区。

④ 技术措施与平面布置：根据场地水文、地质等相关条件，以及水量、水质控制目标，合理选择低影响开发技术措施，汇水分区划分的基础上，结合每个汇水分区的特征，布局低影响开发技术措施。

⑤ 设施规模核算：以汇水分区为单位，计算低影响开发技术设施的规模和径流控制量，并核算是否达到场地控制目标要求。对于不能达到要求的，调整设施类型、布局和规模，直至满足规划设计目标为止。

⑥ 投资估算：明确建设方案投资估算。

⑦ 图纸：海绵设施布局图、下垫面分布图、汇水分区图、海绵设施参数说明或设施

大样图等。考虑到建筑与小区类建设项目方案设计仅开展建筑布局设计，仅需海绵城市设计专篇说明，明确海绵城市设计目标、采取的技术措施类型。

（3）初步设计

初步设计阶段应深化方案设计，在方案设计基础上应明确海绵设施的构造及细节设计，并进一步复核技术方案以满足设计目标要求。

① 设施设计：明确海绵设施的构造、结构、材料要求等。

② 细节设计：明确海绵设施进水、溢流、预处理以及与其他系统衔接等细节。

③ 设计目标复核：根据海绵设施的构造，进一步核算技术方案是否满足设计目标要求，不满足要求则调整技术设施的构造、材料等，直至满足设计目标要求。

④ 投资概算：明确工程设计投资概算。

⑤ 图纸：海绵设施布局图、海绵设施详细设计图、给水排水管网平面图、汇水分区图、下垫面分布图、关键系统节点设计图等。

（4）施工图设计

海绵城市施工图设计阶段应在方案设计或初步设计的基础上，按照施工图设计文件深度深化设计，指导技术方案的实施，并明确海绵城市技术措施的施工、验收和运行维护要求。

施工图设计图纸包括：海绵设施布局图、海绵设施设计详图和结构设计图、给水排水管网平面图、汇水分区图、下垫面分布图、关键系统节点设计详图。

4. 设计计算方法

海绵设施的规模应根据控制目标及设施在具体应用中发挥的主要功能计算确定。海绵设施规模的计算方法主要包括数学模型法、容积法、流量法和水量平衡法等，有条件的优先推荐采用数学模型模拟的方法确定设施规模。

（1）数学模型法

数学模型法能有效评估海绵设施的径流总量控制、峰值流量控制和径流污染控制效应，优化设施规模及构造设计。

（2）容积法

当以径流总量和径流污染为控制目标进行设计时，海绵设施具有的滞蓄能力一般不应低于该地块“单位面积控制容积”的综合控制指标要求。计算滞蓄容积时，应综合考虑以下内容：

① 顶部和结构内部有滞蓄空间的渗透设施（如生物滞留设施、渗管/渠等）的渗透量应计入滞蓄容积；

② 无径流总量削减功能或者削减功能较小的设施（如雨水调节池、转输型植草沟、植被缓冲带等），其容积不计入滞蓄容积；

③ 透水铺装和绿色屋顶仅参与综合雨量径流系数的计算，其结构内的空隙容积一般不再计入滞蓄容积；

④ 受地形条件、汇水面大小等影响，无法发挥径流总量削减作用的设施，以及无法有效收集汇水面雨水径流的设施，其容积不计入滞蓄容积。

设计滞蓄容积一般采用容积法进行计算，如式（2-1）所示。

$$V = 10H\varphi F \tag{2-1}$$

式中　V——设计调蓄容积（m^3）；

H——设计降雨量（mm）；

φ——综合雨量径流系数，可参照表 2-9 进行加权平均计算；

F——汇水面积（hm^2）。

综合雨量径流系数表　　**表 2-9**

汇水面种类	雨量径流系数 φ	流量径流系数 ψ
绿化屋面（绿色屋顶，基质层厚度≥300mm）	0.30～0.40	0.40
硬屋面、未铺石子的平屋面、沥青屋面	0.80～0.90	0.85～0.95
铺石子的平屋面	0.60～0.70	0.80
混凝土或沥青路面及广场	0.80～0.90	0.85～0.95
大块石等铺砌路面及广场	0.50～0.60	0.55～0.65
沥青表面处理的碎石路面及广场	0.45～0.55	0.55～0.65
级配碎石路面及广场	0.40	0.40～0.50
干砌砖石或碎石路面及广场	0.40	0.35～0.40
非铺砌的土路面	0.30	0.25～0.35
绿地	0.15	0.10～0.20
水面	1.00	1.00
地下建筑覆土绿地（覆土厚度≥500mm）	0.15	0.25
地下建筑覆土绿地（覆土厚度＜500mm）	0.30～0.40	0.40
透水铺装地面	0.08～0.45	0.08～0.45
下沉广场（50 年及以上一遇）	—	0.85～1.00

顶部或结构内部有蓄水空间的渗透设施，设施具备的滞蓄能力可按照式（2-2）进行简要计算。

$$W = A \times h \times 0.001 \tag{2-2}$$

式中　V——设施滞蓄能力（m^3）；

A——设施的面积（m^2）；

h——设施滞蓄空间，包括设施顶部和内部滞蓄空间（mm）。

（3）植草沟等转输型海绵设施，其规模的设计可按照《室外排水设计标准》GB 50014—2021 的规定，通过推理公式法计算一定重现期下的雨水流量，并确定其断面尺寸。

（4）水量平衡法

水量平衡法主要用于湿塘、雨水湿地、蓄水池等设施储存容积的计算。设施储存容积应首先按照“容积法”进行计算，再通过水量平衡法计算设施雨水补水水量、外排水量、水量差、水位变化等相关参数，最后通过经济分析确定设施设计容积。

（5）雨水径流污染削减率计算方法

① 基础资料齐全的情况下可采用数学模型法计算年径流污染削减率。

② 基础资料不具备的情况下，年径流污染削减率可采用下述方法进行计算：

年 SS 总量削减率=年径流总量控制率×低影响开发设施对 SS 的平均削减率

③ 根据每类海绵设施的汇水面积和污染物去除率，计算确定雨水径流污染削减率，参考式（2-3）进行计算。

$$C = \eta \frac{\sum F_i C_i}{F} \tag{2-3}$$

式中 C——径流污染削减率（以 SS 计）；

η——年径流总量控制率；

C_i——各类海绵设施对 SS 的去除率，按表 2-10 选取；

F——各类海绵设施汇水面积之和（m^2）；

F_i——单个海绵设施的汇水面积（m^2）。

低影响开发设施污染物削减率一览表 **表 2-10**

低影响开发设施	污染物削减率（以 SS 计，%）	低影响开发设施	污染物削减率（以 SS 计，%）
透水砖铺装	80%～90%	蓄水池	80%～90%
透水混凝土	80%～90%	雨水罐	80%～90%
透水沥青	80%～90%	植草沟	35%～90%
绿色屋顶	70%～80%	渗透管/渠	35%～70%
生物滞留设施	70%～95%	植被缓冲带	50%～75%
湿塘	50%～80%	初期雨水弃流设施	40%～60%
人工土壤渗滤	75%～95%		

注：SS 削减率来自美国流域保护中心（Center ForWatershed Protection，CWP）的研究数据。

5. 非工程性措施

为实现径流总量削减，宜采用减少不透水面面积、隔断不透水面、改良土壤、提升绿化、利用地下建筑顶面覆土层实现雨水渗透等非工程性技术措施。

为延长雨水汇流时间，宜采用减缓透水面坡度、采用植草沟排水等非工程性技术措施。

为增大雨水滞留（流）量，路面宜高于下沉式绿地 100～150mm，并应确保雨水顺畅流入下沉式绿地。当采用下沉式绿地时，雨水口宜设在绿地内，其顶面标高宜低于路面 30～50mm；宜利用区域内水体滞留（流）雨水。

为减少雨水径流污染负荷，宜加强物业管理和废弃物管理、减少地面污染沉积物。在雨水口设置物理截污设施，且雨水在进入下沉式绿化或水体前应采用工程性设施处理初期雨水径流。

6. 海绵化设计指引

海绵城市设施的设计应按设计要点进行深化设计（表 2-11～表 2-16），各项设施具体参数及设计方法参照国家、地方相关规范。

居住小区类（R1、R2）海绵城市建设规划设计要点 表 2-11

规划要点	设计要点					
	建筑屋面	小区绿地	道路广场	水体景观	排水系统	改造要点
1. 居住区雨水应以下渗为主，包括绿地入渗、道路广场入渗等。 2. 新建居住小区屋面雨水应进行收集处理回用于小区绿化、洗车、景观、杂用等。如不收集回用则应引入绿地入渗。 3. 小区雨水利用应与景观水体相结合	1. 宜采用屋顶绿化（绿色屋顶）的方式滞蓄、净化雨水。 2. 屋顶绿化的建筑周边可设置雨水储存罐/池，收集雨落管的雨水进行回用。 3. 屋面雨水径流如不收集回用，应引入建筑周围绿地入渗	1. 小区内绿地应尽可能建为下凹式绿地，小区停车场、广场、庭院应尽量坡向绿地。 2. 条件适宜时，可在绿地增建渗井、浅沟、洼地、渗透池（塘）等雨水滞留、蓄存、渗透设施。 3. 绿地设计应考虑绿地外超渗雨水引入量。 4. 绿地植物宜选用耐涝耐旱本地植物，以灌草结合为主。 5. 地下室顶板应有1.0m以上的覆土，并设置蓄排水层	1. 非机动车道路、人行道、停车场、广场、庭院应采用透水铺装地面。非机动车道路可选用多孔沥青路面、透水性混凝土、透水砖等；林荫小道、人行道可选用透水砖、草格、碎石路面等；停车场可选用草格、透水砖；广场、庭院宜采用透水砖。 2. 非机动车道路超渗雨水应引入附近下凹式绿地入渗。停车场、广场、庭院应尽量坡向绿地，或建适当的引水设施，超渗雨水可自流至绿地入渗。 3. 雨水口宜置于道路绿化带内，其高程应高于绿地而低于路面，超渗雨水可排入市政管线或渗井	1. 景观水体应兼有雨水调蓄功能，并应设溢流口。超过设计标准的雨水可溢流入市政系统。 2. 景观水体可与湿地有机结合，设计成为兼有雨水净化功能的设施。 3. 水体雨水经适当处理可回用于绿化、冲洗地面、中央空调冷却用水等	1. 优化小区排水系统设计，通过径流系数本底分析和雨水综合利用后核算排水系统设计。 2. 雨水口宜尽量采用截污挂篮等源头污染物去除设施。 3. 合理设计超渗系统，并按现行规范标准设计室外排水管道	可针对小区绿地新增渗井、植被草沟、渗透池等设施，增大雨水入渗量。对树池、雨水口进行生态化改造

旧城改造类（R3）海绵城市建设规划设计要点 表 2-12

规划要点	设计要点				
	建筑屋面	绿地	道路广场	排水系统	改造要点
旧城改造综合整治类项目应结合排水系统完善、环境设施提升同步建设海绵设施。规划设计应在分析区域排水系统的基础上，以问题为导向因地制宜开展	积极推广屋顶绿化，蓄存雨水，削减径流	1. 有条件的地方应将绿地改造为下凹式，充分利用有限的绿地入渗雨水。 2. 根据城中村特点在绿地内因地制宜增设雨水利用设施	人行道、广场应采用透水铺装地面，可采用透水砖	1. 完善雨水管网，通过径流系数本底分析和雨水综合利用后核算排水系统负荷，改造与优化并举。 2. 雨水口宜尽量设置在绿地内或路边，并采用截污挂篮等源头污染物去除设施	1. 根据建筑体条件，将屋顶改造为绿化屋顶。 2. 对树池、雨水口等进行生态化改造

公共建筑类（C、GIC）海绵城市建设规划设计要点 **表 2-13**

规划要点	设计要点					
	建筑屋面	绿地	道路广场	水体景观	排水系统	改造要点
1. 公共建筑屋面可采用屋顶绿化的方式滞蓄雨水。溢流雨水应进行收集回用。 2. 绿地可在适当位置建设雨水滞留、渗透设施	1. 平屋面（坡度小于15°）宜采用屋顶绿化（绿色屋顶）的方式蓄存雨水。 2. 大面积屋面雨水宜收集回用，可收集进入水景或蓄水池，如不收集回用，应引入建筑周围绿地入渗	1. 公共建筑绿地应建为下凹式绿地，充分利用绿地入渗雨水。 2. 当绿地入渗面积不足时，可广泛采用其他渗透设施，如可选用浅沟-渗渠组合系统、渗透管、渗透管一排放一体设施等。 3. 绿地邻近城市水体、城市绿带时，应利用城市水体、绿带进行整体雨水综合利用设计。 4. 绿地植物宜选用耐涝耐旱本地植物	公共建筑人行道、停车场、广场应采用透水铺装地面。人行道、广场可采用透水砖，停车场可采用透水砖或草格	1. 公共建筑景观水体应作为雨水调蓄设施，并与景观设计相结合。调蓄池应设溢流口，超过设计标准的雨水可排入市政管系。调蓄池雨水在非雨季时可收集利用，经适当处理回用于绿化、冲洗地面、景观用水等。 2. 无景观水体可利用的建设项目，无法达到径流量控制目标的，可在确保安全的情况下，因地制宜设置地下蓄水池	1. 优化排水系统设计，通过径流系数本底分析和雨水综合利用后核算排水系统设计。 2. 雨水口宜尽量设置在下凹式绿地内，并采用截污挂篮等源头污染物去除设施。 3. 合理设计超渗系统，并按现行规范标准设计室外排水管道	1. 根据场地条件，在绿地中设置渗井，增大雨水入渗量。 2. 设置雨水收集回用设施，适当处理后用于绿化、景观用水等

工业仓储类（M1、M0、W1、W0）海绵城市建设规划设计要点 **表 2-14**

规划要点	设计要点					
	建筑屋面	工业区绿地	道路广场	水体景观	排水系统	改造要点
1. 工业区屋面应采用屋顶绿化的方式滞蓄雨水。 2. 厂区非机动车道路、人行道、小车停车场等应采用透水铺装地面。 3. 工业区绿地可在适当位置建设雨水滞留、渗透设施。 4. 为避免地下水污染风险，存在特殊污染风险的厂区、道路不宜建设入渗设施	1. 工业区比较大的平屋面（坡度小于15°）宜采用屋面绿化的方式蓄存雨水。溢流雨水应收集利用，不能收集利用的应引入建筑周围绿地入渗。 2. 对于采用轻钢、彩钢板为主要结构的厂房和仓库，不具备建设绿色屋顶条件的，可不建设绿色屋顶	1. 应充分利用厂区内绿地入渗雨水，厂区绿地应建为下凹式绿地。 2. 在绿地适当位置宜建浅沟、洼地、渗透池（塘）等雨水滞留、渗透设施。 3. 道路高程应高于绿地高程，一般道路地面宜高于绿地50～100mm，并应确保雨水顺畅流入绿地	1. 工业区非机动车道路、人行道、小车停车场应采用透水铺装地面。非机动车道路可选用多孔沥青路面、透水性混凝土、透水砖等；人行道可选用透水砖、草格、碎石路面等；小车停车场可选用草格、透水砖。 2. 工业区非机动车道路超渗雨水应集中引入两边绿地入渗。停车场、广场、应尽量坡向绿地，或建适当的引水设施，使超渗雨水能自流入绿地入渗	1. 工业区景观水体应兼有雨水调蓄、自净功能，并应设溢流口。超过设计标准的雨水可排入市政管系。 2. 工业区雨水调蓄设施应优先与景观水体设计相结合，当景观水体不足以调蓄洪峰流量时，应建雨水调蓄池	1. 优化工业区排水系统设计，通过径流系数本底分析和雨水综合利用后核算排水系统设计。 2. 雨水口宜尽量采用截污挂篮等源头污染物去除设施。 3. 合理设计超渗系统，并按现行规范标准设计室外排水管道	1. 根据建筑体条件，将屋顶改造为绿化屋顶。 2. 针对雨水口、树池等进行生态化改造，削减场地径流污染

市政道路类（S、G4）海绵城市建设规划设计要点　　表 2-15

规划指引	设计要点指引					
	机动车路面	非机动车道路面（人行道、自行车道）	道路附属绿地	路牙	排水系统	改造要点
道路雨水应以控制面源污染为主。视道路类型不同，可适当设置滞留、净化及调蓄设施	适宜路段可试验采用多孔沥青路面或透水性混凝土路面	宜采用透水性路面。人行道一般采用透水砖；自行车道可采用透水砖或透水沥青路面	1. 道路绿化带宜建为下凹式绿地；为增大雨水入渗量，绿化带内可采用其他渗透设施，如浅沟-渗渠组合系统、入渗井等。 2. 在有坡度的路段，绿化带应采用梯田式。 3. 道路雨水径流宜引入两边绿地入渗	宜采用开孔路牙、格栅路牙或其他形式，确保道路雨水能够顺利流入绿地	1. 雨水口宜设于绿地内，雨水口高程高于绿地而低于路面。 2. 雨水口内宜设截污挂篮。 3. 道路排水管系可采用渗透管或渗透管-排放一体设施。 4. 市政道路沿线可因地制宜建设雨水调蓄设施。天然河道、湖泊等自然水体应成为雨水调蓄设施的首选；也可在公路沿线适宜位置建人工雨水调蓄池。 5. 土地条件许可时，道路沿线可建设雨水生态塘或人工湿地，道路雨水可引入其中处理、储存。雨水生态塘和人工湿地应兼有雨水处理、调蓄、储存的功能。 6. 经雨水生态塘和人工湿地处理后的雨水在非雨季时可用于灌溉和浇洒道路。 7. 为增大路牙豁口的收水能力，可在豁口处设置簸箕形收水口。 8. 在纵坡较大等路段可考虑设置复合横坡	道路的海绵化改造主要针对附属绿地、树池、路牙、非机动车道铺装等进行

水体类（E1）海绵城市建设规划设计要点　　表 2-16

规划要点	设计要点			
	断面	湿地	调蓄设施	水景和雍水设施
城市水体宜采用恢复河流自然生态的方式，结合湿地、初雨水处理设施等提高水体对洪峰和污染物的控制能力	1. 断面宜采用生态断面，充分与周边城市景观结合。 2. 宜采用复式断面	1. 宜建设为多功能湿地，具有去除污染物、滞留洪水等功能。 2. 湿地应尽量利用河道蓝线内适宜用地，不对行洪产生障碍	1. 尽量采用维护、管理方便的形式建设调蓄设施，便于后期管理。 2. 调蓄设施尽量与雍水设施、景观设计相结合	不得对行洪造成妨碍，尽量利用自然方式如湿地改善水质，延长换水周期，减少旱季生态补水需求

2.6.2 建设项目海绵设施施工

建设项目海绵城市精细化施工是落实海绵城市精细化设计的关键环节。海绵工程应按照批准的设计文件和施工技术标准进行施工，且应由具有相应施工资质的施工队伍承担，施工人员应经过相应的技术培训或具有施工经验。新、改、扩建项目源头管控类海绵设施包括渗透设施、储存设施、调节设施、转输设施和净化设施等类型，各类型设施的施工要点如下：

1. 渗透设施

渗透设施一般包括下沉绿地、洼地、管渠、透水铺装、渗透井、渗透塘等。它的主要作用是通过自然土层的过滤下渗达到对雨水径流的净化吸收，补充地下水①。渗透设施施工前应对场地进行详细的地质勘查，充分了解地块的区域滞水层分布、土壤特性和渗透系数、地下水动态等地下水文条件，以便于对渗透设施的总体布局和设施规模做出调整。其中雨水渗透设施的土壤渗透系数应在 $1\times10^{-6}\sim1\times10^{-3}$ m/s，并且土壤中的黏土含量应小于 20%，粉砂含量应小于 40%。

雨水渗透设施的施工建设不应对周围的卫生环境产生危害，其底部应与当地的地下水位保持必要的距离，并对雨水渗透设施进行径流污染控制措施的预处理，其雨水的下渗不应污染地下水源②。同时，应严禁市政污水管道接入渗透设施，将市政污水直接排入渗透设施。受到严重污染的雨水径流应经过处理后再排入渗透设施，应在渗透设施的周围设置截污措施。雨水渗透设施应和周围建筑物等保持必要的距离，确保雨水的渗透不危及周围建筑物的基础。

下沉绿地、渗透塘等雨水渗透设施应低于周围用地地面，处理好渗透设施雨水入口处与周围地面的高程关系，当地形的高程变化较大时，应在进水口处设置消能措施。当雨水渗透设施处于易受污染的区域时，应在雨水入口处设置植被缓冲带、台阶绿地等径流污染处理措施。同时，应在渗透设施中设置雨水溢流设施。下沉式绿地施工流程见图 2-7。

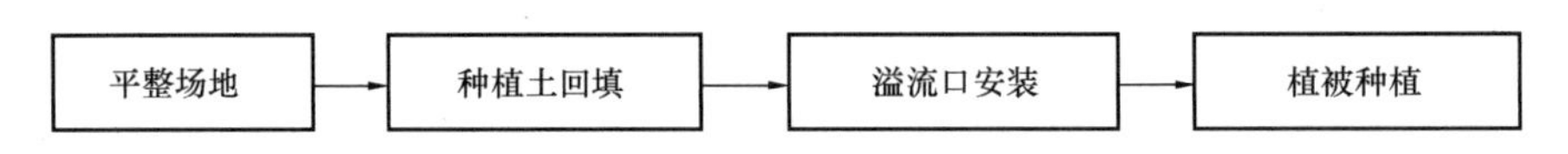

图 2-7 下沉式绿地施工流程图

透水铺装场地应设置透水面层、找平层和透水垫层（图 2-8），具体施工应满足相关规范要求。当渗透设施场地下存在停车场等地下开发空间时，应在地下构筑物顶层和渗透层之间设置导流排放设施，或结合地下开发空间，对渗透雨水收集利用。雨水渗透设施的植物应尽量选择本地植物，并具有抗旱、耐短期水淹等特性。

2. 储存设施

雨水储存设施主要包括雨水桶、蓄水池等，通过对雨水径流的收集利用，达到削减雨

---

① 姚金元．一种市政雨水渗透装置［P］．广东省：CN213358877U，2021-06-04.

② 史建平，王金奎，武欣．基于海绵城市理念的低影响开发措施研究［J］．河北建筑工程学院学报，2020，38(1)：91-95.

图 2-8　透水铺装施工流程图

峰流量的作用[①]。雨水储存设施的设置应根据场地现状和工程特点进行施工建设（图 2-9）。应通过综合的水量平衡计算，合理确定雨水储存设施的规模。当雨水储存设施规模较大时，应在其周围设置防止人员跌落的安全防护设施。

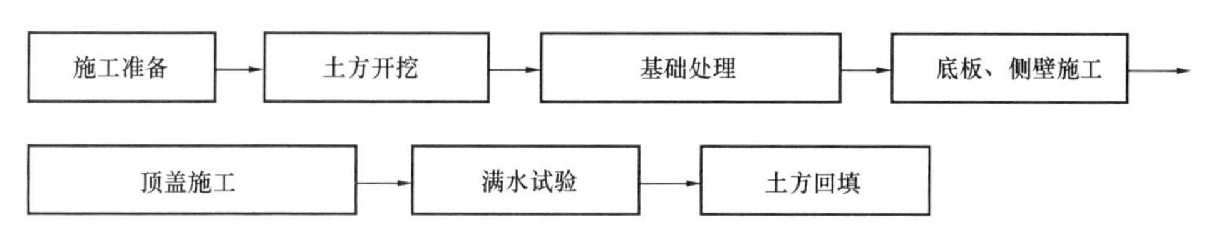

图 2-9　蓄水池施工流程图

雨水储存设施应设置雨水溢流排水设施，其雨水溢流系统宜采用重力溢流。同时，应确保溢流排水系统的排水能力大于储存设施的进水设计流量。当雨水储存设施超过一定规模时应设置检查井，检查井的施工建设应符合相关规范要求。同时，为了保持储存雨水的洁净，应在储存设施的底部设置带有一定坡度的沉积物蓄积坑；并且，储存设施宜采用耐腐蚀的生态环保材料。

3. 调节设施

雨水调节设施主要包括生物滞留设施、调节塘等设施。雨水调节设施的设计建造应结合场地的地形、水体等自然条件，根据城市积水区的大小、下垫面的性质以及雨水控制目标等确定具体规模（图 2-10）。

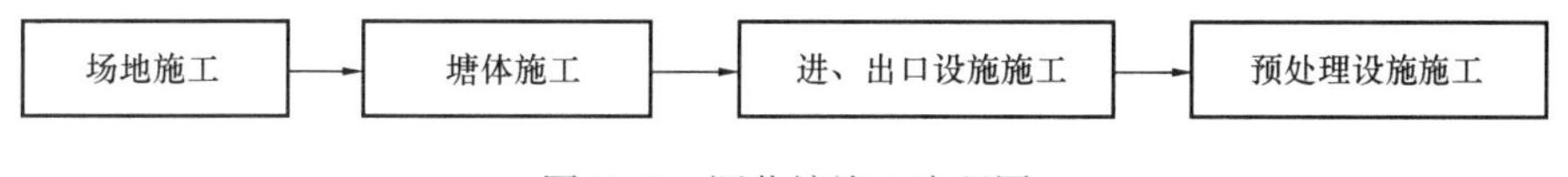

图 2-10　调节塘施工流程图

为了防止雨水调节设施受到雨水径流的冲刷和污染，应在其雨水进口外侧设置预处理设施，内侧应设置消能设施。且调节设施的底部不宜硬化，其雨水的出口处应设置防雨水径流冲蚀设施。当雨水调节设施位于污染高危区时，应对调节设施做雨水径流污染控制设施，宜通过采用台阶式绿地等多级串联方式的措施处理雨水径流污染。当调节设施的设计调节水位较高时，应设置安全护坡。雨水调节设施的植物应选择根系发达的当地湿生植物。

4. 转输设施

雨水转输设施主要包括植草浅沟等设施。雨水转输设施的纵向坡度应利于排水，其坡度宜在 3%～5%之间，且不得低于 1%。为了便于雨水径流的传输和渗蓄，雨水转输设施的断面形式宜采用梯形，设计雨水流速应小于 0.8m/s，当水流速度过快时，可设置挡水设施。

---

① 苗展堂．微循环理念下的城市雨水生态系统规划方法研究［D］．天津：天津大学，2013.

同时，应在雨水转输设施渗透层下面设置穿孔导流排水管。为了延缓雨水径流速度，控制径流污染，雨水转输设施应种植密集的地被植物，不宜种植乔木或灌木(图 2-11)。

图 2-11　植被草沟施工流程图

5. 净化设施

雨水净化设施主要包括生物滞留槽、砂滤池等设施。雨水净化设施应结合场地条件设计施工，当规模不能达到径流污染控制要求时，应在前端或末尾设置预处理设施(图 2-12)。雨水净化设施的规模应根据所在的汇水分区的面积确定，但最大不应超过 $5hm^2$。

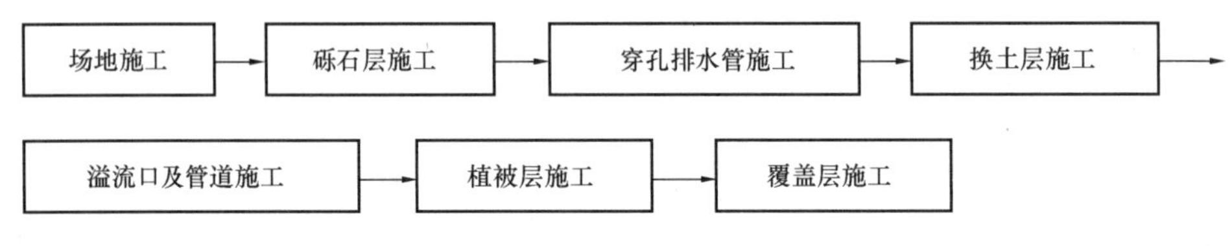

图 2-12　生物滞留设施施工流程图

在雨水径流易受到严重污染的地区，其雨水净化设施的进水口应设置预处理设施。雨水净化设施的底部应设置种植土层、滤料层和砾石层，砾石层和滤料层之间应设置土工布，同时应在砾石层中设置穿孔排水管，其管径等参数应符合相关规范要求。生物滞留槽的前端宜设置植草缓冲带或消能卵石沟作为预处理设施，而在砂滤池的前端宜将沉砂池作为预处理设施。在雨水净化设施内应种植根系发达的当地耐淹耐旱植被，不宜种植乔木。

6. 收集设施

雨水收集设施主要包括屋顶雨水收集系统、存在地下车库等地下空间的渗透绿地和硬化地面雨水收集系统等。雨水收集设施应优先考虑收集屋顶雨水等污染较少的雨水径流，不宜收集污染严重的下垫面上的雨水径流（图 2-13)。其规模应根据收集场地的面积，经过水量平衡计算等确定。

图 2-13　雨水罐施工流程图

工业厂房、公共建筑等大型屋顶雨水收集系统应设置雨水溢流设施。硬化地面等雨水收集设施应设置截污或初期雨水弃流设施。

2.6.3　建设项目海绵设施运行维护

为保障建设项目海绵设施的运行维护，深圳市充分结合本地实情，考虑到气候降雨、植物生长特点、本地经济实力和行业水平等因素，制定了《海绵城市建设项目施工、运行维护技术规程》(以下简称《技术规程》)，指导深圳市新建、改建、扩建项目配套建设的各类海绵设施的运行与维护管理。首先，《技术规程》总结剖析了上百项海绵城市项目的实施经验和教训，按照“本地化、集成化、菜单化”的思路，建立了深圳市海绵城市建设项目施工、运行维护技术体系，结合南方多雨及滨海城市特点，同时考虑土壤、排水、社会经济、设施安全等因素，筛选出经济适用的海绵设施，并结合已建示范项目的经验，提炼出本地化的施工、运行维护技术要点。其次，考虑到海绵城市建设项目施工、运行维护技术性较强，相关单位存在操作难的问题，《技术规程》将技术要点转化为实操性强的现场施工检查表单及巡查维护表单，有效指导管理人员及现场工作人员开展工作。

根据类型和功能的不同，源头管控类海绵设施运行维护的侧重点也不尽相同，相关的技术要点如下：

1. 渗透设施

渗透设施运行维护的重点是保障设施的渗透性，所以其使用年限与维护频率、沉积物结构安全以及径流负荷有密切关系，应合理、持续地运行维护，使渗透设施的使用年限达到设计年限或延长。透水铺装运行维护主要关注面层、基层和土基的堵塞情况，绿色屋顶、下沉式绿地、生物滞留设施等运行维护主要关注植物生长情况、垃圾以及沉积物累积情况，渗透塘、渗井运行维护则主要关注阻塞情况。以下沉式绿地为例，其运行维护要点及巡视周期如表2-17、表2-18所示。

下沉式绿地运行维护要点一览表 **表2-17**

<table>
<tr><th>海绵设施</th><th colspan="2">巡查内容</th><th>维护内容</th><th>维护频率</th></tr>
<tr><td rowspan="8">下沉式绿地</td><td rowspan="4">种植物</td><td>是否覆盖90%以上</td><td rowspan="4">及时补种修剪植物，清除杂草，施肥</td><td rowspan="4">根据植物要求定期维护</td></tr>
<tr><td>是否有枯死</td></tr>
<tr><td>是否有杂草</td></tr>
<tr><td>是否需要修剪</td></tr>
<tr><td rowspan="2">进水口及溢流设施</td><td>进水口是否不能有效收集汇水面径流雨水</td><td>加大进水口规模或进行局部下凹等</td><td rowspan="4">根据巡查结果确定</td></tr>
<tr><td>是否有淤积或堵塞</td><td>应及时清理垃圾与沉积物</td></tr>
<tr><td rowspan="2">调蓄空间</td><td>是否有垃圾堆积或泥沙淤积</td><td>及时清理垃圾和泥沙</td></tr>
<tr><td>边坡是否有坍塌</td><td>及时进行修补</td></tr>
</table>

下沉式绿地巡视周期表 **表2-18**

<table>
<tr><th>巡视项目</th><th>巡视周期</th></tr>
<tr><td>植物</td><td>竣工2年内不少于1个月1次
竣工2年后不少于3个月1次</td></tr>
<tr><td>溢流式雨水口</td><td rowspan="2">竣工2年内不少于3个月1次
竣工2年后不少于6个月1次
特殊天气预警后，降雨来临前
特殊天气过后24h内</td></tr>
<tr><td>排空时间</td></tr>
</table>

2. 储存设施

储存设施对径流雨水进行滞留、集蓄，削减径流总量以达到集蓄利用、补充地下水等目的，因此其维护的重点是设施容积及其与下游设施的衔接。湿塘、雨水湿地等设施还应关注植物的生长情况，包括病虫害控制、植被修剪、植被修复等。雨水储存设施的各个部件应在每年春季和秋季进行一次全面检查。

3. 调节设施

调节设施在降雨期间暂时储存一定量的雨水，削减向下游排放的雨水峰值流量、延长排放时间，因此其维护的重点是雨前、雨后的运行工况。如调节塘等设施，每年应对其进行 3 次检修，分别在雨季前、雨季和雨季后进行，雨季检修应在第一次大降雨事件之后进行，并定期清除垃圾碎片，在汛期提高清理频次。

4. 转输设施

转输设施用来收集、输送和排放径流雨水，因此其维护的重点是植物生长情况和设施堵塞情况。雨季开始前对设施及周边的垃圾碎片、树叶以及其他沉积物进行 1 次清理，雨季到来后，每月按时清理 1 次。

此外，为方便运行维护单位的操作管理，《技术规程》还从建设项目层面提出了运行维护管理要求，并制定了体系化的规定，引导建设项目通过对雨水产汇流全过程，地上、地下设施，绿色、灰色设施的有效运维，凸显整体效益。

（1）建筑与小区类项目

1）小区道路雨水口、建筑屋面雨水斗应定期清理，防止被树叶、垃圾等堵塞，雨季时提高排查频率；雨水口截污挂篮拦截的废物应定期进行倾倒。

2）小区内透水铺装应定期采用高压清洗和吸尘等方式清洁，避免孔隙阻塞，保证透水性能。

3）小区内蓄水池、蓄水模块等储存设施应定期清洗，每年应进行一次放空，清洗和放空时间宜选择在旱季。

4）雨水回用设施应设置防止误接、误用、误饮的措施，严禁擅自移动、涂抹、修改雨水回用管道和用水点的标记。雨水回用设施的处理水质应进行定期检测。

5）绿地、水景等用于雨水消纳的设施应根据季节变化进行养护，对暴雨后残留的垃圾要进行及时清理。

6）应检查老旧小区是否有污废水接入雨落管的现象，如存在，应雨污分流，新增雨落管。

（2）市政道路类项目

1）对于透水路面的损坏，应结合道路养护规程进行修复。

2）道路周边绿化带应及时补种、修剪植物，清除杂草，植物生长季节修剪不少于 1 次/月。

3）位于道路周边下沉式绿地或生物滞留设施进水口，若雨季不能有效汇集周边道路雨水径流，应进行局部的竖向或进水口位置的调整。进水口、溢流口应采取相应的防冲刷设施，防止水土流失。

4）应定期检查清理路牙豁口处拦污槽（框）内的树叶碎片、垃圾等杂物，根据堵塞情况进行冲洗，必要时进行填料更换。填料更换周期根据堵塞状况不同，2～3 年左右更换一次。

5）设施调蓄空间因沉积物淤积导致调蓄能力不足时，应及时清理沉积物。

（3）绿地与广场类项目

1）绿地应严格控制植物高度、疏密度，保持适宜的根冠比和水分平衡；定期对生长过快的植物进行适当修剪，根据降水情况对植物灌溉。

2）在雨季来临前及雨季结束后，应对绿地海绵设施及其周边的雨水口进行清淤维护。溢流口堵塞或淤积导致过水不畅时，应及时清理垃圾和沉积物。

3）在雨季，应定期清除绿地上的杂物，加强对植物生长的管理，对雨水冲刷造成的植物缺失，应及时补种。

4）湿塘、湿地等集中调蓄设施，应根据暴雨、干旱、冰冻等不同情况进行相应的维护及调节水位；维护湿地内水生植物的生长环境，定期清理水面漂浮物和落叶等。

5）广场调蓄设施的警示牌应明显完整。应设置调蓄和晴天两种运行模式，建立预警预报制度，并应确定启动和关闭预警的条件：启动预警后，即进入调蓄模式，应及时疏散人员和车辆，打开雨水专用进口的闸阀，调蓄模式期间，雨水流入广场，人员不得进入，预警关闭后，应打开雨水专用出口闸阀，雨水排出广场，雨水排空后，应对广场和雨水专用进出口进行清扫和维护，并应关闭调蓄模式。晴天模式时，应关闭雨水专用进口闸阀，并应定期对雨水专用进出口进行维护保养。

（4）城市水系类项目

1）应定期对生态护岸进行巡查，关注护岸的稳定及安全情况，并加强对护岸范围内植物的维护和管理。

2）对水体中挺水、沉水、浮叶植物进行定期维护，并遵循无害化、减量化和资源化原则，及时收割一定的水生植物并移出水体，避免二次污染。

3）针对水体中生态浮岛等原位水质净化设施进行定期检查，包括床体、固定桩的牢固性等，若出现问题应及时进行更换或加固。

4）定期取样与检测水体水质，当水质发生恶化时，及时采用物理、化学、生化和置换等综合手段治理，保证水体水质满足景观水质要求。

5）城市水系类项目的维护还应参考《河道生态治理设计指南》及《人工湿地污水处理工程技术规范》HJ 2005—2010 等相关规范措施执行。

2.7　关键环节的探索五：建设项目海绵化管控体系

建设项目的管理流程包括立项或土地出让及用地规划许可、建设工程规划许可、施工许可、竣工验收等环节。建设项目海绵城市建设要求需充分衔接行政审批制度，按照“放管服”改革要求有机纳入上述各环节中，才能建立起全方位的、有效的管控机制，以保证海绵城市建设要求的全面贯彻。

2.7.1 全周期管控机制

为深入贯彻习近平新时代中国特色社会主义思想，推进建设项目行政审批制度改革，促进政府职能转变，深化“放管服”改革，优化营商环境，国务院办公厅印发《关于开展工程建设项目审批制度改革试点的通知》（国办发〔2018〕33号）（以下简称《通知》），深圳市成为该制度改革试点城市之一。《通知》要求：统一审批流程，按照工程建设程序将工程建设项目审批流程主要划分为四个阶段，相关审批事项归入相应阶段。精简审批环节，取消不合法、不合理、不必要的审批事项和前置条件，扩大下放或委托下级机关审批的事项范围；合并管理内容相近的审批事项，推行联合勘验、联合测绘、联合审图、联合验收等；完善审批体系。一是以“一张蓝图”为基础，统筹协调各部门提出项目建设条件；二是以“一个系统”实施统一管理，所有审批都在工程建设项目审批管理信息系统上实施；三是以“一个窗口”提供综合服务和管理；四是用“一张表单”整合申报材料，完成多项审批；五是以“一套机制”规范审批运行。

深圳市是国家海绵城市建设试点城市之一，同时也是工程建设项目审批制度改革的试点城市之一。在深入贯彻落实党中央、国务院关于深化审批工作“放管服”改革、改善营商环境要求的同时，结合国家海绵城市试点建设经验，将海绵城市建设要求有机地融入了改革后的建设项目审批制度框架和管理系统，并出台了相应的政府规章，有效组织动员全市各方力量，建立制度保障，提高城市服务和管理水平，推动海绵城市建设工作的常态化、规范化和法制化，形成长效工作机制，推动城市品质提升。

2018年，深圳市以政府规范性文件的方式印发《深圳市海绵城市建设暂行管理办法》，结合建设项目的实施流程，从规划管理、建设管理、运行维护等角度将海绵城市建设的要求纳入建设工程的全流程当中。2020年启动《深圳市海绵城市建设管理规定》编制，计划将原规范性文件上升为规章，进一步加强海绵城市管控工作。

1. 立项和用地规划许可阶段

（1）基本事项

规划和自然资源部门在用地预审与选址意见书中，应当依据海绵城市建设项目豁免清单，将建设项目是否开展海绵化建设作为基本内容予以载明。

规划和自然资源部门、城市更新和土地整备部门在核发建设用地规划许可或者出具规划设计要点时，应当依据法定规划或海绵城市规划要点和审查细则，列明该项目的年径流总量控制率等海绵城市建设管控指标。

不需要办理选址、土地供应手续的政府投资改造类项目，在项目策划生成阶段，建设单位应当征求区领导小组办公室意见，由区领导小组办公室明确提出海绵城市建设管控指标。

（2）其他可能涉及的事项

政府投资建设项目可行性研究应就海绵城市建设适宜性进行论证，对海绵城市建设的技术思路、建设目标、具体技术措施、技术和经济可行性进行全面分析，明确建设规模、内容并进行投资估算。

发展改革部门在政府投资建设项目的可行性研究报告评审中应强化对海绵设施项目技术合理性、投资合理性的审查，并在批复中予以载明。

在审核政府投资建设项目总概算时，发展改革部门应按相关标准与规范，充分保障建设项目海绵设施的规划、设计、建设、监理等资金需求。

2. 工程规划许可阶段

建设项目方案设计阶段，建设单位应当组织设计单位严格按照相关规划条件要求，编制方案设计海绵城市专篇，填写自评价表和承诺书，承诺满足项目海绵城市建设管控指标，并将其一并提交规划和自然资源部门、城市更新和土地整备部门。未提交前述材料的，规划和自然资源部门、城市更新和土地整备部门应当要求建设单位限期补正。

市政类线性项目方案设计海绵城市专篇应当随方案设计在选址及用地预审前编制完成。

建设工程规划许可证中应当载明下一阶段建设项目的海绵化建设工作落实要求。

3. 施工许可阶段

（1）施工图设计环节

施工图设计环节，建设单位应组织设计单位按照国家和地方相关设计标准、规范和规定进行海绵设施施工图设计及文件编制，设计文件质量应满足相应阶段深度要求。

施工图设计文件审查机构应按照国家、地方相关规范及标准施工图对海绵城市设计内容进行审查，建设单位应组织设计单位对施工图审查机构提出的不符合规范及标准要求的内容进行修改。

住房和城乡建设等行业主管部门整合施工图审查力量，将海绵城市内容纳入统一抽查、审查。

交通运输、水利等需开展初步设计文件审查的建设项目，应按建设用地规划许可证的管控指标要求，编制海绵城市设计专篇。行业主管部门在组织审查时，应对该部分内容进行审查，并将结论纳入审查意见。

（2）施工环节

海绵设施应按照批准的图纸进行建设，按照现场施工条件科学合理统筹施工。建设单位、设计单位、施工单位、监理单位等应按照职责参与施工过程、管理并保存相关材料。

建设单位不得取消、减少海绵设施内容或降低建设标准，设计单位不得出具降低海绵设施建设标准的变更通知。

4. 竣工验收阶段

建设单位组织竣工验收（含水务工程完工验收，下同）时应当按照海绵城市建设有关验收技术规范和标准完成海绵城市验收事项，竣工验收报告应当载明海绵化设施建设内容合格与否的结论。海绵城市验收事项不合格的，建设项目不得通过竣工验收。

建设单位在申请建设工程竣工联合（现场）验收时，应当包含海绵化设施建设相关内容的竣工图纸及相关材料，以及载明海绵化设施建设内容合格的竣工验收报告。未提交前述材料的，竣工联合（现场）验收牵头部门应当要求建设单位限期补正。

图2-14、图2-15分别为房建类建设项目和市政线性建设项目的审批管控流程图。

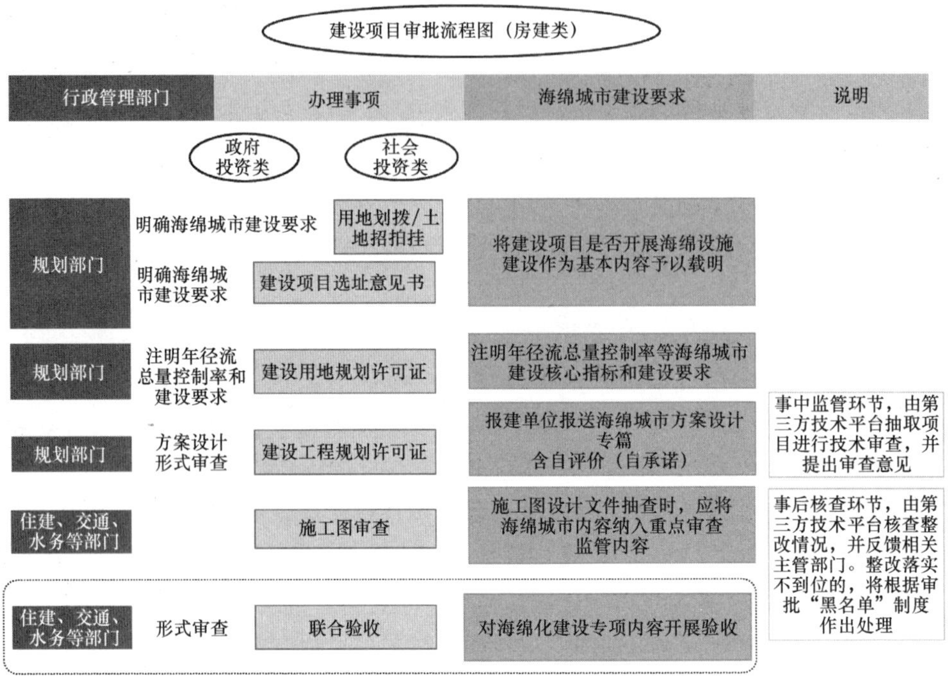

建设项目审批流程图（房建类）
行政管理部门
办理事项
海绵城市建设要求
说明
政府投资类
社会投资类
规划部门
明确海绵城市建设要求
用地划拨/土地招拍挂
明确海绵城市建设要求
建设项目选址意见书
将建设项目是否开展海绵设施建设作为基本内容予以载明
规划部门
注明年径流总量控制率和建设要求
建设用地规划许可证
注明年径流总量控制率等海绵城市建设核心指标和建设要求
规划部门
方案设计形式审查
建设工程规划许可证
报建单位报送海绵城市方案设计专篇含自评价（自承诺）
事中监管环节，由第三方技术平台抽取项目进行技术审查，并提出审查意见
住建、交通、水务等部门
施工图审查
施工图设计文件抽查时，应将海绵城市内容纳入重点审查监管内容
事后核查环节，由第三方技术平台核查整改情况，并反馈相关主管部门。整改落实不到位的，将根据审批“黑名单”制度作出处理
住建、交通、水务等部门
形式审查
联合验收
对海绵化建设专项内容开展验收

图 2-14　房建类建设项目审批管控流程图

建设项目审批流程图（市政线性）
行政管理部门
办理事项
海绵城市建设要求
说明
政府投资类
社会投资类
规划部门
形式审查
方案设计核查
报建单位报送海绵城市方案设计专篇含自评价（自承诺）
事中监管环节，由第三方技术平台抽取项目进行技术审查，并提出审查意见
规划部门
明确海绵城市建设要求
用地划拨/协议出让
建设项目选址意见书
将建设项目是否开展海绵设施建设作为基本内容予以载明
规划部门
建设用地规划许可证
注明年径流总量控制率等海绵城市建设核心指标和建设要求
规划部门
建设工程规划许可证
住建、交通、水务等部门
施工图审查
施工图设计文件抽查时，应将海绵城市内容纳入重点审查监管内容
事后核查环节，由第三方技术平台核查整改情况，并反馈相关主管部门。整改落实不到位的，将根据审批“黑名单”制度作出处理
住建、交通、水务等部门
联合验收
对海绵化建设专项内容开展验收

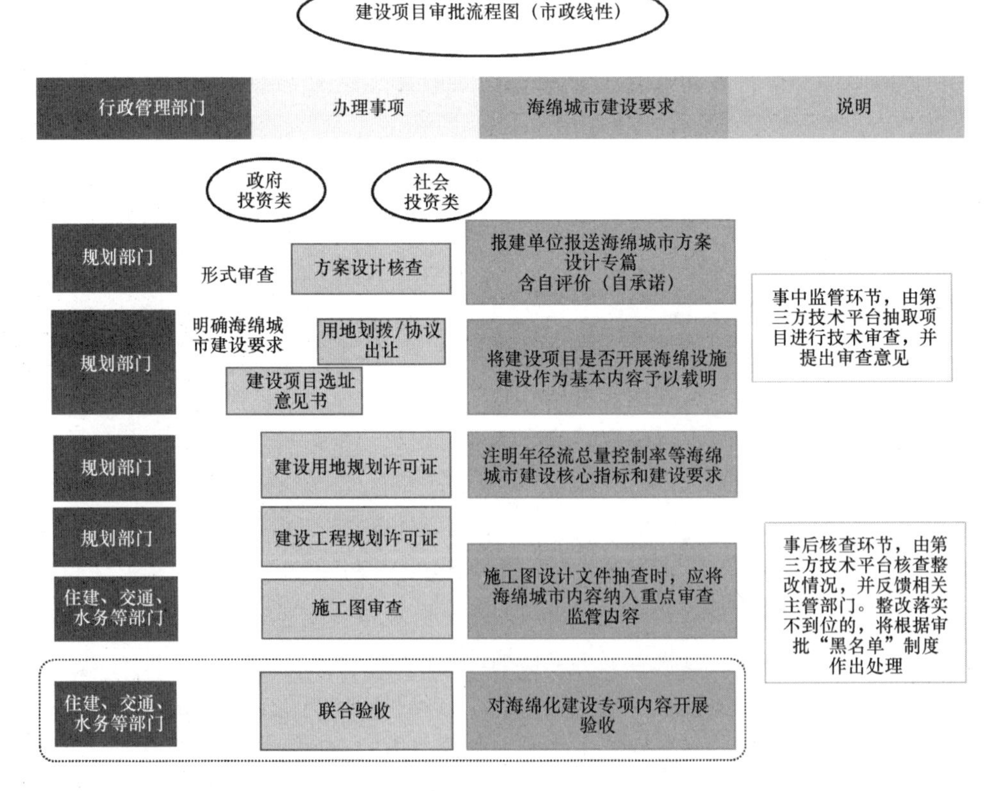

图 2-15　市政线性建设项目审批管控流程图

2.7.2　设计管控

1. 建设项目海绵城市方案设计事中事后监管工作机制

2018年，深圳市发布了政府规范性文件《深圳市海绵城市建设管理暂行办法》（以下简称《暂行办法》），明确以事中事后监管的管理方式，加强对海绵城市方案设计审查的管理工作。具体做法为：市规划和自然资源部门及其派出机构对海绵城市方案设计专篇进行形式审查；市级海绵城市工作机构联合市规划和自然资源等行业主管部门加强事中、事后监管，以政府购买服务的方式委托第三方技术服务机构对海绵城市方案设计专篇进行监督抽查，相关费用由财政予以保障①。

为贯彻落实行政审批制度改革和《深圳市海绵城市建设管理暂行办法》要求，深圳市规划和自然资源局（原深圳市规划和国土资源委员会）组织编制了《海绵城市建设方案设计审查管理工作手册及案例》（以下简称《工作手册》），按照方案设计阶段海绵城市主要管控目的，结合海绵城市建设工作的部门职责与分工，规范了方案设计阶段海绵城市专篇设计的内容与深度，统一了海绵城市方案设计专篇审查的工作尺度。市海绵办根据审查手册委托第三方开展了海绵城市方案设计专篇审查工作，从而建立相关主管部门职能清晰、主体责任明确、事中事后监管到位的海绵城市建设管理长效机制，以保障我市海绵城市建设的有序推进。

根据《暂行办法》及《工作手册》的实际执行情况，深圳市建设项目海绵城市方案设计事中事后监管主要包括以下7个环节：

（1）海绵城市方案设计专篇编制。建设单位需组织设计单位，根据国家、省、市相关规范规定，参照《工作手册》要求的内容和成果形式来开展海绵城市方案设计，并对设计方案进行自评价（自承诺）。

（2）海绵城市方案设计专篇报送。建设单位申报建设工程方案设计核查，将海绵城市方案设计专篇随项目方案设计材料一并上传至投资项目在线审批监管平台，并将纸质材料报送至市规划和自然资源局政务窗口。

（3）海绵城市方案设计专篇形式审查。市规划和自然资源局及其派出机构、各区级城市更新机构对海绵城市方案设计专篇进行形式审查。形式审查完毕后，将方案报审资料转至第三方技术审查单位。

（4）事中第三方审查。事中抽查主要内容为海绵城市方案设计文件是否按照相关标准规范要求内容开展设计，是否完成上位规划或相关技术文件要求的目标。通过事中抽查尽可能提前发现方案设计的技术问题，给出修改建议，指导建设单位和设计单位在后续工作中整改和优化。第三方技术审查结果分为无意见、一般修改、重要修改三种，一般修改和重要修改的项目均应给出具体的修改建议。

（5）施工图设计、审查衔接。建设单位在收到事中技术抽查意见后，应组织设计单位

---

①　深圳市人民政府办公厅．深圳市海绵城市建设管理暂行办法［EB/OL］．http：// www. sz. gov. cn/zwgk/zfxxgk/zfwj/szfbgtwj/content/post _ 6575655. html，2018-12-19 /2021-06-06.

在下阶段施工图设计过程中进行整改及落实。针对事中抽查存在问题的项目，施工图抽查机构在施工图抽查过程中应核实意见的落实整改情况，并在施工图抽查意见中予以载明。

（6）事后第三方核查。对于事中第三方技术抽查结论为重要修改的项目，在施工图审查阶段，由第三方技术抽查单位对事中技术抽查意见的落实情况进行核查。

（7）事后核查意见反馈、处理和处置。

事中方案抽查意见由市海绵办组织第三方技术抽查单位将意见反馈至建设单位，建设单位在施工图设计阶段进行落实整改。抽查结论为“一般修改”“重要修改”和“重要修改（未按要求提供海绵专篇）”的项目，由市海绵办发文至施工图审查机构主管部门，由各主管部门发送给施工图抽查机构。

针对事后核查结论为总体方案海绵城市要求落实不到位（含落实一般）或海绵城市建设要求落实不到位（含落实一般）的项目，由第三方技术审查单位进行汇总，由市海绵办发文至市住房建设局、水务局和交通运输局，建议纳入各自部门市场主体不良行为管理，同时抄送至市规划和自然资源局。

方案设计集中事后管控流程见图 2-16。

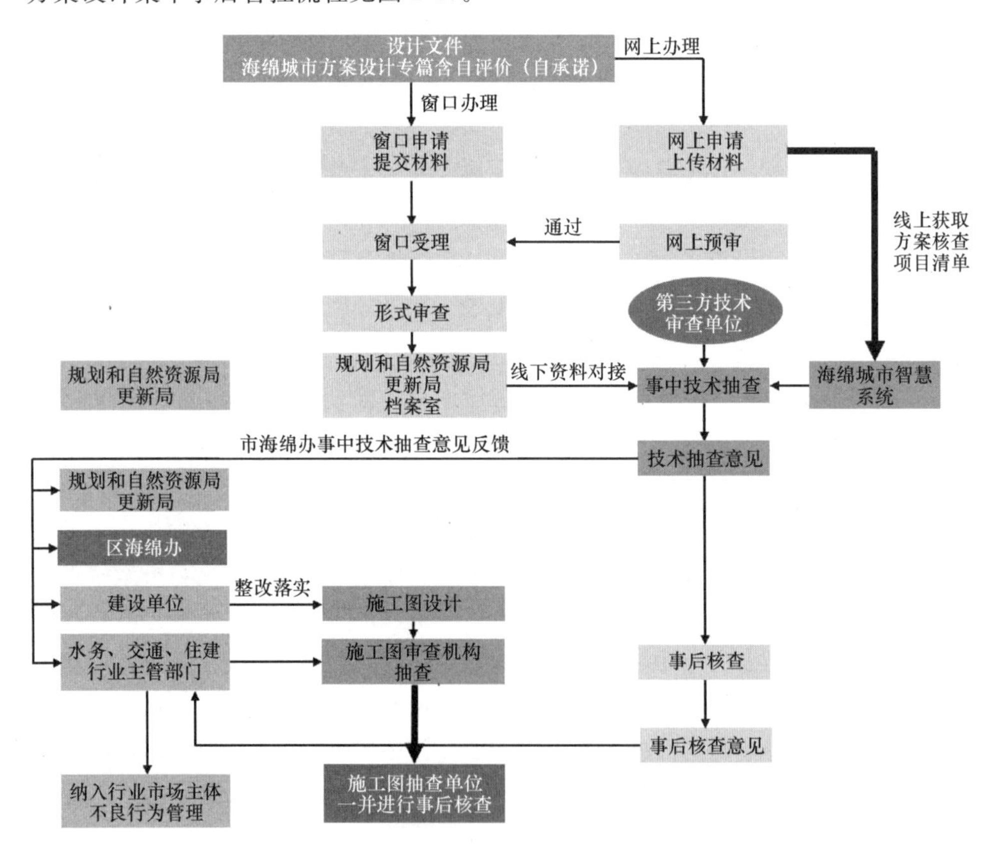

图 2-16　方案设计事中事后管控流程图

2. 海绵城市方案设计事中抽查技术要点

事中第三方技术审查工作内容主要包括资料核查、技术审查、审查结论和建议等。

（1）资料核查

参照海绵城市方案设计专篇报送材料要求，针对抽查到的海绵城市方案设计专篇材料进行核查，核查单见表2-19。根据资料核查情况，分析方案报送材料能否支撑技术审查，并给出相关结论，其中材料不能支撑技术审查的，直接做出“重要修改”的审查结论。

方案设计报送资料核查单　　**表2-19**

序号	类别	明细	格式要求	必要性	是否报送
1	海绵城市方案设计专篇	海绵城市目标取值表	word	必要	是□　否□
2		海绵城市专项设计方案自评价（自承诺）表	word	必要	是□　否□
3		设计说明	word	必要	是□　否□
4		下垫面分类布局图	dwg	必要	是□　否□
5		场地竖向及汇水分区划分图	dwg	必要	是□　否□
6		径流组织及海绵设施分布总图	dwg	必要	是□　否□
7		重要海绵设施构造示意图	dwg	一般	是□　否□
8	方案设计其余图纸	给水排水专业图纸（含设计说明、区域排水系统图、雨水设计平面图或室外排水总平面）	dwg	必要	是□　否□
9		道路专业图纸（含设计说明、道路平面图、道路横断面图、路面结构图）	dwg	一般	是□　否□
10		建筑或园林专业图纸（含设计说明、建筑总平面图、景观或园建总平面图、下垫面分布图）	dwg	一般	是□　否□

（2）技术审查

技术审查针对海绵城市方案设计的关键环节、主要内容展开，主要包括以下几个方面：①目标合理性审查；②场地竖向和排水分区划分合理性审查；③径流路径设计及海绵设施合理性审查；④方案设计目标可达性审查；⑤海绵设施合规性审查。

以建筑与小区类项目为例，具体审查要点如表2-20所示。

建筑与小区项目审查要点　　**表2-20**

审查内容		审查要点
1	项目基本情况审查	项目基本情况是否清楚，包括：项目地点、区位，用地性质、设计范围、占地面积，与周边管网的衔接关系，项目区域地形地貌、土壤类型等
		对整块用地是否进行本底分析。方案本底中建筑屋面（塔楼、裙楼等）、硬化地面、绿地、景观水体、地下空间开发范围各部分的分布及面积是否清晰，各类下垫面面积之和应与项目用地的总面积一致，不留空白区
2	目标合理性审查	年径流总量控制率、面源污染削减率目标是否符合上位规划或相关技术标准要求。 建筑与小区类项目年径流总量控制率、面源污染削减率目标不应低于片区海绵城市详细规划规定的地块目标值，当暂未编制详细规划时，可参照《深圳市房屋建筑工程海绵设施设计规程》SJG 38—2017规定的不同类型项目目标值执行

续表

审查内容		审查要点
3	场地竖向及排水分区划分合理性审查	审查排水分区是否合理，是否根据场地设计标高、排出口、建筑布局、雨水收集回用范围划分排水分区。划分排水分区的数量不宜少于排出口的数量
4	径流路径设计及海绵设施分布合理性审查	海绵设施类型选用是否合理： 建筑小区海绵设施设置，宜优先考虑雨水下渗；条件适合的可集蓄回用；超标雨水可考虑错峰缓排。适宜采用的海绵设施包括绿色屋顶、下沉式绿地、雨水花园、雨落管断接、高位花坛、透水铺装、雨水收集回用设施、雨水桶等。 海绵设施的选择，应遵循先绿后灰的原则，具备条件的应优先采用绿色源头设施对雨水进行消纳处理。 如存在特殊污染源的区域（工业区、医院、加油站等）不宜采用入渗型海绵设施，地下水位较高、土壤类型入渗困难的区域不宜采用渗井等
		海绵设计布局是否合理： 各类海绵设施分布是否按设计意图表达清楚； 地面标高和汇水流向标注是否清楚，判断雨水径流是否流至海绵设施，汇流路径上是否有阻碍排水的遮挡； 海绵设施超标雨水排放通道是否满足排放要求，与雨水管网的衔接关系是否明确； 采用入渗型设施时，其与建筑基地的距离不应小于3m
		海绵设施规模是否合理： 具有滞蓄功能的海绵设施规模与其对应的汇水区域范围是否匹配。 建筑与小区常用的具有滞蓄功能的海绵设施包括下沉式绿地、生物滞留设施（雨水花园）等，其与不透水汇水区域适宜比例详见方案设计技术指引
5	海绵设施设计合规性审查	审查主要海绵设施的构造、技术参数是否符合相关规范标准要求。 当设计方案未提供海绵设施大样图时，应在设计说明书中对海绵设施关键参数进行说明，便于进行方案设计目标可达性核算
		下沉式绿地的下凹深度，应结合植物耐淹性能和土壤渗透性能等因素确定，宜为100mm，且不超过200mm。下沉式绿地内宜设置溢流口（如雨水口），溢流口顶部标高宜高于绿地50～100mm
		生物滞留设施（雨水花园）蓄水层深度宜为100～200mm，溢流设施顶部标高宜低于汇水面100mm
6	目标可达性审查	对海绵城市方案设计目标的可达性进行核查，核查方式可采用容积法或模型法

结合建筑小区类项目的径流特点，对海绵城市方案专篇设计中关键环节、核心环节的主要内容进行梳理，总结容易出现错误且会影响海绵城市建设效果的关键问题作为不合格项。

① 目标低于上位规划或相关标准的要求。

② 排水分区的划分与场地竖向相冲突；排水分区的划分与排水管网的布置情况相冲突。

③ 海绵设施的选择与地质条件、项目特点明显不符。

④ 下沉式绿地、雨水花园等具有蓄滞空间的设施，布置位置与场地竖向相冲突，海绵设施布置在场地高点，无法收集到雨水，或未明确具体径流路径。

⑤ 下沉式绿地、雨水花园等具有蓄滞空间的设施规模与所对应的汇水范围明显不匹配，如集中设置超大面积的下沉式绿地，而所对应的汇水范围明显过小，无水可收。

⑥ 海绵设施构造或关键参数不符合标准规范要求，影响安全或功能效果，如下沉式绿地、雨水花园下沉深度过大。

⑦ 海绵城市方案目标核算过程明显错误，经复核不达标。

⑧ 方案设计过于简单，有较大规模的绿地空间未进行利用，仅使用灰色设施，如仅采用调蓄池设施。

⑨ 其他明显不合格内容。

当出现以上任一问题时，即可认为方案设计专篇存在不合格项，应做出重要修改的审查结论。

（3）审查结论和建议

根据技术审查发现问题的严重程度，将方案审查结论分为无意见、一般修改、重要修改三种情况，并针对存在问题提出下阶段的优化设计建议。

① 无意见：海绵城市方案内容完整、方案布局合理、设计深度符合规范要求，目标可达。

② 一般修改：目标可达，在方案内容完整性、方案布局合理性、设计深度等方面存在一定问题，但不影响海绵设施功能效果、不影响海绵城市设计目标实现。

③ 重要修改：目标不达标，或方案布局合理性等方面存在较大的问题，影响海绵设施功能效果、影响海绵城市设计目标实现，或者出现审查要点中的不合格项。

2.7.3　验收管控

为加强深圳市海绵城市建设工程技术管理，规范海绵设施质量验收的流程，深圳市出台了《深圳市建设项目海绵设施验收工作要点及技术指引（试行）》（以下简称《验收技术指引》）。首先，《验收技术指引》落实了建设项目主体责任，明确了工程建设、勘察、设计、施工、监理五方责任主体的责任，加强了在施工质量验收阶段对海绵设施施工质量的过程管控，以保证海绵设施达到“渗、滞、蓄、净”的功能；其次，《验收技术指引》按照行政审批制度改革最新要求，在没有新增审批环节和事项的基础上实现项目管控，将建设项目海绵设施验收纳入现行的验收程序。为保障深圳市海绵城市建设可持续进行，要求建设单位在施工质量验收阶段对海绵设施相关验收资料进行单独整理。《验收技术指引》对接了深圳市已出台的海绵设施相关设计指引文件，参考了国内外验收内容及要求，明确了 18 项常用海绵设施的验收要求，供建设单位在施工验收过程中参考使用。

常用海绵设施验收规范或规程如表 2-21 所示。

常用源头类海绵设施验收规范或规程一览表　　表 2-21

类别	常用源头类海绵设施	序号	源头类海绵设施名称		验收规范或规程
一	渗透设施	1	透水铺装	透水砖	《透水砖路面技术规程》CJJ/T 188—2012
				透水水泥混凝土路面	《透水水泥混凝土路面技术规程》CJJ/T 135—2009
				透水沥青路面	《透水沥青路面技术规程》CJJ/T 190—2012
				透水基层	《城镇道路工程施工与质量验收规范》CJJ 1—2008
				透水路基	《城镇道路工程施工与质量验收规范》CJJ 1—2008
		2	下沉式绿地		《园林绿化工程施工及验收规范》CJJ 82—2012
		3	生物滞留设施（雨水花园）		《深圳市海绵型公园绿地建设指引》
		4	渗透塘		《低影响开发雨水综合利用技术规范》SZDB/Z 145—2015 中 9.6 小节入渗设施
		5	渗井		《低影响开发雨水综合利用技术规范》SZDB/Z 145—2015 中 9.6 小节入渗设施
二	储存设施	6	雨水湿地		《低影响开发雨水综合利用技术规范》SZDB/Z 145—2015 中 9.9 小节雨水湿地
		7	混凝土蓄水池		《混凝土结构工程施工质量验收规范》GB 50204—2015
		8	雨水罐（桶）		《低影响开发雨水综合利用技术规范》SZDB/Z 145—2015 中 9.1 节雨水收集回用设施
		9	蓄水模块		《低影响开发雨水综合利用技术规范》SZDB/Z 145—2015 中 9.1 节雨水收集回用设施
三	调节设施	10	绿色屋顶		《种植屋面工程技术规程》JGJ 155—2013
		11	调节塘		《低影响开发雨水综合利用技术规范》SZDB/Z 145—2015 中 9.8 小节滞留（流）设施
		12	调节池		《低影响开发雨水综合利用技术规范》SZDB/Z 145—2015 中 9.8 小节滞留（流）设施
四	转输设施	13	植草沟		《低影响开发雨水综合利用技术规范》SZDB/Z 145—2015 中 9.5 小节植被草沟
		14	渗管/渠		《低影响开发雨水综合利用技术规范》SZDB/Z 145—2015 中 9.6 小节入渗设施

续表

类别	常用源头类海绵设施	序号	源头类海绵设施名称	验收规范或规程
五	截污净化设施	15	过滤式环保雨水口	《深圳市海绵型道路建设技术指引（试行）》（深交字〔2018〕625号）5.4小节验收
		16	植被缓冲带	《低影响开发雨水综合利用技术规范》SZDB/Z 145—2015中9.7小节过滤设施
		17	初期雨水弃流设施	《给水排水构筑物工程施工及验收规范》GB 50141—2008、《给水排水管道工程施工及验收规范》GB 50268—2008
		18	人工土壤渗滤设施	《低影响开发雨水综合利用技术规范》SZDB/Z 145—2015中9.7小节过滤设施
六	其他	19	其他	—

以渗透设施中的下沉式绿地为例，其验收技术要点如下：

1. 主控项目

（1）下沉式绿地构造形式应满足设计要求，使用的填土和滤材料不得污染水源，不得导致周边次生灾害发生。

检查方法：观察检测、钢尺量测，检查出厂合格证和质量检验报告。

（2）下沉式绿地蓄排功能应符合设计要求，重点核查设施收水能力（占汇水面积比例）、设施进出水口竖向、过流断面、调蓄容积、排空时间。

检查方法：观察检测、钢尺量测和水准仪测量。

（3）下沉式绿地的下凹深度应低于周边铺砌地面或道路，蓄水层厚度满足设计要求。

检查方法：观察检测、钢尺量测。

（4）下沉式绿地内的溢流口顶部标高应符合设计要求。

检验方法：观察检测、钢尺量测。

2. 一般项目

（1）下沉式绿地栽植的品种、规格和单位面积栽植数应符合设计要求。

检查方法：观察检测、钢尺量测。

（2）草坪覆盖率达到100%，绿地整洁，无杂物。下沉式绿地栽植的品种和单位面积栽植数应符合设计要求。

检查方法：观察检查。

（3）下沉式绿地周边安全围护结构及警示标志应符合设计要求。

检查方法：图纸核对，观察检查。

（4）预处理设施应符合设计要求。

检查方法：观察检查、钢尺量测。

（5）下沉式绿地其他指标的验收应满足《园林绿化工程施工及验收规范》CJJ 82—

2012 的规定。

海绵设施的施工质量验收是保障施工质量的关键环节，包括材料验收、检验批、隐蔽工程、关键环节及重要部位、分项工程和分部（子分部）工程验收。开工前，施工单位应会同建设单位、监理单位将工程划分为分部（子分部）、分项工程和检验批，作为施工质量检查、验收的基础。分部（子分部）工程应由总监理工程师组织施工单位项目负责人和项目技术质量负责人等进行验收。勘察、设计单位项目负责人和施工单位技术、质量部门负责人应参加地基与基础分部工程的验收。设计单位项目负责人和施工单位技术、质量部门负责人应参加主体结构、节能分部工程的验收。施工质量验收合格后，施工单位向监理单位书面提出初步验收申请时，填写的相关表单应包含海绵设施的内容，并整理施工质量验收原始记录作为附件。

初步验收是项目工程监理单位收到施工单位提交的自检合格报告后，按照相关技术标准规范的要求，在竣工验收前对工程进行的一次全面质量验收。建设项目海绵设施不单独组织初步验收，与建设项目的初步验收一起实施。建设项目初步验收合格后，提交的相关表单均应包含海绵设施相关内容。

建设项目海绵设施竣工验收不单独组织，与建设项目竣工验收一并执行。建设项目竣工验收组织方应当在竣工验收时对海绵设施的建设情况进行验收，并将验收情况写入验收结论。市住房建设、交通运输、水务等行业主管部门牵头实行联合验收或部分联合验收，统一验收竣工图纸、统一验收标准、统一出具验收意见。将竣工联合验收和竣工验收备案合并办理，联合验收通过后，由工程建设项目审批管理系统自动进行备案。

为了进一步优化工程建设项目验收流程，全面提升验收工程效率，2020 年 8 月深圳市印发了《深圳市建设工程竣工联合（现场）验收管理办法》（以下简称《方法》）。《办法》明确了将海绵城市纳入专项验收事项，并作为申请竣工联合（现场）验收条件之一。对于具备竣工验收条件的建设项目，由建设单位在投资项目在线审批监管平台进行申报并上传相关材料，各验收部门通过平台流转对资料进行审核，通过提出整改意见，建设单位补齐补正材料，并确认验收事项，以达到预约现场验收的条件。建设行政主管部门根据建设单位的申请，结合实际，确定现场验收时间，并组织现场验收。各行政主管部门通过在线审批平台填写验收意见。经整改后项目在线审批平台即时自动生成联合验收意见书，验收结论为“合格”的，联合验收意见书即为联合验收合格的统一确认文件，不再办理工程竣工验收备案。

2.7.4 其他环节管控

在项目施工建设及运维方面，深圳市海绵办从 2018 年起委托第三方技术服务机构，对纳入年度海绵城市项目库的项目开展全面巡查：对于前期或新开工项目，重点巡查项目前期资料及海绵城市落实情况；对于建设期项目，重点巡查施工管理质量；对于已完工项目，重点巡查项目整体效果及运行维护情况。

海绵城市巡查的基本工作要点包括：①现场巡查时应首先判断是否存在安全隐患。②现场巡查时应注意与项目前期规划设计单位、审图单位、规划审批部门等有关部门沟通协调，收集海绵城市建设项目前期规划设计阶段存在的问题。③现场巡查时应注意与施工方、监理方沟通交流，收集海绵城市建设项目实施阶段存在的问题。④现场巡查时应注意与运行维护方沟通交流，收集海绵城市建设项目运行维护阶段存在的问题。⑤对于主体已开工而海绵设施未开工的海绵城市建设项目，可适当采用电话沟通的方式，了解项目建设进度情况。⑥巡查过程中无论是否存在问题，均应拍摄现场照片，并附带简要巡查评价。照片应基本能反映整体、局部、细节等层面的具体情况，每个层面的照片不应少于 2 张。

按海绵城市建设项目的建设状态分为在建项目和完工项目，在建项目又分为主体在建但海绵未建和海绵在建两类，各类项目的巡查要点有所不同。

（1）主体工程在建但海绵未建的项目巡查要点

1）熟悉海绵城市设计图纸，主要核查是否存在以下问题：①规划设计目标不符合上层次规划；②竖向设计不合理；③径流组织不合理；④设施组合不合理；⑤设计目标未达成等。

2）了解前期规划设计审批过程，核查是否存在审批过程不合理的问题。

3）适当通过电话沟通，了解项目建设进度，特别是海绵设施何时开始施工等情况。

（2）海绵在建的项目巡查要点

在建项目考虑到其阶段的特殊性，除了对设计方案核查外，更注重通过对施工技术、设施构造、系统衔接、设施竖向等细节的巡查来发现问题，通过动态的反馈与处理推动项目及时整改，提高海绵城市建设水平。

（3）完工项目巡查要点

完工项目则主要从整体竖向、总体实效、景观效果等系统性、整体性强的方面开展巡查工作。此外，不同类型项目的海绵设施后期运行维护情况也是巡查的重点之一。

2.8　关键环节的探索六：海绵城市建设绩效评估

《海绵城市建设绩效评价与考核指标（试行）》《海绵城市建设典型设施设计参数与监测效果要求》《海绵城市建设评价标准》GB/T 51345—2018、《海绵城市建设效果监测技术指南》等文件均提出了基于监测的海绵城市建设评价要求，因此需要结合国家要求和市级海绵城市建设需求，筛选典型项目-分区-流域进行监测支撑下的绩效评估。

2.8.1　评估对象

在《海绵城市建设评价标准》GB/T 51345—2018 基础上，结合本地情况进行监测评估方法的进一步优化，通常可将海绵城市绩效评估对象按照评价内容分为三层级，每一层级的监测对象对应不同的监测内容（图 2-17）。

2.8.2　评估内容及要求

2018 年 12 月 26 日，住房和城乡建设部正式发布《海绵城市建设评价标准》GB/T

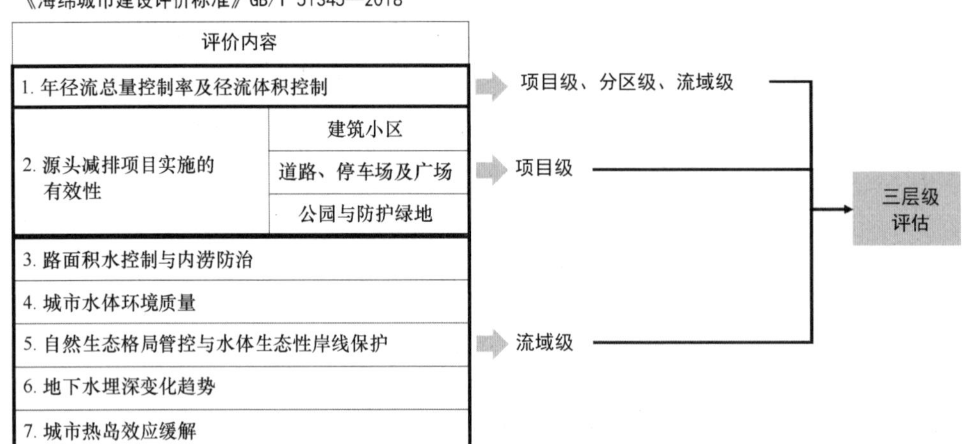

图 2-17 三级评估体系

51345—2018，对海绵城市建设的评价内容、评价要求等做出规定，具体如表 2-22 所示。该标准明确，海绵城市建设效果评价包括项目实施有效性、排水或汇水分区整体海绵效应两个方面，按排水或汇水分区为单元统计，以达到该标准要求的城市建成区面积占城市建成区总面积的比例作为评价结果。项目实施有效性评价宜根据地形地貌特征、用地类型等，选择典型项目进行监测评价，每类典型项目选择 2～3 个监测项目，对其溢流排水口的水量、水质进行监测。具体的评价内容包括雨水年径流总量控制率及其径流体积（海绵体）控制、路面积水控制与内涝防治、城市水体环境质量、项目设施有效性、自然生态格局管控与城市水体生态岸线保护、地下水埋深变化趋势、城市热岛效应缓解等。海绵城市建设效果评价应以不少于连续 1 年的监测数据为基础，采用监测与模型模拟、图纸查阅和现场检查相结合的方法进行评价。

《海绵城市建设评价标准》评价内容及要求 **表 2-22**

评价内容		评价要求
1. 年径流总量控制率及径流体积控制		（1）新建区：不得低于“我国雨水年径流总量控制率片区图”所在区域规定下限值，及其所对应计算的径流体积； （2）改建区：经技术经济比较，不宜低于“我国雨水年径流总量控制率片区图”所在区域规定下限值，及其所对应计算的径流体积
2. 源头减排项目实施有效性	建筑小区	（1）年径流总量控制率及径流体积控制：新建项目不应低于“我国年径流总量控制率片区图”所在区域规定下限值，及所对应计算的径流体积；改扩建项目经技术经济比较，不宜低于“我国年径流总量控制率片区图”所在区域规定下限值，及所对应计算的径流体积；或达到相关规划的管控要求； （2）径流污染控制：新建项目年径流污染物总量（以悬浮物 SS 计）削减率不宜小于 70%，改扩建项目年径流污染物总量（以悬浮物 SS 计）削减率不宜小于 40%；或达到相关规划的管控要求；

续表

评价内容		评价要求
2. 源头减排项目实施有效性	建筑小区	(3) 径流峰值控制：雨水管渠及内涝防治设计重现期下，新建项目外排径流峰值流量不宜超过开发建设前原有径流峰值流量；改扩建项目外排径流峰值流量不得超过更新改造前原有径流峰值流量； (4) 新建项目硬化地面率不宜大于 40%，改扩建项目硬化地面率不应大于改造前原有硬化地面率且不宜大于 70%
	道路、停车场及广场	(1) 道路：应按照规划设计要求进行径流污染控制；对具有防涝行泄通道功能的道路，应保障其排水行泄功能； (2) 停车场与广场： ① 年径流总量控制率及径流体积控制：新建项目不应低于"我国年径流总量控制率片区图"所在区域规定下限值，及所对应计算的径流体积；改扩建项目经技术经济比较，不宜低于"我国年径流总量控制率片区图"所在区域规定下限值，及所对应计算的径流体积； ② 径流污染控制：新建项目年径流污染物总量（以悬浮物 SS 计）削减率不宜小于 70%，改扩建项目年径流污染物总量（以悬浮物 SS 计）削减率不宜小于 40%； ③ 径流峰值控制：雨水管渠及内涝防治设计重现期下，新建项目外排径流峰值流量不宜超过开发建设前原有径流峰值流量；改扩建项目外排径流峰值流量不得超过更新改造前原有径流峰值流量
	公园绿地	(1) 新建项目控制的径流体积不得低于年径流总量控制率 90% 对应计算的径流体积，改扩建项目经技术经济比较，控制的径流体积不宜低于年径流总量控制率 90% 对应计算的径流体积； (2) 应按照规划设计要求接纳周边区域降雨径流
3. 路面积水控制与内涝防治		(1) 灰色设施和绿色设施应合理衔接，应发挥绿色设施滞峰、错峰、削峰等作用； (2) 雨水管渠设计重现期对应的降雨情况下，不应有积水现象； (3) 内涝防治设计重现期对应的暴雨情况下，不得出现内涝
4. 城市水体环境质量		(1) 灰色设施和绿色设施应合理衔接，应发挥绿色设施控制径流污染与合流制溢流污染及水质净化等作用； (2) 旱天无污水废水直排； (3) 控制雨天分流制雨污混接污染和合流制溢流污染，并不得使所对应的受纳水体出现黑臭；或雨天分流制雨污混接排放口和合流制溢流排放口的年溢流体积控制率均不应小于 50%，且处理设施悬浮物 SS 排放浓度的月平均值不应大于 50mg/L； (4) 水体不黑臭：透明度应大于 25cm（水深小于 25cm 时，该指标按水深的 40% 取值），溶解氧应大于 2.0mg/L，氧化还原电位应大于 50mV，氨氮应小于 8.0mg/L； (5) 不应劣于海绵城市建设前的水质；河流水系存在上游来水时，旱天下游断面水质不宜劣于上游来水水质
5. 自然生态格局管控与城市水体生态性岸线保护		(1) 城市开发建设前后天然水域总面积不宜减少，保护并最大程度恢复自然地形地貌和山水格局，不侵占天然行洪通道、洪泛区和湿地、林地、草地等生态敏感区；或达到相关规划的蓝线绿线等管控要求； (2) 城市规划区内除码头等生产性岸线及必要的防洪岸线外，新建、改建、扩建城市水体的生态性岸线率不宜小于 70%
6. 地下水埋深变化趋势		年均地下水（潜水）位下降趋势得到遏制
7. 城市热岛效应缓解		夏季按 6～9 月的城郊日平均温差与历史同期（扣除自然气温变化影响）相比呈现下降趋势

2.8.3 评估方法及要点

在选取海绵城市监测片区的基础上，按照《海绵城市建设评价标准》GB/T 51345—2018 等相关要求确定监测和评估方案，开展现场监测工作，并结合资料收集、现场踏勘和监测数据分析等方法评估海绵城市建设效果。监测评估需要综合考虑多种因素筛选出合适的监测片区，确定监测及评估方案，获取监测数据后对片区的海绵城市建设效果进行综合评估分析（图 2-18）。

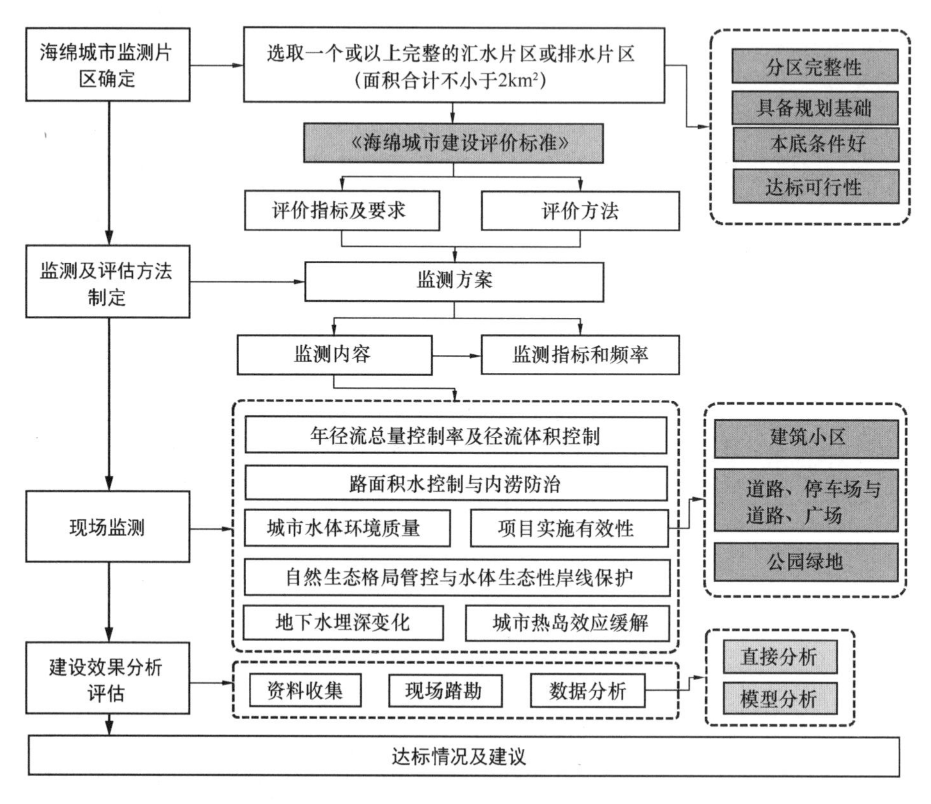

图 2-18　技术路线图

1. 监测片区选择要点

根据《海绵城市建设评价标准》，海绵城市建设绩效评估工作需选定一个或以上的完整汇水片区或排水片区（面积合计不小于 $2km^2$），按照相关要求开展监测及自评价工作。

海绵城市监测片区的选择原则包括以下方面：

（1）完整的排水分区或者汇水片区，且面积不小于 $2km^2$；

（2）片区海绵城市建设本底条件较好，且适宜应用海绵技术措施；

（3）片区已编制海绵城市详细规划或系统化实施方案，已有规划分析基础，有明确的海绵城市近期建设目标；

（4）片区内海绵城市建设进程较快，已建的海绵城市达标项目数量较多且面积较大，近期预期可达到海绵城市建设要求。

2. 监测方案制定要点

海绵城市建设效果监测应选择城市建成区内至少1个海绵城市建设前积水内涝、水环境污染等问题突出的典型排水分区或其子排水分区，对涵盖源头、过程、末端的典型项目与设施、排水管网及其对应的受纳水体进行系统监测。监测点位分布要求如图2-19所示。

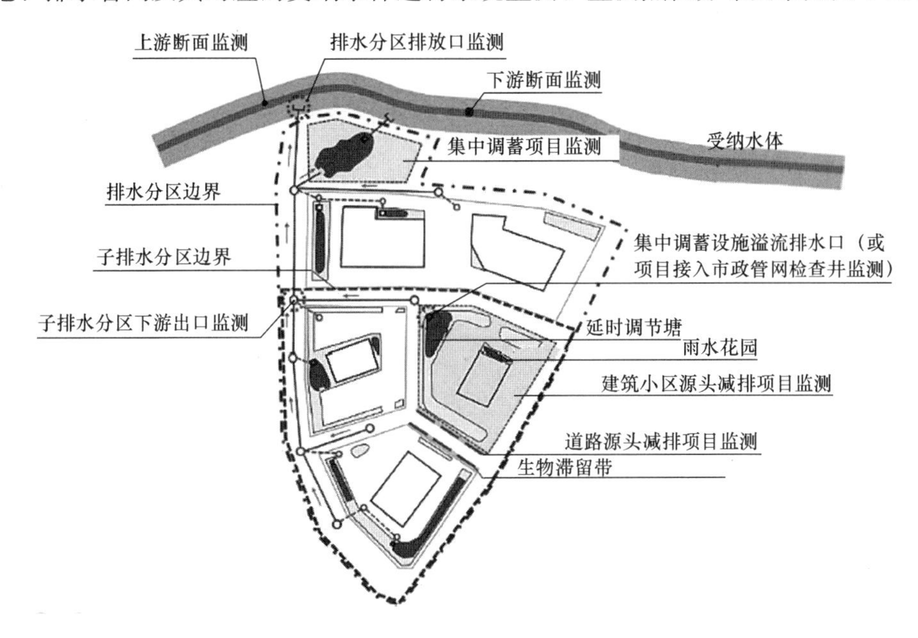

图2-19 （子）排水分区主要监测点位分布示意图

监测方案应充分衔接相应（子）排水分区的海绵城市建设整体方案，预期监测数据的获取与分析应充分反映实施效果。

监测方案主要内容应包括监测项目概况与监测目标、资料收集、监测内容、监测方法、监测设备安装与运维管理、监测数据采集与分析、监测方案优化调整、监测工作组织与质量保证等内容，具体编制要点如图2-20及表2-23所示。

海绵城市监测方案编制要点 表2-23

监测要点	要点解析
1. 明确监测目标	根据海绵城市项目分布，按照排水分区初步筛选备选监测片区；在备选监测片区中筛选出备选监测项目
2. 资料收集	收集地形地貌、土壤地质等基础数据；收集待监测区域海绵规划、雨水系统规划、国土空间规划等各类相关的上层次规划；收集已建项目的海绵城市设计资料
3. 确定监测内容	监测内容需至少涵盖片区年径流总量控制率及径流体积控制、路面积水控制与内涝防治、城市水体环境质量、源头减排项目实施有效性等内容；水体生态型岸线比例、城市热岛效应等指标可结合本底调查情况、现场踏勘核实及相关监测数据获得
4. 明确监测方法	明确采用的监测设备和技术指标；确定安装点位；确定数据存储和传输模式
5. 监测设备安装和管理	确保监测设备安装到位并能够传输数据；数据可靠性检验；仪器的定期维护
6. 数据收集与分析	对收集到的数据进行清洗和筛选；通过数据+模型的方法评估片区海绵城市建设效果
7. 监测方案优化调整	针对评估发现的问题进行方案调整优化
8. 监测工作组织与质量保证	确保监测工作顺利进行的各项相关工作

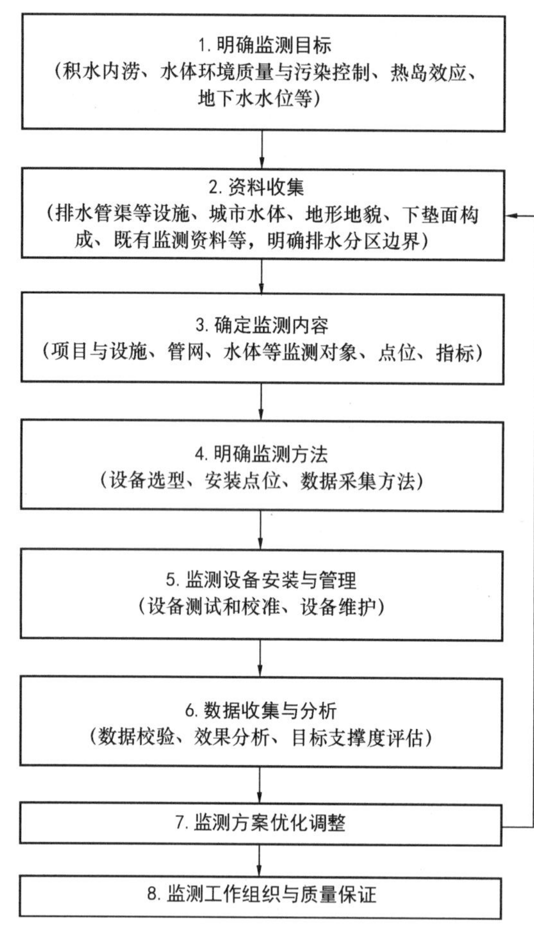

图 2-20　监测方案编制步骤示意图

3. 监测设备技术要点

按照排水管网监测方案及技术需求，在线监测仪表主要包括：在线液位计、在线多普勒流量计、在线水质监测仪等，仪表信号通过无线网络进入统一的数据平台并提供数据在线查询及共享接口服务。

（1）排水管道在线液位计

智能化排水系统专用监测设备，可用于排水设施、积水点、蓄水池、排水管、排水口及河道的液位在线测量及预警，适合地表径流、浅流、非满流、满流、管道过载及淹没溢流等状态的水深或液位监测，测量数据可以本地储存、中继器缓存和通过无线网络发送到统一数据网关，无测量盲区，可远程设置和修改设备的配置参数，同时实现排水系统液位长期在线稳定持续监测与积水、溢流等时间的及时预警预报。

（2）在线流量监测仪

智能化排水系统专用流量监测设备，可用于排水管道、排水渠、排水口、断面宽度小于 5m 的河道的在线流量测量及液位预警，适合浅流、非满流、满流、管道过载等状态的流速、液位和流量的监测，可测逆流。测量数据可以本地储存、中继器缓存和通过无线网络发送到统一数据网关，可远程设置和修改设备的配置参数。

（3）在线水质监测仪

设备可应用于有稳定淹没水深测量工况的电导率或水质悬浮物的在线监测，用于排水管道水质指标突变的在线监测。

4. 监测方法要点

根据《海绵城市建设成效监测技术指南》要求，海绵城市监测需采取在线与人工监测相结合的方法，对水量、水质、水位、气象等进行同步监测；应充分收集利用水文水利、环保、气象等既有同步监测数据，避免重复监测。

监测设备的选择与安装应适应源头减排设施与排水管网实际运行工况，宜在规划设计中考虑设备安装与人工采样的实施条件，应加强对监测设备的测试、校准、检查与维护，确保设备正常运行等。

野外监测人员应提前获取天气预报信息，人员、设备等在降雨产流前应及时到位，自动监测设备应确保正常运行，水质样品采集后应详细记录、妥善保存并及时送检。同时要求对野外监测人员做好培训，要求监测人员了解监测方案和监测目标，熟悉监测点位、监测内容，熟练掌握监测方法、样品保存与送检等技术的要求，确保监测数据真实、准确、有效。

（1）源头减排项目监测方案

有效梳理监测片区内已完工的海绵城市建筑小区、道路广场、公园绿地等项目，并对已完工海绵项目开展现场踏勘和项目调研。考虑到海绵项目周边监测条件的稳定性，优先选择周边已开发或短期内不开发建设的项目。结合项目及周边区域建设情况，考虑到设备安装和采样的要求，可选择建筑小区、道路广场、公园绿地三类典型源头减排项目开展监测。

监测点位的布设在总体和宏观上须能反映各规划地块的降雨径流出流情况，各点位的具体位置须能反映所在汇水区域的面源污染特征以及水量特征，尽可能以最少的点位获取有足够代表性的环境信息，同时还须考虑实际采样时的可行性和方便性。具体点位的确定须对各检查井进行前期勘探，从而避开井底污泥、污水偷排、井底形状不规则等情况。

1）建筑小区类项目建设的海绵设施类型丰富，为整体评价项目实施的有效性，选择在项目雨水管道接入市政管网的排放口设置在线监测设备，并开展人工水质采样。

2）道路类海绵项目的水质采样监测点位设置在该路段雨水管道末端排放口，在市政管道末端排放口安装在线流量监测设备进行连续水量监测。

3）公园绿地类项目的监测应根据公园绿地的雨水径流组织路径，并结合现场踏勘，在公园排放口处开展水量监测及水质取样。

（2）排水分区年径流总量控制监测方案

排水分区的监测指标为水量及水质指标，包括市政管道末端排放口的径流量和SS浓度。排水分区末端雨水排放口的水量监测采用在线流量监测设备，要求监测周期不少于1个雨季，以获得不少于1个雨季的“时间—流量”连续监测数据。

（3）城市水体环境监测

河道水体监测指标为地表水环境质量标准基本项目，包括透明度、溶解氧、氧化还原电位、氨氮等4项指标。重点监测断面每次降雨采样3次，共采集不少于6场降雨，并保证至少4场有效降雨。河道采样点设置于水面下0.5m处，水深不足0.5m时，应设置在水深的1/2处。

要求监测人员晴天采样，准备好监测过程中所需的采样瓶、记录板等，样品采集后立即送至化学分析实验室，按国家标准中有关水质分析法进行各种指标的浓度测定。

5. 模型参数及率定要点

使用水力模型软件对海绵城市效果进行评价，在模型敏感性分析基础上，根据有限的监测数据，进行率定获取监测流域的模型参数（图2-21）；根据率定的模型参数对全流域及各排水分区进行评估；对结果进行验证分析。

在模型参数识别中，进行参数灵敏度分析可以研究参数变化所引起的模型响应，有助于深入理解模型的结构，筛选出对模拟结果影响较大的灵敏参数进行仔细识别和率定，从

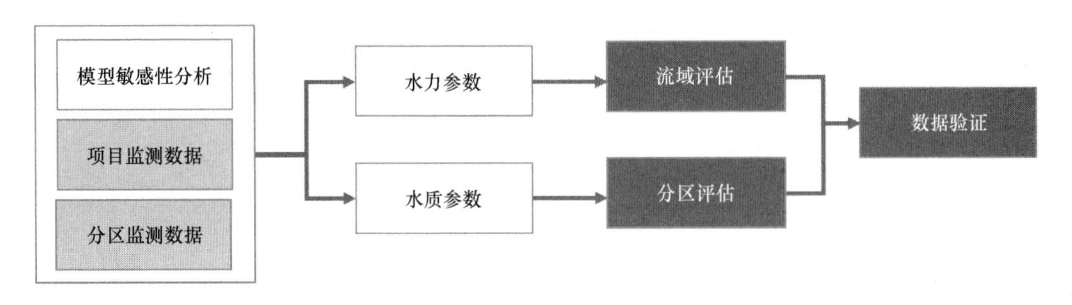

图 2-21 模型参数应用思路

而有效提高模型参数识别和分析的工作效率①。

以排水分区层级模型进行参数局部灵敏度分析，包含三个层面：①水量模拟中水文参数敏感性分析；②水质模拟中水质参数敏感性分析；③水质模拟中水文参数敏感性分析。

敏感性分析主要选取的是需要进行参数识别得来的参数。其中水文参数包括曼宁粗糙率参数、洼地蓄积量参数、渗透参数三类。水质参数主要分污染物累积和污染物冲刷参数，相关参数初始值及其物理含义列于表 2-24。

水文水力参数 表 2-24

参数类别	参数名称	物理意义	初始值
曼宁粗糙率参数	Manning-N	管道曼宁系数	0.013（管） 0.02（渠）
	N-imperv	汇水区不可渗透区曼宁系数	0.013
	N-perv	汇水区可渗透区曼宁系数	0.24
洼地蓄积量参数	Des. -imperv	汇水区不可渗透区洼地蓄积深度（mm）	1.5
	Des. -perv	汇水区可渗透区洼地蓄积深度（mm）	5
	%zero-Imperv	汇水区无洼地不可渗透区比例（%）	25
渗透参数	Max. Infilt	最大渗透率（mm/hr）	76.2
	Min. Infilt	最小渗透率（mm/hr）	1.8
	Decay cont	渗透衰减系数（h^{-1}）	4.14
	Drying Time	饱和土壤晒干所需时间（d）	7

6. 水质参数要点

水质参数敏感性分析以 5% 为固定步长对某一参数值进行扰动，分别取其初值的 80%、85%、90%、95%、105%、110%、115% 和 120%，其他参数值固定不变，计算相关参数的灵敏度，参数灵敏度分级见表 2-25。在分析水质参数的影响时，由于模型中不同下垫面类型所占比例不同，水质参数的敏感性结果会受不同下垫面所占比例影响。所以在对水质参数进行敏感性分析时，需要考虑不同下垫面的水质参数。

① 黄金良，杜鹏飞，何万谦，等. 城市降雨径流模型的参数局部灵敏度分析［J］. 中国环境科学，2007，27（4）：549-553.

水质参数灵敏度分级表　　表 2-25

等级	灵敏度范围	灵敏度
Ⅰ	$0 \leqslant \lvert S \rvert < 0.05$	不灵敏
Ⅱ	$0.05 \leqslant \lvert S \rvert < 0.2$	中等灵敏
Ⅲ	$0.2 \leqslant \lvert S \rvert < 1$	灵敏
Ⅳ	$\lvert S \rvert \geqslant 1$	高灵敏

第2部分

实 践 篇

光明区作为深圳市国家海绵城市建设试点区域的所在地，秉承“初期顶层谋划、过程推进实施、后期监测评估”的系统化思路统筹开展各项工作，即在试点初期，开展总体谋划，厘清问题、目标和任务的关联；试点实施过程以规划为指导，构建工作机制推进各项任务实施；试点后期通过监测和模型模拟的方式，分析和评估试点实施效果。经过三年试点建设，已建立覆盖顶层设计、规划引领、系统方案、过程管控、竣工验收、运维管理、绩效评估等全过程的海绵城市系统化管控体系。

通过在实践过程中不断优化和调整，光明区系统化全域推进海绵城市的建设模式逐步契合深圳市和光明区现行的管理制度要求，对试点区域顺利完成试点任务并取得优异的绩效考核成绩发挥了重要作用。本部分将分别针对光明区海绵城市试点在顶层设计、规划引领、系统方案、过程管控、竣工验收、运维管理、绩效评估等方面的实践工作进行详细介绍。

第3章 顶 层 设 计

3.1 市级顶层设计

海绵城市是长期的系统性工作，涉及城市建设的方方面面。面对发展速度快、建设强度高、城市亟需转型发展的特点，深圳将海绵城市作为践行生态文明建设理念的重要手段，纳入城市战略计划和行动[①]。

深圳市建立了市政府统领、各行业主管部门协同管理、区政府及街道属地负责的工作机制。深圳市海绵城市建设领导小组办公室结合城市战略发展、规划建设需求，通过反复与成员单位协商，最终确认任务分工。经市政府批准，2016～2020 年，市级层面累计发布海绵城市工作任务 526 项，海绵城市已全面融入政府部门日常工作；2017 年起，海绵城市建设纳入市政府绩效考核体系、生态文明考核体系，并同步开展海绵城市实绩考评，进一步推动各部门主动作为、积极作为[②]。

为顺畅沟通，深圳市建立了联系国家部委、省厅及对接市直部门、试点区域、各区政府的四级联动制度。对上，按照三部委、省厅的要求，及时汇报工作进展，寻求指导和支持；对下，市区联动、各成员单位协作联动，有力推动试点区域海绵城市建设，积极推进海绵城市各项工作。

3.1.1 领导机构

深圳市成立了由 37 个成员单位组成的海绵城市建设工作领导小组（图 3-1），并根据工作需要不断进行调整充实。领导小组包括 25 个市直部门、11 个区及 1 个国企，其中市直部门包含了综合性业务部门及对口国家三部委的市直部门，如市发展改革委、财政局、规划和自然资源局等；包含了主要承担海绵城市具体项目建设的管理部门，如市交通运输局、住房和城乡建设局、水务局、城市管理和综合执法局、建筑工务署等；包含了海绵城市建设配合支持部门，如市科技创新委、生态环境局、气象局、科学技术协会等。按照深圳市“强区放权”、深化“放管服”改革等要求，各区政府为落实市级各项政策、开展海绵城市建设实施的主要主体，必须全部纳入领导小组成员单位。此外，深圳市水务集团承担着深圳市大部分供水业务及特区内污水处理业务，与海绵城市建设密切相关，也将其作为领导小组成员单位。

---

① 丁年，胡爱兵，任心欣. 深圳市光明新区低冲击开发规划设计导则的编制［J］. 中国给水排水，2014（16）：31-34.

② 刘洁. 广东将海绵城市理念融入城市建设 增强城市“弹性”和“韧性”［N］. 广东建设报，2021-05-26（4）.

深圳市海绵城市建设工作领导小组办公室（以下简称“市海绵办”）设在市水务局，由市节约用水办公室承担日常工作。2019 年政府机构改革后，市节约用水办公室加挂市海绵城市建设办公室牌子，但并未新增编制，人员力量有限。深圳市结合自身特点，采用采购技术服务团队的形式来加强人员力量，提升管理技术水平。

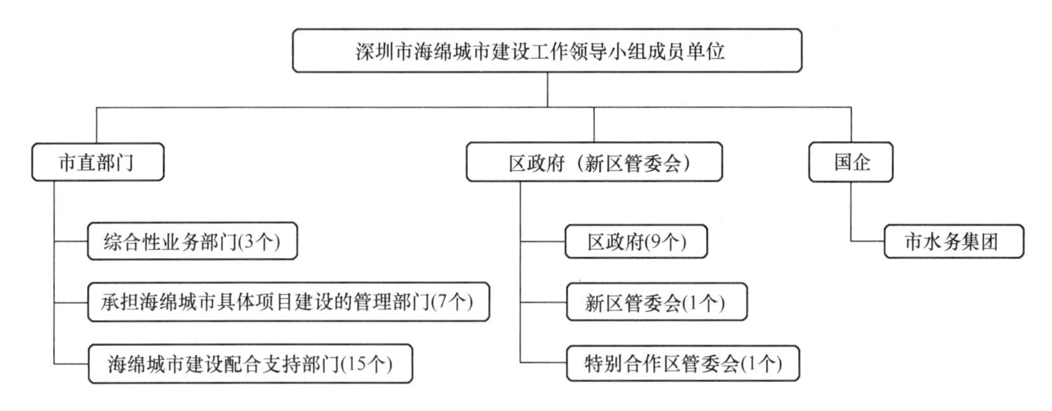

图 3-1　领导小组成员单位构成

3.1.2　责任分工

深圳市结合各部门职能，明确海绵城市建设责任分工，根据工作推进情况，逐年细化制定具体任务，保证任务可落实、可操作。深圳市于 2016 年出台了全市海绵城市建设的纲领性文件——《深圳市推进海绵城市建设工作实施方案》，提出了海绵城市建设的总体目标、工作原则、工作任务和组织分工、保障措施等，并对重点区域和各类型建设项目提出实施指导意见。在此文件中，根据各部门职能，细化分解其总体工作任务。

其中，规划部门的任务包括：①制定本部门推进海绵城市建设工作实施方案，明确部门分工及内部工作流程。②完善顶层设计，根据住房和城乡建设部有关要求，对全市海绵城市专项规划进行完善，指导各区及重点区域海绵城市相关规划编制及实施，确保与全市规划充分衔接。③在《深圳市拆除重建类城市更新单元规划编制技术规定》（修订）等相关规划编制标准的修订中研究增加海绵城市相关规范内容。④联合市海绵办，全面实施海绵城市专项技术审查，继续在建设项目“一书两证”审查中全面落实海绵城市建设要求。⑤将《深圳市海绵城市建设专项规划及实施方案》纳入深圳市规划体系管理中，在《深圳市城市总体规划（2016—2035）》成果中纳入《深圳市推进海绵城市建设工作实施方案》及《深圳市海绵城市建设专项规划及实施方案》的主要指标、内容、结论，并同步衔接其他专项规划主要内容，落实海绵城市建设有关要求。另外，在开展其他相关专项规划、法定图则、更新单元规划的编制及修编工作时，继续逐步落实海绵城市规划编制要点。⑥ 2018 年 12 月前出台《深圳市蓝线管理规定》，并会同有关部门对已划定的蓝线进行空间管控。⑦会同市城管和综合执法局适时开展城市绿线划定工作，并制订相关管理规定[①]。

① 深圳市人民政府令，第 145 号．深圳市基本生态控制线管理规定．索引号：000000-10-2005-001745.

交通运输部门的任务包括：①负责将海绵城市建设约束性指标和要点纳入城市道路交通建设工程审批体系；②负责开展海绵型道路的研究课题和实施细则等工作；③负责道路等相关工程按照海绵城市的要求建设、管理与维护。

各部门则结合自身工作职能，细化了本部门的工作实施方案，明确内部工作流程，将海绵城市融入各项日常工作中。

深圳市在2016～2020年共下达五批526项工作任务，涉及机制建设、规划编制、标准制定、项目管控、实施推进、考核监督、宣传推广、资金保障等方面。526项任务中，包括220项有明确完成时间节点的阶段性任务，如规划编制、标准及技术指引的制定发布、基础研究、项目建设等方面；306项长期性任务，要求各职责单位持续开展，如机制建设、宣传推广、资金保障等方面。实践表明，按年度下达工作任务，既有利于指导各部门年度工作的开展，也有利于根据工作需要补充完善任务分工。

3.1.3 监督考核

监督考核是海绵城市建设路径中的关键所在。推进各部门履行相应的职责分工、保障下达的各项任务能够切实落实到位，需要加强监督考核，以考核抓手，保障工作有效落实。深圳市将年度海绵城市建设任务目标纳入市政府绩效考核和生态文明建设考核中，其中政府绩效考核主要针对各区（新区），考核内容为海绵城市建设实施情况，包括年度新增海绵城市面积任务完成情况和既有设施海绵专项改造完成情况；而生态文明建设考核则针对各市直部门、各区及地铁集团、机场集团等国有企业，考核覆盖范围较广。为统一考核，减少被考核单位负担，同时全方位评估深圳市海绵城市建设工作，承接国家海绵城市建设要求，深圳出台了《深圳市海绵城市建设政府实绩考评办法》，开展海绵城市建设政府实绩考评，其考核结果将直接纳入政府绩效考核和生态文明考核中。

在制定考评办法时，建议明确考评工作的原则、考评对象、考评程序和方法、考评内容、考评纪律与监督等内容。以《深圳市海绵城市建设政府实绩考评办法》为例，考评办法明确考评工作应坚持客观公正、科学管理、统筹兼顾、简便易行的原则，实行部门自查与年度考评相结合、定量考评与定性评估相结合；确定考核的对象为领导小组各成员单位；同时依据《深圳市推进海绵城市建设工作实施方案》及年度全市海绵城市建设工作任务分工中的任务分解，按照不同部门、单位的职能分工，针对性地确定各部门的考核任务。由于市直部门与各区的工作任务差异较大，按照类别明确不同的考核内容。

考评分为4个等级，分别为：优秀（90分及以上）、良好（80～89分）、合格（60～79分）、不合格（59分及以下）。政府实绩考评基础分为100分，考评内容详见表3-1。为鼓励各单位主动作为，对于超额完成单向目标任务的，设置奖励分，最高可奖励20分，如完成国家、省、市交办的重要任务的，各区超额完成新增海绵面积和改造项目个数的，经专家认定后均可加分。后来结合工作情况，又设置了一票否决项，即对于落实国家部委、省级部门督导检查提出的问题不到位的、市海绵城市建设工作领导小组确定的年度建设任务落实不到位的、辖区内未建立管控机制或管控机制流于形式执行不到位的，尤其是对改造类项目管控失控的，出现上述任何一项或多项的，直接扣30分并不能评为优秀。

海绵城市建设政府实绩考评内容 表3-1

考核对象	类别	分值	主要内容	备注
市直部门	年度任务完成考核	60分	包括标准政策制定、规划编制、项目库编报及项目推进情况	每年根据年度分工表进行滚动更新
	持续性考核	40分	对《深圳市推进海绵城市建设工作实施方案》中市直部门组织分工的落实情况进行考核	考核内容相对固定
各区政府（新区管委会）	规划编制与执行情况	15分	主要针对各区海绵城市专项规划、重点片区详细规划编制以及规划落实等内容	
	进度情况	70分	主要针对海绵城市年度建设任务的完成情况	
	能力建设情况	15分	主要针对组织技术培训、落实技术支撑单位、项目规划建设管理全过程管控机制的建立与运转等内容	

结合年度海绵城市任务分工及上年度考评专家意见，考评实施细则可每年进行修订，如2018年考评实施细则在2017年考核的基础上，对相关内容进行了以下深化和改进：由于领导小组机构调整，考评对象新增“深圳国际会展中心建设指挥部办公室”，考评单位增加至33个；按照《2018年深圳市海绵城市建设工作任务分工》，细化了考评对象的考评内容；考虑到工作部署和特点的差异，分六类制定考评内容，将前海管理局、深汕特别合作区单列；根据《深圳市海绵城市建设政府实绩考评办法》的有关规定和2018年工作任务分工，从深度、格式、材料类别、样例等方面细化了2018年度考评材料；另外，对奖励加分的细则进行了明确的规定。2019年考评实施细则也在往年考核的基础上进行了优化，将基础分与奖励分的分值与政府绩效考核及生态文明考核做了衔接，同时为引导海绵城市建设由项目达标向片区达标转变，纳入了片区监测、片区达标等工作内容。

考评工作由市海绵办负责组织实施，市海绵办邀请有关专家组成考评工作组，具体开展相关考评工作。考评按照任务制定、部门自查、实地考评、综合评价及抽查复检的顺序进行。考评结果报领导小组审议通过后，通报给各被考核单位，同时作为海绵城市政府绩效考核、生态文明建设考核的重要依据。

自2017年以来的考评工作成效证明，建立完善的考核机制可以有效促进任务落实，同时激发各部门自主工作的积极性，有力推动了深圳市海绵城市建设工作。

3.1.4 制度保障

深圳市结合相关地方法规、政府规章、规范性文件等的制定或修编，将海绵城市建设管理要求纳入深圳市地方制度体系，构建了不同层次的海绵城市长效保障机制。

在政府规范性文件方面，制定了《深圳市海绵城市建设管理暂行办法》，建立了深圳市海绵城市建设的常态化保障机制①。在政府规章方面，结合行政审批制度改革，在不增加行政审批环节的前提下，将海绵城市建设要求融入建设项目的审批管理流程，相关要求已列入《深圳市政府投资建设项目施工许可管理规定》（深圳市人民政府令第 328 号）、《深圳市社会投资建设项目报建登记实施办法》（深圳市人民政府令第 329 号）中；同时，深圳市正在研究制定《深圳市海绵城市建设管理规定》，进一步推进海绵城市建设工作的法制化。在法律法规方面，结合《深圳经济特区排水条例》制定及《深圳市节约用水条例》修编工作，将海绵城市建设要求纳入其中。

1. 政府规范性文件：出台海绵城市建设管理暂行办法

2018 年深圳市出台了政府规范性文件——《深圳市海绵城市建设管理暂行办法》（以下简称《暂行办法》），严格按照简化审批的要求，在不新增审批事项和审批环节的基础上，通过细化管控要求，引导与激励并重等多种方式，建立政府职能清晰、主体责任明确、事中事后监管到位的海绵城市建设管理长效机制。

《暂行办法》包含总则、规划管理、建设管理、运行维护、能力建设、法律责任、附则七个部分，共三十六条。

（1）总则部分共包含六条。分别就编制依据和编制目的，海绵城市内涵、原则和目标，办法的适用范围，市区两级政府及相关职能部门的责任分工，以及制定本办法的原则等方面进行了说明和规定。

（2）规划管理部分共包含四条。分别就不同层级规划编制的责任主体、编制技术要求、规划编制质量管控和报批流程进行了说明或规定。

（3）建设管理部分共包含十五条。按照建设的时序规律，将项目建设管理划分为立项及用地规划许可、建设工程规划许可、施工许可、竣工验收四个阶段；将海绵城市管控要求细化融入其中，不增加新的审批管控环节；在技术审查环节采用告知承诺制，通过加强事中事后管控的方式切实保障海绵城市建设要求落实到位。

（4）运行维护部分共包含三条。内容明确了不同类型项目的运营维护单位。政府投资建设项目的海绵设施应当由相关职能部门按照职责分工进行监管，并委托管养单位运行维护；社会投资建设项目的海绵设施应当由该设施的所有者或委托方负责运行维护；若无明确监管责任主体，遵循“谁投资，谁管理”的原则进行运行维护。

（5）能力建设部分共包含四条。分别就海绵城市建设激励政策、绩效考核、创新鼓励及产业政策、宣传培训四个方面进行了规定。

（6）法律责任部分明确了各责任主体在海绵城市建设中相应的法律责任。

2. 政府规章：建设项目审批制度改革相关规章中纳入海绵城市相关要求

深圳市推进行政审批制度改革，促进政府职能转变，优化营商环境，深化“放管服”改革。根据《国务院办公厅关于开展工程建设项目审批制度改革试点的通知》（国办发〔2018〕33 号）文件要求，启动了“深圳 90”改革，并于 2018 年 8 月 1 日正式印发实施《深圳市政府投资建设项目施工许可管理规定》和《深圳市社会投资建设项目报建登记实

---

① 张健. 深圳市水污染治理策略研究 [D]. 长春：吉林建筑大学，2020.

施办法》。

此次改革将海绵城市纳入建设工程项目的管控审批环节，在规划阶段将海绵城市纳入“多规合一”信息平台，并作为区域评估的一项重要内容；在用地规划和工程规划阶段将海绵城市建设要求纳入规划设计要点；在施工图审查环节纳入统一图审之中[①]。

3. 政府规章：研究制定海绵城市建设管理规定

深圳市在总结四年来推进海绵城市建设工作经验和《深圳市海绵城市建设管理暂行办法》实施情况的基础上，起草了政府规章——《深圳市海绵城市建设管理规定（征求意见稿）》（以下简称《管理规定（征求意见稿）》）。

《管理规定（征求意见稿）》包含总则、规划管理、建设管理、运行维护管理、保障和监督、法律责任、附则七个部分，共五十三条。

（1）创设海绵城市规划设计基本准则

在系统梳理海绵城市建设规划各项技术准则和指标的基础上，归纳提炼出海绵城市建设和设计的一系列必须贯彻落实的指标要求，区分建筑、道路、广场、公园绿地、水务设施等类别，转化为法条形式加以固化，并与后续的法律责任条款相关联，以大幅提升海绵城市建设设计规范的刚性。

（2）强化海绵城市建设管理和运行维护

以专章形式对已竣工交付使用的海绵设施运行维护作出规定，确定了公园绿地、道路广场、水务设施、建筑类项目中具有海绵功能的设施运行维护责任主体。对于无法确定运行维护责任主体的，由所有权人作为运行维护责任主体；所有权人不明的，由投资人作为运行维护责任主体；投资人不明的，由政府指定运行维护责任主体，还对运营维护提出了技术、服务、费用、保护措施等具体要求。

（3）鼓励社会参与

海绵城市作为一种崭新的城市发展方式，必须不断提升全社会的认知水平和参与热情。为此，《管理规定（征求意见稿）》明确“政府鼓励企事业单位、科研机构、公益组织和个人积极参与海绵城市建设工作”，并相应规定了资金扶持、经费保障、建立全市海绵城市建设管理信息系统，并依托市政务信息资源共享平台开展信息共享、开展专项宣传教育培训等具体措施，全方位保障海绵城市建设工作有序推进。

（4）明确相关法律责任

以专章形式对建设单位法规责任、设计单位法规责任、施工单位法律责任、监理单位法律责任、运维单位法律责任，以及破坏设施责任，责任追究等内容作出了详细规定。

4. 地方法规：在排水条例中纳入海绵城市建设相关要求

2021年1月1日起施行的《深圳市经济特区排水条例》第十一条针对建设项目明确：新建、改建、扩建项目应当建设雨水源头控制和利用设施，充分发挥建筑物、道路、绿地、水系、地下空间等对雨水的吸纳、蓄渗和缓释作用，削减雨水径流和面源污染，提高

① 陈天翼. 广东省人民政府关于印发广东省全面开展工程建设项目审批制度改革实施方案的通知. 广东建设年鉴 . Ed. 南方出版传媒广东人民出版社，2020：584-586.

排水能力。2019年9月修正的《深圳市节约用水条例》第四十四条明确：绿地、道路等的规划、建设应当推广、采用低洼草坪、渗水地面。鼓励单位和个人建设和利用雨水收集利用设施。

3.1.5 经费保障

海绵城市建设应充分发挥政府财政的引导作用，积极吸引社会资本参与。深圳市针对不同资金来源的项目类型分别建立了费用保障政策：近期以资金奖补方式为主，根据不同的投资主体给予不同的奖励方式，其中政府投资项目由市财政、各类专项资金重点保障；社会投资项目以资金奖励为主，激励社会资本投入及参与；PPP项目设置了量化评价、按效付费的机制，在保障政府资本投入的同时，调动社会资本的积极性。

1. 政府投资项目

依据《关于市财政支持海绵城市建设实施方案（试行）》（深财居〔2018〕7号）及深圳市财政资金管理有关规定，对于市本级实施的海绵城市建设相关工作经费，市财政年度预算和中期财政规划重点保障，具体包括：属市政府投资范畴的海绵城市建设项目，在年度政府投资计划或中期规划重点保障；属市本级各主管部门实施的非基本建设类海绵城市项目及相关工作，包括海绵城市建设规划设计、相关机构运转和一般性项目经费，市财政预算重点保障；属市本级各类专项资金扶持范围的，对海绵城市建设项目给予重点保障。

2. 社会投资项目

对社会投资项目，实行资金奖励制度，以激励社会资本参与或实施海绵城市建设。

依据《关于市财政支持海绵城市建设实施方案（试行）》（深财居〔2018〕7号）及深圳市财政资金管理有关规定，制定《深圳市海绵城市建设资金奖励实施细则（试行）》，其中对社会资本（含PPP模式中的社会资本）出资建设的相关海绵设施，包括既有项目海绵化改造和新建项目配建海绵设施两类给予奖励，奖励总额为5亿元/a。

（1）社会资本新建项目（含拆除重建）配建海绵设施奖励：深圳辖区内社会投资项目的社会资本出资人在其新建项目配建海绵设施的，按照占地面积15万元/hm^2予以奖励；同时，按照占地面积5万元/hm^2对设计予以奖励，单个项目奖励最高不超过400万元。

（2）社会资本既有项目海绵化专项改造奖励：深圳辖区内社会资本既有设施项目海绵化专项改造项目出资人对既有项目进行海绵化专项改造的，按照海绵设施的竣工面积以及对应类型设施改造平均成本的50%予以奖励，同时按照同类型设施改造平均成本的5%予以设计奖励（各类型海绵设施改造奖励标准见表3-2）。奖励额度为按占地面积核算累计不超过每公顷60万元，且单个项目累计不超过1000万元，具体奖励机制见表3-2。

已建项目海绵化改造的核定海绵设施单位面积奖励　　表3-2

名称	成本价格	中位值	单位面积奖励
绿色屋顶	100～300元/m^2	200元/m^2	100元/m^2
透水铺装	100～300元/m^2	200元/m^2	100元/m^2
下沉式绿地	40～80元/m^2	60元/m^2	30元/m^2
雨水花园	600～800元/m^2	700元/m^2	350元/m^2

续表

名称	成本价格	中位值	单位面积奖励
转输型植被草沟	30～50元/m^2	40元/m^2	20元/m^2
过流净化型植被草沟	100～300元/m^2	200元/m^2	100元/m^2
土壤渗滤池	800～1200元/m^2	1000元/m^2	500元/m^2
湿塘	400～800元/m^3	600元/m^3	300元/m^2
人工湿地	500～800元/m^3	650元/m^3	325元/m^2
雨水收集回用设施	800～1200元/m^3	1000元/m^3	500元/m^3

以上两项资金奖励总额不超过5亿元/年。如实际核定奖励金额不超过5亿元，则按实际核定金额奖励；如核定的奖励金额超过5亿元，每个项目的奖励额度则按5亿元与应奖励资金总额的比值进行同比例核减，最终确定项目的实际奖励额度。

3. 参与规划设计建设运维的各方

鼓励社会资本在海绵城市建设中的过程参与，对参与相关标准规范编制，投资建设相关优秀项目，优秀规划设计、施工、监理单位，及优秀研究平台和研究成果设立了资金奖励，奖励额度总计1400万元/a。同时，对于符合深圳市节水型工艺、设备、器具标准，且纳入《深圳市节水型工艺、设备、器具名录》的产品，或纳入住房和城乡建设部科技中心认定的《海绵城市建设先进适用技术与产品名录》的产品，政府采取适当方式优先采购。

(1) 海绵城市建设相关行业标准或者规范编制奖励：深圳辖区内注册的企业、科研机构和合法登记的组织参与海绵城市建设行业相关标准或者规范编制，被国家相关部门采用并发布实施的，奖励额度为30万元/项；被深圳市相关主管部门采用并发布实施的，奖励额度为10万元/项。

(2) 优质海绵城市建设项目奖励：奖励对象为深圳辖区内配建海绵设施建设项目且已获得鲁班奖、詹天佑奖、绿色建筑创新奖、金匠奖、金牛奖、大禹奖、市级或以上优质工程奖等任一奖项的原共同申请人。优质海绵城市建设项目奖为80万元/个，每年2个。

(3) 海绵城市建设项目优秀规划设计奖励：奖励对象为深圳辖区内优秀海绵城市规划设计项目的规划设计单位或者团队。奖项设置一等奖2个，奖金30万元；二等奖4个，奖金20万元；三等奖8个，奖金10万元。

(4) 海绵城市建设项目优秀施工奖励：奖励对象为深圳辖区内竣工建设项目的施工单位或者团队（受合法委托且实际承担海绵设施的建设）。奖项设置一等奖2个，奖金20万元；二等奖4个，奖金10万元；三等奖8个，奖金5万元。

(5) 海绵城市建设项目优秀监理奖励：奖励对象为深圳辖区内竣工建设项目的监理单位或者团队。奖项设置一等奖2个，奖金10万元；二等奖4个，奖金6万元；三等奖8个，奖金4万元。

(6) 海绵城市建设优秀研究成果奖励：奖励对象为深圳辖区内海绵城市建设优秀科研成果知识产权所有人（知识产权属于共有的，应当联合申报）。按照每项课题研究自筹经费的50%且最高不超过30万元给予海绵城市建设优秀研究成果奖，每年不超过5项。

(7) 海绵城市研究机构（平台）设立奖励：奖励对象为国内外知名高等院校、科研院所、高新科技企业在深圳设立的研发机构（研发机构属联合设立的，该高等院校、科研院所或者高新科技企业持股比例应当大于30%）。海绵城市研究机构（平台）奖励额度为一次性50万元/个，每年不超过10个。

以上奖励在符合规定条件、材料的基础上经过评审产生。其中，申报优秀项目、优秀规划设计、施工、监理奖励资金的项目，应当占地面积5000m^{2}以上或者投资规模8000万元以上。

（8）鼓励多渠道融资：对PPP模式中社会资本自筹资金制订的前期研究方案进行奖励，每年奖励数量不超过2个，由市海绵办组织第三方机构进行评审认定后，给予30万元/个奖励，奖励总额不超过60万元。

2019年、2020年共对五类52个项目进行奖励，共计2653万元，详见表3-3。

奖励类别一览表　　表3-3

序号	奖励类别	2019年		2020年	
		奖励项目（个）	奖励金额（万元）	奖励项目（个）	奖励金额（万元）
1	社会资本新建项目（含拆除重建）配建海绵设施奖	13	1257	13	816
2	海绵城市建设项目优秀规划设计奖	9	160	6	110
3	海绵城市建设项目优秀施工奖	7	85	1	5
4	海绵城市建设优秀研究成果奖	4	120	—	—
5	海绵城市研究机构（平台）设立奖	1	50	1	50
6	合计	31	1672	21	981

3.2 区级顶层设计

区级海绵城市顶层设计方面，光明区在海绵城市建设试点期前就先行开展了“两证一书”与专项技术审查协同的规划管控探索，在国内开创先河。海绵城市建设试点期间，光明区按照深圳市的统一部署，成立了区级海绵城市领导及协调机构，建立了与市海绵办联动的工作例会制度，在落实市级制度体系建设要求的基础上，创新探索“+海绵”的推进方式及厂网一体的PPP推进模式。海绵城市建设试点期后，为应对海绵城市建设相关行政管控手段逐步弱化的情况，光明区开展了海绵城市建设信用体系构建的探索，创新工作机制以强化“海绵+”和“+海绵”建设项目的质量管控。

2007年6月，在光明新区成立之初，新区管委会组织编制了《深圳市光明新区再生水及雨洪利用详细规划》，首次在国内城市区域开发中引入低冲击开发（Low Impact Development，同低影响开发，海绵城市建设理念的重要组成部分）理念。2011年9月，住房和城乡建设部正式批准光明新区创建“全国低冲击开发雨水综合利用示范区”，光明新区开启低冲击开发的试点探索。

为配合国家低冲击开发雨水综合利用示范区创建，2013年12月，光明新区管委会、深圳市规划和国土资源委员会联合印发《深圳市光明新区建设项目低冲击开发雨水综合利用规划设计导则（试行）》，在建设项目规划设计环节明确低冲击开发雨水综合利用技术要求[①]。2014年7月，光明新区管委会印发《深圳市光明新区低冲击开发雨水综合利用规划设计导则实施办法（试行）》（以下简称《办法》），在全国首创“两证一书”、专项技术审查的低冲击开发建设管控制度，在建设项目选址意见书、建设用地规划许可证和建设工程规划许可证中载明低影响开发建设要求和指标，在方案设计阶段进行低影响开发技术审查。

《办法》要求符合低冲击开发规划设计导则使用范围的新建、改建、扩建项目，低冲击开发雨水综合利用设施应与主体工程同时规划、同时设计、同时施工、同时使用，同时明确了项目不同环节低冲击开发技术要求的管控形式与方法，为深圳市海绵城市流程管控提供了探索路径。主要规定如下：

在项目建议书阶段应开展低冲击开发适宜性分析，明确是否建设低冲击开发雨水综合利用设施，并明确投资额度，由发展改革部门审核。

在项目可行性研究报告应对项目低冲击开发目标、非工程技术措施、工程技术措施、风险分析等方面进行分析论证，确定低冲击开发技术措施与投资。

在项目选址环节，由规划国土部门在选址意见书中明确项目是否开展低冲击开发建设。

在土地划拨决定书或土地出让权出让合同中，规划国土部门按照选址意见要求，载明项目是否建设低冲击开发雨水综合利用措施。

在项目招标环节，《办法》要求项目业主单位在招标文件中纳入低冲击开发要求，并根据相关技术导则、标准等，开展低冲击开发技术评审。

在项目方案报批环节，《办法》要求建设单位委托低冲击开发规划技术单位审查，并结合评审意见出具低冲击开发自查结论。规划国土行政主管部门根据设计方案、审查意见、自查报告等开展形式审查。

设计单位提供的施工图设计文件应满足低冲击开发规划设计导则的基本要求，并落实建设工程方案设计核查意见。施工图设计审查机构应对项目低冲击开发设计文件进行审查，审查意见明确列出低冲击开发审查结论，不符合低冲击开发相应技术要求的，施工图审查结论应定为不合格。

施工图设计文件中涉及低冲击开发内容部分确需变更设计的，应按照程序重新开展施工图审查，且设计变更不得降低项目低冲击开发目标。

规划国土部门组织规划验收时，对于未按审查通过的施工图文件施工的，规划验收应定位不合格；建设部门组织竣工验收时，对于未按审查通过的施工图文件施工的，竣工验收应定位不合格。

---

① 深圳市光明新区管委会，深圳市规划和国土资源委员会．深圳市光明新区建设项目低冲击开发雨水综合利用规划设计导则（试行）[S]．2013.

3.2.1 海绵试点期间顶层机制建设

1. 市级顶层设计的区级落实

（1）建立领导机构顺畅协调机制

2016年9月，光明区成立区海绵城市建设实施工作领导小组，成员单位涵盖审计、发展改革、财政、住房和城乡建设、水务、生态、城管、规资、交通、建筑工务等部门及全区6个办事处和1个区属国有企业，形成了试点工作稳步推进、齐抓共建的良好机制。同时，光明区还建立了海绵城市工作议事例会制度，不定期召开海绵城市工作领导小组会议，推动重点项目，部署年度重点工作，决策关键问题和事项，保障海绵城市试点工作得到有效落实。

（2）坚持规划引领精准实施指导

光明区坚持规划引领，指导海绵城市建设过程。在住房和城乡建设部海绵城市专项规划编制暂行规定和深圳市海绵城市专项规划的指导下，光明区结合实际，印发和实施了《光明区海绵城市专项规划》《深圳市国家海绵城市试点区域海绵城市建设详细规划》，为光明区海绵城市建设和发展指明方向。在两级规划的指引下，为进一步理清工程和绩效目标的关系，编制了《光明区试点区域海绵城市系统化方案》，量化分析问题成因，梳理试点区域建设任务和建设项目，提出工程改造方案，并明确各项工程措施的实施效益。为摸清光明区海绵城市建设本底情况和确定2020年达标方案，组织编制了《光明区海绵城市建设本底调查和三年达标方案》，指导全区海绵城市建设发展大方向。

在规划融合方面，将海绵城市理念纳入《光明区国土空间分区规划》《光明区“十四五”规划》《光明科学城空间规划》《光明凤凰城总体规划》等重要城市规划，提升海绵城市建设站位高度，完善海绵城市建设顶层设计，实现海绵城市建设有据可依、有理可循。在详细规划层面，将海绵城市与城市开发、城市更新有机结合，在新编或修编法定图则中，增加海绵城市专项章节，明确各地块海绵城市建设管控指标；在全区范围内城市更新单元规划中，增加海绵城市专题（专项）报告，明确区域内生态控制线、蓝线等相关范围，并根据管控指标布局地块海绵设施等。

（3）加强质量管控保障海绵品质

在深圳市海绵城市管控及技术指引文件体系下，光明区制定了区级管理文件及技术指引，于2017年10月印发《深圳市光明区海绵城市规划建设管理办法（试行）》。为支撑和助力海绵城市管控机制的实施，编制并印发《光明区海绵城市规划设计导则（试行）》《光明区建设项目海绵城市专篇设计文件编制指南（试行）》《光明区建设项目海绵城市审查细则（试行）》《光明区建设项目低影响开发设施竣工验收要求（试行）》《光明区低影响开发设施运营维护和建设项目海绵城市绩效测评要点（试行）》《光明区强基惠民项目海绵城市建设技术指南》6项技术文件，构建涵盖规划、设计、审查、施工、验收和运行维护各个阶段的全过程管控机制，在全市率先建立完备的建设项目海绵城市管控机制；联合城市建设、审批、监管相关各部门，通过规划审查、设计指导、施工监管、联合验收等方式，将海绵城市理念融入城市高质量发展的各个环节，累计开展建设项目审查、巡查及验收等管控 2198 项次，切实保障海绵城市建设品质。

（4）以海绵绩效考核促进部门协助推进

海绵城市建设范畴包括源头减排设施、排水管网、末端治理设施，涉及规划、住房和建乡建设、交通、城管、水务、建筑工务等行业主管部门，部门多、行业广，推进难度大，转变思路、部门协作是保障海绵城市建设顺利推进的基础性工作。光明区在海绵城市试点建设过程中，探索将海绵城市建设行为纳入政府绩效考核，对全区海绵城市相关建设及审批部门、6 个街道办事处开展海绵城市绩效考核，并将绩效考核结果纳入政府绩效考核、生态文明考核、河长制湖长制考核体系①。

光明区海绵城市试点探索出了行之有效的方法，促进各部门协作共同推进。一是全区涉水事务统一管理，整合全区供水、水库、排水管网、生态湿地、生态补水设施、河道、小微水体等涉水设施，组建区环境水务公司，负责全区涉水设施的维护管理，做到涉水事务一盘棋。二是通过微信工作群提高工作沟通和协作效率，建立区海绵城市建设微信工作群，邀请区领导、各行业主管部门领导及相关负责人、社会企业相关负责人进群，及时沟通海绵城市建设进展及存在问题，及时督办工作，交流海绵新技术、新工艺、新做法。三是主动送服务上门，加强与相关行业主管部门沟通和协调，组织技术服务团队加强与住房建设、交通运输、城市管理部门的沟通，主动传经送宝，在城市道路提升、公园之区建设、保障房建设等专项行动中落实海绵城市理念。

2. “十海绵”的推进方式

（1）模式优缺点分析

经调研分析，全国前两批共 30 个海绵试点城市的推进模式可分为“海绵＋”和“＋海绵”两种，其中“海绵＋”模式将海绵城市作为工程项目推进，绝大多数试点城市（27 个）以该模式为主推动海绵试点，“＋海绵”模式将海绵城市作为理念融入具体建设项目中，仅 3 个试点城市采取该模式。

“海绵＋”模式有利于短期试点考核，可以海绵试点建设为目的立项相关工程项目，以工程建设短期内呈现海绵试点建设效果，但存在推进机制不完善、社会参与度不足、不利于海绵城市的长效推进等问题。

“＋海绵”模式须建立完善的协调推进机制，明确各单位海绵建设方面的职责分工，建立各环节项目建设管理的工作流程，其机制体制一旦建立并运行成熟有利于海绵城市的长期推进；但该方式在机制体制建设方面需要较长的时间，短期内协调工作量巨大，近期实施成效难以保障。

（2）光明区“＋海绵”模式探索

光明区根据深圳市长效海绵城市建设的整体要求与低冲击开发试点时期的探索，选择“＋海绵”的推进方式，将海绵城市作为城市绿色高质量发展的理念，融入城市规划、建设、管理等各个层面，用来解决快速城镇化过程带来的城市水体黑臭、内涝、生态受损等

① 陆利杰，张亮，李亚．海绵城市绩效考核评价体系初探——以深圳市为例［C］//中国城市规划学会．共享与品质——2018 中国城市规划年会论文集．北京：中国建筑工业出版社，2018：8.

问题。在宏观尺度上，海绵城市涉及山、水、林、田、湖、草等生命共同体的保护，需要对国土空间进行有效优化，通过生态红线的有效管控保护蓝绿本底。在中观尺度上，构建和完善城市防洪排涝、水污染治理、水生态修复等骨干工程。在微观尺度上，通过雨水花园、下沉绿地、透水铺装等绿色源头设施，调整径流组织模式，从而实现海绵城市的“源头减量、过程控制、系统治理”全过程和“渗、滞、蓄、净、用、排”全链条管控。在践行“+海绵”的推进模式上，光明区在宣传教育、规划引领、建设管控多方面同时发力。

坚持理念先行，通过对领导、干部、群众持续开展全方位、立体式长期宣贯、培训，让海绵城市建设理念深入人心，成为政府、社会和个人的自觉行动，加深对海绵城市理念的理解，提升对试点建设工作的认识。2016 年 11 月，光明区邀请中国工程院院士在区工党委理论中心组学习会上开展《海绵型城市建设的若干关键问题》专题讲座，通过集中学习，将海绵城市理念及时融入区党委、政府的决策。持续开展各业务部门的海绵城市技术培训，每年组织住房和城乡建设、城管、水务、交通、工务及各街道工程管理一线人员进行技术培训，并针对性地对项目设计、施工、监理单位开展专项技术培训，提升海绵城市建设管理水平。试点期间累计 40 余次送“海绵”进社区、进学校，提升社区居民对海绵城市建设的获得感和满意度，在红苹果幼儿园、传麒山幼儿园、东周小学等学校开展海绵城市课程培训，培养“小小海绵讲解员”。

坚持规划引领，创新城市建设模式，把土地整备、城市更新、城中村综合治理、市政基础设施建设纳入规划范畴，实施流域统筹、系统治理。在总体规划层面，将海绵城市理念纳入《光明区国土空间分区规划》等重要城市规划，提升海绵城市建设站位高度，完善海绵城市建设顶层设计，实现海绵城市建设有据可依、有理可循；在专项规划层面，开展“区、试点区域、排水分区”三层规划传导体系，扎实指导海绵城市建设工作；在详细规划层面，将海绵城市与城市开发、城市更新有机结合，在全区范围内的新编或修编法定图则中，增加海绵城市专项章节，明确各地块海绵城市建设管控指标。

坚持最严管控，严格“两证一书”管控和技术审查，完善巡查、整改督办、月报通报等管控机制和专项验收机制，实现海绵城市建设从项目管控向行为管控延伸。在严格执行“两证一书”海绵管控、专项技术审查等建设项目前期管控制度的基础上，针对建设过程中可能出现的问题，建立项目巡查、整改督办、月报通报等制度，有效推动了海绵城市建设速度和建设质量的提升。将海绵城市作为理念在建设项目中同步落实，实现“凡是动土必落海绵”；在建设项目行政审批改革后，积极探索通过政府绩效考核与社会单位信用体系管理开展项目管理，并将海绵城市纳入项目联合验收。

3. 厂网一体的 PPP 实施模式

（1）PPP 模式选择背景

海绵城市试点前，光明区城市排水设施建设滞后，管理运营水平和质量不高，排水设施不能稳定有效运行，存在水体普遍黑臭、污水系统运行低效等问题。传统的“厂网分离”和“建管分离”的排水设施建设运营模式也存在显著弊端，“厂网分离”模式下，污水处理厂运营单位以处理水量进行收费，对进水水质不做要求，排水管网运营单位只负责解决排水管网的堵塞、清淤等问题，不解决错接乱排、雨污混流等问题；“建管分离”模式下，出现水质净化厂和排水管网建设不匹配问题，水质净化厂运行效率不高。再者，当时的排水设施的绩效考核体系对水质净化厂和排水管网分开考核，厂网运维单位站在自身角度考虑，无法形成水污染治理的合力。

光明区在深入分析现状问题、传统建设运营和绩效考核模式弊端的基础上，以海绵城市片区绩效达标、同步解决茅洲河流域水环境问题、污水系统提质增效为综合目标，结合海绵城市试点契机，试点探索“厂网一体”的建设运营模式，将拟建成处理能力为30万m^3/d的光明水质净化厂及其服务范围内超过1000km排水管网整体打包运作，采取PPP模式实施，通过引入优质社会资本、创新公共管理模式，从而提高排水设施的管理水平。

（2）PPP模式设置

在项目打包上，遵循排水系统内在特征，按照流域范围进行打包，形成内容独立、边界清晰、系统完整的建设项目包，利于分清政府和社会资本责任边界，便于开展绩效考核和按效付费评价（图3-2）。通过整体打包实现了配套管网与水质净化厂同步设计、同步建设、同步投运，有效解决了“厂网分离”“建管分离”等问题，确保污水处理设施充分发挥治污能效。

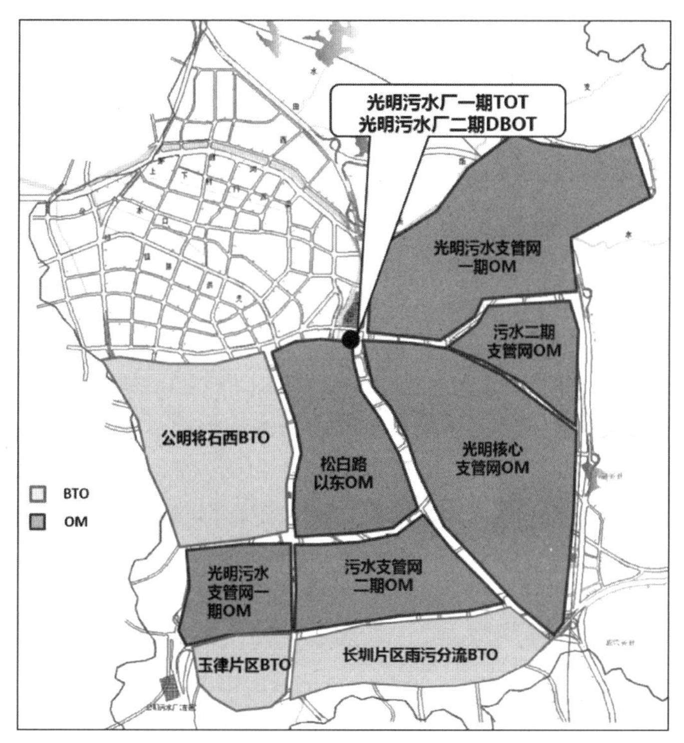

图3-2 光明区海绵城市建设PPP试点项目打包范围图

在模式选择上，综合考虑建设项目的工程类型、建设难度、现状进展、建设工期、考核要求等因素，因地制宜地采用O&M、EPCO、DBTO、DBOT等不同实施模式。其中，对于存量和在建管网，以管养维护为重点，采用O&M实施模式；对新建管网，以保质保量为重点，采用EPCO实施模式；对管网接驳完善工程，以灵活实施为重点，采用DBTO实施模式；光明水质净化厂以提效运营为重点，采用DROT和DBOT实施模式。

在绩效考核、按效付费机制设置方面，建立了以效果为导向的绩效考核体系。项目建立了包含水质净化厂运营管理、管网运营维护、污水处理出水水质达标情况以及移交绩效考核，并创新性地设置了无保底水量和进水污染物浓度两项重要绩效指标，倒逼社会资本发挥技术优势，加大技术人员投入，更加注重项目的实施质量和系统运行的合理性，进而实现运营效益最大化。同时，为有效组织、指导绩效考核具体工作的开展，光明区水务局还编制了《深圳市光明区海绵城市建设 PPP 试点项目绩效指标与考核办法》，明确了具体考核方式、组织形式和考核频率，为实现按效付费的机制提供有力支撑。

（3）阶段实施成效

自 2017 年 8 月项目实施以来，光明水质净化厂服务范围污水处理系统提质增效明显。进水水量和水质监测数据显示，2019 年光明水质净化厂平均进水水量、进水 COD_{Cr}浓度、BOD_5浓度、进水氨氮浓度比 2017 年同期增长分别达到 94.1%、145.6%、113%和 60.6%（图 3-3）。

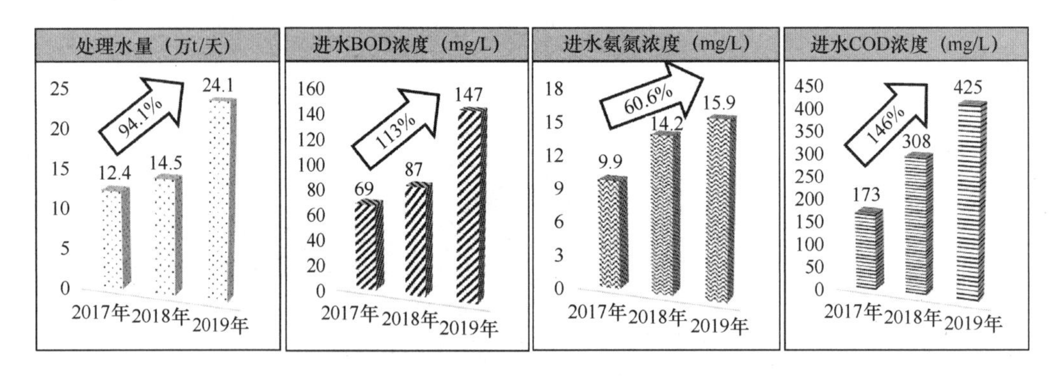

图 3-3 光明水质净化厂进水水质和水量变化情况

同时，项目还为海绵城市片区达标和茅洲河流域水环境质量稳定达标提供了重要的支撑。项目实施以来，光明水质净化厂服务范围内基本实现雨污分流，雨水排放系统不断完善，有效解决了试点区域存在的 6 个历史内涝问题和鹅颈水水体黑臭问题。从 2021 年上半年水质监测数据获悉，茅洲河共和村国控断面水质常规指标达到地表水Ⅳ类，各支流水质常规指标达到地表水Ⅴ类或以上。

3.2.2 海绵城市信用体系建设探索

1. 海绵城市信用体系构建背景

光明区经过低影响开发时期的探索和海绵试点期间的全域推进，在海绵试点后期三项矛盾日益凸显，需要升级“管流程”为“管行为”，化被动为主动。

（1）海绵城市的发展方向与目前落实不佳、矛盾凸显

海绵城市是生态文明思想在城市水循环方面的根本体现，是实现自然积存、自然渗透、自然净化的城市发展方式，是实现城市高质量发展的必由之路。但由于部分单位重视程度不足，在实施环节存在部分海绵城市理念落实简单粗暴，部分项目海绵设计不精细、施工不合规、管养不到位等问题，不符合高质量发展的要求，市政道路附属绿地的海绵化

建设形式与景观需求在实施阶段矛盾凸显。

（2）光明海绵建设经验丰富与缺少管理依据矛盾凸显

海绵城市是光明高质量发展的重要“基因”。早在2007新区设立之初就引入低冲击开发（海绵城市理念前身）理念，经过低冲击开发探索及海绵试点时期的实践，已积累较为丰富的海绵城市建设经验，海绵城市建设推进主要依靠海绵技术审查、规划许可审批管控、区海绵办巡查督办、试点资金支持等方式。然而试点期结束，相关部门对海绵城市建设的重视程度逐步降低，海绵试点时期印发的海绵城市相关管理文件到期失效，亟须更新、出台更新的、更高层次管理文件，作为海绵城市建设的依据。

（3）海绵建设标准提高与管控抓手弱化或取消矛盾凸显

2020年光明海绵试点以优异成绩通过验收，市相关领导与区主要领导提出由海绵试点全面升级为海绵示范，提升海绵城市颜值与功能，对光明海绵城市建设提出了更高要求。但随着试点验收与建设项目行政审批简化，海绵城市基于行政管控的抓手已取消或弱化，依靠部分部门的强力协调管控的推进方式难以为继，常态化的海绵城市推进亟需在更高层次制定相关且对各单位均具有约束力的管理文件。

2. 光明海绵城市建设信用体系建设探索

区海绵办开展海绵城市不良行为认定管理工作，并将认定结果纳入诚信管理体系。对海绵城市建设管理行为采取“红、黄”牌警示制度并滚动管理。当发生建设项目未落实海绵城市理念，未按海绵城市相关图纸施工或对已建海绵内容未开展运行维护的行为，经指出后仍未按期整改的，对相应单位出示红牌警告；当发生建设项目海绵城市设计不符合相关行业规范指引要求、海绵施工不符合施工图及相关技术规范要求、海绵内容运行维护不良导致功能及景观功能丧失的行为，经指出后限期整改不到位的，对相应单位出示黄牌警告。

区海绵办对建设项目海绵城市建设管理情况开展抽查和不良行为的认定工作，对列入“红牌警示”的单位，由区海绵办向相应的行业部门进行通报，并要求限期整改；对列入“黄牌警示”的单位，由区海绵办书面告知涉事企业，并要求限期整改。对列入“黄牌警示”的单位，在规定期限内整改不到位的，视实际情况升级名单管理。对列入“红牌警示”的单位，由区海绵办向区财政、税务、发展改革、规划和自然资源、生态环境、工业信息、市场监管、金融机构等相关部门（单位）通报，区各相关部门按照有关规定，将其作为重点监管对象，加强事中事后监管，依法采取约束和惩戒措施，在市场准入、资质资格管理、招标投标等方面依法给予限制。

建设项目参建或运行维护单位在收到海绵城市建设“红、黄”牌警示后立即进行整改，并及时将整改结果以书面形式告知区海绵办的，可提出降低警示等级或取消警示牌的申请。区海绵办自收到整改情况告知书后对整改情况进行复核，对整改到位的可降低警示等级或取消警示牌。

3. 海绵城市建设管理行为红黄牌警示标准

光明区制定了海绵城市建设管理行为红黄牌警示标准，对建设单位、设计单位、施工单位、监理单位、管养单位等5类行为主体制定了共67类不良行为标准，其中24类红牌警示、43 类黄牌警示。以建设单位海绵城市建设管理活动为例，说明海绵红黄牌警示行为的标准，详见表 3-4。

建设单位海绵城市建设管理行为“红、黄”牌警示标准　　表 3-4

警示类别	序号	不良行为	备注
红牌警示	1	建设项目未落实海绵城市理念及要求的	豁免清单的项目除外
	2	明示或暗示设计、监理及施工单位取消海绵城市相应建设内容的	
	3	未按海绵建设技术标准和国家有关规定组织工程联合验收，或者验收不合格擅自交付使用的	
	4	持续列入黄牌警示名单 1 个月以上且未整改到位的	
	5	黄牌警示行为达到 3 项次及以上的	
黄牌警示	6	明示或暗示设计、监理及施工单位降低海绵设施工程标准或指标的	
	7	因同意设计变更导致建设项目海绵城市建设要求降低或不符合海绵城市建设要求的	
	8	对设计、施工、监理单位海绵城市建设方面的不良行为不制止或不要求整改的	
	9	项目海绵城市建设及运维不符合高质量、高颜值整体要求的	
	10	海绵城市联合验收材料弄虚作假、伪造的	
	11	对运维单位海绵设施运维不到位行为未及时督促的	社会投资项目豁免

第4章 规 划 引 领

4.1 规划体系

在总体规划层面，光明区已将海绵城市理念纳入《光明区国土空间分区规划》《光明区“十四五”规划》《光明科学城空间规划》《光明凤凰城总体规划》等重要城市规划，融入城市建设顶层设计，提升海绵城市建设的规划统筹力度，实现海绵城市建设有据可依、有理可循。

在专项规划层面，光明区谋划“区、试点区域、排水分区”三级规划传导体系，扎实指导海绵城市建设工作。在全区层面编制《光明区海绵城市专项规划》，在试点区域层面编制《深圳市国家海绵城市试点区域海绵城市建设详细规划》，通过《光明区试点区域海绵城市系统化方案》进一步细化各排水分区的任务和绩效，串联从城市规划到工程设计之间的各个环节，保证规划设计有目标、项目建设有效果、分区建设有整体、试点建设有成效。

在详细规划层面，光明区将海绵城市与城市开发、城市更新有机结合。在全区范围内新编或修编的法定图则中，增加海绵城市建设要求，明确片区海绵系统并确定各地块海绵城市建设管控指标。在全区范围内的城市更新单元规划中，增加海绵城市专题（专项）报告，按要求合理安排竖向、布局地块海绵设施等。

4.2 海绵城市专项规划

光明区在《深圳市海绵城市建设专项规划及实施方案》的指导下，开展了《光明区海绵城市专项规划》（以下简称《区级专项规划》）的编制，规划范围为光明区行政区划范围，约155.33km^2（其中建设用地面积71.22km^2），包括凤凰城海绵城市国家试点区24.65km^2（图4-1）。

《区级专项规划》依据全市海绵城市建设专项规划明确的建设目标，针对区域现状问题，因地制宜确定光明区海绵城市建设的实施路径，规划坚持老城区以问题为导向，重点解决城市内涝、黑臭水体治理等问题，新建区域以目标为导向，优先保护自然生态本底，合理控制开发强度。

4.2.1 规划内容

1. 基础资料研究

基础资料研究主要包括现状评价、问题识别、需求分析以及相关政策与规划研究。

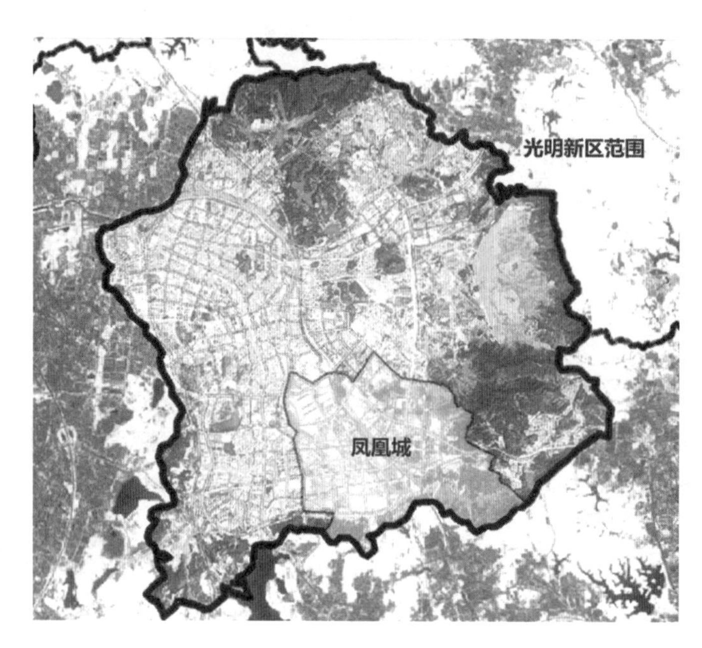

图 4-1　规划范围

收集相关规划资料，以及气象、水文、地质、土壤等基础资料和必要的勘察测量资料。通过分析城市区位、自然地理、经济社会现状和降雨、土壤、地下水、下垫面、排水系统、城市开发前的水文状况等基本特征，识别城市水资源、水环境、水生态、水安全等方面存在的问题；通过走访相关政府部门，开展座谈，深入了解光明区已开展的海绵城市建设相关工作，结合本底基础条件分析，综合评价海绵城市建设的既有优势条件和可能存在的风险。

收集国家和广东省、深圳市相关政策，以及城市总体规划、绿地系统规划、河湖水系规划、道路专项规划等相关规划资料，深入解读，准确理解把握政策方向、内涵，以及光明区城市发展脉络。

2. 建设目标确定

根据光明区的基础条件，以及海绵城市建设需求，以年径流总量控制率为核心指标，确定海绵城市建设目标，明确规划区近、远期要达到海绵城市要求的面积和比例①。

参照住房和城乡建设部发布的《海绵城市建设绩效评价与考核办法（试行）》，提出海绵城市建设的指标体系，主要从六大类别进行构建，具体为：水生态（年径流总量控制率、城市热岛效应、生态岸线恢复、地下水位等）；水环境［水环境质量、城市面源污染削减率（以 SS 计）等］；水资源（污水再生利用率、雨水资源利用率、管网漏损率等）；水安全（城市防涝标准、雨水管渠设计标准、饮用水水源地水质达标率等）；制度建设及执行情况（出台政策、技术导则，建立绩效考核和奖励机制等）和显示度（连片示范效应）。

① 丁年，胡爱兵，任心欣．深圳市光明新区低影响开发市政道路解析［J］．上海城市规划，2012（6）：96-101.

3. 总体思路

依据海绵城市建设目标，针对现状问题，因地制宜确定海绵城市建设的实施路径。老城区以问题为导向，重点解决城市内涝、雨水收集利用、黑臭水体治理等问题；城市新区、各类园区、成片开发区以将70%的降雨就地消纳利用的目标为导向，优先保护自然生态本底，合理控制开发强度。

根据降雨、土壤等因素，综合考虑水环境、水资源、水生态、水安全等方面的现状问题和建设需求，提出光明区海绵城市建设要重点解决的问题。根据水环境、水资源、水生态、水安全等方面的现状问题和建设需求，划定光明区海绵城市建设功能分区。

4. 专项规划方案

（1）提出海绵城市建设分区指引。基于遥感影像资料、现场调研资料、监测数据等，应用GIS、ENVI、MIKE Flood等软件平台，识别山、水、林、田、湖等生态本底条件，提出海绵城市的自然生态空间格局，明确保护与修复要求；基于流域特征，针对现状问题，划定海绵城市建设分区，提出建设指引。

（2）分解海绵城市建设管控要求。根据雨水径流量和径流污染控制的要求，通过建立SWMM的水文模型，以目标为导向进行规划条件模拟耦合，将雨水年径流总量控制率目标分解到控制性详细规划单元，并提出管控要求，因地制宜地采取“渗、滞、蓄、净、用、排”等措施[①]。

（3）提出系统性的规划措施。重点针对内涝积水、水体黑臭、河湖水系生态功能受损等问题，按照源头减排、过程控制、系统治理的原则，制定积水点治理、截污纳管、合流制污水溢流污染控制和河湖水系生态修复等措施。

（4）提出与城市道路、排水防涝、绿地、水系统等相关规划相衔接的建议。

5. 近期建设计划

结合光明区建设项目推进计划，明确近期建设重点，合理布局项目工程，安排时间进度。与财政、发展改革等部门深入沟通，会同投资咨询单位，开展项目投资来源研究，合理统筹安排项目投资计划，明确投资模式、投资金额、投资周期等。

6. 管控机制

规划保障措施和实施建议，包括部门分工协作、海绵城市建设工程全过程管控机制、可持续的投入机制、绩效考核和监督机制等（图4-2）。

4.2.2 规划目标及指标体系

1. 规划目标

根据《深圳市海绵城市建设专项规划及实施方案》，确定茅洲河北部片区的年径流总量控制率目标为70%，茅洲河南部片区的年径流总量控制率目标为72%，石岩河片区的年径流总量控制率目标为70%，观澜河片区的年径流总量控制率目标为72%。《区级专项

---

① 汤伟真，任心欣，丁年等. 基于SWMM的市政道路低影响开发雨水系统设计［J］. 中国给水排水，2016，32（3）：109-112.

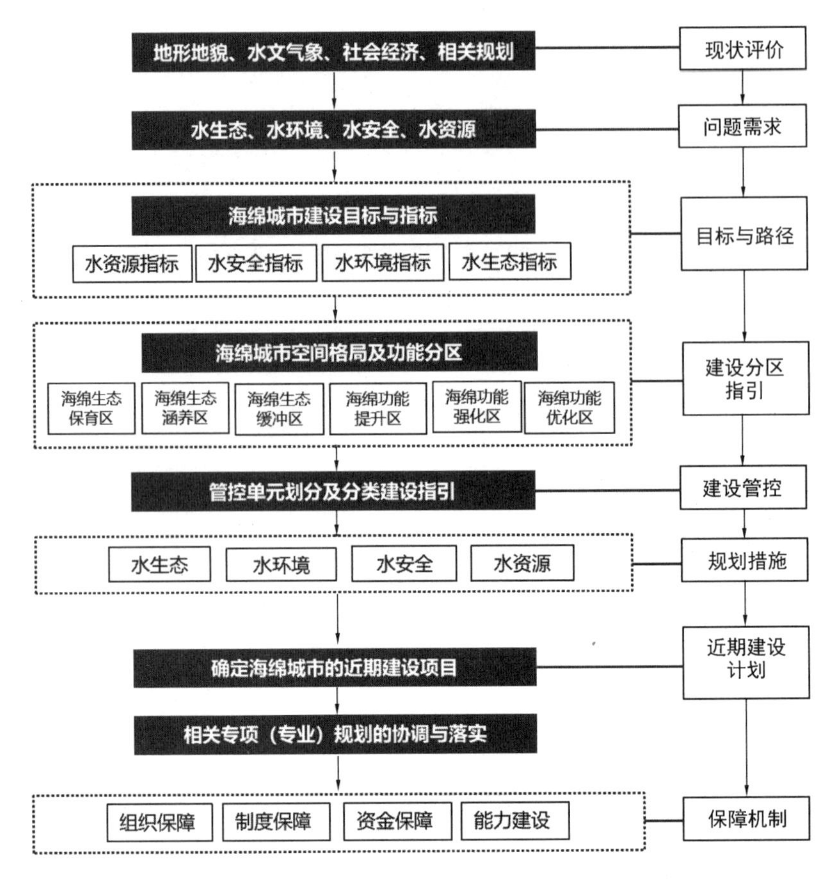

图 4-2　技术路线图

规划》结合上层次规划相关要求及光明区实际情况，确定光明区海绵城市建设的总体目标：年径流总量控制目标为 70%，到 2020 年城市建成区 30%以上的面积达到该目标要求；到 2030 年城市建成区 80%以上的面积达到该目标要求①。

2. 指标体系

《区级专项规划》在对光明区降雨、土壤、地下水、地形坡度、河流水系、城市建设等建设条件梳理的基础上，分析现状存在的水环境、水安全等突出问题，提出水生态、水环境、水资源、水安全、制度建设及执行情况、显示度五个方面，共 11 项具体指标，详见表 4-1。

光明区海绵城市建设指标体系汇总表　　**表 4-1**

类别	序号	指标	现状	目标值		控制性/指导性
				近期	远期	
一、水生态	1	年径流总量控制率	47.74%	30%建成区达到 70%	80%建成区达到 70%	控制性

① 任心欣，汤伟真．海绵城市年径流总量控制率等指标应用初探［J］．中国给水排水，2015，31（13）：105-109.

续表

类别	序号	指标	现状	目标值		控制性/指导性
				近期	远期	
一、水生态	2	生态岸线比例	60%	80%	80%	控制性
	3	城市热岛效应	—	夏季（按6～9月）日平均气温不高于同期其他区域的日均气温	明显缓解	指导性
二、水环境	4	地表水体水质标准	茅洲河干流（光明区段）、鹅颈水、木墩河、楼村水、新陂头水五条河流为黑臭水体	基本达到地表水Ⅴ类，完成黑臭水体治理目标	100%（地表水环境质量达标率）	控制性
	5	城市面源污染控制	—	径流污染物削减率（以SS计）不低于40%	径流污染物削减率（以SS计）不低于50%	指导性
三、水资源	6	污水再生利用率	2016年，光明区污水再生利用替代城市自来水为2.45%	≥30%（含生态补水，其中替代城市自来水5%）	≥60%（含生态补水，其中替代城市自来水10%）	控制性
	7	雨水资源利用率	—	≥1.2%（雨水资源替代自来水的比例）	≥3%（雨水资源替代自来水的比例）	指导性
四、水安全	8	内涝防治标准	现状内涝点26处	50年一遇（通过采取综合措施，有效应对不低于50年一遇的暴雨）		控制性
	9	城市防洪（潮）标准	鹅颈水设计洪水标准为50年一遇；木墩河、东坑水、楼村水、新陂头河设计洪水标准为50年一遇	茅洲河干流防洪标准达到100年一遇，主要一级支流达到50年一遇标准，其余支流防洪标准达到20年一遇及以上		控制性
	10	饮用水安全	鹅颈水库、碧眼水库达地表水Ⅲ类标准	饮用水源达到《地表水环境质量标准》GB 3838—2002 Ⅲ类标准	集中式水源地水质达标率100%	控制性
五、制度建设及执行情况	11	蓝线、绿线划定与保护	部分河道已划定蓝线	落实《深圳市蓝线规划》，严格执行《深圳市基本生态控制线管理规定》		

4.2.3 海绵城市建设空间格局和分区指引

《区级专项规划》基于光明区海绵基底现状空间布局与特征，结合中心城区的海绵生态安全格局、水系格局和绿地格局，构建“一环、一纵、多点”的海绵空间结构，打造“山环耀光明，六水聚茅洲”的生态空间格局；同时，该规划也以“城市新建、更新单元等建设区”“内涝、黑臭等水问题”为导向划分海绵城市建设分区，并提出建设指引。

1. 海绵空间格局

光明区海绵空间格局如图4-3所示。“一环”是指海绵生态基质，由铁坑-莲塘-白鸽坡水库及郊野公园、公明水库、两明森林/郊野公园、鹅颈水库/郊野公园、凤凰山/大头岗公园构成，包括各类天然、人工植被以及各类水体，在全区的生态系统中承担着重要的海绵生态和涵养功能，是保护和提高生物多样性的基地，同时还发挥着保持水土、固碳释氧、缓解温室效应、吸纳噪声、降尘、降解有毒物质、提供野生生物栖息地和迁徙廊道等各种生态保育作用，是整个城市和区域的海绵主体和城市的生态底线。

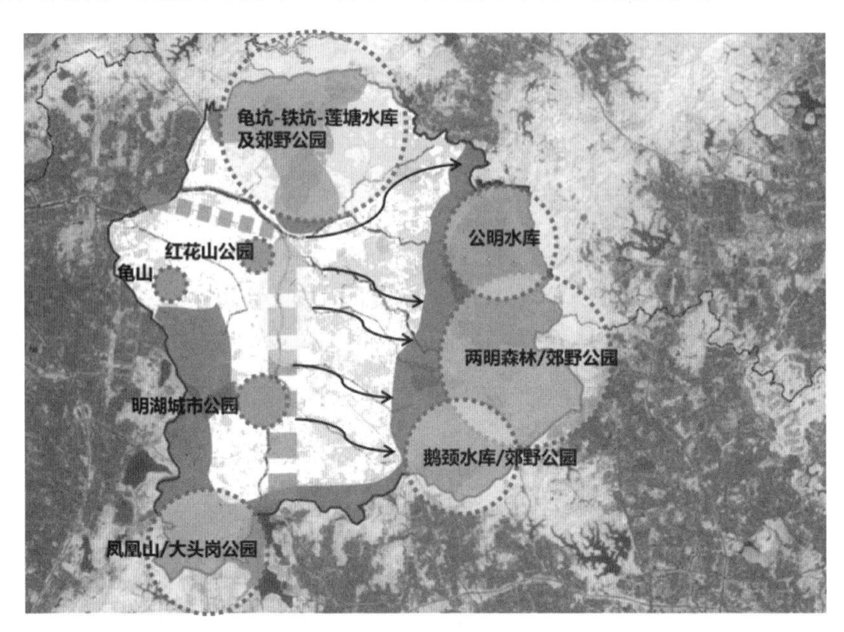

图 4-3　光明区海绵空间格局

“一纵”是茅洲河一线的绿色生态廊道，并连接楼村水、木墩河、东坑河、鹅颈水等茅洲河支流小廊道。

图 4-4　城市更新重点区

“多点”为海绵生态斑块，包括红花山公园、龟山、明湖城市公园等。

2. 海绵城市建设分区指引

（1）目标导向——城市新建、更新单元等建设区

针对光明新区城市新建、更新单元等建设区，以“优先保护自然生态本底，合理控制开发强度，增加城区的海绵功能”为目标导向，对城市更新过程中的海绵城市建设提出要求（图 4-4）。

（2）问题导向——内涝、黑臭等水问题

对于光明区存在的城市内涝及黑

臭水体治理的问题，把点源、面源污染作为问题导向。在划定内涝风险区和黑臭水体及其所在排水分区的基础上，做好水系统重点问题区的防治工作，其中黑臭水体共有五条河流，为茅洲河、新陂头水、楼村水、木墩河、鹅颈水；内涝风险区多位于公明老城区及玉田、高新片区。

针对黑臭水体所处的排水分区，从点源污染控制和面源污染控制两方面出发，通过增强截污纳管、分流改造、低影响开发建设和河道生态修复等多种措施推进综合治理。针对城市内涝风险区，统筹灰、绿基础设施建设，加强雨水蓄滞能力，提升防涝能力（图4-5）。

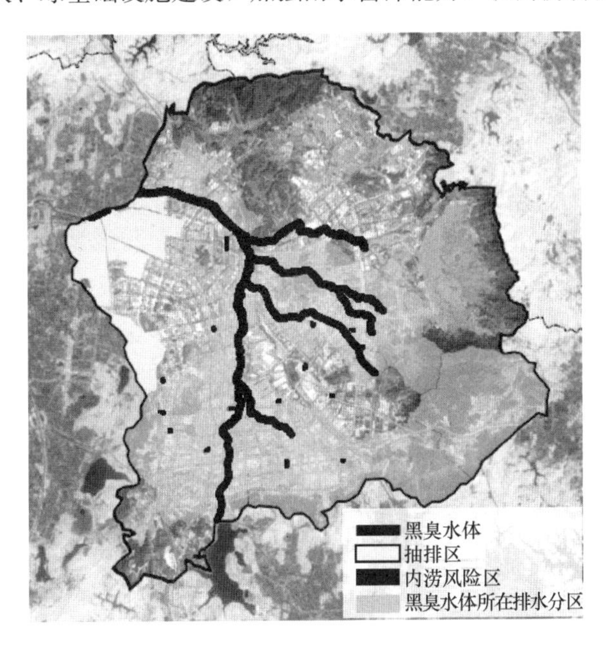

图4-5　水系统重点问题区

（3）技术适宜性分析

对光明区海绵技术适宜性进行分析，结果表明："蓄、用、净、排"类技术在光明区全区范围均适用，"渗"类技术在地下水位高区具有局限性，"滞"类技术在地质灾害易发区具有局限性。同时，考虑技术成熟度、经济性、地形坡度、工业用地分布、蓄用空间等因素，利用ArcGIS软件通过空间叠加分析，将光明区海绵城市技术适宜性分为两类区域：

一是适宜建设区，是指海绵技术全面适宜区，"渗、滞、蓄、净、用、排"类技术均适用，是最适宜推广海绵城市建设的地区。

二是限制建设区，是指存在以下情况的地区：陡坡坍塌、滑坡灾害易发的危险场所；石油化工生产基地、加油站、大量生产或使用重金属企业等特殊污染源地区，容易因为雨水下渗造成地下水污染①；其他安全隐患场所。该区应尽量考虑"净"类技术。

① Sansalone J J. Adsorptive infiltration of metals in urban drainage-media characteristics [J]. Science of the Total Environment，1999，235（1-3）：179-188.

根据光明区技术适宜性分区条件，北部与东部较为陡峭的铁坑-莲塘-白鸽坡水库郊野公园、两明森林-鹅颈水库郊野公园一带地质条件敏感，不宜大建大拆，为限制建设区（图 4-6）。中部及西部广大地区为适宜建设区，地质条件优良，绿化良好，适宜建设海绵城市。

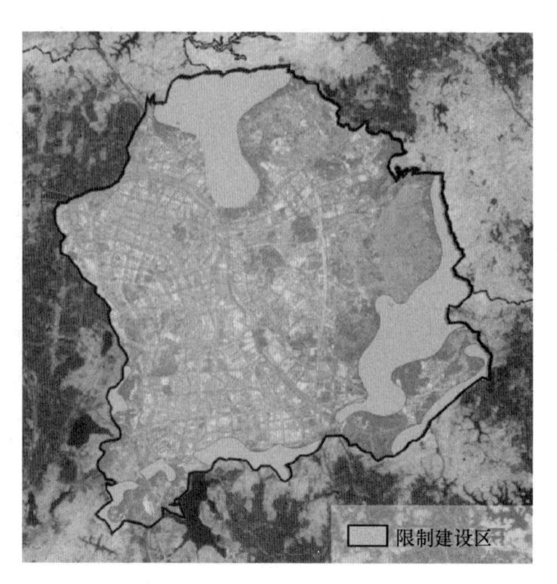

图 4-6　海绵城市建设技术适宜性分区

4.2.4　海绵城市建设管控

1. 管控单元划分及要求

《区级专项规划》将光明区划分为 17 个管控单位（图 4-7），并结合各个管控单元的现状和规划建设情况，确定各个管控单位年径流总量控制率目标，如表 4-2 所示。

光明区各海绵城市管控单元年径流总量控制率目标表　　表 4-2

管控单元编号	管控单元名称	面积（hm^2）	规划控制率（%）	控制降雨量（mm）
GM-01	白花河	1055.3	68	34.3
GM-02	鹅颈水	1561.4	70	31.3
GM-03	东坑水	935.8	70	31.3
GM-04	木墩河	587.5	70	31.3
GM-05	楼村水	1136.4	76	32.3
GM-06	茅洲河中上游	537	70	31.3
GM-07	石岩河	236.3	67	28.6
GM-08	新桥河	368.4	70	36.6
GM-09	玉田河	1284.7	60	23.9
GM-10	新陂头南	2199.5	83	50.2
GM-11	松岗河	215.2	66	28.6
GM-12	公明排洪渠	1453.4	52	19.9
GM-13	上下村	591	52	17.5
GM-14	茅洲河干流	543.7	70	26.9
GM-15	白沙坑	190.5	61	25.4
GM-16	两田水	1255.8	88	46.6
GM-17	新陂头北	1380.5	68	30.4
总计		15533	70.0	31.3

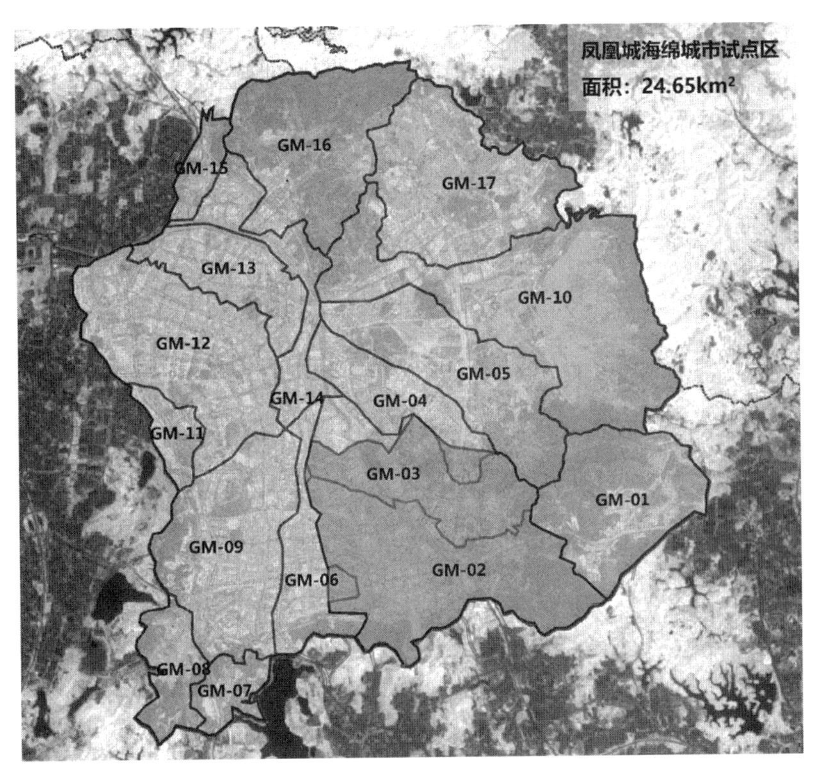

图 4-7 光明区海绵城市建设管控单元划分示意图

2. 分类用地建设指标

海绵城市建设过程中，项目控制目标及指标应综合考虑项目类型、土壤等因素后，合理选择。综合整治类项目目标指标见表 4-3，规划新建类项目指标详见表 4-4。

综合整治类项目年径流总量控制率 表 4-3

用地类型	LID 设施比例				光明新区
	下沉式绿地率（%）	绿色屋顶率（%）	透水铺装率（%）	不透水下垫面径流控制比例（%）	规划控制目标（%）（年径流总量控制率）
居住小区类	40	0	50	50	55
公共建筑类	40	0	50	50	57
工业仓储类	40	0	50	50	55
道路广场类	50	0	50	80	50
公园绿地类	10	0	40	85	65

规划新建类项目年径流总量控制率 表 4-4

用地类型	LID 设施比例				光明新区
	下沉式绿地率（%）	绿色屋顶率（%）	透水铺装率（%）	不透水下垫面径流控制比例（%）	规划控制目标（%）（年径流总量控制率）
居住小区类	60	0	90	75	70
公共建筑类	60	40	90	75	73

续表

用地类型	LID设施比例				光明新区
	下沉式绿地率（%）	绿色屋顶率（%）	透水铺装率（%）	不透水下垫面径流控制比例（%）	规划控制目标（%）（年径流总量控制率）
新型产业用地	60	50	90	75	68
其他工业及仓储类	60	10	90	75	67
道路广场类	80	0	90	90	64
公园绿地类	30	0	90	95	76

4.2.5 海绵城市建设规划方案

1. 水环境规划措施

海绵城市建设对水环境治理有很高的要求，根据规划指标体系（详见3.2节），水体水质方面，要求近期地表水体水质基本达到Ⅴ类水标准，完成黑臭水体治理目标；面源污染控制方面，要求近期径流污染物削减率（以SS计）不低于40%，远期不低于50%。规划近期通过一河一策，制定黑臭水体治理方案，达到Ⅴ类水要求；远期通过构建“源头、过程、末端”全过程控制系统，对入河污染物进行全流程管控，达到径流污染削减目标，并保证水环境质量达标。

光明区主要污染水体位于茅洲河流域，共9条，包括大凼水、玉田河、鹅颈水、东坑水、木墩河、楼村水、新陂头河、西田水和白沙坑。以木墩河为例，编制水体治理方案（图4-8）。

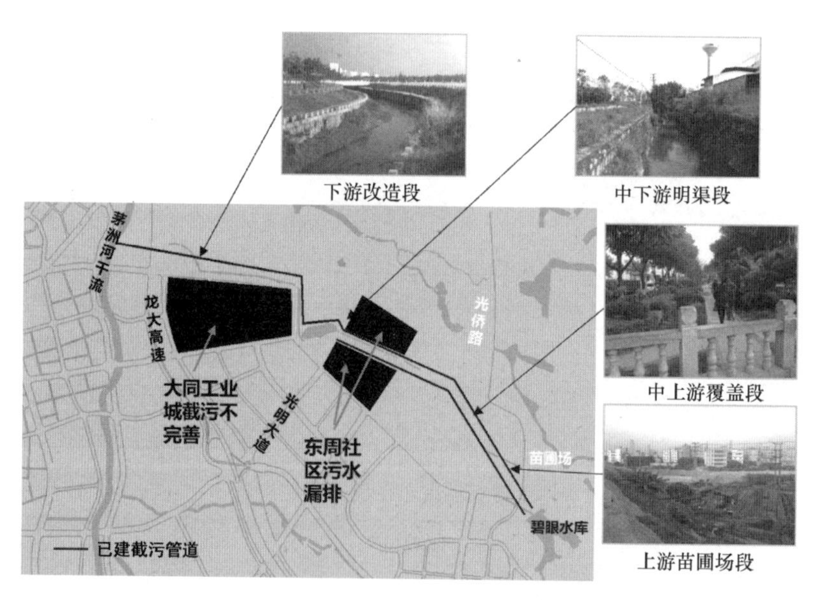

图4-8 木墩河治理方案

（1）问题成因分析

① 上游河道未经整治，南岸光侨路建设导致水土流失严重，养殖场污水直排导致河

道水质混浊；

② 中游沿线东周社区及周边覆盖段已建两侧截污干管，但仍存在污水漏排现象；

③ 东周社区以下至华夏路段，龙大高速东侧的大同工业城段未铺设截污管道，局部截污不完善，导致生活污水入河；

④ 河道本身存在一定的淤积侵占现象，生态自净能力较差。

（2）黑臭水体治理措施

针对木墩河黑臭原因，通过源头减排、过程控制以及系统治理三方面进行整治，整治措施见表4-5。

木墩河综合整治措施一览表　　表4-5

主要整治措施	项目内容
源头削减	新建地块的海绵城市建设
	合流管、混流管排污口排查
过程控制	光明核心片区污水支管网建设
	木墩河截污完善工程
系统治理	木墩河综合整治工程
	木墩河生态景观建设
	再生水补水工程

① 新建地块海绵城市建设

结合流域内开发建设进行海绵建设，进而实现流域径流污染削减及年径流总量控制（表4-6）。

木墩河片区新开发项目一览表　　表4-6

项目类型	项目内容
市政道路	光电二路，东周路，河心路，东周一街，法政路南段、光安路、光润路、光翠路
建筑小区	光明新区群众体育文化中心，光明高新园区公共服务平台项目，美盈森低碳环保包装研发总部及生产基地建设项目，展辰环保涂料研发中心
公园绿地	木墩社区公园，碧眼水库公园
城市更新	公明楼村第一工业区、光明伶伦提可乐片区、光明柑山工业园、东周片区、大丰安片区、光明商业中心片区、光明新围片区

② 合流管、混流管排污口排查

排查木墩河沿河排污口，统计木墩河沿线排污口共49个，其中生活污水排放口40个，工业废水排放口4个，综合污水排放口5个。这些污水大部分来源于截污不完善的东周社区及中游覆盖段，部分来自截污管道缺失的大同工业城段。同时，木墩河上游明渠段为苗圃菜地，未有生活污水产生，但有少量养鸽场，因此，存在污水未经处理入河现象。

③ 截污完善、雨污分流改造

针对周边片区雨污分流管网建设滞后情况，加快光明核心片区污水支管网建设。

针对周边片区污水漏排截污不完善现象，对东周社区段河道两岸进行点截污，通过设置截流井对漏排排污口进行截流，截流管就近接入排入现状 *DN*800、*DN*400 一期污水干管内；同时，对大同工业城段河道右岸铺设截污管道，截流倍数取 $N=2.0$。

④ 木墩水生态景观建设

结合木墩河周边的城区环境及工程目标，对工程永久用地范围内的河道堤防、岸坡等进行绿化种植，为增加河流环境水量，在河岸两侧绿道、巡河道外侧设置低冲击生态带，同时在中游鱼塘附近河段及上游苗圃场河段，共保留滨水水面面积约 2.2hm^2，其中蓄洪区水面面积约 1.73hm^2。形成总面积 9.35hm^{2}的蓄洪生态区及面积 8.2hm^{2}的水源涵养区。同时，结合光明“绿环”建设，在木墩水上游开展碧眼水库公园建设，下游开展木墩水湿地建设。

⑤ 木墩河综合整治工程

项目治理河长约 5.88km，包括沿线截污管道完善工程（见③）、底泥疏浚工程（总清淤量为 4.60 万 m^3）、生态景观工程（见④）和生态补水工程（见⑥）。

⑥ 再生水补水工程

由于木墩河天然基流小，且无雨洪利用条件，考虑引污水处理厂中水进行生态补水。使用基本生态需水量法，确定木墩河需水量为 2.51 万 m^3/d，除去河道自身水量，确定光明污水处理厂补水量为 2 万 m^3/d，污水处理厂尾水经碧眼水库净化与调蓄后再补给木墩河。

2. 水安全规划措施

通过统筹灰、绿、蓝基础设施，构建大排水系统，保障城市安全。对于试点区域，高铁光明站的雨水管渠设计重现期取 10 年一遇，重点地区雨水管渠设计重新期取 5 年一遇，其他地区的雨水管渠设计重现期取 3 年一遇。

3. 水生态规划措施

统筹蓝绿空间，针对不同区位和现状河段，提出修复及保护多层次河岸植物群落举措，充分恢复河道生态系统，营造兼具景观效果的滨水生态空间；结合河岸两侧湿地、绿地以及已建公共基础设施和居民生活需求，因地制宜布设海绵设施，充分提升滨水公共绿地空间的海绵功能。

4. 水资源规划措施

在保障水资源供给的前提下，扩展水资源结构，大力发展非常规水资源利用，减少对外来水资源的依赖；建立持久低廉的资源化体系；加强再生水和雨水等非常规水资源利用，完善城市水资源结构。对于试点区域，新建光明水厂，在公共建筑、公园绿地等源头海绵设施的建设时大力推广雨水收集回用设施。

5. 近期建设工程

《区级专项规划》明确了光明凤凰城片区、中山大学片区、华夏光电片区、光明小镇片区、天安云谷片区等近期开展海绵城市建设的重点区域，并对海绵城市基础设施建设项目进行了梳理，从组织保障、制度保障、资金保障、能力建设等方面对规划保障体系的建设提出了要求和建议（图 4-9）。

图 4-9 光明区海绵城市建设重点区域

4.3 海绵城市详细规划

《深圳市国家海绵城市试点区域海绵城市建设详细规划》（以下简称《详细规划》）在《光明区海绵城市专项规划》的基础上，以海绵城市试点区域为编制对象，构建“源头减排、过程控制、系统治理、统筹建设”全过程海绵城市技术理念，坚持“新老分策”的策略，融合治水提质和凤凰城开发建设，打造全区域、全过程的海绵城市。《详细规划》在复核及深化分析试点区域建设条件、问题与需求的同时，重点划定了三级排水分区，明确了各地块及道路海绵城市建设管控指标、各排水分区近期建设计划等内容。

《详细规划》项目成果包括说明书和图纸两大部分，具体成果内容主要包括以下八大部分：①综合评价试点区域海绵城市建设条件。②确定试点区域海绵城市建设目标为：年径流总量控制率目标为70%，对应设计降雨量为27.8mm。同时，提出了试点区域海绵城市建设的具体指标（图 4-10）。③提出试点区域海绵城市建设的总体思路。④明确试点区域海绵城市建设管控要求。⑤提出试点区域海绵城市工程规划措施。⑥提出相关专项规划衔接的建议。⑦明确试点区域近期海绵城市建设要求及建设任务。⑧提出规划保障措施和实施建议等。

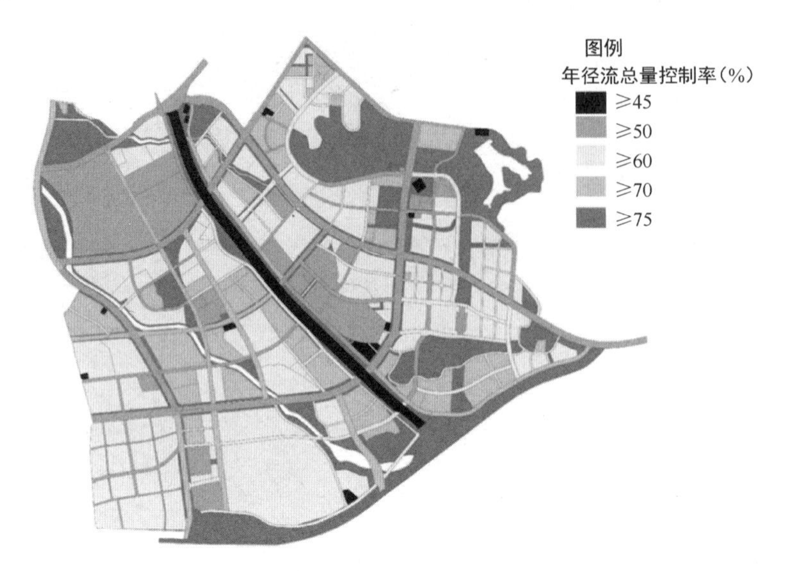

图 4-10 试点区域指标分解图

4.3.1 问题分析

从水环境、水生态、水安全和水资源四个方面剖析光明试点区域存在的水问题。

1. 水环境的恶化未得到有效遏制，形势依然严峻

试点区域河道水体经过综合整治后水质有所改善，但由于水体自净能力有限，污染源众多难以全面控制，水环境仍处于恶化趋势，水环境形势依然严峻。其中，鹅颈水（光侨路-茅洲河段）被列入国家黑臭水体名录，需在 2017 年底前完成黑臭水体治理，任务艰巨，鹅颈水黑臭河段水质指标见表 4-7 及图 4-11。

鹅颈水黑臭河段水质指标　　表 4-7

名称	起至边界	黑臭起点	黑臭终点	水体类型	长度(km)	所在区域	黑臭级别	水质现状			
								溶解氧(mg/L)	氨氮(mg/L)	透明度(cm)	氧化还原电位(mV)
鹅颈水	光侨路以下	光侨路	汇入口	河流	4.14	光明新区	轻度	2.04	10.00	26.50	121.00

根据资料收集和现场调研，试点区域水环境主要存在以下几个方面的问题：

（1）水质污染情况严重。根据现场踏勘，试点区域内的两条河流，鹅颈水和东坑水均存在漏排污水入河现象。其中，鹅颈水污水漏排较为严重，主要是由于流域范围内塘家、甲子塘等旧村为雨污混流排水体制，混流污水排入鹅颈水造成水质污染。经逐一排查，鹅颈水沿线排污口共 42 个，其中合流制排污口 29 个，分流制混接排污口 13 个，整治前漏排污水量约 1.48 万 m^3/d（图 4-12）。鹅颈水整治过程中，经普查，仍有 13 个污水溢流排污口持续排放污水。

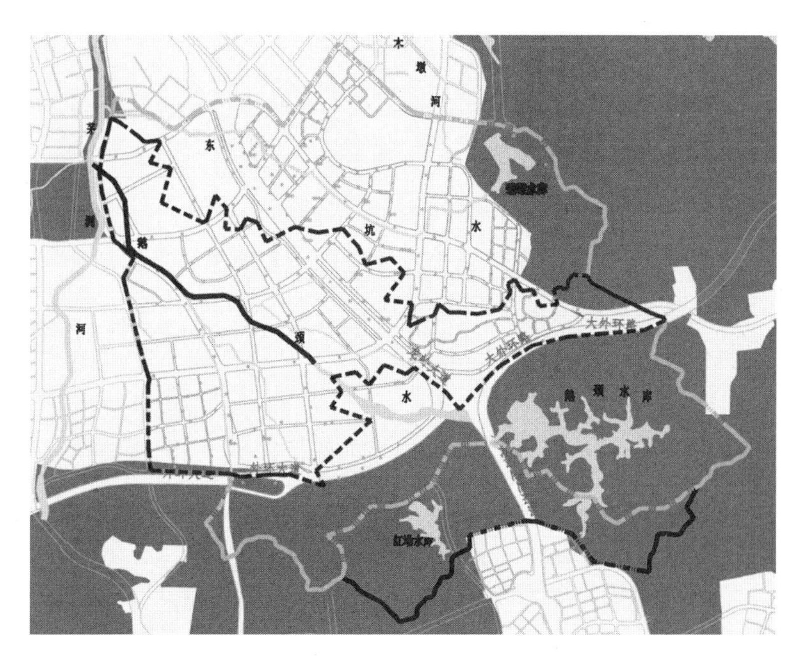

图 4-11　试点区域黑臭水体分布图

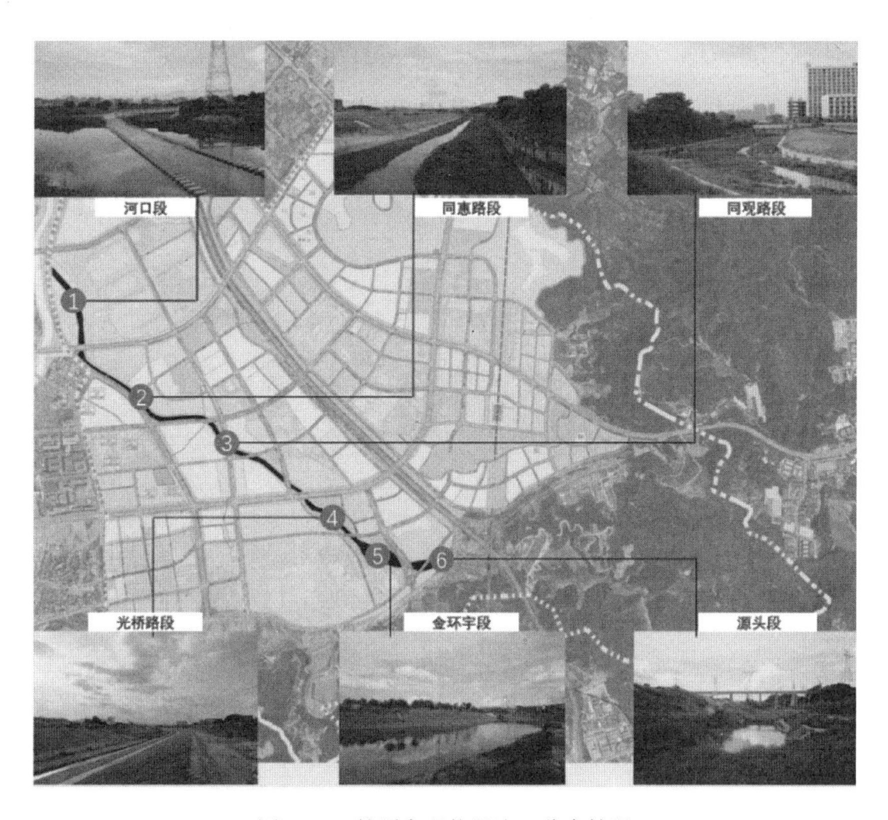

图 4-12　鹅颈水现状溢流口分布情况

（2）东坑水和鹅颈水为雨源型河流，旱季河道缺乏基流，生态本底较差，自身水质自净能力较差。东坑水现状水质为劣五类。

2. 河道水生态缺失，河道硬质化严重，自净能力差

受早期城市建设管理理念和做法等历史原因制约，试点区域内重要河道的水生态遭到了一定程度的破坏。

东坑水流经居住区、工业区、农业用地、公园等区域，河道驳岸以混凝土直立挡墙及石笼挡墙为主，现状生态岸线比例约 70.8%，河道硬质化严重，两岸绿化用地局限性较大，河岸形态及水流形态较为单一，下河台阶少。河道基本未采取生态及水利上的防护措施，沿岸部分农业用地及果林地对河道水质造成二次污染，河道沿线大部分地段杂草丛生，水土流失严重，植被凌乱，植物种类单一（图 4-13）。

鹅颈水现状以自然驳岸为主，生态岸线比例约 90%（图 4-14）。

图 4-13　东坑水河道现状

图 4-14　鹅颈水河道现状

3. 面临水安全隐患，对城市水安全需求高

2015 年，光明区经历了“5.11”“5.20”和“5.23”三场特大暴雨。根据内涝调查的成果，试点区域现有 6 个易涝点，详见图 4-15。同时，试点区域存在一定内涝风险，包括中风险区 2.43 hm^2，高风险区 0.78 hm^2。

从受涝影响和区域特征来看，内涝原因多为地形地势因素、排水设施不完善等。试点区域内存在河道自身和沿河（跨河）建筑物隐患和地面坍塌险情多、排水设施建设标准偏低、建成区高速开发建设严重破坏原有排水体系等先天不足问题，一旦出现超标准的强烈极端天气，极易形成严重的洪涝问题。

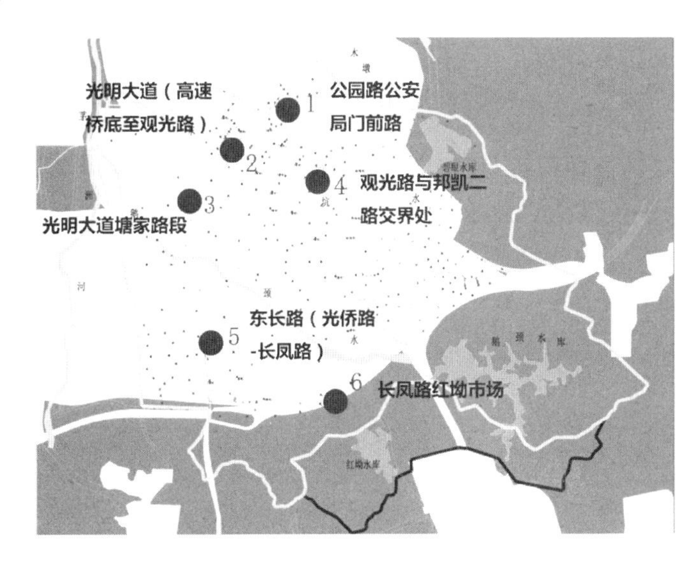

图 4-15　试点区域易涝点分布图

4. 人均水资源严重不足，资源及水质型缺水

深圳市是雨量丰沛的缺水城市，光明区又位于深圳市最缺水的西北部（图 4-16）。试点区域内的水资源主要依靠降雨补给，多年平均降雨量 1600mm，水资源总量约为 0.394 亿 m^3，人均水资源约为 $198m^3$，仅为全国的 1/11，广东省的 1/10，属于严重资源型缺水地区。另外，河流两岸工厂较多，污染严重，部分河段水质较差，同时也为水质型缺水地区。

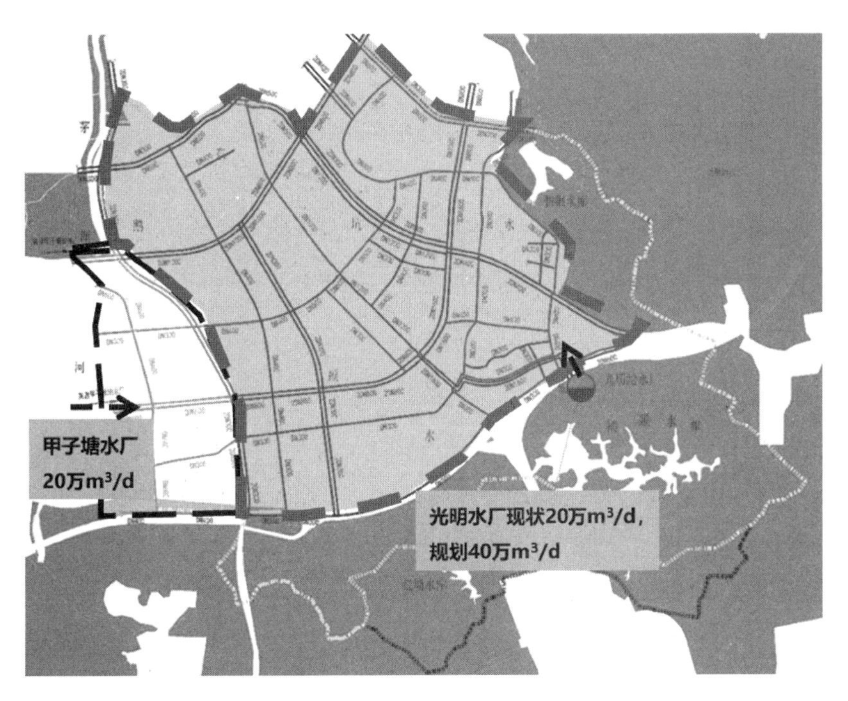

图 4-16　光明区供水量分布图

4.3.2 海绵城市建设指标体系

2016年4月，深圳市申报第二批国家海绵城市试点城市，为推进海绵城市建设，根据试点区域水生态、水环境、水安全和水资源现状和评价，以及海绵城市建设情况，以问题和目标为导向，结合已编制的相关规划，按照科学性、典型性，并体现试点区域自然本底特征的原则，依据《海绵城市建设绩效评价与考核办法（试行）》等国家相关政策要求，参考深圳市相关研究成果，确定了凤凰城海绵城市建设的六大类共16项指标，指标体系详见表4-8，并根据不同考核要求对指标体系进行合理分期。

试点区域海绵城市建设指标体系一览表 **表4-8**

类别	项	指标	规划指标值			性质
			2018年	近期（2020年）	远期（2030年）	
一、水生态	1	年径流总量控制率	60%的面积达到70%	70%的面积达到70%	70%	定量（约束性）
	2	生态岸线恢复比例	100%	100%	100%	定量（约束性）
	3	城市热岛效应	缓解	缓解	明显缓解	定量（鼓励性）
	4	天然水域面积保持度	4.46%	4.46%	4.46%	定量（约束性）
二、水环境	5	水环境质量	不黑不臭，旱季污水全部收集	达到V类	水环境功能区划标准	定量（约束性）
	6	面源污染控制	60%的面积达到60%（以SS计）	70%的面积达到60%（以SS计）	60%（以SS计）	定量（约束性）
三、水安全	7	防洪标准	防洪标准50年一遇，防洪堤达标率100%	防洪标准50年一遇，防洪堤达标率100%	防洪标准50年一遇，防洪堤达标率100%	定量（约束性）
	8	城市暴雨内涝灾害防治	50年一遇	50年一遇	50年一遇	定量（约束性）
	9	饮用水安全	水源水库Ⅲ类标准	水源水库Ⅲ类标准	水源水库Ⅲ类标准	定量（鼓励性）
四、水资源	10	污水再生利用率	15%（含生态补水）	20%（含生态补水）	≥30%（含生态补水），其中替代城市自来水供水的水量达到15%	定量（鼓励性）
	11	雨水资源利用率	3%	3%	≥3%（雨水资源替代自来水的比例）	定量（鼓励性）
五、制度建设及执行情况	12	规划建设管控制度	制定海绵城市建设的规划管控机制并实施	制定海绵城市建设的规划管控机制并实施	制定海绵城市建设的规划管控机制并实施	定性（约束性）
	13	蓝线、绿线划定与保护	执行蓝线、绿线管理办法	执行蓝线、绿线管理办法	执行蓝线、绿线管理办法	定性（约束性）

续表

类别	项	指标	规划指标值			性质
			2018年	近期（2020年）	远期（2030年）	
五、制度建设及执行情况	14	技术规范与标准建设	制定较为健全、规范的技术文件	制定较为健全、规范的技术文件	制定较为健全、规范的技术文件	定性（约束性）
	15	投融资机制建设、政府补贴标准及按效付费标准	探索PPP模式的应用	探索PPP模式的应用	探索PPP模式的应用	定性（约束性）
六、显示度	16	连片示范效应和居民认知度	60%的面积达到70%的径流总量控制率，实现“小雨不积水、大雨不内涝、水体不黑臭、热岛有缓解”的绩效	70%的面积达到70%的径流总量控制率，实现“小雨不积水、大雨不内涝、水体不黑臭、热岛有缓解”的绩效	试点区域达到70%的径流总量控制率，实现“小雨不积水、大雨不内涝、水体不黑臭、热岛有缓解”的绩效	定量（约束性）

4.3.3 海绵城市建设总体思路

试点区域海绵城市建设按照以下思路进行建设：构建“源头减排、过程控制、系统治理、统筹建设”全过程理念；综合采用“渗、滞、蓄、净、用、排”多种措施；结合试点区域新旧结合的特点，采用“新老分策”的策略，老城区以问题导向，新建区域以目标导向。

1. 以问题为导向，依托治水提质工作开展，解决现状问题

深圳市在取得经济建设瞩目成绩的同时，也面临着城市水污染严重、水安全隐患的问题。为破解深圳市涉水难题，深圳市委、市政府启动了治水提质行动计划，要求按照“节水优先、空间均衡、系统治理、两手发力”的原则，以水资源、水安全、水环境、水生态、水文化“五位一体”的理念统领治水工作。为系统治水，深圳市治水提质指挥部印发《深圳市治水提质指挥部办公室关于在治水提质工作中贯彻落实海绵城市建设理念的通知》，要求采用海绵城市建设理念开展治水提质工作。

试点区域海绵城市建设以问题为导向，梳理区域存在的城市内涝、水环境污染等现状问题，分析成因，依托治水提质工作的开展，系统安排建设任务，解决现状存在问题。

2. 以目标为导向，结合凤凰城开发建设，落实海绵城市要求

试点区域为深圳市十六个重点发展区域之一的凤凰城，即将面临大规模的开发建设（图4-17）。试点区域的海绵城市建设将以目标为导向，通过编制、完善《试点区域海绵城市建设详细规划》，将海绵城市建设的目标和指标落实到地块和基础设施，并结合凤凰城的建设，落实海绵城市建设要求。

4.3.4 海绵城市指标分解

采用EPA-SWMM构建试点区域的水文模型，结合试点区域周边雨量站降雨资料，

图 4-17　凤凰城开发建设

反复分解试算区域低影响开发控制目标，评估及验证控制目标的可行性①。针对试点区域内已建的海绵城市示范工程，通过技术审查的在建项目以及绿色建筑项目，进行详细的分析，明确各种类型建设项目可达到的年径流总量控制率指标幅度，进而指导年径流总量控制率指标分解。

通过采用低影响开发建设模式，在各类建设项目中合理布局低影响开发设施，从而实现各类建设项目年径流总量控制率控制目标，进而实现试点区域总体目标。

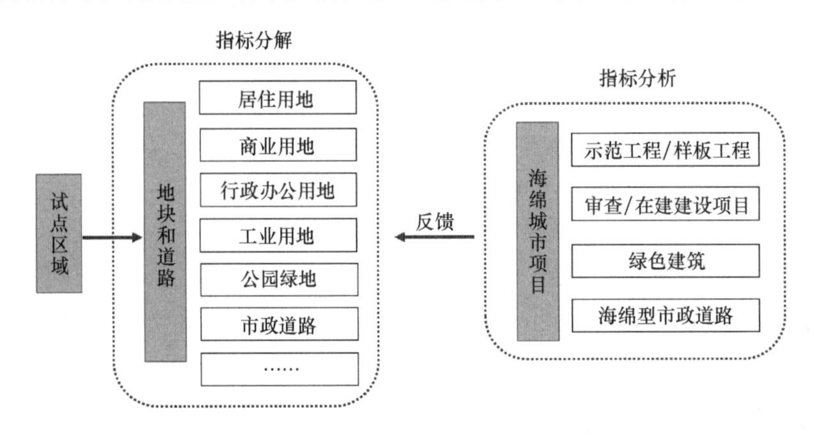

图 4-18　年径流总量控制率目标分解流程

年径流总量控制率目标分解流程如图 4-18 所示，在将年径流总量控制率指标分解到地块时，依据地块的用地类型和建设状态进行了分类处理，具体流程如下。

1. 地块划分

根据建设状态，将地块分为新建区、改造区和现状保留区三类。在每个类别中，再依据各地块的用地性质，将地块分为居住用地、公共管理与公共服务设施用地、商业服务业设施用地、工业用地、物流仓储用地、公用设施用地、绿地与广场用地、道路与交通设施用地。新建区为未建区域，改造区为现状建设用地和道路（很少），现状保留区为已采用

① 胡爱兵，任心欣，裴古中. 采用 SWMM 模拟 LID 市政道路的雨洪控制效果［J］. 中国给水排水，2015，31(23)：130-133.

海绵城市要求进行建设的项目，不进行改造；因此，可以进行低影响开发建设的区域为新建区和改造区。对于新建区和改造区，其用地均由每一个建设项目所构成。因此，最终需针对每一个建设项目进行低影响开发控制，使其达到建设项目低影响开发目标，进而达到新建区和改造区低影响开发目标，最终达到试点区域低影响开发总体目标。

2. 初次设定年径流总量控制目标

在地块分类的基础上，初次设定各个地块的年径流总量控制率目标。其中，新建项目目标设定较高，改造项目目标设定较低。

3. 布置低影响开发设施

基于地块设定的目标，根据各类用地的下垫面分布特点（建筑屋面、绿地、铺装等），布置绿化屋顶、下沉式绿地、透水铺装等低影响开发设施。基于SWMM模型，模拟评估布置的低影响开发设施是否满足地块目标，并优化设施布置。

4. 调整径流控制目标

基于构建的SWMM模型（图4-19），模拟评估各类型地块初步设定的目标是否达到区域径流控制总体目标。如果不达标则反复调整和优化后，得到各地块的合理的年径流控制目标。

5. 模型输出

经模型模拟评估并优化后，得到各个地块的年径流总量控制目标，作为各地块控制性指标，从而实现年径流总量控制率目标分解。而各地块的低影响开发设施比例则作为各地块开发建设时的指引性指标。

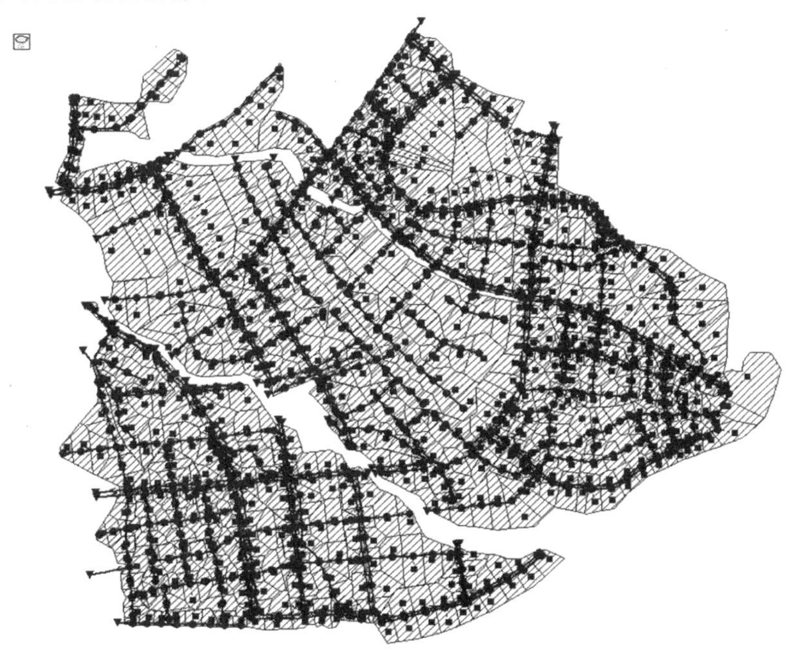

图4-19 试点区域SWMM模型界面

对于试点区域内部的建设项目，需严格执行年径流总量控制率目标，以保证试点区域总体目标的实现。其中，对绿地等自然本底条件较好的建设用地，采用较高的年径流总量控制率控制标准；对快速路、市政设施用地等不透水面积较大的建设用地，年径流总量控制率标准较低；对于居住、商业、行政办公用地，执行75%左右的年径流总量控制率目标，各个地块及市政道路年径流总量控制率分布如图4-20所示。

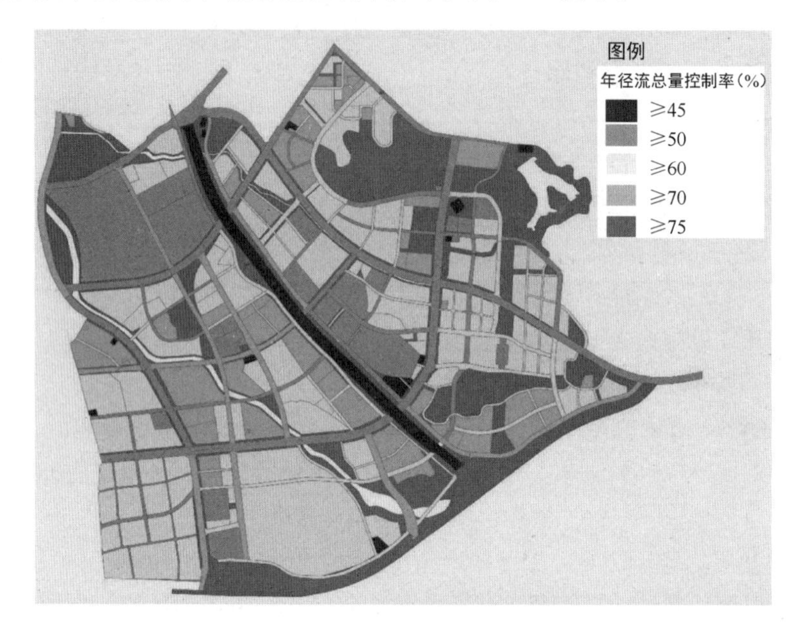

图4-20　试点区域年径流总量控制率控制指标分布图

对于现状建成、未落实海绵城市建设理念的建设项目，结合市政府海绵城市绩效考核对既有设施海绵化改造的考核要求，提出海绵化改造指标要求，相比新建的同类型建设项目，其指标会低5%～10%。

为了保障每一类建设项目均达到规定的低影响开发目标，引导和约束各类建设项目进行低影响开发设施的合理布局，规划构建四个低影响开发控制指标，分别为绿地下沉比例，绿色屋顶覆盖比例，人行道、停车场、广场透水铺装比例，不透水下垫面径流控制比例。

各建设项目可根据项目具体情况，因地制宜采取其他低影响开发措施或指标值，并初步设定其引导性指标值，如表4-9所示。

各类建设项目低影响开发控制指标推荐值　　　　**表4-9**

低影响开发控制指标	居住类	公共建筑类	工业类	公园、绿地类
绿地下沉比例①	≥60%	≥60%	≥55%	≥35%
绿色屋顶覆盖比例②	—	≥30%	≥30%	—
人行道、停车场、广场透水铺装比例③	≥70%	≥65%	≥60%	≥85%
不透水下垫面径流控制比例④	≥65%	≥60%	≥50%	100%

注：① 绿地下沉比例：指高程低于周围汇水区域的低影响开发设施（含下沉式绿地、雨水花园、渗透设施、具有调蓄功能的水体等）的面积占绿地总面积的比例。

② 绿色屋顶覆盖比例：绿色屋顶的面积占建筑屋顶总面积的比例。

③ 人行道、停车场、广场透水铺装比例：人行道、停车场、广场采用透水铺装的面积占其总面积的比例。

④ 不透水下垫面径流控制比例：径流能引入周边低影响开发设施处理的不透水下垫面的面积与总不透水下垫面面积的比值。

采用SWMM模型对四类建设项目（居住类、公共建筑类、工业类、公园绿地类）分别建立模型，评估其低影响开发目标的可达性。

各类建设项目典型下垫面构成如表4-10所示。

各类建设项目下垫面构成　　表4-10

建设用地类型	绿地率	建筑覆盖率	道路广场比例	铺装比例
居住类	35%	35%	10%	20%
公共建筑类	30%	35%	10%	25%
工业类	25%	40%	20%	15%
公园绿地类	90%	0	5%	5%

根据表4-9所示，各类建设项目低影响开发控制指标推荐值，得到各类建设项目低影响开发设施比例如表4-11所示。

各类建设项目低影响开发设施比例　　表4-11

用地类型	绿地下沉比例	绿色屋顶覆盖比例	人行道、停车场、广场透水铺装比例	不透水下垫面径流控制比例
居住类	21.00%	—	7.00%	65.00%
公共建筑类	18.00%	10.50%	6.50%	60.00%
工业类	13.75%	12.00%	12.00%	50.00%
公园绿地类	31.50%	—	4.25%	100.00%

模型运行结果如表4-12所示，可知各类建设项目在表4-11所示低影响开发设施布局条件下，可以达标。

各类建设项目模型运行结果　　表4-12

用地类型	居住类	公共建筑类	工业类	公园、绿地类
总降雨（mm）	1723.20	1723.20	1723.20	1723.20
总蒸发量（mm）	404.38	424.74	412.05	389.45
总入渗量（mm）	894.92	876.98	836.73	1091.66
总径流量（mm）	423.90	421.48	474.42	242.09
年径流总量控制率	75.4%	75.5%	72.5%	86.0%

结果表明，如按表4-13所示进行各类建设项目的低影响开发设施布局，则各类建设项目均可达到低影响开发目标。

各类建设项目低影响开发模拟结果　　表4-13

低影响开发控制指标	居住类	公共建筑类	工业类	公园、绿地类
低影响开发目标（年径流总量控制率）	75%	75%	70%	85%
绿地下沉比例	≥60%	≥60%	≥55%	≥35%
绿色屋顶覆盖比例	—	≥30%	≥30%	—

续表

低影响开发控制指标	居住类	公共建筑类	工业类	公园、绿地类
人行道、停车场、广场透水铺装比例	≥70%	≥65%	≥60%	≥85%
不透水下垫面径流控制比例	≥65%	≥60%	≥50%	100%
模型评估结果（年径流总量控制率）	75.4%	75.5%	72.5%	86.0%

4.3.5 基础设施布局规划

通过海绵城市建设可实现城市建设与生态保护和谐共存，构建“山水林田湖”一体化的“生命共同体”。试点区域率先转变城市发展理念，从水生态、水环境、水安全、水资源等方面出发，规划先导，在不同城市发展尺度上，集成构建海绵城市体系（图 4-21）。

水生态规划：识别生态绿环、河湖水系、湿地等重要生态节点，保障区域生态空间，落实低影响开发建设理念，源头控制雨水径流，修复自然水文和水生态系统。

水安全规划：从供水安全保障出发，明确水量需求及水厂管网布局；从城市防洪排涝安全出发，开展河道综合整治、内涝点治理等，构建城市水安全工程体系。

水环境规划：开展河道、岸线生态修复，提升水系生态修复能力及水环境容量，从点源污染控制和面源污染控制出发，明确污水处理厂、管网布局、水质目标以及面源污染控制目标及策略。

水资源规划：分析用水量需求，从再生水利用、雨水资源化利用出发，提出切实可行的水资源利用方案。

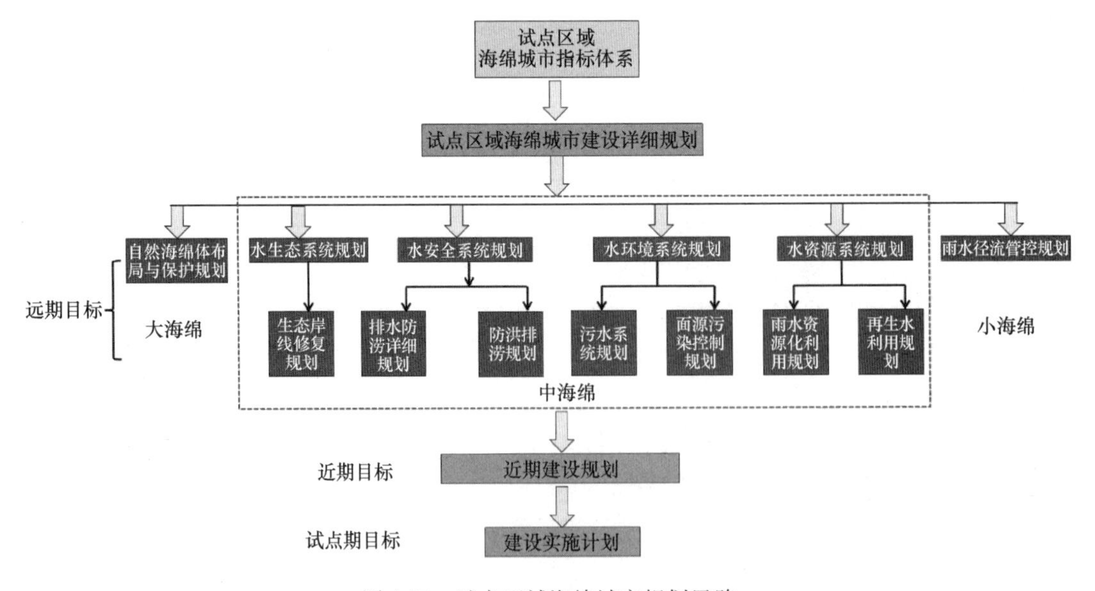

图 4-21　试点区域海绵城市规划思路

下面以排水防涝详细规划为例，进行说明。

1. 规划标准

（1）雨水管渠、泵站及附属设施规划设计标准

根据《深圳市排水（雨水）防涝综合规划》，高铁光明城站，雨水管渠设计重现期为 10 年一遇；光明城市副中心，雨水管渠设计重现期为 5 年一遇；其余城市建设用地属于非中心城区，雨水管渠设计重现期为 3 年一遇。

（2）内涝防治标准

内涝灾害标准：道路积水时间超过 30min，积水深度超过 15cm，积水范围超过 1000m²；或下凹桥区积水时间超过 30min，积水深度超过 27cm。

内涝防治设计标准：试点区域内涝防治设计重现期为 50 年，即通过采取综合措施，有效应对不低于 50 年一遇的暴雨。

（3）与防洪标准的衔接

采用同频率衔接方式，即 50 年一遇降雨遭遇河道 50 年一遇防洪水位设计内涝防治设施。

试点区域排水防涝规划标准见图 4-22。

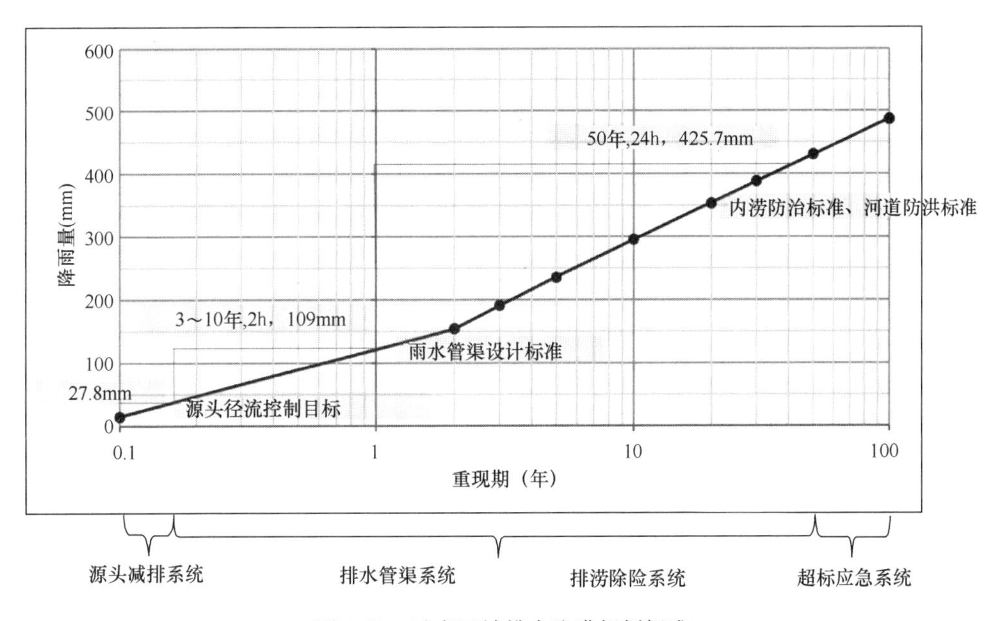

图 4-22　试点区域排水防涝规划标准

2. 模型评估

应用 Mike Flood 系列模型辅助规划设计，该数学模型由 Mike Urban、Mike 21、Mike 11 等模块构成，并为不同模块之间提供了有效的动态连接方式，使模拟的水流交换过程更接近真实情况（图 4-23）。通过 Mike Urban 中的 Mouse 组件与 Mike 21、Mike 11 等模块耦合，应用于评估城市的排水防涝能力及规划方案推演。

3. 排水能力和内涝风险评估

试点区域内的现状雨水管渠按重力流设计，总长为 52. 5km。采用 Mike Urban 模型对区域内现状排水管网系统进行评估，分析管网系统的实际排水能力。若模拟结果显示管

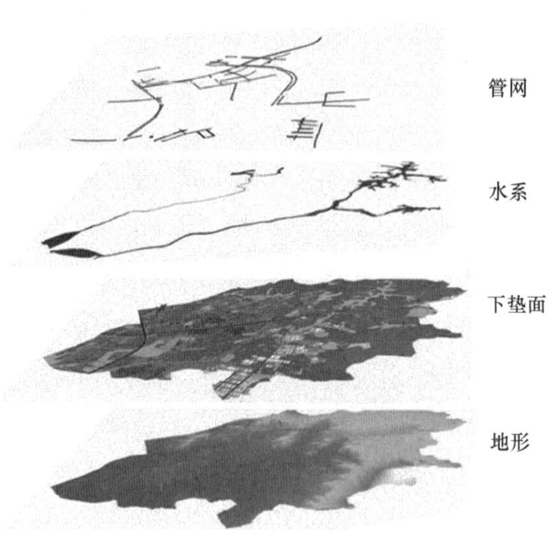

图 4-23　试点区域排水防涝模型构成

道出现超载，即管道内形成压力流，则认为该雨水管道不满足相应的重现期标准。分别采用 1 年一遇、2 年一遇、3 年一遇和 5 年一遇的 2h 典型暴雨作为边界条件，利用模型进行管网排水能力评估，评估结果如图 4-24 所示。

采用 Mike Flood 平台对于规划条件下的管网、河道和地表进行耦合模拟，确定城市内涝的范围及程度，对 50 年一遇的暴雨条件下城市的内涝风险进行评估。在结果分析中，以地面积水 15cm 以上、持续时间超过 30min 的区域作为内涝风险区加以识别。同时，与水务部门提供的历史内涝点记录进行对比与校核。内涝分析结果如图 4-25 所示。

基于现状评估的结果，对于区域的排水防涝系统提出整治方案。目标是提高管网排水能力标准，消除系统中的排水系统瓶颈，保证区域内涝防治能力达到 50 年一遇。

4. 工程体系

基于现状评估的结果，对于区域的排水防涝系统提出整治方案。规划采用 Mike

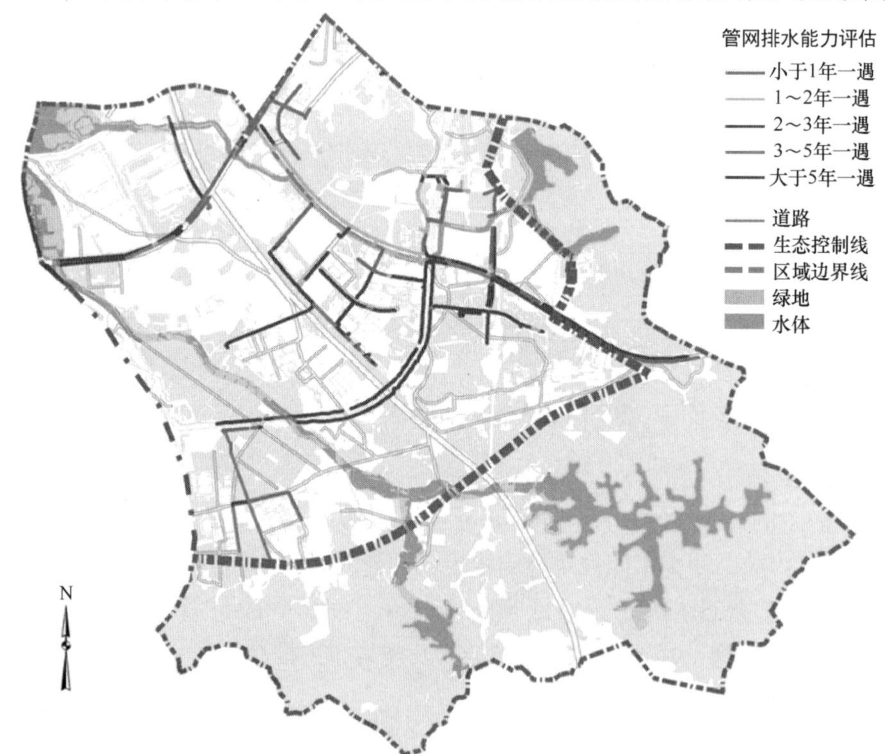

图 4-24　现状管网排水能力评估图

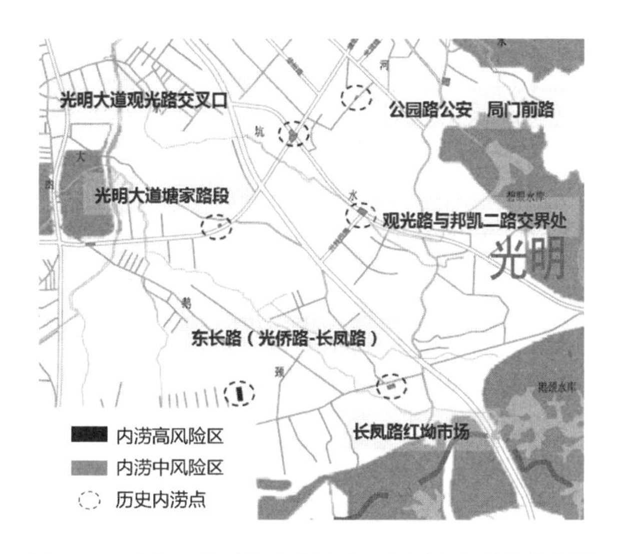

图 4-25　试点区域现状内涝风险区和历史内涝点分布图

Urban水力模型软件，基于 Mike Flood 平台耦合管网水力模型与二维地表模型，同时，管网排放口水位衔接东坑水和鹅颈水河道综合整治 50 年一遇设计水面线，构建排水防涝综合模型，如图 4-26 所示。

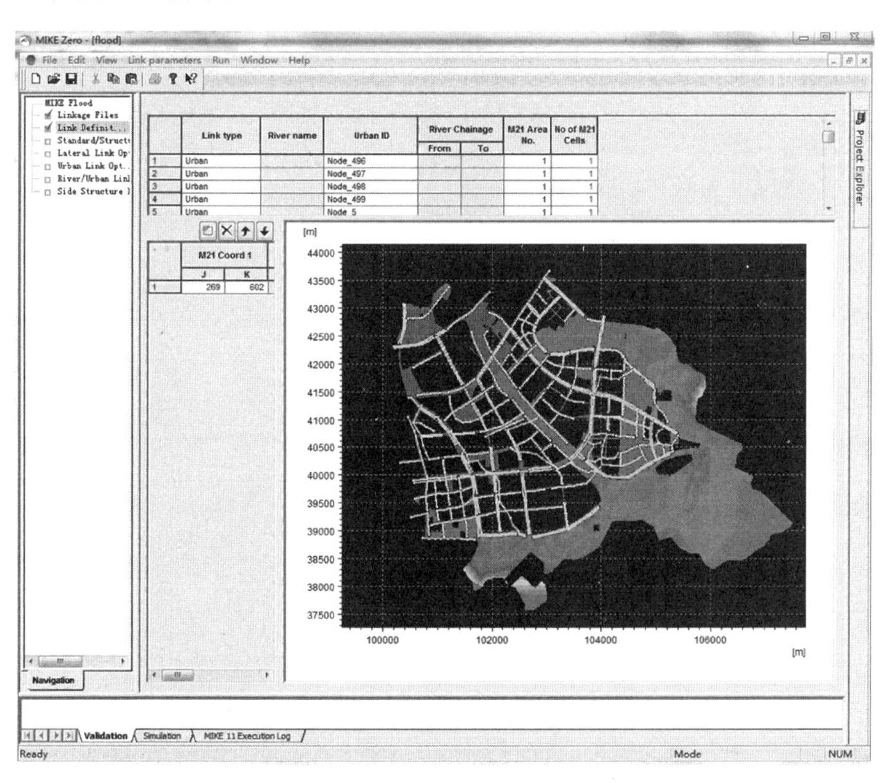

图 4-26　试点区域 Mike Flood 排水防涝模型

针对规划标准，依据现状存在问题，提出以下工程体系（图 4-27）：

（1）通过综合措施使试点区域内涝防治标准达到 50 年一遇；

（2）在地块、市政道路等采用雨水径流源头控制措施，新建民用建筑全部采用绿建标准；

（3）完善片区的雨水系统，系统解决内涝问题，规划期内新建雨水管渠 83km，扩建 2km，加强既有管网维护 53km，应对 3～10 年一遇降雨；

（4）新建雨水调蓄设施，清淤整治河道等泄洪通道，有效应对 50 年一遇暴雨。

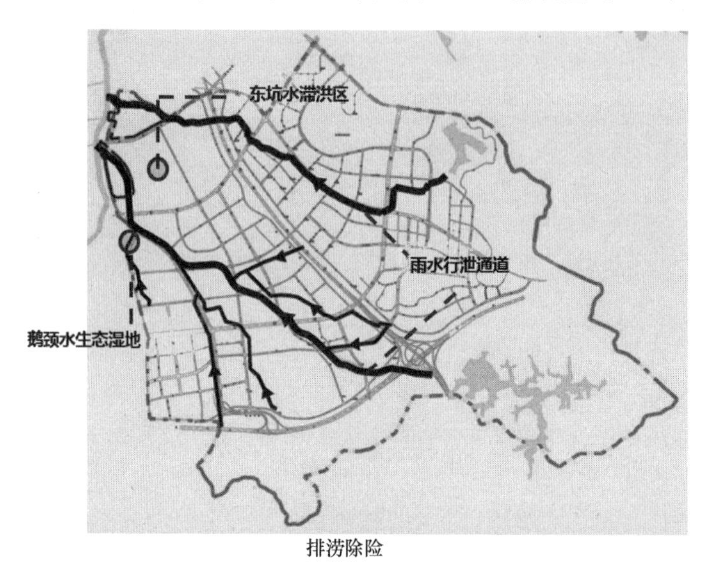

图 4-27　试点区域排水防涝工程体系规划图

5. 内涝点整治计划

落实《深圳市排水（雨水）防涝综合规划》对试点区域的规划方案，安排建设任务，构建试点区域排水防涝系统。对 6 个内涝点分别采用临时或集中治理措施，涵盖源头径流控制、排水管渠、加强管养等综合措施。具体整治措施如表 4-14 所示。经模型评估，50 年一遇暴雨条件下，内涝风险区均得到消除。

现状内涝点整治措施一览表　　　　**表 4-14**

编号	易涝点位置	影响程度	成因	内涝整治方案
1	光明大道（高速桥底至观光路）	内涝面积 2000m^2，积水深度 0.4m	垃圾树叶堵塞雨水口	加强管养和维护
2	观光路与邦凯二路交界处	内涝面积 1000m^2，积水深度 0.4m	管养不到位，垃圾树叶堵塞雨水口	加强管养和维护
3	公园路公安局门前路段	内涝面积 500m^2，积水深度 0.3m	排水管网不完善，低点处雨水管网未实施	按规划实施高新路，新建 d1200 和 d1500 雨水管道
4	长风路红坳市场	内涝面积 1500m^2，积水深度 0.3m	道路地势较低，道路排水管网不完善	土地整备，整体拆迁，重新规划建设
5	东长路（光侨路-长风路）	内涝面积 3000m^2，积水深度 0.6m	地势低洼	增设低洼处雨水口

续表

编号	易涝点位置	影响程度	成因	内涝整治方案
6	光明大道塘家路段	内涝面积 1000m^2，积水深度 0.3m	路面太低，垃圾树叶堵塞雨水口	加强管养和维护

以公园路内涝点整治为例，在高新路未建设之前，由于公园路的地势较低，雨水系统不完善，导致此处经常发生淹水现象，后通过拆除公安局新建高新路，将公园路雨水管接通高新路新建的 $d1200 \sim d1500$ 雨水管，解决此部分雨水出路问题（图 4-28）。

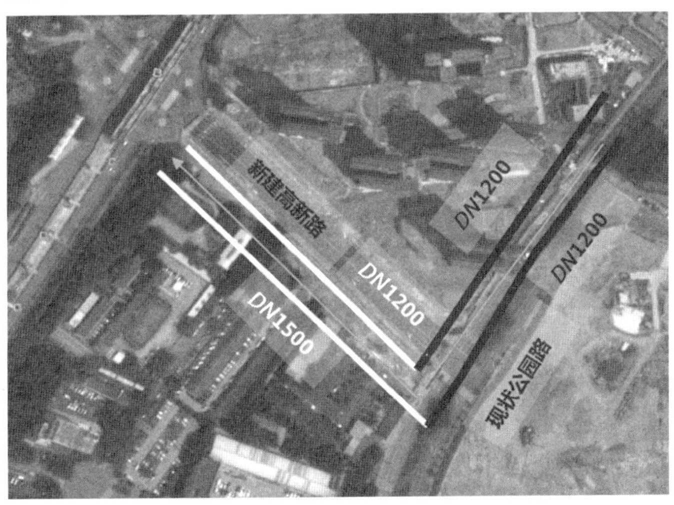

图 4-28　公园路内涝点整治方案

第5章 流域系统化方案编制

海绵城市已经成为城市建设的必备要求，部分城市将海绵建设的完工面积、建设质量、建成效果等指标纳入政府绩效考核和生态文明考核等指标中。近年来各地编制的海绵城市类规划主要从确定海绵城市建设指标、进行海绵城市建设适宜性分析等方面构建海绵城市规划体系，而在指导具体项目的实施落地方面存在短板。根据《海绵城市建设评价标准》GB/T 51345—2018，海绵城市建设以片区整体达标为目标，小流域是片区达标的基本单位，因此，需在海绵城市专项规划、海绵城市详细规划等基础上编制针对小流域的海绵城市系统化方案，以问题为导向，进一步定量分析水环境、水安全、水生态、水资源等的问题和成因，针对性地提出工程措施，直接指导建设，并确保多工程体系优化组合后的复合效益最佳。流域系统化方案的编制是海绵城市工程落地的关键依据，可以直接指导工程设计，并确保涉水问题的有效解决和实现复合效益最大化（图5-1）。

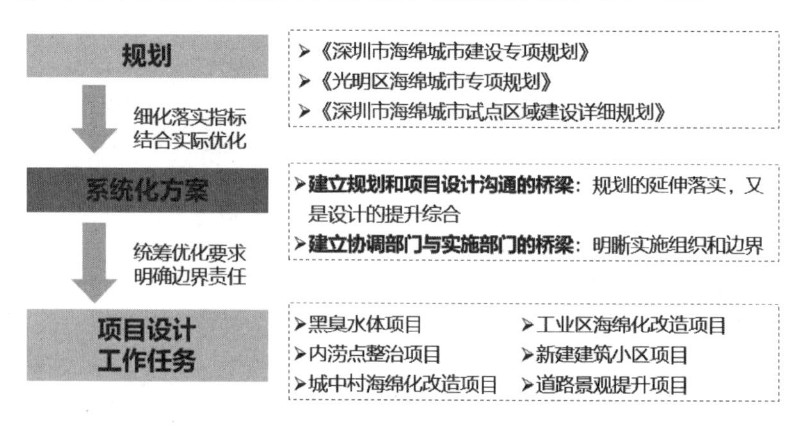

图5-1 系统化方案项目定位

5.1 小流域海绵城市建设特点及需求

深圳市光明区凤凰城包括了鹅颈水和东坑水两大流域，具有自己的独特特点。通过系统化方案的编制指导工程的实施并对两大流域项目整体进行量化评估（图5-2）。

小流域作为城市汇水区的基本单元，承担着片区海绵城市建设达标的重要工程任务。小流域一般面积较小，主要根据大流域排水分区和流域支流，以分水线界限划分，其雨水排入流域干流。因此，小流域海绵城市建设具有以下特点：

（1）导向明显：新区以目标导向、老区以问题导向编制系统性方案。按照汇水分区、现状情况及其存在问题，从源头减排（建筑小区、道路广场）、过程控制（雨污水管网、调蓄处理设施等）、系统治理（河湖水系治理）方面科学确定、分解建设任务，落实建设

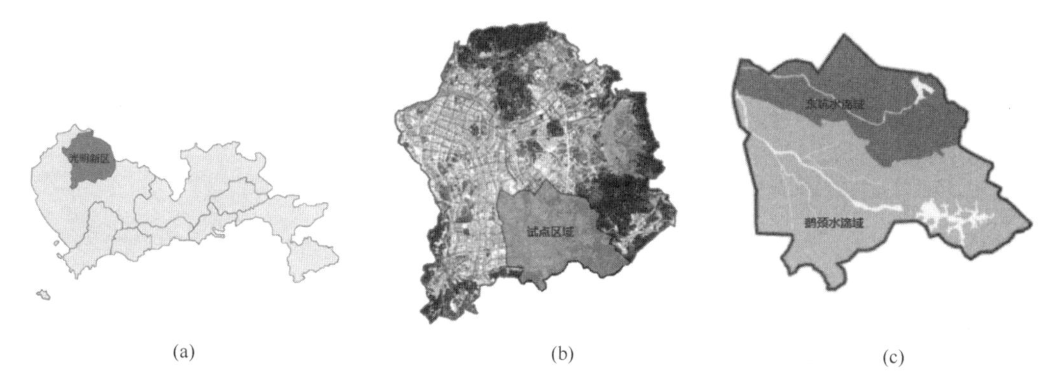

(a)　(b)　(c)

图 5-2　光明区海绵城市试点区域范围图

（a）光明新区区位；（b）试点区域；（c）试点区域两大流域

项目。

（2）绩效关联：落实海绵城市建设不仅仅是单独的项目，而是从源头到末端的全系统。因此，不仅要求项目的建设，更要求明确建设项目如何与整体绩效进行关联；明确建设任务与建设目标的关系；量化分析每一项建设任务的工程绩效和对目标的贡献程度。

（3）专业统筹：在专业上，避免碎片化，需要把城市建设的各方面（给水排水、水利、园林、道路、小区建设等）综合到一起，实现系统最优。按照对城市生态环境影响最低的开发建设理念，合理控制开发强度，在城市中保留足够的生态用地，控制城市不透水面积比例，最大限度减少对城市原有水生态环境的破坏，同时，根据需求适当开挖河湖沟渠、增加水域面积，促进雨水的积存、渗透和净化。

5.2　系统化方案与上位规划的关系梳理

5.2.1　海绵城市相关规划

《光明区试点区域海绵城市系统化方案》的编制继承了《深圳市海绵城市建设专项规划及实施方案》《光明新区海绵城市专项规划》《深圳市海绵城市试点区域详细规划》等既有海绵城市规划的整体框架、规划目标等，重点对近期海绵城市建设实施等相关内容进行了深化：针对试点区域近期重点建设目标，深化确定支撑性指标；量化分析试点区域现状问题形成的原因；量化评估流域海绵城市建设方案效果；根据对小流域三级排水分区海绵城市建设目标的贡献，深入梳理建设项目库等。

5.2.2　防洪、排涝及市政相关规划

本方案充分衔接了深圳市防洪潮、内涝防治、污水分区处理规划的整体框架与规划目标，结合近年来现状情况发生的调整与变化，深化制定鹅颈水支流（鹅颈水北支、塘家面前垄等）整治方案，细化、突出海绵设施的布置和作用；有效制定试点区域凤凰城旧村片区污水接驳方案，塘家面前垄沿河截污方案，甲子塘、塘家污水支管网建设方案等。

5.2.3 水环境整治及蓝线规划

本方案充分衔接了茅洲河流域水环境整治的整体原则与思路、整体河道截污方案等，细化了东坑水、鹅颈水环境整治方案；针对水环境问题进行了方案比选，深化了控源截污方案，制定了源头减排方案，具体内容详见表5-1。

本方案继承了深圳市蓝线规划的蓝线划定原则、标准，蓝线管控的基本措施等内容。衔接正在开展的蓝线规划修编方案，对试点区域鹅颈水、东坑水、鹅颈水库、碧眼水库的蓝线范围进行优化与调整。补充划定了甲子塘排洪管渠1、鹅颈水北支河道蓝线。

系统化方案与上位规划的衔接、调整与深化内容关系表　　表5-1

规划名称	主要衔接内容	主要调整内容	主要深化内容
《深圳市海绵城市建设专项规划及实施方案》	深圳市及试点区域海绵城市建设的整体目标、框架、近期建设指标，蓝绿线管控的基本原则、措施等	海绵城市建设项目管控的基本流程	针对重点建设目标，深化形成支撑性指标； 深入分析试点区域海绵城市现状，量化分析现状问题形成的原因； 按流域形成海绵城市建设方案，并量化评估方案效果； 按照三级排水分区问题与现状，形成支撑排水分区目标的项目库
《光明新区海绵城市专项规划》	光明区海绵城市建设整体目标、框架，鹅颈水、东坑水管控单元的建设指标等	海绵城市建设项目管控的基本流程	针对重点建设目标，深化形成支撑性指标； 深入分析试点区域海绵城市现状，量化分析现状问题形成的原因； 按流域形成海绵城市建设方案，并量化评估方案效果； 按照三级排水分区问题与现状，形成支撑排水分区目标的项目库
《深圳市海绵城市试点区域详细规划》	试点区域海绵城市建设目标、框架、思路；新建项目的海绵城市规划管控目标	海绵城市建设项目管控的基本流程	针对试点区域近期重点建设目标，深化形成支撑性指标； 量化分析试点区域现状问题形成的原因； 并量化评估流域海绵城市建设方案效果； 根据对三级排水分区海绵城市建设目标的贡献，深入梳理建设项目库
《深圳市防洪潮规划修编及河道整治规划（2014—2020）》	东坑水、鹅颈水、鹅颈水库、碧眼水库的防洪标准	根据已实施项目，调整鹅颈水北支河道线位	制定鹅颈水支流（鹅颈水北支、塘家面前垄等）整治方案
《深圳市排水（雨水）防涝综合规划》	排水分区划分、内涝防治标准、内涝防治体系等	根据上位海绵城市相关规划，试点区域整体新建管渠排水标准提升至5年一遇	针对试点区域内涝防治体系，细化、突出海绵设施的布置和作用
《深圳市污水管网建设规划（2015—2020）》	污水分区、主干污水管网走向等	无	制定了试点区域凤凰旧村片区污水接驳方案、塘家面前垄沿河截污方案、甲子塘、塘家污水支管网方案

续表

规划名称	主要衔接内容	主要调整内容	主要深化内容
《茅洲河流域（光明片区）水环境综合整治工程技术方案》	水环境整治的整体原则与思路，整体河道截污方案	无	细化了东坑水、鹅颈水环境整治方案；针对水环境问题进行了方案比选，深化了控源截污方案，制定了源头减排方案
《深圳市蓝线规划》	蓝线划定原则、标准，蓝线管控的基本措施	鹅颈水、东坑水、鹅颈水库、碧眼水库蓝线方案	补充划定了甲子塘排洪管渠1、鹅颈水北支河道蓝线

5.3　流域区域问题识别

5.3.1　黑臭水体问题分析

1. 外源污染来源剖析

光明区海绵城市试点区域外源污染主要来源包括：一是经分流制雨污混接排水口和污水直排口、合流制直排口排放的点源污染；二是经分流制雨水排水口、分流制雨污混接排水口、直排式合流制排水口、截流式溢流排水口排放的面源污染（图5-3）。

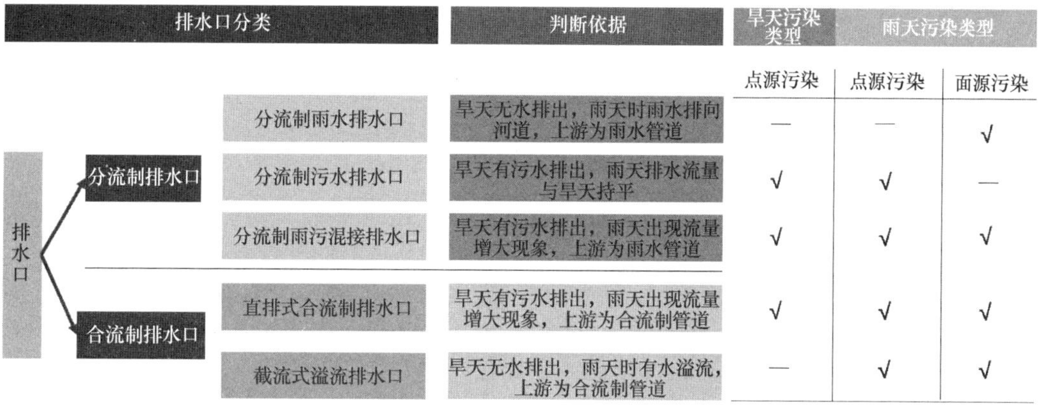

排水口分类			判断依据	旱天污染类型	雨天污染类型	
				点源污染	点源污染	面源污染
排水口	分流制排水口	分流制雨水排水口	旱天无水排出，雨天时雨水排向河道，上游为雨水管道	—	—	√
		分流制污水排水口	旱天有污水排出，雨天排水流量与旱天持平	√	√	—
		分流制雨污混接排水口	旱天有污水排出，雨天出现流量增大现象，上游为雨水管道	√	√	√
	合流制排水口	直排式合流制排水口	旱天有污水排出，雨天出现流量增大现象，上游为合流制管道	√	√	√
		截流式溢流排水口	旱天无水排出，雨天时有水溢流，上游为合流制管道	—	√	√

图5-3　外源污染来源分析

2. 外源污染计算方法确定

针对分流制雨污混接排水口和污水直排口、合流制直排口排放的点源污染，有监测数据时，利用水量、水质监测数据直接计算污水量、点源污染负荷；无监测数据时，根据单位用地用水指标折算污水量，结合深圳污水水质相关研究结果，估算点源污染负荷。

针对由分流制雨水排水口及分流制雨污混接排水口排放的面源污染，采用SWMM模型连续模拟全年降雨工况、不同下垫面产汇流过程及污染累计冲刷情况，估算面源污染负荷。

针对由直排式合流制排水口、截流式溢流排水口排放的面源污染，采用SWMM模型连续模拟全年降雨工况、不同下垫面产汇流过程及污染累计冲刷情况，根据模型模拟结果，计算溢流频次，估算污染负荷（图5-4）。

点源污染

分流制雨污混接排水口

分流制污水直排口

直排式合流制排水口

· 有监测数据时，利用水量、水质监测数据直接计算污水量、点源污染负荷；

· 无监测数据时，根据单位用地用水指标折算污水量，结合深圳污水水质相关研究结果，估算点源污染负荷

面源污染

分流制雨水排水口

分流制雨污混接排水口

· 采用SWMM模型连续模拟全年降雨工况、不同下垫面产汇流过程及污染累计冲刷情况，估算面源污染负荷

直排式合流制排水口

截流式溢流排水口

· 采用SWMM模型连续模拟全年降雨工况、不同下垫面产汇流过程及污染累计冲刷情况，根据模拟结果，计算溢流频次，估算污染负荷

图 5-4　外源污染计算方法

3. 外源污染计算

① 旱季点源污染：鹅颈水干流及东坑水已经完成沿线截污、鹅颈水南支周边汇水区域雨污完全分流；鹅颈水干流、东坑水及南支无旱季点源污染排放。旱季点源污染主要来源于鹅颈水北支、塘家面前垄、甲子塘排洪渠等三条支流。根据水量监测结果，塘家支流旱季直排污水量约 7200m^3/d，甲子塘支流旱季直排污水量约 4320m^3/d。鹅颈水北支现状供水量约 930m^3/d，取 0.9 污水折算系数，计算得到鹅颈水北支流旱季直排污水约 840m^3/d。

② 雨季点源、面源污染计算：采用 SWMM 模型连续模拟全年降雨工况、不同下垫面产汇流过程及污染累计冲刷情况，计算溢流频次，估算污染负荷。计算结果如表 5-2 所示。鹅颈水现状模型概化图见图 5-5。

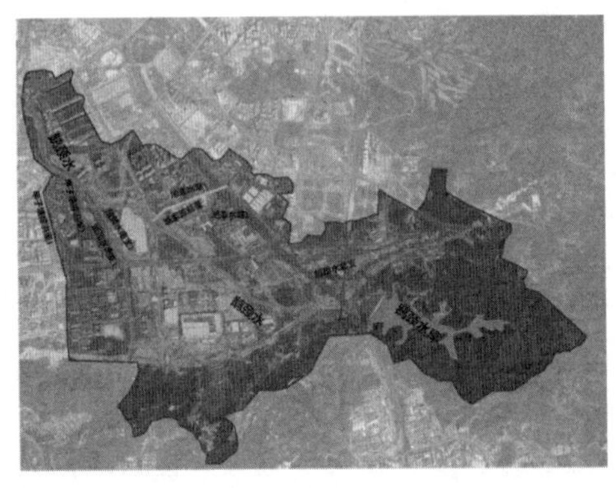

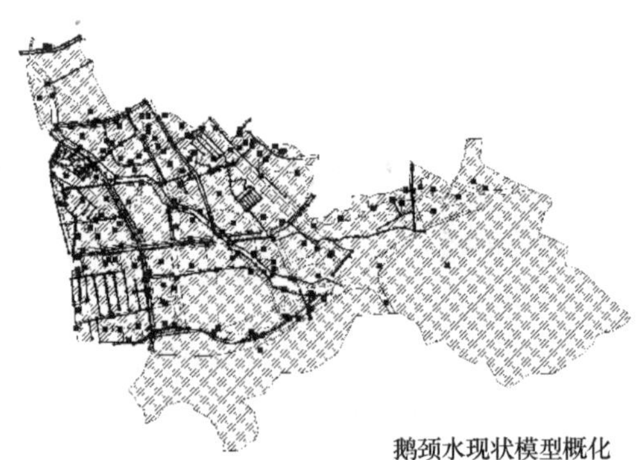

图 5-5　鹅颈水现状模型概化图

鹅颈水入河污染负荷计算表　　表 5-2

河流	污染物	入河污染（单位：t）		
		点源污染	面源污染	小计
甲子塘排洪渠	TSS	318.11	78.82	396.93
	COD	251.2	31.68	282.88
	氨氮	23.65	16.79	40.44

续表

河流	污染物	入河污染（单位：t）		
		点源污染	面源污染	小计
塘家面前垄	TSS	579.23	143.68	722.91
	COD	449.49	45.1	494.59
	氨氮	43.22	6.09	49.31
鹅颈水北支	TSS	70.88	207.99	278.87
	COD	59.72	51.45	111.17
	氨氮	5.45	9.27	14.72
鹅颈水南支	TSS	0	105.9	105.9
	COD	0	32.17	32.17
	氨氮	0	4.49	4.49
干流沿线	TSS	0	234.15	234.15
	COD	0	54.25	54.25
	氨氮	0	10.23	10.23
合计	TSS	968.22	770.54	1738.76
	COD	760.41	214.65	975.06
	氨氮	72.32	46.87	119.19

注：鹅颈水南支及干流沿线为完全雨污分流区域，无点源漏排。

5.3.2　内涝积水问题分析

应用国际咨询机构 DHI 公司开发的 Mike Flood 系列模型辅助规划设计，该数学模型由 Mike Urban、Mike 21、Mike 11 等模块构成，并为不同模块之间提供了有效的动态连接方式，使模拟的水流交换过程更接近真实情况（图 5-6）。通过 Mike Urban 中的 Mouse 组件与 Mike 21、Mike 11 等模块耦合，应用于评估城市的排水防涝能力及规划方案推演。

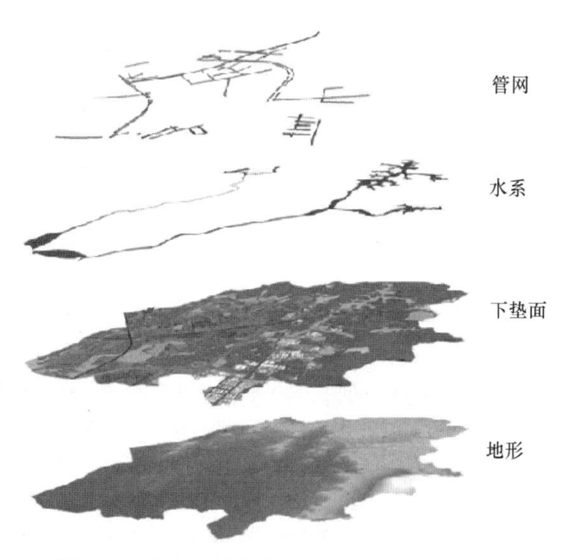

图 5-6　试点区域排水防涝模型构成要素

1. 设计暴雨

通过对深圳市近五十年来的气象降雨资料进行整理和分析，结合试点区域所在流域的降雨特征，推求出不同重现期下的短历时和长历时设计暴雨。

试点区域的短历时（2h）设计暴雨成果如表 5-3 所示。

2h 设计暴雨雨量 **表 5-3**

重现期（年）	50	20	10	5	3	2
设计雨量（mm）	147.84	129.36	115.2	105.6	96.96	88.8

试点区域的长历时（24h）设计暴雨成果如表 5-4 所示。

24h 设计暴雨雨量 **表 5-4**

重现期（年）	100	50	30	20	10	5	3	2
设计雨量（mm）	465.8	411.4	370.6	338.0	282.4	225.4	182.2	147.6

2. 下垫面解析

采用 GIS 空间分析技术，对不同下垫面的矢量进行分类和切割，形成不同的图层数据，并为不同类型下垫面的不透水比率赋值。

经解析后的下垫面矢量数据与现状卫星影像图匹配度很高，说明下垫面解析结果良好，能较好地反映真实城市地表类型构成，如图 5-7 所示。

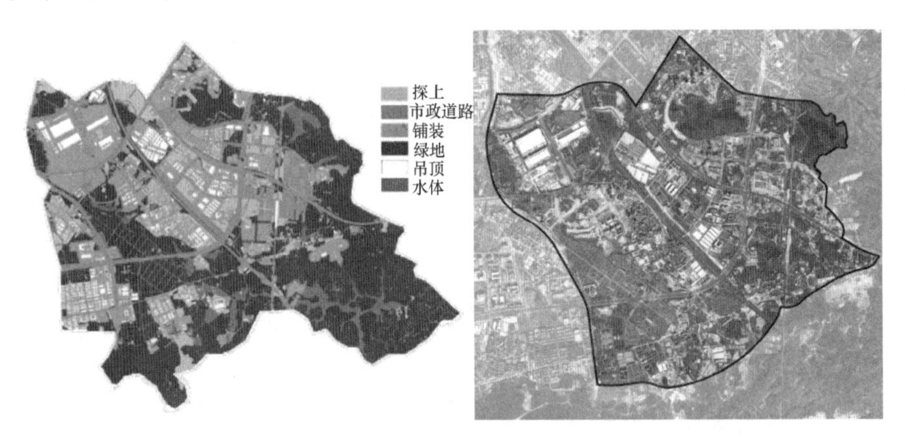

图 5-7　下垫面解析图与现状卫星影像图对比

3. 管网排水能力评估

采用 Mike Urban 模型对区域内现状排水管网系统进行评估，分析管网系统的实际排水能力。若模拟结果显示管道出现超载，即管道内形成压力流，则认为该雨水管道不满足相应的重现期标准。分别采用 1 年一遇、2 年一遇、3 年一遇和 5 年一遇的 2h 典型暴雨作为边界条件和利用模型进行管网排水能力评估的降雨数据。现状管网排水能力评估结果如图 5-8、图 5-9 所示。

4. 内涝风险评估

采用 Mike Flood 平台对于规划条件下的管网、河道和地表进行耦合模拟，确定城市内

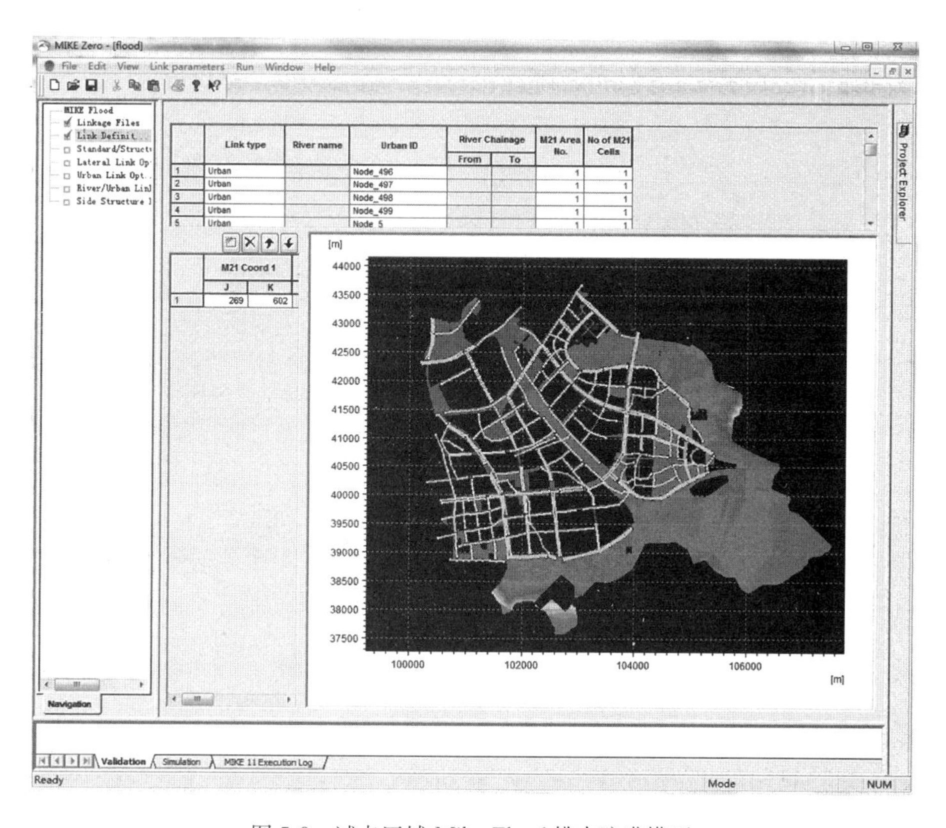

图 5-8　试点区域 Mike Flood 排水防涝模型

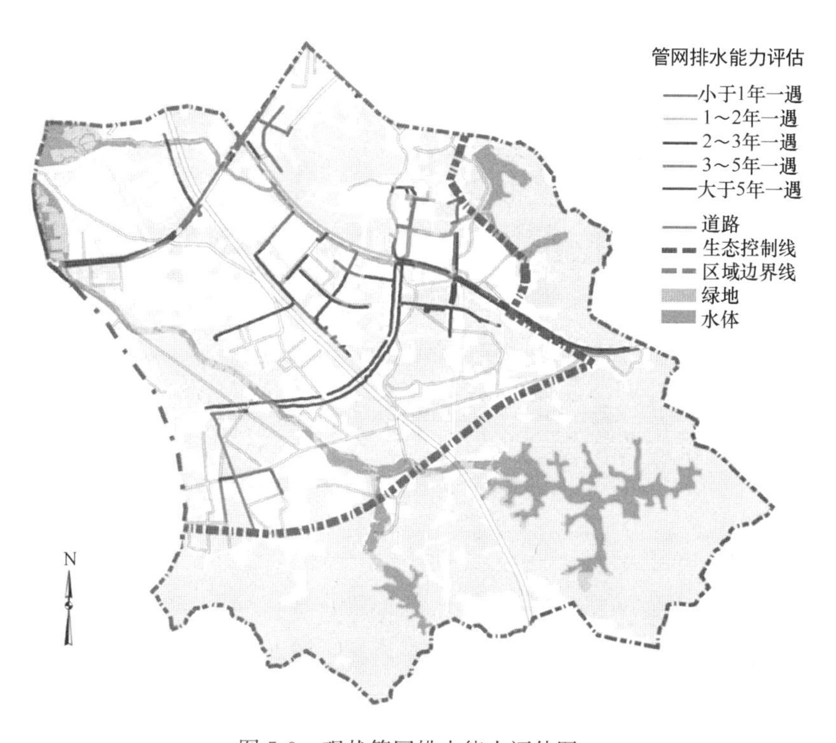

图 5-9　现状管网排水能力评估图

涝的范围及程度，对 50 年一遇的暴雨条件下城市的内涝风险进行评估。在结果分析中，以地面积水 15cm 以上，持续时间超过 30min 的区域作为内涝风险区加以识别。同时，与水务部门提供的历史内涝点记录进行对比与校核。内涝风险评估结果如图 5-10、图 5-11 所示。

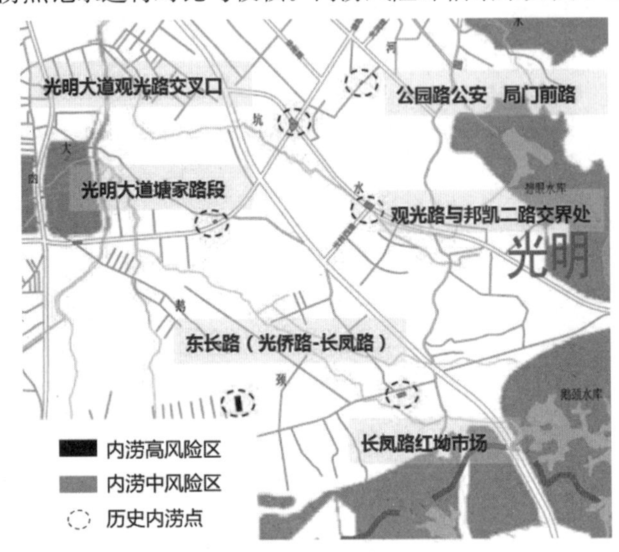

图 5-10　试点区域现状内涝风险区和历史内涝点分布图

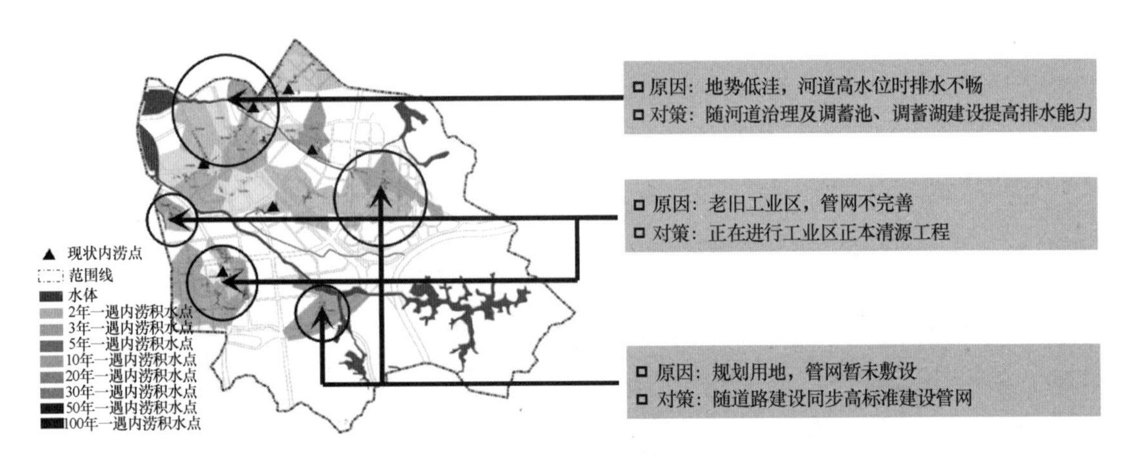

图 5-11　试点区域内涝风险区成因分析

5.4　系统化方案目标及指标

5.4.1　总体目标

以海绵城市理念引领试点区域生态文明建设，最大限度地减少城市开发建设对原有水生态环境的破坏，恢复自然水文循环，构建良好生态格局①。

① 范卓越．海绵城市理念在市政道路工程中的应用探析［J］．安徽建筑，2021，28（9）：97-98，108．

通过海绵城市建设，统筹工业区正本清源、城中村雨污分流、源头海绵城市建设等内容，消除现状黑臭水体，实现试点区域“水清、岸绿、景美、生态”。

构建完善的城市低影响开发系统、排水防涝系统、防洪潮系统，解决内涝积水，实现“小雨不积水、大雨不内涝”①。

5.4.2　分项目标

结合试点区域海绵城市建设需求及考核需要，综合确定海绵城市系统化实施方案的分项指标目标见表5-5。

分项指标一览表　　表5-5

<table>
<tr><th colspan="3">分项指标</th><th>目标值</th></tr>
<tr><td colspan="3">年径流总量控制率</td><td>70%，31.3mm</td></tr>
<tr><td colspan="3">生态岸线恢复</td><td>100%</td></tr>
<tr><td rowspan="4">水环境改善</td><td colspan="2">水体水质目标</td><td>东坑水、鹅颈水达到水环境功能区水质标准；
其他水体水质不劣于试点前且不黑臭</td></tr>
<tr><td rowspan="3">支撑性指标</td><td>直排污水控制</td><td>旱天污水全截流</td></tr>
<tr><td>年均溢流污染物总量削减率（以SS计）</td><td>≥80%</td></tr>
<tr><td>面源污染控制（以SS计）</td><td>≥60%</td></tr>
<tr><td rowspan="2">水安全提升</td><td colspan="2">雨水管渠设计标准</td><td>一般地区为5年一遇，高铁站及周边区域为10年一遇</td></tr>
<tr><td colspan="2">内涝防治标准</td><td>50年一遇，412mm</td></tr>
</table>

5.4.3　排水分区目标

排水分区目标确定遵循以下原则：

（1）根据排水分区实际情况，差异化确定管控指标；

（2）年径流总量控制率根据试点区整体目标、结合分区现状分解确定；

（3）水环境治理目标根据流域整体控制目标、结合分区实际情况分解确定。

根据近期试点区域海绵城市建设主要目标包括：区域70%的面积年径流总量控制率不低于70%，雨水管渠设计标准为5～10年一遇，内涝防治标准为50年一遇，地表水环境质量不劣于试点前且不黑臭等。结合排水分区的划分情况及建设条件，将区域海绵城市建设目标分解至各个排水分区②（图5-12）。

① 林杭超．“海绵城市”理念在市政道路设计中的应用［J］．四川水泥，2021（9）：249-250.

② 刘洁．广东将海绵城市理念融入城市建设　增强城市“弹性”和“韧性”［N］．广东建设报，2021-05-26（4）.

总体目标

试点区域	年径流总量控制率	生态岸线恢复	水环境改善				水安全提升	
			水体水质目标	支撑性指标			支撑性指标	
				直排污水控制	年均溢流污染物总量削减率（以COD计）	面源污染控制（以COD计）	内涝防治标准	雨水管渠设计标准
	70%、31.3mm	100%	东坑水、鹅颈水达到水环境功能区水质标准；其他水体水质不劣于试点前且不黑臭	旱天污水全截流	≥80%	≥60%	50年一遇	一般地区为5年一遇，高铁站及周边区域为10年一遇

19个汇水分区差异化绩效目标

子流域	排水分区	年径流总量控制率	生态岸线恢复	地表水环境质量	雨污分流	内涝防治标准	雨水管渠设计标准	其他指标
东坑水流域	1#排水分区	/	创投路下游5.3km全部改造为生态岸线	V类	100%	消除现状内涝点	5年一遇	1、防洪标准50年一遇 2、天然水域保持程度100%
	2#排水分区	72.0%	/	/	100%	消除现状内涝点	5年一遇	/
	3#排水分区	65.7%	/	/	100%	消除现状内涝点	5年一遇	/
	4#排水分区	95.00%	/	III类	/	/	5年一遇	1、防洪标准50年一遇 2、天然水域保持程度100% 3、雨水资源化利用率100%
	5#排水分区	50.0%	/	/	100%	50年一遇	5年一遇	/
	6#排水分区	65.8%	/	/	100%	50年一遇	5年一遇	/
	7#排水分区	68.3%	/	/	100%	50年一遇	光明城高铁站10年一遇	/
鹅颈水流域	8#排水分区	/	生态岸线恢复比例100%	水体不黑臭	旱天污水无直排	/	5年一遇	1、防洪标准50年一遇 2、天然水域保持程度100%
	9#排水分区	50.0%	/	/	100%	50年一遇	5年一遇	工业废水排放标准地表IV类
	10#排水分区	67.3%	/	/	100%	消除现状内涝点	5年一遇	/
	11#排水分区	60.0%	/	水体不黑臭	旱天污水无直排	50年一遇	5年一遇	/
	12#排水分区	60.0%	/	水体不黑臭	旱天污水无直排	消除现状内涝点	5年一遇	/
	13#排水分区	70.0%	/	水质不劣于试点前	旱天污水无直排	50年一遇	5年一遇	天然水域保持程度100%
	14#排水分区	95.0%	/	III类	/	/	5年一遇	1、防洪标准50年一遇 2、天然水域保持程度100% 3、雨水资源化利用率100%
	15#排水分区	50.0%	/	水体不黑臭	旱天污水无直排	50年一遇	5年一遇	天然水域保持程度100%
	16#排水分区	60.0%	/	水质不劣于试点前	100%	消除现状内涝点	5年一遇	天然水域保持程度100%
	17#排水分区	75.0%	/	水质不劣于试点前	100%	消除现状内涝点	5年一遇	/
其他	18#排水分区	50.0%	/	/	旱天污水无直排	50年一遇	5年一遇	/
	19#排水分区	69.0%	/	/	100%	50年一遇	5年一遇	/

图 5-12 试点区域与排水分区目标关系图

5.5 问题区域系统化建设方案

5.5.1 现状与问题

甲子塘片区面积为 57.9hm^2，位于深圳市光明区海绵城市试点区域鹅颈水流域西侧，为完整的三级排水分区①。甲子塘片区地势整体南高北低、地形较为平坦；片区地下水埋深 8～10m，土壤渗透性能良好，渗透系数介于 10^{-6}～10^{-4}m/s；片区多年平均年降水量为 1600mm，干湿季分明，降雨主要集中在汛期，其中 4～10 月降水量占全年降水量的 87.6%；片区内有两条排洪渠，均排至鹅颈水；片区西侧排洪渠全长 833m，目前已在末端实施总口截污，水体黑臭；排洪渠旱季时仅有少量用户直排污水，雨季时总口截污处经常发生溢流，对鹅颈水干流水体水质造成巨大冲击。

甲子塘片区城中村、旧工业区集中，片区内分布有甲子塘村、甲子塘社区第二工业区等。经调查分析，片区主要存在以下问题（图 5-13）：

（1）水体黑臭：甲子塘排洪渠为主要的纳污通道，水体污染严重；

（2）排水管网合流与混接严重：甲子塘排洪渠共有入河排水口 97 个，其中 19 个雨水排口，48 个混流排口，30 个周边用户污水直排口；

① 陆利杰，李亚，张亮，等. 水环境问题导向下的海绵城市系统化案例探讨［J］. 中国给水排水，2021，37（8）：43-47.

（3）新增错接乱排：城中村无序发展导致排水户见到排水管就接驳，错接乱排现象严重；

（4）城中村排水户雨污合流：甲子塘村279栋楼房均建设一套建筑立管，未实现雨污分流；

（5）工业区错接乱排：片区工厂、工业园普遍存在污水直排、错接、漏排现象。

(a)　(b)　(c)　(d)

图5-13　甲子塘片区现状排水问题示意图

（a）雨污合流建筑立管；（b）错接乱排；（c）污水直排口；（d）水体黑臭

（6）排水管道质量差：排水管网内障碍物、沉积淤积等问题较为严重。片区某段长224m的排水管道经CCTV检测，存在缺陷66处，其中结构性缺陷15处，功能性缺陷51处（图5-14）。

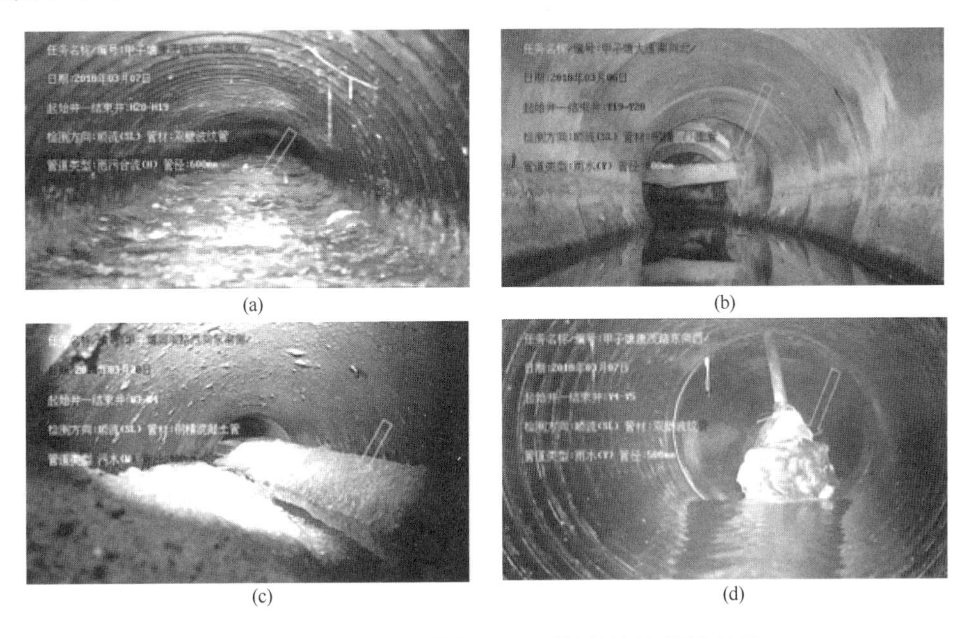

(a)　(b)　(c)　(d)

图5-14　甲子塘片区某段CCTV检测管网问题实景图

（a）管道沉积（合流制管道）；（b）支管暗接；（c）障碍物；（d）异物穿入

5.5.2 污染源量化分析

甲子塘排洪渠现状污染源主要包括内源污染、外源污染等。其中，排洪渠经垃圾清理及定期清淤，内源污染可忽略不计；外源污染主要包括来源于雨污混接排水口和沿岸用户污水直排口排放的点源污染，以及分流制雨水排水口、雨污混接排口的面源污染。

排洪渠点源污染可通过采用监测排洪渠总口截污处旱季污水量、污水水质计算获得；经监测，排洪渠旱季直排污水量约 4320m^3/d。针对由雨水排水口、雨污混接排口排放的面源污染量，采用 SWMM 模型连续模拟估算获得；针对由部分沿河截流式溢流排水口排放的面源污染量，采用 SWMM 模型连续模拟计算溢流频次，估算污染负荷，结果见表 5-6。

根据旱季污水监测水质，计算点源污染物量。参考深圳市城中村及工业区面源污染的监测数据，经 SWMM 模拟计算面源污染物量。结果显示，甲子塘片区点源污染比重较大，同时应注重加强片区面源污染削减。

甲子塘排洪渠年均入河污染物负荷估算表　　表 5-6

污染物种类	点源污染		面源污染		总量（t）
	污染物量（t）	占比	污染物量（t）	占比	
SS	318.1	80.1%	78.8	19.9%	396.9
COD	251.2	88.8%	31.7	11.2%	282.9
氨氮	23.7	58.5%	16.8	41.5%	40.4

5.5.3 海绵城市系统化方案策略

甲子塘片区海绵城市系统化方案策略围绕水环境问题与目标制定，在梳理水环境问题的基础上，量化分析水环境问题产生的原因、确定各类污染源控制目标；然后针对片区各类污染源产生的特点，制定相应的技术措施；最后根据技术措施，制定支撑技术措施和建设目标的工程项目。以水环境整治为抓手，片区海绵城市系统化方案技术策略主要包括（图 5-15）：

（1）落实源头地块及道路海绵化改造，削减面源污染、控制径流总量；

（2）落实建设项目海绵城市管控，控制径流总量、削减面源污染；

（3）推进工业区正本清源，同步开展海绵化改造，减少混接污水、控制面源污染与径流总量；

（4）实施城中村雨污分流与接驳完善，控制混接污水；

（5）落实城中村环境综合整治，控制面源污染；

（6）推进片区市政污水支管网完善，减少混接污水；

（7）开展河道综合整治，截留旱季点源污染、控制雨季面源污染。

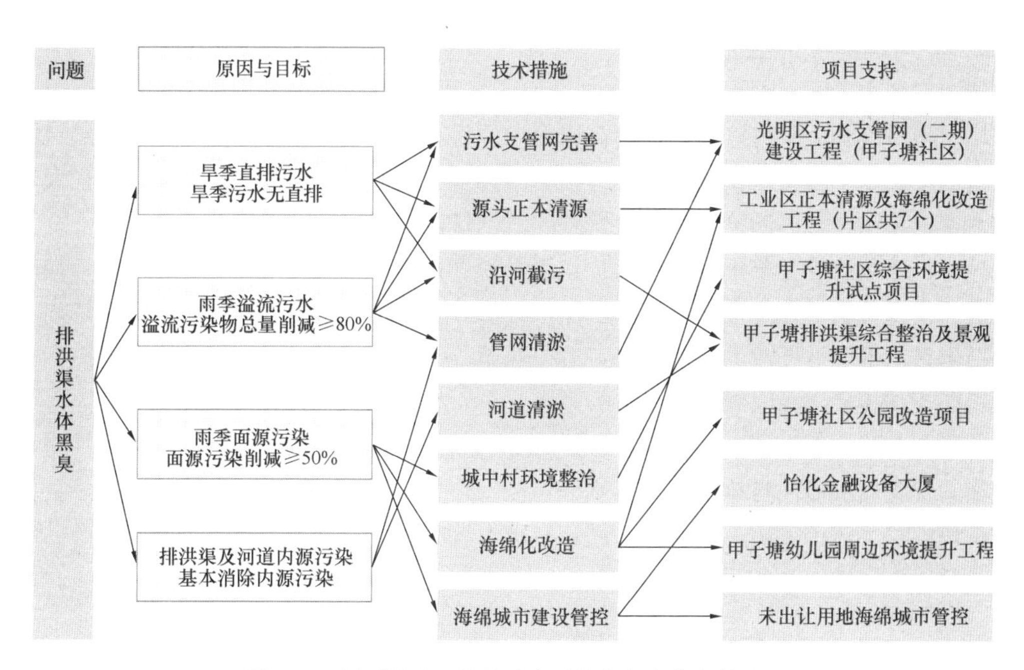

图 5-15　甲子塘片区海绵城市系统化方案技术策略图

5.5.4　海绵城市系统化方案制定

1. 整体思路

片区排水管网混接、错接严重，海绵城市建设首先须进行排水管网梳理与整治，落实开展控源截污。根据甲子塘排洪渠入河排口普查，排洪渠入河排水口共 97 个，包含 19 个雨水排口（FY）、48 个混流雨水排口（FH）、30 个沿河周边用户污水直排口（JM）（图 5-16）。针对不同类别的雨水排水口及上游管网建设情况，针对性制定整治思路。

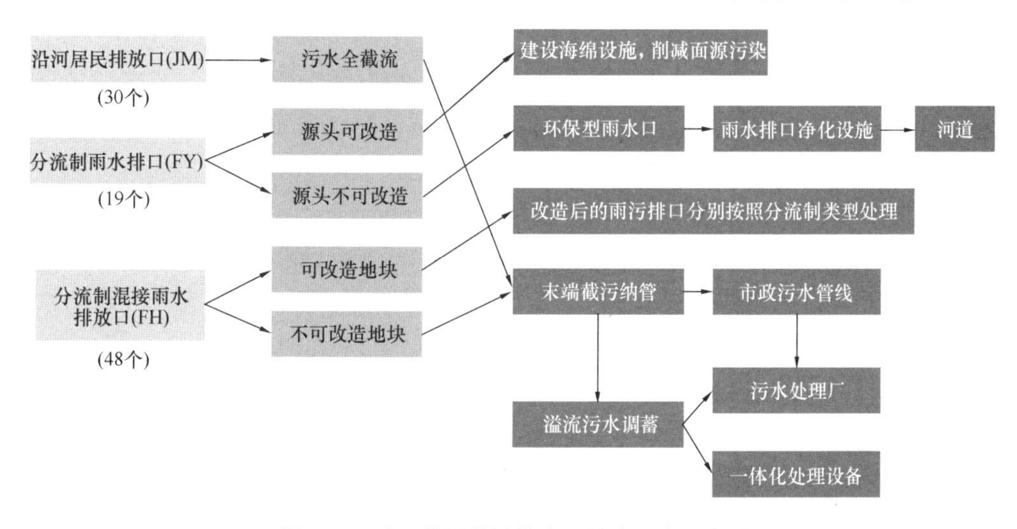

图 5-16　片区控源截污排水口整治思路示意图

2. 城中村排水管网整治

城中村排水管网整治具有巷道狭窄、地下管线复杂、开挖难的特点，传统的城中村治污采用“雨污混合、绕村截污”方式，往往导致污水大量溢流进入排洪渠，水体黑臭问题无法得到解决并实现长治久清。为较为彻底的控制片区城中村雨季污水溢流，需加大沟通协调力度，采用“截污纳管、进村入户”的城中村排水管网整治思路。

城中村建筑以栋为单位，对排水户建筑立管进行雨污分流、对建筑出户管进行接驳完善。具体措施包括：一是建筑雨污水共用一条排水立管的，有条件时增设一套建筑雨水立管，原雨污水混流立管改为污水立管；二是原雨污混流立管增设通气管，作为建筑污水立管；三是改造接驳至污水井或化粪池的雨水立管，接驳至雨水井。

开展市政排水管网接驳完善，对存在堵塞、漏损的排水管网进行整改，并开展排水管网接驳，优化完善城中村排水系统（图 5-17）。此外，注重加强排水管网管养维护，按照建成一段移交一段的原则，由排水管网运营单位接收管养，并加强日常养护。

(a) (b)

图 5-17　城中村建筑立管改造及接驳完善示意图

（a）建筑雨水立管敷设；（b）出户管道错接乱排治理

3. 工业区正本清源及海绵化改造

根据梳理统计，甲子塘片区包括旧工业区 7 个，面积 13.3hm²；新工业区 1 个，面积 1.5hm²。旧工业区雨污混接比较严重，需纳入正本清源改造范围，并同步适当开展海绵化改造；新工业区已建立较为完善的雨污分流排水体系，并且近期无改造提升需求，暂不展开正本清源及海绵化改造。

工业区正本清源主要包括建筑立管改造和排水管渠接驳完善。其中，对混流或合流建筑排水立管进行改造，增设建筑屋面雨水立管，原立管作为污水立管；对厂区排水管渠进行接驳完善，分流雨污水排水体系。片区某木艺公司排水管网接驳完善方案如图 5-18 所示。

工业区海绵化改造结合正本清源同步开展，原则上不单独对工业区进行海绵化改造。工业区海绵化改造影响因素较多且复杂，包括业主意愿、正本清源工作范围、项目投资等。经与正本清源实施单位充分对接，片区工业区海绵化改造在技术可行的前提下，遵循“应做尽做”的原则，充分落实海绵城市理念，主要采取以下技术措施：

（1）雨水口改造时，建设为环保型雨水口；

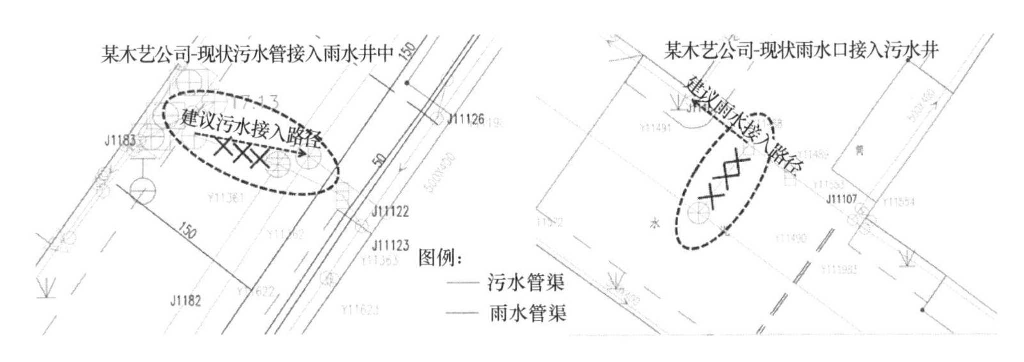

图 5-18　工业区正本清源接驳完善示意图

（2）结合建筑排水立管改造，断接雨水立管至周边绿地；

（3）厂区非机动车道及停车场恢复时，采用透水铺装等形式；

（4）厂区绿地恢复时，建设为下凹式绿地，并有效衔接汇水区域与排水管渠。

4. 排洪渠综合整治

片区包括两条排洪渠，其中东侧排洪渠已实施完成景观化改造，沿岸无合流、混流排口接入，因此，本次方案提出只针对西侧排洪渠开展整治。具体整治内容包括：

（1）河道清淤：对排洪渠总口截污处及其他淤泥沉积较厚处开展清淤，清理河道内源污染；

（2）沿河截污：为应对沿岸居民私接乱排、上游雨污混接，在甲子塘大道以南沿河岸两侧各敷设截污管，截留沿岸管网污水；

（3）景观提升：河道较宽处河道驳岸改造为多孔连锁砖驳岸、河道底部设置挡水坝并增设净水植物，增强河道生态景观功能。

建设沿河截污管在近期截留混接污水、用户直排污水；随着片区正本清源的开展，远期沿河截污管留作截留初期雨水。西侧排洪渠现状宽度为 5～8m，沿河截污时需减小对河道断面的占用，以保证河道排洪能力。针对不同类别的沿河排水口，制定以下截污形式（图 5-19）：

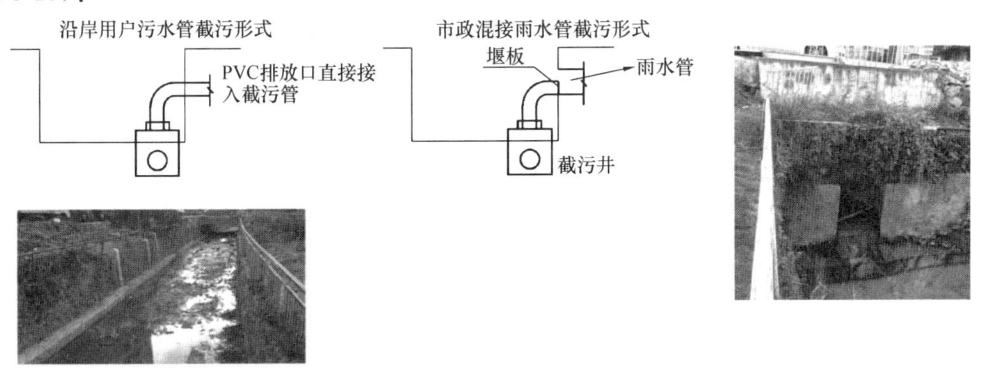

图 5-19　排洪渠沿河截污形式示意图

（1）沿岸居民直排污水管：管径一般小于 200mm，直接接入截污管中；

（2）市政混接雨水管：雨水排口设置挡水堰板，部分封堵混流管，实现大小管式截留；

（3）市政混接排水渠：为防止截流井过多占用河道断面影响排洪，截流井在排水渠接口处开孔，实现中小流量截留，大雨工况下越流。

为有效控制沿河混接、污水溢流，片区综合采用源头正本清源、污水管网接驳完善、沿河截污等措施。源头开展工业区正本清源、城中村雨污分流，减少混接入雨水管的污水量；沿康茂路、甲子塘大道开展污水管网接驳完善，将城中村、旧工业区中混接污水就近接入污水管网中，减少康茂路东侧入河混流污水；加强宣传教育、环保执法，对沿河用户直排、偷排污水发现一处治理一处。在沿河截污、正本清源实施后，排洪渠旱季直排污水、雨季溢流污水得到有效控制的情况下，排洪渠总口截污逐步取消（图 5-20）。

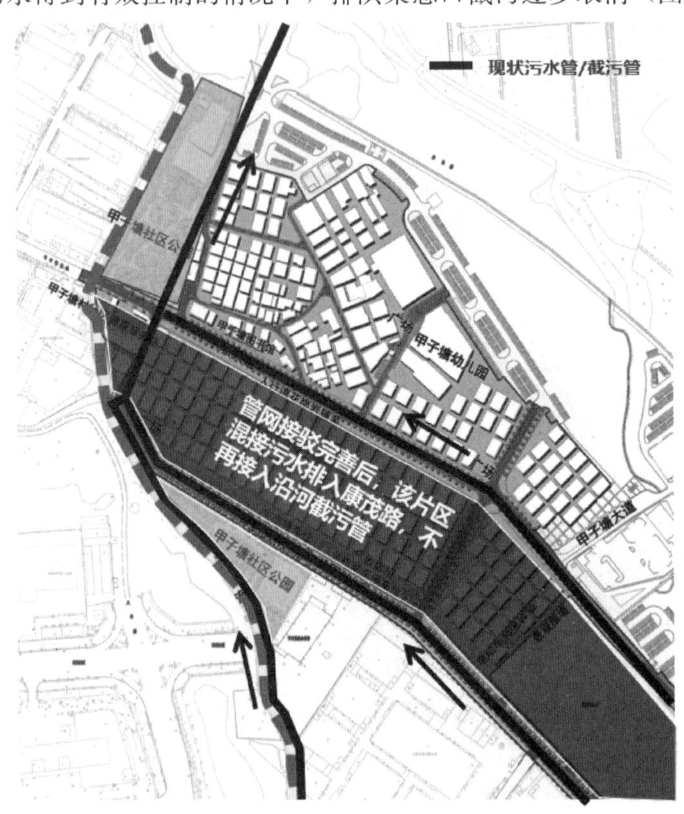

图 5-20　片区污水接驳完善系统示意图

5. 面源污染控制

片区主要采用源头海绵化改造、城中村环境提升、沿河截污等方式削减面源污染。其中，源头海绵化改造主要包括与旧工业区正本清源同步实施的工业区海绵化改造、社区公园海绵化改造等，与城中村环境提升共同削减源头面源污染；在末端建设沿河截污系统，控制雨季入河面源污染[①]。

（1）社区公园海绵化改造

对近期存在提升改造需求的两处社区公园开展海绵化改造。社区公园改造过程中，严

① 刘明明. 基于径流污染控制的海绵城市系统方案研究［J］. 中国建设信息化，2021（14）：74-75.

格按照海绵城市建设要求，公园停车场、园路建设为透水铺装路面；在公园绿地内建设植草沟、下沉式绿地、雨水花园等海绵设施，将公园广场及周边市政道路雨水引入公园内的海绵设施进行净化，有效削减公园及周边道路面源污染。

（2）城中村环境提升

为有效控制城中村面源污染，落实开展城中村环境提升工程。针对片区城中村人流量大、地面污染较重、绿色空间有限的特点，采用加强环卫管理、强化雨水口截污等措施。

加强城中村地面环卫清扫，及时清理地面垃圾，防止降雨时地面污染物随雨水径流入河；统一建设垃圾桶及转运站，完善城中村垃圾收集转运。城中村雨水口改造时建设为环保型雨水口，新建雨水口全面采用环保型雨水口，现状雨水口增设截污挂篮，削减面源污染。

6. 建设项目海绵城市管控

对于片区在建项目及未出让用地，严格落实海绵城市建设管控要求，将海绵城市建设指标纳入项目审批过程。对于近期居民无诉求、问题不突出的区域或项目，近期保留现状，远期随项目提升改造逐步落实海绵城市建设要求。

5.5.5　方案效果评价

根据前述海绵城市系统化方案，梳理片区近期建设项目共 7 项，其中包含试点区域已申报试点项目 3 项，试点前已建成符合海绵城市建设要求的项目 2 项，其他对片区海绵城市建设绩效有帮助的项目 2 项。建立片区海绵城市建设目标与支撑项目一一对应关系（图 5-21）。

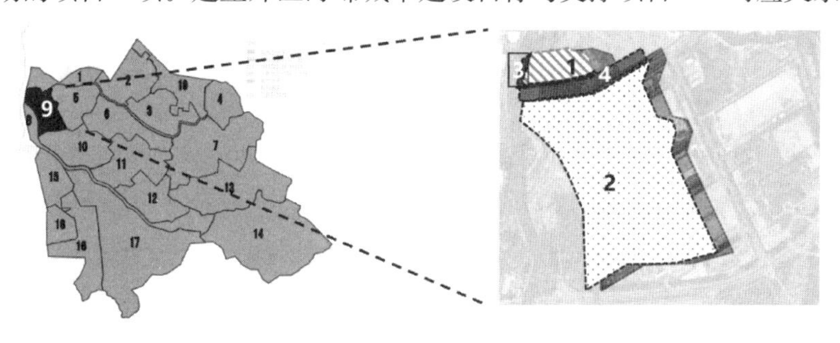

序号	汇水分区建设目标	试点前	目标值
1	年径流总量控制率	48%	50%
2	雨污管网分流比例	90%	100%
3	工业废水排放标准	污水一级A类	地表水Ⅳ类
4	雨水管渠设计标准	3年一遇	5年一遇

序号	项目名称	面积(hm²)	类型
已申报试点项目			
1	华星光电技术有限公司人工湿地废水深度处理工程	4.7	公园绿地
试点前已建绿色建筑与低影响道路			
2	华星光电8.5代厂区	46.0	建筑小区
3	华星光电人工湿地周边绿化景观提升工程	4.5	公园绿地
海绵化改造项目			
4	东明大道海绵化改造	4.7	道路广场

图 5-21　片区绩效指标与支撑项目对应关系示意图

系统化方案实施后，排洪渠内源污染及旱季入河污染基本消除，污染物量可忽略不计；雨季点源污染物主要为沿河混接排口溢流污水，雨季面源污染主要为雨水排口排放的雨水及混接排口排放的混合雨水。经 SWMM 模拟分析，方案实施后片区面源污染（以 SS 计）削减率达 62.8%，年均溢流污染物总量削减率（以 SS 计）达 89.7%，可有效实现消除黑臭水体和其他海绵城市建设目标。

5.6 新建区域系统化建设方案

东坑水流域属于新建城区，规划包括重要的商业、城市综合体及公共设施基地。上游为城市中心，中游有城市综合体、工业等，下游为调蓄湖和湿地。流域面积约 7.1km²，河道为雨源型河流，基流少，现状按照排洪渠标准进行建设，防洪标准已达到 50 年一遇，流域雨污分流情况较好，部分存在雨污混流现象（图 5-22）。

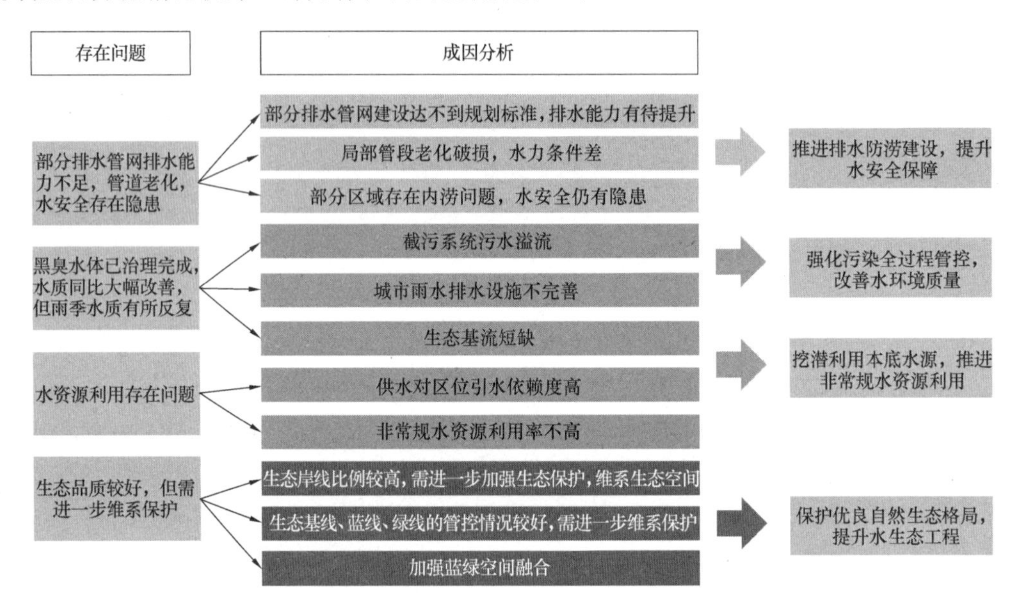

图 5-22　小流域新建区域问题及需求分析示意图

5.6.1 方案比选建议

为达到流域的海绵城市建设目标，保证海绵城市建设顺利推进，考虑经济性、可行性等因素，提出多个方案建议并进行比选。各方案的比选通过建立概化 SWMM 模型评估污染去除情况，通过技术经济分析计算投资造价，最终通过专家打分法确定最终的实施方案（表 5-7）。

方案比选简介　　表 5-7

序号	源头	中途	末端	旱季点源污染处理情况	全年面源污染处理情况（以 SS 计）	可控制污染情况分析	投资造价	效费比	实施难度	整体评价
方案一	全面源头正本清源及海绵改造	—	—	全处理	约去除 70%	1. 点源污染 2. 海绵设施削减的面源污染	高	低	大	主要通过全面的源头改造来削减污染，现状已建地块也需要进行海绵化改造，实施难度较大

续表

序号	源头	中途	末端	旱季点源污染处理情况	全年面源污染处理情况（以SS计）	可控制污染情况分析	投资造价	效费比	实施难度	整体评价
方案二	全面源头正本清源，海绵应做尽做	混流口全截污	总口截污	全处理	约去除60%	1. 旱季点源污染 2. 雨季部分点源污染、海绵设施削减的面源污染	中等	高	低	通过在源头的应做尽做，在河道中修建针对混流口的截污管，效果较好且实施难度低，有利于工程的快速开展
方案三	全面源头正本清源	排水口全截流（初期雨水、混流污水均截流）	—	全处理	约去除65%	1. 旱季点源污染 2. 雨季部分点源污染、海绵设施削减的面源污染	最高	低	中等	主要通过在河道中修建大截污箱涵，将混流口和雨水口的初期雨水全部截流，整体投资较大

从实际工作推进难度来看，全面的源头海绵化建设仅适用于新建区。对于近期新建成、无突出问题的项目，建议予以保留现状。对于生态区域未开展建设项目的，建议予以保留现状。综上分析，该小流域选择方案二实施效益最优。

5.6.2　本底保护系统化方案

1. 汇流路径保护

利用GIS和卫星数字影像，提取流域片区自然地貌下的汇流路径，并根据汇流流量对汇流路径进行分级，得到如下结论：流域内道路走向与排水竖向设计应与2级汇流路径走向基本一致，河道走向基本与3级汇流路径一致（图5-23）。在城市建设中，应注意保留自然地貌下的汇流路径，避免填充占用，保障河、渠、坑、塘、低洼湿地等重要汇水通道畅通，增强易涝地区的滞水、排水能力，维护城市水安全。

2. 自然低洼地保护

利用GIS平台提取该流域的自然低洼地块，低洼地主要分布在沿河两侧居住区、商业区、学校、工业区、水库周边、山体自然郊野周边①。城市建设用地选择应避让低洼地块，保留天然滞水空间，增强易涝地区的滞水、排水能力，维护城市水安全。对于已完成建设的低洼地，规划用地类型多为居住用地、商业用地、工业用地、生态用地，建议在城市更新改造情况下，进行用地类型调整，规划为水面、绿地等用地类型，最大限度恢复自然下垫面，维持蓄水、渗水能力；对于未完成建设的低洼地，多为居住、工业的用地类型，建议进行用地类型调整，规划为水面、绿地等调蓄空间；已为生态用地、公园用地的，建议加强滞水空间的生态保护与提升。流域低洼地建设分布情况如图5-24所示。

① 张鹏岩，周志民，秦明周，等. 一种基于GIS的流域土地利用分类方法和装置［P］. 河南省：CN111640146A，2020-09-08.

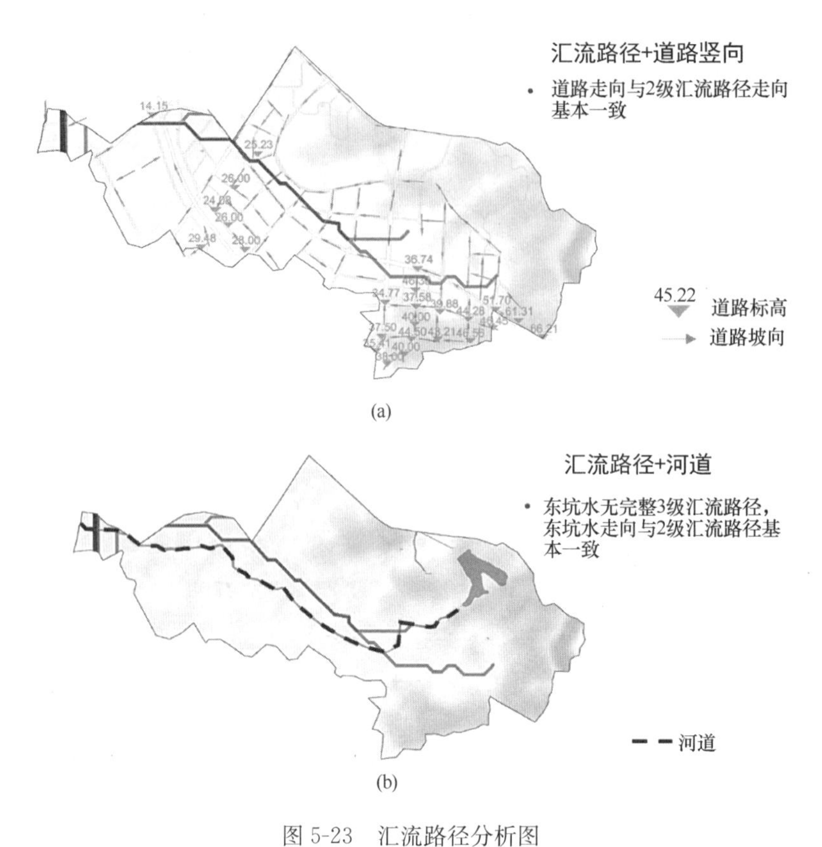

图 5-23　汇流路径分析图

（a）东坑水片区汇流路径与道路竖向的拟合；（b）东坑水片区汇流路径与河道的拟合

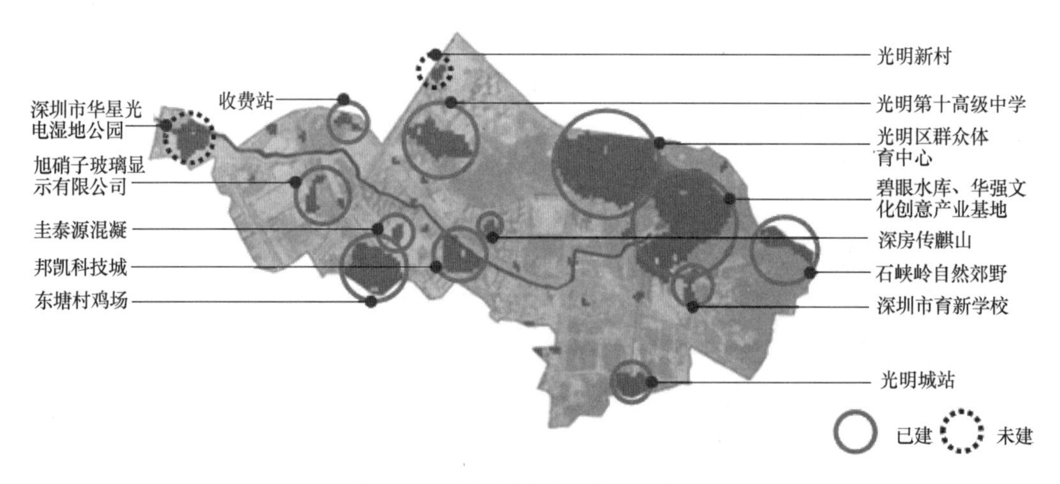

图 5-24　流域低洼地建设分布情况

3. 河道蓝绿线保护

蓝线控制：现已划定蓝线，水域控制线范围内不得占用、填埋，必须保持水体的完整性，确有必要改造的应保证蓝线区域面积不减少，并建议加强河道蓝线两侧绿化带的生态提升（图 5-25）。

山林保护：加强公园、水库及其周边生态基本控制线内的山体、郊野地带的生态保护，补种本地树种，使山体植被复绿，恢复生物多样性，增加与周边湿地公园的生态通廊联系。

绿道保护：建议重视对道路两侧绿带、街旁绿地的保护，配置丰富多样的乔灌草以及园林基础设施。

湿地保护：加强公园核心区保护，维护原生态环境，适当建设生态浮岛等人工湿地，丰富湿地生态环境。

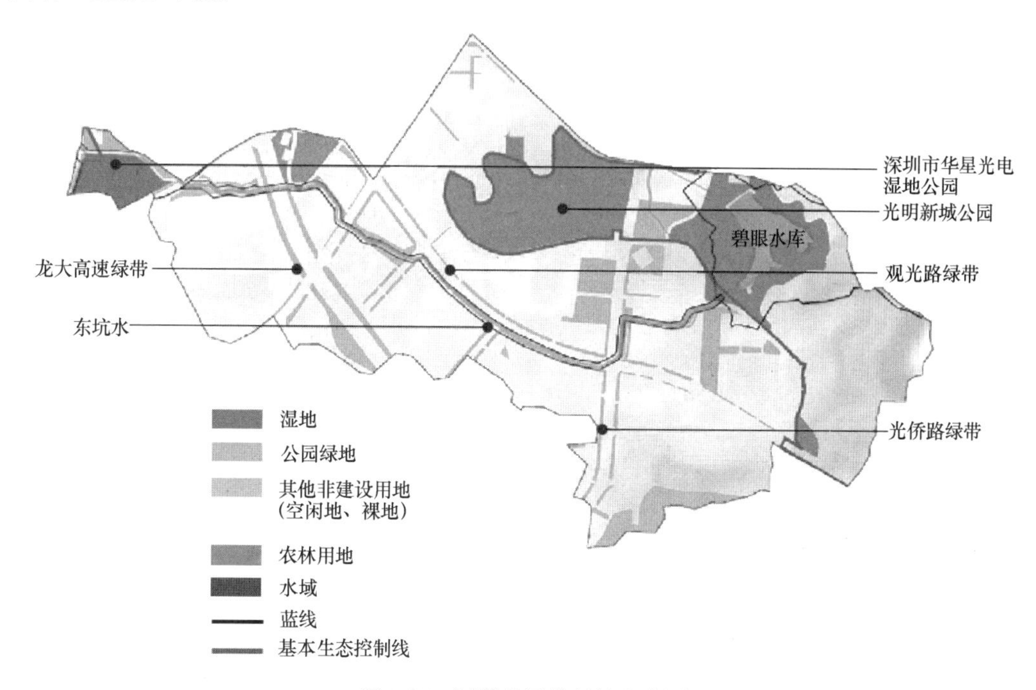

图 5-25　河道蓝绿线保护方案图

5.6.3　源头海绵系统化方案

1. 思路与原则

针对流域旧工业区、已建项目、在建及未建项目，分别提出源头减排的思路与原则，如图 5-26 所示。

2. 旧村、旧工业区

结合旧工业区项目特征，提出海绵化改造建议，如表 5-8 所示，有效落实海绵城市设施建设。

旧工业区海绵化改造建议　　表 5-8

级别	特征	海绵化改造建议
第一级	绿地相对充足、厂区环境较为整洁（无散乱物料堆放）、地面无油污	雨污分流、雨落管断接、下沉式绿地、雨水花园、高位花坛、环保型雨水口、透水铺装
第二级	绿地面积较小、厂区环境较为整洁（无散乱物料堆放）、地面无油污	雨污分流、雨落管断接（高位花坛）、环保型雨水口、透水铺装

续表

级别	特征	海绵化改造建议
第三级	工艺或物料堆放等造成的场地面源污染较重	雨污分流、雨落管断接（高位花坛）、环保型雨水口
第四级	无绿地	雨污分流、环保型雨水口

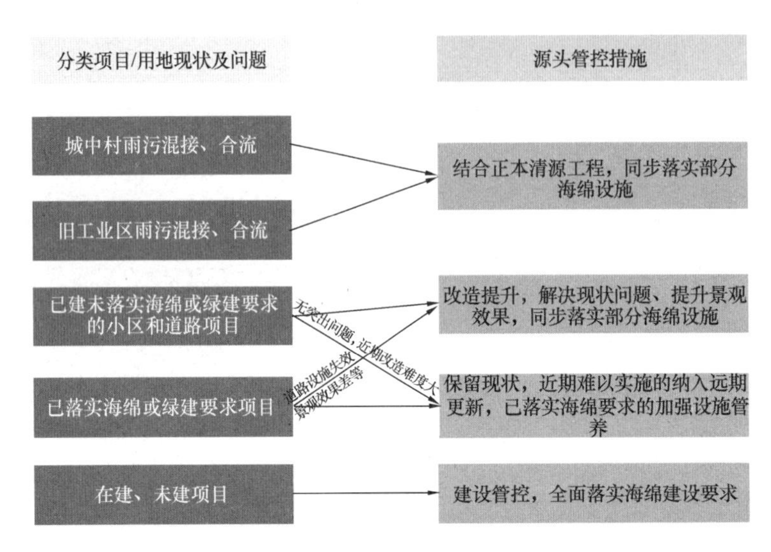

图 5-26 源头减排思路及原则

以流域内某工厂为例。厂区绿地面积较大，厂区建筑较为整洁，基本无物料堆放。在正本清源开展过程中，结合项目实际，落实海绵化改造，主要包括：①雨污水管线正本清源，将原有混接雨污水管线分流至雨污水管渠系统；②硬化停车场改造为生态停车场，采用植草砖铺装；③雨落管就近断接至周边绿地；④部分现状绿地改造为下沉式绿地；⑤下沉式绿地周边路缘石开口。

3. 已建项目海绵化提升改造

针对已建项目进行海绵城市理念的落实，主要分为三类，如表 5-9 所示。

已建项目海绵化提升改造 **表 5-9**

特征	海绵化改造建议
已建海绵项目提升	部分已建绿色建筑或建成时间较长的海绵项目
已建传统项目海绵化改造	对于经过现场调研，认为需要海绵化改造的传统项目
已建项目保留	对于已落实海绵或绿建要求的近期建成项目，以及居民无诉求、问题不突出、本底条件差的项目进行现状保留，不做改造

4. 在建及规划项目

所有在建项目均已通过区海绵办海绵城市设计方案审查，在方案设计、施工图设计中有效落实了海绵城市理念。规划项目在项目推进过程中，按照海绵城市详细规划要求进行规划设计和建设，全面落实海绵城市建设管控要求。

5.6.4　污染管控系统化方案

1. 新建污水管线

经运营单位普查，河道两岸混接排污口主要集中在下游段，主要为附近工厂、居民区漏排污水，故安排该片区开展污水支管网工程，完善排水系统，减少漏排污水量。规划随道路建设新建污水管网，总长度约 4400m。

2. 完善河道截污系统

水质改善的目标是达到水环境功能区水质标准。下游河道排放口较为密集，河道水质明显变差，对沿河排放口进行截流。新建截污管将漏排污水接入干流截流箱涵中，截污管的管道规模为 $DN300 \sim DN800$，总长 1.26km。根据现场调查发现，存在漏排污水入河，其中漏排口共 22 处，污水量约 $2753.6m^3/d$。

（1）平面布置

由于用地和竖向原因，截污管道建设在河道蓝线内，截污管直径为 $DN600 \sim DN1200$（图 5-27）。针对现有混排口，其中位于非建成区的排口，水质较好，可作为基流补水，排口不做处理；其他混排口均在入河处设置了截流井。截流管道在有污水管入河处设截流井。

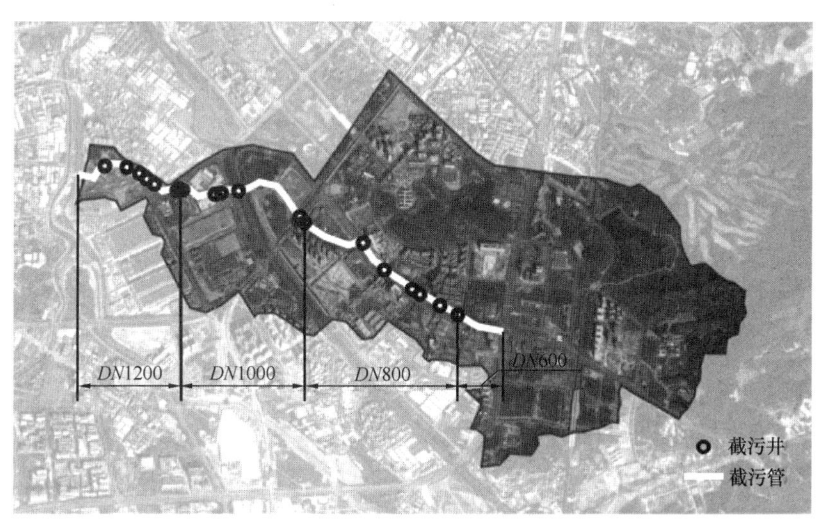

图 5-27　截污管道平面布置图

（2）排放口截流设计

根据排放口和截流管的相对位置关系、排放口尺寸、排放口底高程高低，采用不同的排放口截流设计方式。各类型排放口均在出口设截流井，井和截污管间采用埋管连接。对于管径 $d<400mm$ 的排放口直接截入截流管，不设置溢流管；对于管径 $d>400mm$ 的排放口则需设置溢流、限流管，溢流管尺寸按照排放口流量的 2 倍截流标准计算。为便于从源头进行日常清淤维护和安全防护，对于管径大于 400mm 的排放口在接入截流井前均设置垂直向拦污栅。针对近期排放口水质为清水的排放口且穿越建成区，对此类排放口均归为截流范围，并在进入截流管前设置闸门，避免出现污水无法截流至截污管的问题。

（3）溢流控制

由于流域为雨污分流区域，除少数混流排口外无污水直排现象，因此，溢流污染的削减主要通过对混流排口的整治来实现，彻底解决混流现象后，截污系统仅仅收纳初期雨水①。溢流现象得到解决。以流域下游区域为例，此区域共有旱季混流排口 8 个，经过正本清源改造后有效消除本区域旱季直排污水。

3. 活水提质方案

流域内补水水源有两处可供选择，污水处理厂尾水补水点 0.5 万 m^3/d（一级 A）以及调蓄湖人工湿地尾水（Ⅳ类，规模 2 万 m^3/d）。本系统化方案考虑双补水水源供水，一是从调蓄湖取水即利用人工湿地尾水补水，敷设 *DN*400 补水管至补水点，补水规模 2 万 m^3/d，旱季河道水深可达到 0.3～0.5m，基本能满足河道景观需水量要求；二是当人工湿地尾水出水不稳定，水质较差时，从预留补水接口开始敷设 *DN*400 补水管至补水点，补水规模 0.5 万 m^3/d，满足河道最小生态需水量要求（图 5-28）。

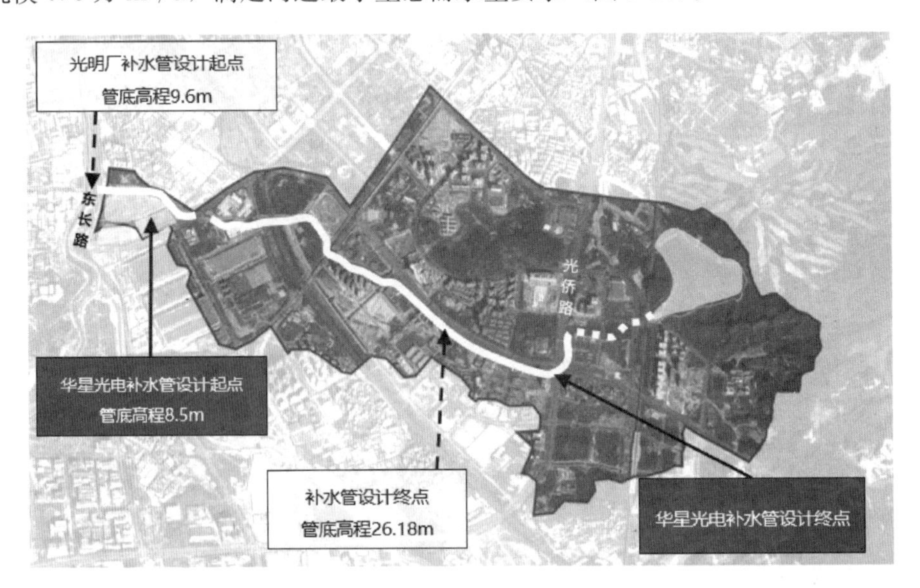

图 5-28　生态补水方案示意图

5.6.5　安全提升系统化方案

1. 雨水管渠建设

结合流域内市政道路建设，按照 5 年一遇设计重现期高标准建设雨水管渠，完善雨水管网系统。其中，重点片区雨水管渠按照 10 年一遇进行设计。

2. 排涝除险措施

规划河道防洪标准为 50 年一遇，整治长度为 4.0km。根据批复用地范围和现状河道两岸建设情况，结合周边城市规划，上游段河道两岸用地受限，针对下游段河道规划建设

① 邸文革，关健忠，廖日盼，等. 一种海绵城市雨水径流控制系统［P］. 广东省：CN214005811U，2021-08-20.

滞洪调蓄湖一处。调蓄湖实际建设用地面积为14.05万m^2，由北侧主湖体区与东南侧3万m^2调节池组成。调蓄湖西侧利用东长路桥底空间设置溢流堰，连通茅洲河干流，洪水通过溢流堰进入调蓄湖，起到为茅洲河干流滞洪削峰的作用。

5.6.6 方案效果评估

根据流域项目实施情况及进度，选出四个时间节点，见表5-10，进行实施效果的模型评估（图5-29）。

实施效果评估时间节点　　表5-10

时间节点	2016年以前	2018年	2020年	2030年
地块和道路	按2016年建设情况	按2018年建设情况	按2020年前预计能完工项目	规划地块全部建设
管网	按2016年建设情况	按2018年建设情况	按2020年前预计能完工项目	规划管网全部建成
海绵建设	部分水专项项目已建海绵设施	补充2016～2018年新建海绵项目	补充2018～2020年预计完工海绵项目	除已建地块外，全面落实海绵要求
漏排污水	有	有	少量 大部分漏排污水消除	无
截污系统	未建	已建	已建	已建，用来去除部分初期雨水
河道断面	未整治	已整治	已整治	已整治

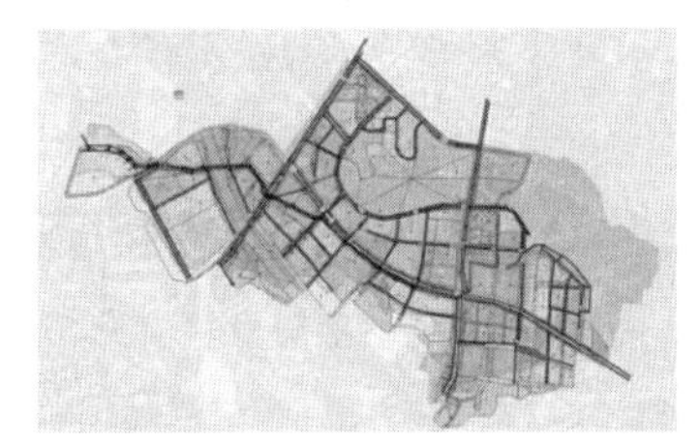
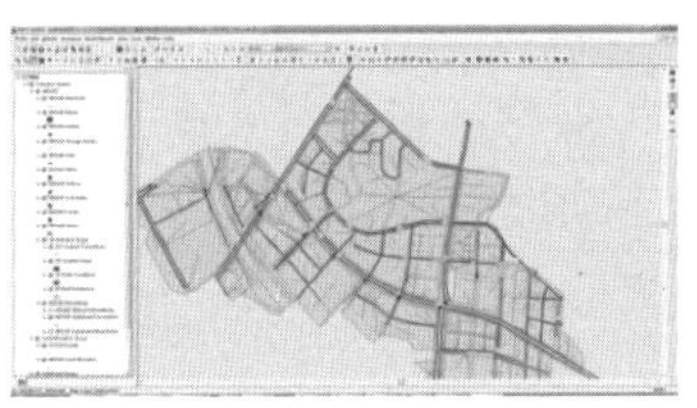
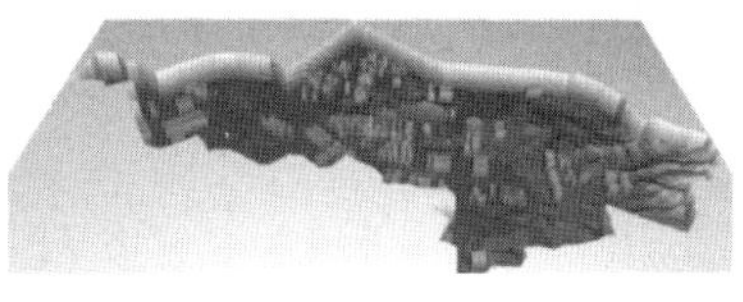

图5-29　2020年水环境SWMM模型和水安全MIKE模型界面图

5.7 年径流总量控制率效果评估

使用EPA SWMM模型进行年径流总量控制率模拟，主要依据已实施的海绵项目及规划目标等进行评估（表5-11）。

年径流总量控制率效果评估　　表5-11

时间节点	2016年以前	2018年	2020年	2030年
年径流总量控制率（%）	50.4	58.8	66.7	72.2
海绵化地块面积（%）	32.4	43.3	52.6	83.4
对应降雨量（mm）	17.15	22.33	28.33	33.45

5.8 水环境整治效果评估

使用 SWMM 模型进行合流制溢流污染模拟（图 5-30），模拟方法主要依据 EPA 的 *STORM WATER MANAGEMENT MODEL APPLICATIONS MANUAL* 及相关手册。评估在典型降雨年的污染及溢流情况。

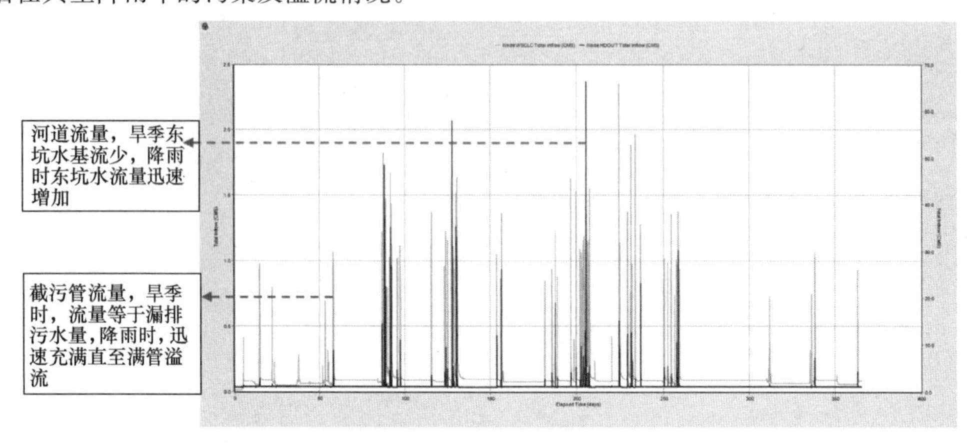

图 5-30　年降雨条件下截污管和河道流量变化情况

根据模型模拟结果，图 5-30 中深色曲线为河道流量，旱季基流少，降雨时流量迅速增加。浅色曲线为截污管流量，旱季时，流量等于漏排污水量，降雨时，迅速充满直至满管溢流，与实际情况吻合度高。通过连续模拟全年降雨工况、不同下垫面产汇流过程及污染累计冲刷情况，估算污染负荷污染物削减结果，结果见表 5-12。经模型模拟计算，到 2020 年试点期末，流域面源污染控制率为 70.23%（以 COD 计），污染物总量削减率为 81.9%（以 COD 计），满足规划指标要求（表 5-13、图 5-31）。

流域污染物削减情况一览表（以 COD 计）　　表 5-12

项目	旱季截流点源污染（t/年）	雨季（t/年）				控制比例	
		雨季点源污染		雨季面源污染			
		截留	溢流	截留	溢流	污染物总量控制	面源污染控制
现状	145.39	58.12	35.42	44.59	202.04	51.10%	18.08%
规划	145.39	79.51	14.03	172.64	73.99	81.87%	70.23%

流域污染物排放情况评估　　表 5-13

片区	旱季截流点源污染（t/年）	雨季截流污染（t/年）			雨季溢流污染（t/年）		
		点源	面源	小计	点源	面源	小计
TSS	289.53	142.72	260.42	403.14	25.19	111.61	136.79
氨氮	10.86	6.38	21.63	28.01	1.13	9.27	10.40
COD	145.39	79.51	172.64	252.15	14.03	73.99	88.02

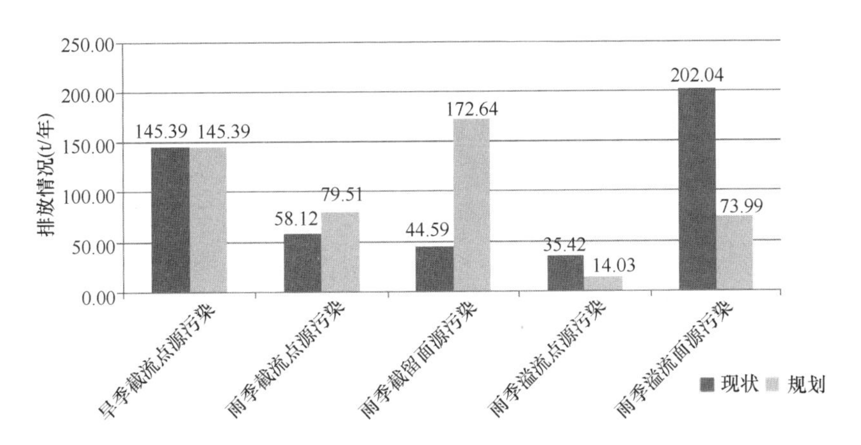

图 5-31　流域污染物排放现状与规划对比（以 COD 为例）

5.9　水安全提升效果评估

使用 DHI MIKE 进行水安全提升效果评估模拟，主要依据已实施的排水管网项目及河道治理方案等进行评估。经评估，流域项目实施完以后，可以达到良好的水安全提升效果，详见表 5-14。

管网排水能力效果评估　　表 5-14

时间节点	2016 年以前	2018 年	2020 年	2030 年
小于一年一遇（%）	25.7	21.8	17.1	7.1
1～2 年一遇（%）	25.9	26.8	28.9	33.7
3～5 年一遇（%）	19.7	22.3	24.5	28.6
大于 5 年一遇（%）	28.7	29.1	29.5	30.6

第6章　过　程　管　控

6.1　技术审查

2014年，以国家低影响开发雨水综合利用示范区创建为契机，光明区印发了《深圳市光明新区低冲击开发雨水综合利用规划设计导则》《深圳市光明新区低冲击开发雨水综合利用规划设计导则实施办法（试行）》。在全国范围内，首创“两证一书”、专项技术审查的低影响开发规划建设管控制度，要求在建设项目选址意见书、建设用地规划许可证和建设工程规划许可证中载明低影响开发建设要求和指标，并在方案设计阶段进行低影响开发技术审查。该做法此后在各个城市开展了推广应用。

2016年，在成功申报国家海绵城市建设试点后，光明区继续贯彻这种良好的建设管控机制，并结合实施经验进行完善和延伸，总结提炼形成《深圳市光明区海绵城市规划建设管理办法（试行）》，在全区范围印发实施，将海绵管控的要求落实到立项、规划、设计、建设、验收、运维等全过程，全市各区也参考光明区经验展开推广应用。

在良好的制度指引下，光明区迄今为止已完成方案和施工图阶段海绵城市技术审查300余项。

6.1.1　总体要求

根据《深圳市光明新区海绵城市规划建设管理办法（试行）》的要求，光明区建设项目海绵城市技术审查分为方案设计审查和施工图设计审查。其中，建设单位在报审建设工程方案设计核查前，应取得光明区海绵城市建设实施工作领导小组办公室（以下简称“区海绵办”）关于该项目的海绵城市专项技术审查意见单（方案设计阶段）；建设单位在报审建设工程规划许可证和总预（概）算审核前，应取得区海绵办关于该项目的海绵城市专项技术审查意见单（施工图设计阶段）。

6.1.2　审查资料报送

1. 方案设计审查（不含城市水务类项目）

建筑与小区、城市更新、道路与广场、公园与绿地类项目方案设计审查阶段资料报送清单详见表6-1。

项目方案设计阶段报送资料清单　　表6-1

序号	类别	资料名称	格式要求
1	海绵城市	海绵城市设计说明书	Word、Pdf
2		项目海绵城市建设目标表	Word、Pdf

续表

序号	类别	资料名称		格式要求
3	海绵城市	项目海绵城市设计方案自评价（自承诺）表		Word、Pdf
4		下垫面分布图		Dwg
5		场地竖向及汇水分区图		Dwg
6		径流组织及海绵设施分布图		Dwg
7		海绵设施设计图或参数说明		Dwg
8	补充资料	项目总体设计说明书、文本、图纸等	总体	Pdf、Dwg 等
9		专业设计说明	给水排水	Dwg
10		区域排水系统图		Dwg
11		雨水设计平面图（若有）		Dwg
12		室外排水总平面		Dwg
13		专业设计说明	道路（若有）	Dwg
14		道路平面图		Dwg
15		道路横断面图		Dwg
16		路面结构图		Dwg
17		专业设计说明	建筑或园林（若有）	Dwg
18		建筑总平面图		Dwg
19		景观或园建总平面图		Dwg

注：1. 此表中“海绵城市”栏所列资料为必须提供资料。“补充资料”栏所列资料，建设单位可根据项目情况补充提供，以提高审查效率。

2. 采用模型辅助方案设施时，还需提交模型源文件，以及模型所采用的降雨、土壤下渗、海绵设施构造等关键参数。

2. 施工图设计审查（不含城市水务类项目）

建筑与小区、城市更新、道路与广场、公园与绿地类项目施工图设计审查阶段资料报送清单详见表 6-2。

项目施工图设计阶段资料报送清单 **表 6-2**

序号	类别	资料名称		格式要求
1	海绵城市	海绵城市设计说明书（含项目施工图阶段落实方案设计审查意见说明）		Word、Pdf
2		项目海绵城市建设目标表		Word、Pdf
3		项目海绵城市设计方案自评价（自承诺）表		Word、Pdf
4		下垫面分布图		Dwg
5		场地竖向及汇水分区图		Dwg
6		径流组织及海绵设施分布图（按汇水分区出分图）		Dwg
7		海绵设施设计图（含平面图、剖面图、局部大样图）		Dwg
8	补充资料	项目总体设计说明书、文本、图纸等	总体	Word、Pdf、Dwg 等

续表

序号	类别	资料名称		格式要求
9	补充资料	专业设计说明	给水排水	Dwg
10		区域排水系统图		Dwg
11		雨水设计平面图（若有）		Dwg
12		室外排水总平面图		Dwg
13		专业设计说明	道路（若有）	Dwg
14		道路平面图		Dwg
15		道路横断面图		Dwg
16		路面结构图		Dwg
17		专业设计说明	建筑或园林（若有）	Dwg
18		建筑总平面图		Dwg
19		景观或园建总平面图		Dwg

注：1. 此表中“海绵城市”栏所列资料为必须提供资料；“补充资料”栏所列资料，建设单位可根据项目情况补充提供，以提高审查效率。

2. 若方案阶段审查目标未达到，应同步报审修改后的方案设计情况及自评表；若方案阶段因历史原因未审核，则无须提供。

3. 采用模型辅助方案设施时，还需提交模型源文件，以及模型所采用的降雨、土壤下渗、海绵设施构造等关键参数。

3. 方案及施工图设计（城市水务类项目）

给水排水管网建设、水系综合整治、水系景观提升等城市水务类项目，报送审查时应提供项目全套图纸及其他必要的说明材料，并填写项目海绵城市建设目标表、河道水系类项目海绵设施建设自评价表。

6.1.3 审查资料要求

1. 海绵城市设计说明书

说明项目的基本情况，并以目标导向和问题导向为原则，依据上位规划要求，确定项目建设目标，并详细阐述海绵城市设计方案。设计说明书的内容应包含且不限于现状分析、设计依据、设计原则、设计目标指标、设计计算方法、海绵方案、达标校核、海绵设施节点设计、海绵城市建设专项投资计算等内容。

项目的海绵城市设计目标指标应通过充分对比《深圳市海绵城市规划要点和审查细则》（2019 年修订版）的目标指标要求、用地规划许可证中列明的目标指标、上层次相关规划（所属区域专项规划、重点片区详细规划等）对本项目的目标指标要求、相关行业技术标准对该类别项目的目标指标要求后，结合项目建设条件，选择适宜的设计目标指标。

施工图设计阶段编制的海绵城市设计说明书应含项目落实方案设计阶段审查意见说明。

2. 设计图纸

海绵城市相关各专业的设计图纸应满足《建筑工程设计文件编制深度规定》等相关要

求。海绵城市专篇设计图纸应包含但不限于如下图纸：

（1）下垫面分类布局图

以总平面图为依据划分项目范围内的各类下垫面分布及范围。图纸内容包括且不限于下垫面分布、项目场地外围市政排水管网分布、项目建筑布局及场地土壤透水性等现状情况。

（2）场地竖向及汇水分区图

在项目竖向设计图的基础上，对反映场地坡向、变坡点、低洼地、排水设施衔接点等重要节点进行细化，加密标高标识，并以场地竖向、下垫面、排水管网、排出口为依据，绘出汇水分区图，标注分区编号。面积≥10hm^2 的广场、绿地、山体区域和含塑造地形内容的海绵设施，应采用竖向设计等高线和标高进行标注，等高距一般在 0.25～1.0m 之间。

（3）径流组织及海绵设施分布图

以汇水分区为基础，标示各分区内的不同下垫面与各类海绵设施、排水管网之间的径流组织关系，说明分区排水方向。根据雨水径流路径，在总平面图基础上，反映各汇水分区海绵设施分布、类型和规模（面积、调蓄容积）等，详细标注海绵设施与不透水下垫面、其他海绵设施、排水管网之间衔接点的标高关系；标注超标雨水排放与场地室外排水系统的衔接关系及标高；若有雨水利用系统，应提交雨水收集回用工艺流程图、雨水回用系统平面布置、雨水收集与回用处理设施平面布置图；标示图例和指北针，并进行必要的说明。

方案设计阶段可按项目红线范围出图。施工图设计阶段应按汇水分区出图。

（4）海绵设施设计图

海绵设施设计图包含平面图、剖面图及局部大样图三部分。平面图应对海绵设施平面尺寸、各关键构造节点的具体位置进行准确定位，如进水口、溢流口、提升设备、排水管道、阀门、管件等，标注各部位的尺寸和标高（绝对标高），必要的说明（如结构做法等）和主要技术数据（材料的类型、规格、参数要求等）。剖面图对海绵设施断面、进出水部位竖向衔接关系构造进行详细标示，标注各层、各部位的尺寸和标高（绝对标高）、必要的说明和主要技术数据。对于平面图、剖面图不能交代清楚的部位，应绘制局部大样图，进一步说明。

方案设计阶段可不提供海绵设施设计图，但应提供各类海绵设施设计参数。施工图设计阶段必须提供海绵设施设计图。

6.1.4 审查要点

1. 方案设计阶段（建筑与小区、城市更新、道路与广场、公园与绿地类）

方案阶段主要进行形式审查，主要审查项目方案设计中海绵城市专篇（包括自评价表、承诺）的有无情况，以及判断市政线性类项目自评价结论是否符合《深圳市海绵城市规划要点和审查细则》（2019 年修订版）关于建设项目海绵城市的管控要求、房建类项目自评价结论是否符合项目用地规划许可证中的海绵城市相关要求。同时，复核项目海绵建设目标、场地竖向设计及汇水分区划分、径流组织、海绵设施选择、海绵设施布局及规模是否合理，针对现阶段存在的问题提出下阶段的海绵相关工作建议。

（1）方案阶段具体审查要点如下

① 项目基本情况

明确项目所在位置（明确是否在试点区域）、规模、建设情况。

② 场地竖向及汇水分区、径流组织情况合理性审查

根据建设项目排水系统布局、竖向等情况审查该项目竖向设计及汇水分区划分、每个汇水分区内雨水径流路径是否合理，竖向设计、汇水分区是否能够发挥海绵设施设计功能。

③ 海绵城市设施布局合理性和实施有效性审查

审查每个汇水分区内海绵设施的类型选择是否合理；设施布局是否匹配雨水径流路径组织；设施规模与不透水汇水面积的比例是否合理，防止出现海绵设施无法收集雨水径流、大设施对应小汇水面、小汇水面对应大设施等情况。

根据《海绵城市建设技术指南——低影响开发雨水系统构建》，生物滞留设施宜分散布置，设施面积与不透水汇水面积之比一般为1/10～1/5。

④ 海绵城市建设目标的合规性和可达性审查

根据项目所在位置和所属汇水分区，参考海绵城市上层次规划（所属区域专项规划、重点片区详细规划等）或《深圳市海绵城市规划要点和审查细则》（2019年修订版），复核该项目海绵城市建设目标是否合规。

根据相关规范、指南、审查细则，复核建设目标的可达性。其中，设施径流体积控制规模核算应依据年径流总量控制率所对应的设计降雨量及汇水面积，采用“容积法”计算得到渗透、滞蓄、净化设施所需控制的径流体积，具体参见《海绵城市建设评价标准》GB/T 51345—2018第5.1.2条。

⑤ 海绵设施合规性和实施有效性审查

若方案设计未提供海绵设施设计图，则审查海绵设施设计参数是否合理。若方案设计提供海绵设施设计图，则审查建设项目中的海绵设施基础参数、构造节点平面布置、断面结构尺寸、竖向标高及其他技术数据，是否满足海绵城市相关的设计规范和标准的要求；复核设施的设计构造、径流控制体积、排空时间、运行工况、植物配置等能否保证年径流总量控制率及其他指标达到设计要求；重要的设施构造节点的位置是否合理，如进水口、消能设施、溢流口的位置设置；与上游不透水汇水面、下游排水管渠的竖向关系是否合理；绿化种植是否满足本地相关规范和标准。

⑥ 项目海绵城市综合审查结论

给出该项目方案设计阶段的综合审查意见。审查结论应明确该项目是否符合海绵城市建设理念，是否满足海绵城市建设目标。

⑦ 下阶段工作建议

针对本阶段存在问题，提出下阶段的优化设计建议。

⑧ 注意事项和风险管理

指出项目需要注意事项以及涉及海绵城市建设方面的风险管理问题。

（2）注意事项

若部分地块类项目方案阶段报送的审查资料较为简单，无法判断场地设施布局、设计参数、计算目标可达性等内容。应在审查结论中说明缺少的具体资料和下阶段需要重点审查的内容。

2. 施工图设计阶段（建筑与小区、城市更新、道路与广场、公园与绿地类）

下阶段如进行施工图审查的，施工图审查单位应按照相关规范和海绵城市规划管控要求，以及方案设计专篇事中事后监管第三方技术审查意见（如有），加强对该项目海绵城市相关内容的审查，确保项目满足海绵城市设计目标、海绵城市设施类型和构造合理合规、场地竖向设计和设施布局合理、细节设计到位。

施工图阶段具体审查要点如下：

① 项目基本情况同方案阶段。

② 项目施工图设计落实方案、设计情况复核：

复核项目的海绵城市目标、内容有无按照方案阶段的审查意见和相关规范及标准进行完善。

③ 项目设计参照的规范、标准、规划版本审查：

核查项目设计参照的设计规范、标准、规划等文件是否为最新版本，是否参照海绵城市相关的设计规范和标准。

④ 竖向设计及汇水分区划分的合理性审查同方案阶段。

⑤ 海绵城市设施布局合理性和实施有效性审查同方案阶段。

⑥ 海绵设施的合规性和实施有效性审查：

若方案设计阶段已提供海绵设施设计图，则对图纸修改情况进行复核。

若方案设计阶段未提供海绵设施设计图，则审查建设项目中的海绵设施基础参数、构造节点平面布置、断面结构尺寸、竖向标高及其他技术数据，是否满足海绵城市相关的设计规范和标准的要求；复核设施的设计构造、径流控制体积、排空时间、运行工况、植物配置等能否保证年径流总量控制率及其他指标达到设计要求；重要的设施构造节点的位置是否合理，如进水口、消能设施、溢流口的位置设置；与上游不透水汇水面、下游排水管渠的竖向关系是否合理；绿化种植是否满足本地相关规范和标准要求。

⑦ 海绵城市建设目标的合规性和可达性审查同方案阶段。

⑧ 海绵城市综合审查结论：

结合项目设计参照规范版本、设施合理合规等方面的审查，给出该项目施工图设计阶段的综合审查意见。审查结论明确该项目是否满足海绵城市控制指标、海绵设计是否合理合规。针对下阶段的实施，提出建议。

3. 方案及施工图设计阶段（城市水务类）

（1）管网类

第一个方面为是否符合上层次规划要求。①核查雨水管网设计重现期是否满足要求（主要参照排水防涝规划、所属区域专项规划、重点片区详细规划等）；②核查项目是否在内涝风险区内，是否采取了针对性措施（主要参照排水防涝规划）；③是否按照规划要求进行了雨污分流；④核查是否满足详细规划的管径要求；⑤审查排水管网与道路海绵设施的衔接关系是否符合要求，如雨水口是否在绿化带内等。

第二个方面是道路相关工程的建议。确认管网建设是否为随道路新建或者是已有道路管网的更新改造项目，若为新建则要求道路及相关绿化工程按照海绵城市要求进行设计；若为改造类项目，则建议在进行路面和绿化恢复时，非机动车道采用透水铺装、绿化带按下沉式设置或与道路红线外绿地统筹。

（2）水系综合整治、水系景观提升

河流水系往往是区域的受纳水体和高程最低点。第一，应明确项目为综合治理型项目、黑臭水体治理类项目、景观提升项目、防涝防潮类项目或多目标结合项目；第二，应明确项目的定位，是承担区域治理任务的，还是只解决一个问题；第三，应明确项目的工程指标，要解决的问题点（水质、内涝、防洪标准）；第四，应明确项目的本底，项目建设前的一些海绵本底情况，比如天然湿地、生态岸线、滩地等。

审查时重点关注四个方面：第一是保护，河道蓝线是否落实，湿地低洼地是否保护，红树林是否保留等；看是否存在拆弯取直、三面光，甚至覆盖填埋等情况。第二是系统性，是否满足区域的需求，是否解决了存在的问题，是否匹配区域的海绵目标（不只是低影响开发），可能包括水安全目标（防洪、防涝）、水环境目标（水质）、水生态目标（生态驳岸）等。这个层面主要用其他的相关规划联合海绵规划审查。第三是岸线部分，岸线是否与周边有关系。如果有关，是否可采用植被缓冲带，如果无关，岸线应该为滨水公园，这个时候才主要考虑低影响开发设施的布局和相关源头指标。第四是雨水口（合流制溢流污染）治理措施，是否有针对分流制雨水口或合流制溢流污染的生态处理或物理处理措施。

6.2 现场巡查

在严格执行“两证一书”试点、专项技术审查等建设项目前期管控制度的基础上，光明区针对建设过程中出现的具体问题，建立项目巡查、整改督办、月报通报等制度，有效推动了海绵城市建设速度和建设质量的提升。截至目前已开展近千项巡查，发现建设问题，发出督办函，编制海绵月报，取得了良好的效果。

此外，为守好海绵城市建设的最后一关，在深圳市“90 改革”精简行政审批流程的背景下，光明区坚持执行严格的海绵城市专项验收，并开展事中事后监管，完成数个项目的海绵设施竣工验收工作。

6.2.1 巡查范围

国家试点区域海绵城市建设项目库。

6.2.2 巡查要求

要求每个项目 2 人一组开展巡查工作，现场巡查人员统一佩戴现场巡查证。对于尚未建海绵设施项目、正在建设海绵设施项目和已完工项目，日常巡查每月一次，暴雨前后巡查一次。巡查后就存在问题形成书面报告，并提出整改意见，供领导决策。

现场巡查人员建立便于开展工作联系的沟通机制，如微信群等。

6.2.3　巡查要点

1. 完工项目

完工项目主要巡查项目的海绵设施能否正常运行、景观是否满足要求、运维是否有记录等。

2. 正在建设海绵设施项目

正在建设海绵设施项目主要针对施工中的海绵设施进行巡查和指导，使海绵设施施工满足相关规范的要求。

3. 尚未建海绵设施项目

此类项目主要开展例行巡查，了解项目进度情况及海绵设施进展情况，提供事先指导。

6.2.4　操作流程

（1）巡查技术服务单位合理组织熟悉光明区试点项目的现场巡查人员（由巡查技术服务单位分配）开展巡查工作（具体分工自行分配），区海绵办工作人员提供巡查项目清单（实时更新）。

（2）现场巡查人员合理组织巡查工作，巡查频次参照有关规定执行。

（3）每次巡查结束后，现场巡查人员需在两个工作日内完成巡查报告，经项目负责人签字确认后，由现场巡查人员扫描存档并将签字原件邮寄至区海绵办工作人员。

（4）现场巡查人员需将整个项目巡查资料（视频、图片等）建档备案。

（5）区海绵办工作人员针对存在问题的项目拟文，将巡查报告作为附件，经区海绵办领导批准后正式发文，并形成工作记录。

6.3　行为管控

海绵城市建设是一种绿色的城市建设理念，需要在建设项目中同步落实，实现“凡是动土必落海绵”的“＋海绵”模式。因此，所有的管控机制最终应导向行为和效果的管控。

光明区在海绵城市试点过程中，探索将海绵城市建设行为纳入政府绩效考核，先行对全区6个街道办事处开展考核，要求在城市品质提升、城中村综合治理中同步落实海绵城市要求，每年完成不少于6个落实海绵城市理念的项目，将考核结果纳入年度绩效评分。

随着海绵城市建设工作的逐步推进，目前进一步结合《国务院关于建立完善守信联合激励和失信联合惩戒制度加快推进社会诚信建设的指导意见》，探索建立海绵城市不良行为名单，对于政府投资项目，将突破原有机制限制，对区相关行业主管部门也纳入绩效考核范畴。对于社会投资项目，则联合规划和自然资源部门，对存在不良行为的建设项目不予规划验收，并同步抄送相关行业主管部门，建议采取限制或者禁止其新增项目核准、土地使用、贷款融资、财税扶持等措施，力求通过以上手段，做到海绵城市管控从“流程”到“行为”，化“被动”为“主动”。

第7章 竣工验收与运营维护

7.1 竣工验收

竣工验收是海绵城市建设质量管控的关键环节。光明区在海绵城市试点建设时期探索建立了海绵城市专项验收机制，明确了海绵城市专项验收的基本流程和要点，并在“放管服”改革和深圳市简化行政审批的背景下，率先开展了海绵城市联合竣工验收的探索，进一步明确了联合验收阶段海绵城市验收流程、材料清单、技术要点等内容。

7.1.1 海绵试点期间专项验收探索

早在海绵城市试点建设时期，当时的光明新区就开展了海绵城市竣工验收的探索，将建设项目海绵城市竣工验收纳入项目规划专项验收，并出台了相关技术指导文件，明确了验收流程与相关技术要点①。

1. 试点期间海绵竣工验收相关文件

为规范海绵城市建设管控流程，光明新区于2017年10月印发了《深圳市光明新区海绵城市规划建设管理办法（试行）》（深光海绵办〔2017〕37号，以下简称《新区海绵建设管理办法》），明确将海绵城市竣工验收纳入规划专项验收。《新区海绵建设管理办法》要求项目在申请规划专项验收前，应取得新区海绵办出具的海绵城市建设验收意见：“规划国土行政主管部门根据海绵城市建设验收意见，对不符合海绵城市建设要求的项目，规划验收应当定为不合格；验收不合格的项目，应限期整改到位。”

在新区海绵建设管理办法整体管控流程的基础上，为提高建设项目海绵城市施工工程质量、全面考核建设成果，确保各项做法与措施尤其是低影响开发设施的规划设计、施工质量、功能效果等符合相关技术指标要求，新区海绵办编制了技术指导文件《光明新区建设项目低影响开发设施竣工验收要求（试行）》（以下简称《低影响竣工验收要求》），明确了海绵城市专项验收的流程、技术要点与各阶段提交的材料清单及形式要求。

《低影响竣工验收要求》适用于光明新区范围内所有新建、改建、扩建的建设项目低影响开发设施工程实体的竣工验收，文件要求低影响开发设施应按照新区海绵办专项技术审查通过的施工图设计文件或变更文件施工。在设计隐蔽工程施工前，建设单位应通知新区海绵办进行现场检查，新区海绵办根据项目情况开展隐蔽工程的监督与检查。

2. 验收基本流程

《低影响竣工验收要求》制定了低影响开发设施验收的基本流程，主要包括施工单位

---

① 曹宇．深圳市：创新探索海绵城市建设管控新模式［J］．城乡建设，2018（24）：36-40.

自检、监理单位预验收、建设单位内部审查以及海绵办验收。具体流程如下：

（1）低影响开发设施施工完成后，由施工单位组织自检，自检合格后，报监理单位申请预验收。

（2）监理单位收到施工单位预验收申请后，组织施工单位进行预验收。

（3）监理单位预验收合格的，由施工单位书面申请建设单位组织竣工审查，附监理单位出具的《建设项目低影响开发设施竣工预验收表》。

（4）建设单位收到施工单位验收书面申请后，认定具备验收条件的项目，由建设单位组织验收，并出具《建设项目低影响开发设施竣工验收内部审查表》。

（5）低影响开发设施竣工验收纳入规划专项验收，建设单位在申请规划验收前，应取得新区海绵办出具的海绵城市建设验收意见。

（6）建设单位向新区海绵办申请低影响开发设施验收时应提交相应文件作为验收材料。新区海绵办原则上仅对建设单位提供的各项文件的合规性进行验收，必要时新区海绵办授权第三方对现场进行复核。对于重大项目及对环境有特殊污染项目，新区海绵办将组织专家团队对低影响开发设施进行再次验收。

（7）规划国土行政主管部门出具的规划专项验收意见书应载明低影响开发设施竣工验收的结论。对于未按审查通过的海绵城市施工图设计文件施工的建设项目，规划验收应定为不合格；验收不合格的项目，应限期整改到位。通过规划专项验收的低影响开发设施应报建设主管部门备案。

低影响开发设施竣工验收基本流程如图 7-1 所示。

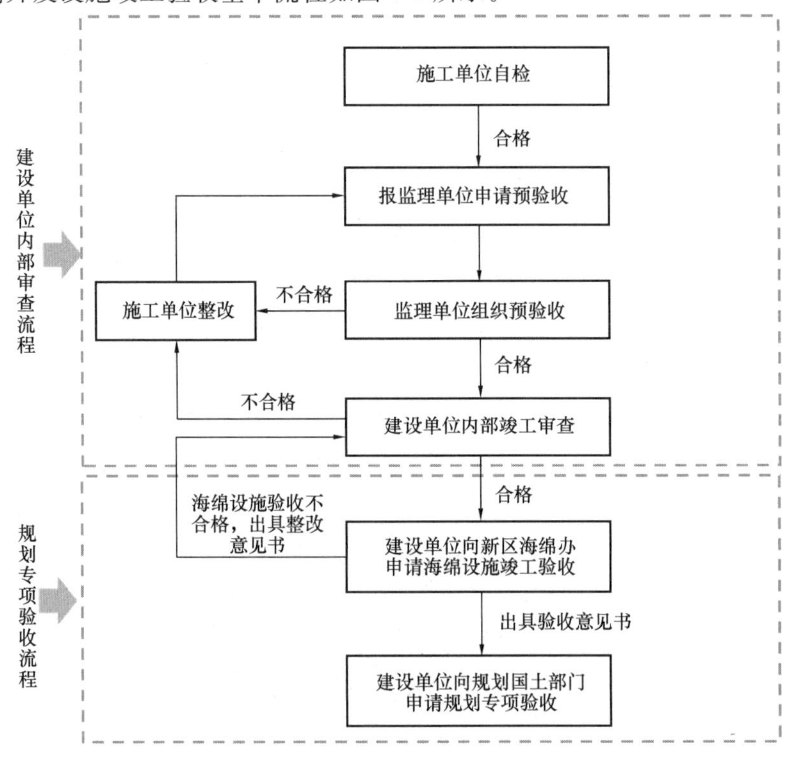

图 7-1　低影响开发设施验收基本流程示意图

3. 验收技术要求

建设项目低影响开发设施竣工验收分为内业验收和外业验收两部分，内业验收主要包含项目前期资料验收、施工全过程资料验收及关键节点重要工序的影像资料验收；外业验收主要包含竖向、外观尺寸（包括进水设施、溢流排放口等）及绿化苗木验收。

《低影响竣工验收要求》中提供了透水铺装、绿色屋顶等18种低影响开发设施的验收技术要点，以下沉式绿地为例，其验收技术要求如下：

（1）内业验收

① 下沉式绿地竣工验收应满足《园林绿化工程施工及验收规范》CJJ 82—2012的规定。

② 下沉式绿地构造形式应满足设计要求，使用的栽植土和渗滤材料不得污染水源，不得导致周边次生灾害发生。

③ 下沉式绿地种植土壤尽量选用原始土壤，并应满足如下要求：原始土壤宜满足渗透能力大于1.3cm/h，有机物含量大于5%，pH在6～8之间，阳离子交换能力大于5meq/100g等条件；当原始土壤不能满足条件时，宜换土，换土一般采用85%的洗过粗砂，10%左右的细砂，以及5%的有机物进行级配，土壤的$d50$宜大于0.45mm，磷的浓度宜为（10～30）$\times 10^{-6}$，渗透能力宜为2.5～20cm/h；各种土壤的渗透能力宜以项目所在地土壤的实际调查结果为准。检验方法为查看检测报告。

（2）外业验收

① 下沉式绿地的下凹深度应低于周边铺砌地面或道路，蓄水层厚度满足设计要求，设计未明确时，厚度应控制在100～200mm。检查方法为尺量检查。

② 下沉式绿地内的溢流口顶部标高应符合设计要求，设计未明确时，高于绿地50～100mm。检查方法为尺量检查。

③ 排水管流水畅通。检验方法为观察检查。

④ 草坪覆盖率达到100%，绿地整洁，无杂物。下沉式绿地栽植的品种和单位面积栽植数应符合设计要求。检查方法为观察检查。

7.1.2　联合验收的由来

竣工联合验收是指房屋建筑、市政基础设施（含水务、交通）等工程建设项目具备竣工验收条件后，由建设单位提出申请，规划、消防、民用建筑节能等专项验收部门按照“一家牵头，一窗受理，限时办结，集中反馈”的方式，联合完成相关竣工专项验收的行为。在2020年8月，深圳市规划与自然资源、住房和城乡建设、交通、水务四个部门联合印发了《深圳市建设工程竣工联合（现场）验收管理办法》，明确了深圳市建设项目开展联合验收的基本形式与流程。

1. 联合验收是进一步优化营商环境、推进营商环境改革的需要

深圳市委、市政府高度重视优化营商环境工作，把营商环境改革作为“一号改革工程”。根据《深圳市营商环境评价评估报告》，深圳市办理建筑许可指标仍与北京、上海等城市存在一定的差距。经统计分析，自 2017 年以来，北京、上海市分别建立了营商环境专班，统筹全市改革工作，均推出了优化营商环境 1.0、2.0、3.0 版，先后出台了联合验收管理办法，不仅减少了办理手续，还压缩了审批时限。为了进一步优化营商环境，提高审批效率，有必要学习先行城市做法，开展建设项目竣工联合验收。

深圳市于 2020 年 4 月 7 日发布修订后的《深圳市政府投资建设项目施工许可管理规定》（深圳市人民政府令 328 号）和《深圳市社会投资建设项目报建登记实施办法》（深圳市人民政府令 329 号），两项规章于 2020 年 7 月 1 日实行，明确将采用联合验收形式进一步优化深圳营商环境。

2. 联合验收是“深圳 90”改革成果的需要

深圳市自 2018 年上半年启动“深圳 90”改革，并于同年 7 月以政府规章的形式颁布实施了《深圳市政府投资建设项目施工许可管理规定》（深圳市人民政府令第 310 号）、《深圳市社会投资建设项目报建登记实施办法》（深圳市人民政府令第 311 号）。前者结合政府投资建设项目的公益性和民生属性，打破审批部门“坐等审批”“以批代管”的路径依赖，要求审批部门由被动审批向主动服务建设项目转变；后者要求审批部门改变“以批代管”的行政审批观念和模式，强化政府部门的职能履行和职责意识，加强事中事后监管，守住项目建设的质量安全和廉洁廉政底线。“深圳 90”改革与国家审批制度改革的基本思路、基本原则和目标指向基本一致，其中在精简审批条件、建立主动立项机制、减少审批事项等方面改革力度更大。工程建设项目审批制度改革实施以来，陆续暴露了一些亟须解决的共性问题，同时，竣工验收审批环节和审批时限存在进一步精简的空间，需要结合实际情况对机制制度进行优化调整和完善。

3. 联合验收是全面推进工程建设项目审批制度改革的需要

为贯彻落实“放管服”改革精神，全面推进工程建设项目审批制度改革试点工作，进一步深化建设工程审批制度改革，加快项目建设进度，提高项目审批效率，根据《国务院办公厅关于全面开展工程建设项目审批制度改革的实施意见》（国办发〔2019〕11 号），深圳市政府于 2019 年 9 月 26 日发布了《深圳市人民政府办公厅关于印发〈深圳市进一步深化工程建设项目审批制度改革工作实施方案〉的通知》（深府办函〔2019〕234 号）。按照该实施方案要求和部署，根据工程建设项目类型，深圳市住房和建设局、水务局、交通运输局分别制定了房屋建筑和市政基础设施工程、水务工程、交通运输工程联合竣工验收管理办法，并组织消防、规划等部门进行联合验收。政府投资项目，由建设单位负责组织消防、规划等部门进行工程竣工验收，其他部门不再进行联合验收。

4. 联合验收是加强建设项目质量管控的必然要求

在建设项目各验收事项单独开展专项验收阶段，由项目建设单位向各验收事项监督监管单位申请验收，各项验收事项时间间距较长，部分项目可能为满足不同专项验收的要求而在同一作业面开展重复的工程建设。举例来说，某项目在海绵城市及消防单项验收中，为满足项目消防登高面要求，将小区室外某场地建设为硬化铺装；待消防验收通过后，继而将原硬化铺装面改造为下沉式绿地，以满足海绵城市滞蓄要求，应对海绵城市专项验收；由于两项验收事项不同步且单独开展，项目建设单位可能存在为了验收而分别绘制差异化的竣工图，在相关监管单位复检不严格的情况下，项目通过了各单项验收但最终的建设效果并不满足各项验收要求。采用联合验收的形式，各验收事项将同时或在较短的时间内开展现场验收，避免了以上为了通过单项验收而开展改造建设的行为，对于项目施工质量管控的提升是必要的。

7.1.3 光明区联合验收的探索

在《深圳市建设工程竣工联合（现场）验收管理办法》的基础上，光明区住房和城乡建设部门牵头，联合规资、水务、质监等部门，以新冠疫情期间的光明区建设项目竣工无纸化智慧验收为基础，开展光明区建设项目联合验收后台审批系统建设，系统将规划、消防、人防、节能、海绵等内容全面纳入，开展光明区建设工程竣工联合验收试点。截至2020年底，光明区已对光明文化艺术中心、红坳保障房等项目开展联合验收试点，初步积累了海绵城市在联合验收中的经验。

联合验收并不意味着降低验收标准，而是要在严格把关的基础上，通过提升服务等方式，最大化提升验收效率，实现质量标准和验收效率的统一，促进传统的“企业上门找服务”向“政府下沉送服务”转变。

1. 联合验收事项

根据光明区住房和城乡建设局出台的《光明区开展建设工程项目竣工联合验收试点工作方案》，对光明区内房屋建筑、市政基础设施等工程建设项目开展联合验收，竣工联合内容包括规划、消防、人防、节能（绿色建筑）、质量监督、供水、海绵城市等专项验收事项。

联合验收前项目的施工质量验收、初步验收等由项目建设单位根据《深圳市建设项目海绵设施竣工验收要求及技术要点》自行开展，并可邀请区海绵办提供预验收服务。项目建设单位、设计单位、勘察单位、施工单位和监理单位按照现行法律法规，对所提交的资料承担法律责任。

2. 联合验收的前提

根据项目联合验收的需求和省市相关竣工验收的要求，项目开展联合验收须满足以下基本条件：

（1）由已具有测绘资质的第三方完成建设工程竣工测绘，且测绘报告经测绘成果审核机构审核通过；

（2）用地范围内的临时设施已拆除；

（3）已完成工程设计和合同约定的各项内容，并按照已审核批准或者建设单位告知承诺的各专项施工图设计要求完成施工，且建设单位已按合同约定支付工程款；

（4）行政主管部门及负责监督该工程的工程质量监督机构责令整改的问题全部整改完毕；

（5）已完成施工质量验收和初步验收，且初步验收发现的问题已全部整改完毕，提供按照《深圳市海绵城市建设项目施工、运行维护技术规程》DB4403/T 25 的规定完成的建设工程档案，并由建设单位组织施工、勘察、设计、监理及有关参建单位人员对建设工程档案完成验收；

（6）具有完整的技术档案和施工管理资料；

（7）法律法规要求完成的事项已完成。

3. 联合验收流程

目前，光明区建设项目海绵城市联合验收一般分为提交验收申请、材料审查、现场复核、限期整改（如需）、出具联合验收意见等环节，具体流程如下（图 7-2）：

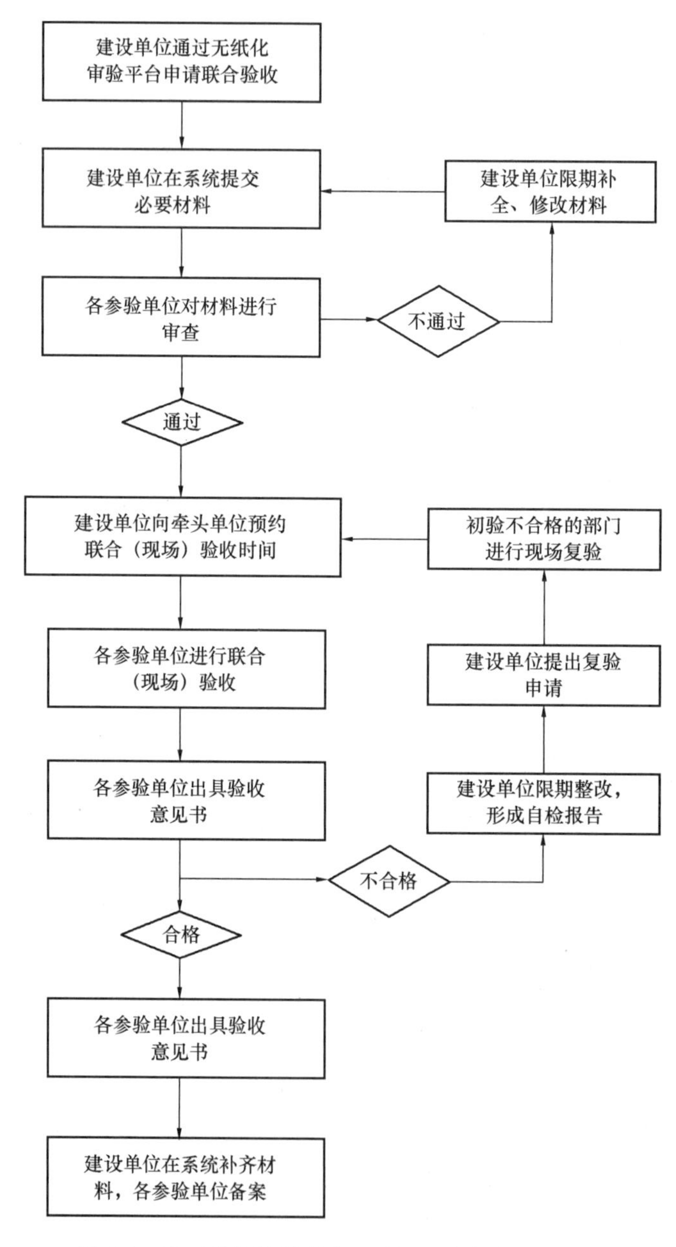

图 7-2　竣工验收阶段联合（现场）验收流程示意图

（1）满足竣工验收条件的建设项目，建设单位通过在线审批平台提交联合验收申请。建设单位提交申请时，应在平台上传附录所列的各项必要文件供各验收单位审查，对一般性材料采用容缺机制。

（2）各联合验收单位在三个工作日内对建设单位提交的各项文件进行审查。

（3）资料文件审查不通过的，建设单位应在三个工作日内修改、补齐材料，并上传至在线审批平台。

（4）资料文件审查通过后，由建设单位向联合验收牵头单位预约联合现场验收。

（5）根据预约时间，建设单位组织设计、勘察、施工、监理单位等相关负责人，验收牵头单位组织各联合验收单位进行现场联合竣工验收。

（6）现场联合竣工验收后三个工作日内，建设单位组织各参建单位完成竣工验收报告，并上传至在线审批平台。

（7）各联合验收单位在收到验收报告后三个工作日内在线填写验收意见。

（8）对于验收不合格的项目，建设单位应根据验收意见限期整改。整改完成后，建设单位应组织设计、勘察、施工、监理单位相关负责人组成验收组进行自验，形成自验报告。自验合格后，建设单位在线提交复验申请。

（9）提交复验申请后，建设单位应组织不合格项目验收负责人进行现场复验。

（10）竣工验收通过后，联合验收小组应于三个工作日内向建设单位出具联合验收合格意见书。

（11）建设单位应于收到联合验收合格意见书之后三个工作日内将容缺材料补齐上传至在线审批平台。

（12）各联合验收单位在竣工验收结束后做好验收资料备案。

4. 联合验收材料

为提高联合验收效率，海绵城市联合竣工验收对提交的验收材料进行分类，包括必要材料和可容缺受理验收的材料。验收前需提交区海绵办进行内业资料审查的材料包括以下17项内容，其中1）～5）项为必要材料，现场验收前必须提交复核；6）～17）项为可容缺受理验收的材料，可在验收后由建设单位限期补齐。

1）建设项目海绵城市专项设计方案自评表；

2）竣工图（CAD电子版文件）：包括但不限于项目红线图、汇水分区图、海绵设施平面图、海绵设施大样图、下垫面分布图、竖向设计图、给水排水专业设计说明等；

3）建设项目低影响开发设施竣工验收申请表；

4）施工单位填报的《________隐蔽工程验收记录表》，施工单位、监理（建设）单位确认；隐蔽工程的照片、视频记录；

5）建设项目竣工报告，包括工程竣工测量记录；

6）海绵城市设计专项审查单、海绵城市施工图审查单；

7）施工单位填报的《海绵设施材料/构配件进场报验单》，并附质量证明文件；

8）监理单位填报的《海绵设施材料/构配件进场批复表》；

9）施工单位填报的《海绵设施材料重要功能检验表》，并经监理单位检查认可；

10）施工单位填报的《________检验批质量验收记录表》；

11）每个海绵设施需填报一张《________分项工程质量验收记录表》，并对表格进行编号；

12）施工单位填报的《________分部（子分部）工程质量验收记录表》，分包、施工、勘查、设计、监理（建设）单位分别确认；

13）施工单位填报的《________分部（子分部）工程质量控制核查记录》，施工单位、监理单位分别确认；

14）施工单位填报的《________分部（子分部）工程安全和功能检验核查及抽查记录》，分包、施工、监理（建设）单位分别确认；

15）施工单位填报的《________分部（子分部）工程观感检验记录》，施工、监理（建设）单位确认；

16）海绵城市质量控制资料核查记录表；

17）深圳市建设项目海绵设施竣工验收备案表。

7.2 运营维护

7.2.1 运营维护的工作组织

由于海绵城市工程具有措施种类较多、总体数量较大、空间布局较为分散等特性，为使各项措施充分发挥缓解暴雨径流的功效，长效保障已建景观措施的品质，应加强对海绵城市措施的日常维护管理。目前，国内海绵城市运行维护管理尚在起步阶段且工作开展较为缓慢，主要原因有两点：一是在管理体制层面缺乏明确的责任维护主体及处罚措施规定，维护管理模式单一，造成监管盲区；二是运维费用标准尚未制定，资金批复缺乏有效依据，导致项目建成移交存在困难。

基于此，光明区充分借鉴国内外雨水管理措施运行维护的有益经验，以提高验收移交效率、压实运维主体责任、保障运维管理质量为目的，在梳理对比道路交通、公园绿地、房屋建筑等行业领域现行的运维技术规程、指引及费用标准基础上，积极探索长效运维管理机制，健全海绵城市维护管养体系，制定涵盖运维主体、技术要求、费用标准、绩效考核等方面内容的海绵城市运维体系。

1. 运维主体

（1）发展改革部门负责在政府投资类项目的项目建议书、可行性研究报告和初步设计概算审批环节，按照海绵城市运行维护要求，充分保障该部分资金需求。

（2）住房和城乡建设部门负责纳管保障房等项目的源头海绵城市建设内容的运维，委托并监督相应物业单位开展管养工作，监督正规纳管物业小区的有关运行维护单位开展排水及海绵城市建设内容运行维护工作。其他具有海绵功能的公共建筑，运行维护责任主体为该公共建筑的产权单位。

（3）交通部门负责纳管市政道路及慢行系统的海绵城市建设内容的运维，委托并监督相关运行维护单位开展管养工作。

（4）水务部门负责纳管城市管网及河湖水体的海绵城市建设内容的运维，委托并监督相关运行维护单位开展管养工作。

（5）城管部门负责纳管公园绿地、道路附属绿化等项目的海绵城市建设内容的运维，委托并监督相关运行维护单位开展管养工作。

（6）各街道负责纳管社区公园绿地、品质提升等项目的海绵城市建设内容的运维，委托并监督相关运行维护单位开展管养工作。

（7）建筑本体与小区等具有海绵城市功能的社会投资房地产开发项目，其运行维护责任主体为该项目的产权人。在无法明确运行维护责任主体时，遵循“谁投资，谁管理”的原则开展管养工作。

2. 总体要求

运行维护责任主体单位应当按照《海绵城市建设项目施工、运行维护技术规程》DB 4403/T 25—2019和国家相关标准要求做好海绵城市建设内容的运行维护工作，建立健全运行维护制度和操作规程，设置设施标识及安全警示标识等，确保海绵功能正常安全运行。因运行维护不当造成海绵城市建设内容损坏或无法发挥正常功能的，运行维护责任主体应负责按原标准予以恢复。拆除、改动、占用海绵城市建设内容的，运行维护责任主体应及时对原海绵城市建设内容予以恢复；不能恢复的，应当新建不低于原有同类功能的海绵城市建设内容。

3. 管理机制

光明区海绵办联合各相关行业主管部门编制海绵设施运行维护费用标准。各相关行业部门负责组织制定海绵设施运行维护考核标准，将海绵城市建设内容运行维护费用纳入日常管养费用，并建立按效付费机制，保障海绵城市建设内容运行效果。海绵城市建设内容运行维护应按照深圳市地方标准《海绵城市建设项目施工、运行维护技术规程》DB 4403/T 25—2019和国家相关标准要求执行。

光明区水务部门每季度随机抽查已建项目的运行维护情况，并将抽查结果纳入海绵城市建设“红、黄”警示名单进行管理（表7-1）。对于列入警示名单的运行维护单位，视为海绵城市建设内容运行维护效果不符合要求，由住建、交通、城管、水务等相关行业主管部门或业主单位据此扣减相应运行维护费用或解除委托合同。

光明区海绵城市运行维护行为“红、黄”牌警示标准 **表7-1**

警示类别	序号	不良行为	备注
黄牌警示	1	海绵城市建设内容运行维护不符合《海绵城市建设项目施工、运行维护技术规程》DB 4403/T 25—2019附录C、D的	
	2	未在雨季来临前和雨季期间做好海绵城市相关内容的检修和维护管理，导致未能正常、安全运行的	
	3	未按要求及时对海绵城市相关内容进行维护管养造成海绵功能和景观效果减弱或损坏的	

续表

警示类别	序号	不良行为	备注
黄牌警示	4	未建立海绵运行维护台账或台账不清晰的	
	5	未建立健全海绵维护管理制度和操作规程的	
红牌警示	1	未按要求开展运行维护，导致海绵功能丧失的	运行维护合同未包含的豁免
	2	海绵城市建设内容运行维护不到位造成安全生产事故的	
	3	向雨水收集口及海绵设施内倾倒垃圾和生活污水、工业废水（或污废水）的	
	4	持续列入黄牌警示名单1个月以上且未整改到位的	
	5	黄牌警示行为达到3项次及以上的	

对列入红牌警示名单的单位，由光明区水务部门向区财政、税务、发展改革、规划国土、生态环境、工业信息、市场监管、金融机构等相关部门（单位）通报，区各相关部门按照有关规定，将其作为重点监管对象，加强事中事后监管，依法采取约束和惩戒措施，在市场准入、资质资格管理、招标投标等方面依法给予限制。对列入黄牌警示名单的单位，区水务部门书面告知涉事运行维护单位，要求限期整改并向相应的行业部门进行通报，在规定期限内整改不到位的视实际情况升级警示等级。

4. 运维要点及责任分工

（1）市政道路类项目

市政道路类项目海绵城市建设应以削减地表径流及道路面源污染为主，视道路等级、建设条件、所处片区重要程度的不同，可通过在机动车道设置环保型雨水口、在机非分隔绿化带中设置下沉式绿地、慢行系统采用透水铺装等方式，落实海绵城市建设理念。

影响透水铺装效果的主要原因是面层、基层和土基的堵塞等，道路管理部门应在渣土车、施工车等工程车辆易经路段，加强透水铺装的维护工作，并禁止透水铺装区域存放任何有害物质，防止地下水污染。维护工作主要分为日常巡视与检测、清扫冲洗、保养小修、中修工程及大修工程等，对于损坏的透水铺装，应根据损坏程度及时进行相应的修复。对于环保型雨水口，在日常维护中，要保证雨水口通畅，定时清掏沉泥槽中的淤积物。

道路周边绿化带可因地制宜建设下沉式绿地、植草沟等海绵措施，维护过程中应结合巡查情况，及时浇洒、补种、修剪植物及清除杂草；定期检查清理路牙豁口的破损情况，并及时清理下沉式绿地内的树叶碎片、垃圾等杂物；进水口、溢流口处应采取放置卵石等防冲刷措施，防止水土流失；雨季时，若发现路牙豁口处无法有效汇集周边道路雨水径流，或下沉式绿地内地形无法满足径流滞蓄功能时，应进行局部的竖向或进水口标高调整。

市政道路类项目典型设施运行维护要点及责任分工详见表7-2。

市政道路类项目典型设施运行维护要点及责任分工 **表 7-2**

<table>
<tr><th>维护区域</th><th>维护对象</th><th>维护标准</th><th>维护内容</th><th>维护周期</th><th>备注</th><th>维护主体</th></tr>
<tr><td rowspan="3">机动车道</td><td>环保型雨水口</td><td>是否淤积或堵塞，截污框、防蚊闸是否破损，或是否有效去除面源污染</td><td>及时清理截污篮或净化装置内垃圾、沉积物，并更换截污框、防蚊闸及滤料</td><td>不少于3个月1次；根据巡查结果确定</td><td>巡查周期：竣工2年内不少于6个月1次，竣工2年后不少于3个月1次</td><td>水务部门</td></tr>
<tr><td rowspan="2">开口道牙（若有）</td><td>是否破损</td><td>及时更换破损开口道牙</td><td>根据开口道牙破损巡视情况确定</td><td rowspan="5">巡查周期：不少于1个月1次；特殊天气后24h需巡视；如周边有建设工地或运土车经过，不少于1星期1次</td><td rowspan="2">交通部门</td></tr>
<tr><td>进水口是否不能有效收集汇水面径流雨水</td><td>加大进水口规模或采取局部下凹、导流改造</td><td>不少于6个月1次；根据巡查结果确定</td></tr>
<tr><td rowspan="6">自行车道、人行道</td><td>路面</td><td>是否有路面垃圾</td><td>定期清扫路面垃圾</td><td>按照环卫要求定期清扫；巡视中发现路面卫生不满足运行标准时即可维护</td><td rowspan="4">交通部门</td></tr>
<tr><td rowspan="4">透水层面</td><td>是否存在破损或松动</td><td>及时更换破损透水砖</td><td>根据透水砖破损巡视情况确定</td></tr>
<tr><td>是否出现不均匀沉降</td><td>局部修整找平</td><td>根据透水砖平整巡视情况确定</td></tr>
<tr><td rowspan="2">雨水是否可以入渗</td><td>去除透水砖孔隙中的土粒或细沙</td><td>1～2次/年；根据透水砖透水巡视状况确定；出现运输渣土或油料车辆发生倾覆或泄漏事故后24h内</td><td>可采用高压水流（5～20MPa）冲洗法、压缩空气冲洗法，也可采用真空吸附法</td></tr>
<tr><td>疏通穿孔管（若有）</td><td>根据透水砖透水巡视情况</td><td>通过从清淤口注水疏通</td><td>水务部门</td></tr>
<tr><td>地下排水管</td><td>是否没有雨水流出，或者流出的雨水是否浑浊</td><td>更换透水面层、透水找平层、透水垫层、沙滤层</td><td>道路大修时；根据透水砖透水巡视情况确定</td><td>—</td><td>交通部门/水务部门</td></tr>
</table>

续表

<table>
<tr><th>维护区域</th><th>维护对象</th><th>维护标准</th><th>维护内容</th><th>维护周期</th><th>备注</th><th>维护主体</th></tr>
<tr><td rowspan="12">下沉式绿地</td><td rowspan="4">植物</td><td>是否覆盖90%以上</td><td rowspan="4">及时补种修剪植物、清除杂草、浇洒、施肥</td><td rowspan="10">不少于6个月1次；根据巡查结果确定</td><td rowspan="4">巡视周期：竣工2年内不少于1个月1次，竣工2年后不少于3个月1次</td><td rowspan="8">城管部门</td></tr>
<tr><td>是否枯死</td></tr>
<tr><td>是否有杂草</td></tr>
<tr><td>是否需要修剪</td></tr>
<tr><td rowspan="3">地形竖向及调蓄空间</td><td>是否有垃圾堆积或泥沙淤积</td><td>及时清理垃圾和泥沙</td><td rowspan="6">巡视周期：竣工2年内不少于3个月1次，竣工2年后不少于6个月1次；特殊天气预警后，降雨来临前；特殊天气过后24h内</td></tr>
<tr><td>边坡是否有坍塌</td><td>及时进行修补</td></tr>
<tr><td>竖向是否满足径流组织要求</td><td>及时进行局部微地形重塑</td></tr>
<tr><td>防冲刷措施</td><td>是否因损坏或缺失而导致水土流失</td><td>及时进行修补或增设</td></tr>
<tr><td rowspan="2">溢流设施</td><td>是否淤积或堵塞</td><td>及时清理垃圾与沉积物</td><td rowspan="4">水务部门</td></tr>
<tr><td>周边植物是否景观效果变差</td><td>及时换苗、补种等</td></tr>
<tr><td>穿孔管（若有）</td><td>穿孔管排水是否有淤积或堵塞</td><td>及时进行清淤</td><td>根据巡查结果确定</td><td>—</td></tr>
<tr><td>砂滤层或砾石层（若有）</td><td>出水水质是否浑浊；是否不符合设计要求</td><td>更换砂滤层或砾石层</td><td>根据巡查结果确定</td><td>—</td></tr>
</table>

注：植草沟运维管养要求及责任主体参照公园绿地类项目。

（2）公园绿地类项目

公园绿地类项目海绵城市建设以雨水的入渗和调蓄为主，充分利用大面积绿地和水体建设植草沟、雨水花园等海绵措施。此外，还可根据项目需求，在适当位置建设雨水调蓄及处理设施。

在汛期来临前及汛期结束后，应对植草沟、雨水花园及其周边雨水口进行清淤维护；在汛期中，应定期清除绿地上的杂物，加强植物生长管理，对雨水冲刷造成的植物坏死、缺失，应及时补种。溢流口堵塞或淤积导致过水不畅时，应及时清理垃圾和沉淀物；湿塘、湿地等集中调蓄设施，应根据暴雨、干旱等不同情况进行相应的维护管养及水位调节。

下沉式绿地、雨水花园等海绵措施在养护过程中应严格控制植物高度、疏密度，保持适宜的根冠比和水分平衡；定期对生长过快的植物进行适当修剪，根据降水情况对植物补充灌溉；在进行植草沟植被修剪工作时，应尽可能使用较轻的修剪设备，以免修剪设备压实土壤，影响土壤的松软度；严禁使用除草剂、杀虫剂等农药。

对于雨水湿地，应重点巡查与维护其内水生植物的生长及净化能力、调蓄空间的淤积、侵蚀和坍塌情况等，定期清理水面漂浮物和落叶；对于生态驳岸，主要巡查与维护其种植物覆盖度、水土保持情况、护岸材料安全性及破损情况、边坡稳定情况等，此外还需要避免物种入侵。

公园绿地类项目典型设施运行维护要点及责任分工详见表7-3。

公园绿地类项目典型设施运行维护要点及责任分工 **表7-3**

维护区域	维护对象	维护标准	维护内容	维护周期	备注	维护主体
雨水花园	植物	是否覆盖80%以上	及时补种修剪植物，浇洒、施肥，清除杂草、杂物、垃圾	根据植物要求定期维护	禁止使用除草剂等药剂；巡视周期：竣工2年内不少于1个月1次，竣工2年后不少于3个月1次	城管部门
		是否有枯死				
		是否有杂草				
		是否需要修剪				
	进水处	进水口是否能有效收集汇水面径流雨水	加大进水口规模或进行局部下凹导流等	根据巡查结果确定	巡视周期：竣工2年内不少于3个月1次，竣工2年后不少于6个月1次；特殊天气预警后，降雨来临前；特殊天气过后24h内	
	防冲刷措施	是否因损坏或缺失而导致水土流失	及时进行修补或增设			
	地形竖向及调蓄空间	是否有泥沙淤积	及时清理泥沙	根据巡查结果确定，主体清淤通常在使用10年后		
		竖向是否满足径流组织要求	及时进行微地形重塑	根据巡查结果确定		
		边坡是否有坍塌	及时进行修补、加固			
		雨水排空时间是否大于48h	应用中心曝气或者深翻耕改善土壤渗透性；进行土壤修复；更新生物滞留设施的土壤检查暗渠是否堵塞			
	溢流设施	是否淤积或堵塞	及时清理垃圾与沉积物			
		周边植物是否景观效果变差	及时换苗、补种等			
	地下排水层	存水是否不能顺畅排出	及时进行清淤			
		穿孔管排水是否有淤积或堵塞				
	出水水质	是否浑浊；是否不符合设计要求	更换填料、种植土壤、砂滤层或砾石层			

续表

维护区域	维护对象	维护标准	维护内容	维护周期	备注	维护主体
植草沟	植物	是否未覆盖90%以上	及时补种修剪植物，浇洒、施肥，清除杂草、杂物、垃圾	根据植物要求定期维护；根据植物巡视结果确定	巡视周期：竣工2年内不少于1个月1次，竣工2年后不少于3个月1次	城管部门
		是否有枯死				
		是否有杂草				
		是否需要修剪				
	进水处	进水处是否能有效收集汇水面径流雨水	加大进水口规模或进行局部下凹导流等	根据巡查结果确定	巡视周期：竣工2年内不少于1个月1次，竣工2年后不少于4个月1次；特殊天气预警后，降雨来临前；特殊天气过后24h内	
	防冲刷措施	是否因损坏或缺失而导致水土流失	及时进行修补或补建			
	沟（转输型）	是否有沉积物淤积导致过水不畅	及时清理垃圾和淤积物	清理垃圾与沉积物，不少于2个月1次；加固及保持坡度，不少于4个月1次；根据巡查结果确定；一般清淤、加固在大暴雨后24h内进行		
		是否出现坍塌	及时进行加固、修补、保持断面形状			
		竖向是否满足径流组织要求	及时进行微地形重塑			
		是否出现坡度过大导致沟内水流流速超过设计流速	及时修整草沟底部，保持草沟坡度；增设挡水堰或抬高挡水堰高程			
	溢流设施	是否淤积或堵塞	及时清理垃圾与沉积物	根据巡查结果确定。一般1年2次		
雨水湿地	植物	是否有枯死	及时补种修剪植物，浇洒、施肥，清除杂草、杂物、垃圾，控制农药使用	根据植物要求定期维护；根据植物巡视结果确定	巡视周期：竣工2年内不少于1个月1次，竣工2年后不少于3个月1次	水务部门（湖库类碧道项目的大坝、泄洪道、溢洪道应由水务部门负责管养）
		是否有杂草				
		是否出现病虫害				
		是否需要修剪				
	进水处	进水处是否能有效收集汇水面径流雨水	加大进水口规模或进行局部下凹导流等	根据巡查结果确定	巡视周期：竣工2年内不少于3个月1次，竣工2年后不少于6个月1次；特殊天气预警后，降雨来临前；特殊天气过后24h内	
	防冲刷措施	是否因损坏或缺失而导致水土流失	及时进行修补或补建			
	溢流设施	是否出现堵塞或淤积导致过水不畅	及时清理垃圾与沉积物			
		周边植物是否景观效果变差	及时换苗、补种等			

续表

<table>
<tr><th>维护区域</th><th>维护对象</th><th>维护标准</th><th>维护内容</th><th>维护周期</th><th>备注</th><th>维护主体</th></tr>
<tr><td rowspan="5">雨水湿地</td><td rowspan="4">地形竖向及调蓄空间</td><td>底泥是否超过一定深度（一般为8cm）</td><td>移除积累在暗沟附近和通道内部的底泥</td><td>根据巡查结果确定。一般每年1次，在雨季来临前</td><td rowspan="5">巡视周期：竣工2年内不少于3个月1次，竣工2年后不少于6个月1次；特殊天气预警后，降雨来临前；特殊天气过后24h内</td><td rowspan="5">水务部门（湖库类碧道项目的大坝、泄洪道、溢洪道应由水务部门负责管养）</td></tr>
<tr><td>是否存在侵蚀</td><td>对其进行填补和压实，使其能够与湿地底部基本达到同一水平面</td><td rowspan="5">根据巡查结果确定</td></tr>
<tr><td>边坡是否出现坍塌</td><td>及时进行加固</td></tr>
<tr><td>竖向是否满足径流组织要求</td><td>及时进行微地形重塑</td></tr>
<tr><td>安全防护措施</td><td>警示标识以及护栏是否损坏或缺失</td><td>进行修复和完善</td></tr>
<tr><td>海绵措施标识展示牌</td><td>—</td><td>是否损坏或丢失</td><td>进行修复和完善</td><td>—</td><td>城管部门</td></tr>
</table>

注：下沉式绿地运维管养要求参照市政道路类项目，责任主体为城管部门。

（3）公共建筑小区类项目

公共建筑小区类项目可采用屋顶绿化的方式滞蓄雨水，并对溢流的雨水进行收集回用，人行道、停车场、广场应尽可能采用透水铺装，场地内绿地应因地制宜采用下沉式绿地、雨水花园、植草沟等海绵措施，促进雨水的渗透、储存、净化、转输。

场地内的雨水口、建筑屋面雨水斗应定期清理，防止被树叶、垃圾等堵塞，雨季时增大排查频率；雨水口截污挂篮拦截的废物应定期进行倾倒；蓄水池、蓄水模块等储存设施应定期清洗，每年应进行一次放空，清洗和放空时间宜选择在旱季；场地内透水铺装应定期采用高压清洗和吸尘等方式清洁，避免孔隙阻塞，保证透水性能；场地内的绿地、水景等用于雨水消纳的设施应根据季节变化进行养护，暴雨后残留的垃圾要及时清理。

除了巡查、维护进水和溢流设施外，还应定期检测雨水回用处理设施的水质，根据用途判断能否满足回用需求；定期检查雨水箱（至少每年一次），清理积水并在需要的情况下进行修理；根据回用设备供应商的要求对供水泵和电路进行维护检修；如有自来水接入，应安排有资格认证的检修人员检查止回阀，并在必要情况下每5年维修一次；根据安装手册维护或更换过滤设备，每年至少开展一次初期雨水弃流装置的检修。

绿色屋顶的维护通常集中在植被刚种植的前两年，巡查时需要观察植物生长状态是否良好，排水和入渗设施是否满足相应技术指标要求，确保防水层不出现渗漏问题；暴雨、台风等特殊天气后，应及时检查相关屋顶设施，对损坏的设施进行修复。

公共建筑小区类项目典型设施运行维护要点及责任分工详见表 7-4。

公共建筑小区类项目典型设施运行维护要点及责任分工　　表 7-4

<table>
<tr><th>维护区域</th><th>维护对象</th><th>维护标准</th><th>维护内容</th><th>维护周期</th><th>备注</th><th>维护主体</th></tr>
<tr><td rowspan="6">绿色屋顶</td><td rowspan="2">植物</td><td>生长状态是否良好</td><td>施肥、浇洒、补种植物</td><td rowspan="2">根据植物要求定期维护</td><td rowspan="2">巡视周期：竣工2年内不少于1个月1次，竣工2年后不少于3个月1次；确保屋顶荷载、防风安全</td><td rowspan="12">建设单位所委托的物业单位</td></tr>
<tr><td>是否有杂草或需要修剪</td><td>清除杂草、修剪植物，及时采取防风、防火、防晒措施</td></tr>
<tr><td>种植土壤</td><td>出水水质是否浑浊</td><td>更换土壤</td><td>根据巡查结果确定</td><td rowspan="4">巡视周期：竣工2年内不少于3个月1次，竣工2年后不少于6个月1次</td></tr>
<tr><td>溢流设施</td><td>是否有垃圾或存在淤积</td><td>清理溢流设施或通道淤积物</td><td>根据巡查结果确定，一般一年2次</td></tr>
<tr><td>入渗设施</td><td>是否出现排水不畅、出水浑浊以及入渗不畅等现象</td><td>更换土工布、排水层以及其他设施</td><td>根据巡查结果确定，通常在使用10年后</td></tr>
<tr><td>防水层</td><td>是否出现漏水</td><td>及时修补、更换防水层</td><td>根据巡查结果确定</td></tr>
<tr><td rowspan="6">雨水调蓄池</td><td>进水、出水及溢流设施</td><td>是否有垃圾或沉积物引起堵塞</td><td>及时清理、清洁</td><td rowspan="2">根据巡查结果确定</td><td rowspan="5">巡视周期：竣工2年内不少于3个月1次，竣工2年后不少于6个月1次；特殊天气预警后，降雨来临前；特殊天气过后24h内</td></tr>
<tr><td rowspan="2">储存空间</td><td>是否存在裂缝、漏水等情况</td><td>及时修补破损处，更换组件和设备</td></tr>
<tr><td>是否出现蚊蝇</td><td>添加适量植物油或使用除蚊颗粒剂</td><td>根据巡查结果确定，主要集中在夏季</td></tr>
<tr><td>出水水质</td><td>是否不符合设计要求</td><td>对蓄水池进行清洗、消毒</td><td>根据巡查结果确定，一般一年2次</td></tr>
<tr><td>水泵、电路检查</td><td>是否正常运行</td><td>及时维修</td><td rowspan="2">根据巡查结果确定</td></tr>
<tr><td>安全警示标志</td><td>警示标识是否损坏或缺失</td><td>进行修复和完善</td><td>巡视周期：不少于3个月1次；特殊天气过后24h内</td></tr>
</table>

续表

<table>
<tr><th>维护区域</th><th>维护对象</th><th>维护标准</th><th>维护内容</th><th>维护周期</th><th>备注</th><th>维护主体</th></tr>
<tr><td rowspan="16">生态停车场</td><td rowspan="4">植草砖</td><td>植草砖内土壤是否板结</td><td>及时浇洒或更换土壤</td><td rowspan="4">根据巡查结果确定</td><td rowspan="4">巡查周期：不少于1个月1次；特殊天气后24h需巡视</td><td rowspan="16">建设单位所委托的物业单位</td></tr>
<tr><td>是否有杂草或是否需要修剪</td><td>及时修剪</td></tr>
<tr><td>是否发生破损、松动或缺失</td><td>及时更换</td></tr>
<tr><td>是否因灰尘、石子等垃圾而导致功能缺失</td><td>及时清扫</td></tr>
<tr><td rowspan="4">生态过滤区</td><td>是否覆盖90%以上</td><td rowspan="4">及时补种修剪植物、清除杂草、浇洒、施肥</td><td rowspan="4">根据植物要求定期维护</td><td rowspan="4">巡视周期：竣工2年内不少于1个月1次，竣工2年后不少于3个月1次</td></tr>
<tr><td>是否枯死</td></tr>
<tr><td>是否有杂草</td></tr>
<tr><td>是否需要修剪</td></tr>
<tr><td>导流渠（若有）</td><td>是否有垃圾或沉积物引起堵塞</td><td>及时清理、清洁</td><td>根据巡查结果确定</td><td rowspan="6">巡视周期：竣工2年内不少于3个月1次，竣工2年后不少于6个月1次；特殊天气预警后，降雨来临前；特殊天气过后24h内</td></tr>
<tr><td rowspan="3">地形竖向及调蓄空间</td><td>是否有垃圾堆积或泥沙淤积</td><td>及时清理垃圾和泥沙</td><td rowspan="5">不少于6个月1次；根据巡查结果确定</td></tr>
<tr><td>边坡是否有坍塌</td><td>及时进行修补、加固</td></tr>
<tr><td>竖向是否满足径流组织要求</td><td>及时进行局部微地形重塑</td></tr>
<tr><td>防冲刷措施</td><td>是否因损坏或缺失而导致水土流失</td><td>及时进行修补或增设</td></tr>
<tr><td>溢流设施</td><td>是否淤积或堵塞</td><td>及时清理垃圾与沉积物</td></tr>
<tr><td rowspan="2">开口道牙（若有）</td><td>是否破损</td><td>及时更换破损开口道牙</td><td>根据开口道牙破损巡视情况确定</td><td rowspan="2">巡查周期：不少于1个月1次；特殊天气后24h需巡视</td></tr>
<tr><td>进水口是否不能有效收集汇水面径流雨水</td><td>加大进水口规模或采取局部下凹</td><td>不少于6个月1次；根据巡查结果确定</td></tr>
</table>

注：下沉式绿地、雨水花园、植草沟的运维管养要求参照市政道路类及公园绿地类项目；社会投资房屋建筑类项目运维要求参照上表执行，责任主体为产权人委托的物业单位。

7.2.2 运营维护的计费标准

1. 测算原则

（1）调查充分有依据。由于海绵城市建设内容丰富、落实形式多样，加上政府投资项目的运维管理往往又涉及多个部门，因此，海绵城市建设内容的运行维护也被合理分配到各部门的日常运维活动中。基于此，合理的海绵城市运维费用测算应当以充分调查住房和城乡建设、水务、城管、交通等部门已有的运维要求及费用标准为前提，按照行业市场价及相关规定，对新增的运维内容进行费用测算。

（2）只找增量助推广。对于各部门已有的运维要求及费用标准不做二次拆分，仅与海绵城市运维要求逐项分析比对，总费用中增加传统运维中不满足海绵城市运维要求的部分。总量有增无减，有助于提升测算标准的市场接受度。

（3）基于实际抓落地。以现行《海绵城市建设项目施工、运行维护技术规程》DB 4403/T 25—2019 为基础，对于光明区不常见的海绵城市建设内容，相应调整其运维内容为可选项，相关单位可根据项目实际建设情况测算相应的运维费用。例如，若透水铺装基层未敷设疏通穿孔管，则运维费用不应增加该项内容。

（4）逐级测算便决策。根据项目建设经验，确定单个项目中各项措施的比例，利用此比例与各项措施的新增运维费用，加权求得该项目的新增运维费用。以此类推，求出包含市政道路、公园绿地、建筑等项目类型的典型片区新增运维费用，便于决策。

（5）政府引导齐参与。基于市政道路、公园绿地、公共建筑等政府投资项目及其已有的运维费用，研究形成海绵城市运维费用标准，为房地产等社会投资项目的海绵城市运行维护提供了有效借鉴，相关物业单位可参照执行，共同实现“海绵惠民”。

2. 技术路线

基于上述原则，参照《海绵城市建设项目施工、运行维护技术规程》DB 4403/T 25—2019 及国家相关标准，将单个项目的运维活动拆解为各项措施的运维内容，并对比分析各项措施在海绵城市、传统城管、传统交通等方面维护管养内容及要求的差异。

将海绵城市运维要求超出传统城管、交通管养内容的部分作为新增项，并从人工、物料、机械等基本要素出发测算其费用。将各项新增费用按面积比例求和，得出单个项目因海绵城市建设而新增的运维费用，以此费用除以传统管养总费用，得到因海绵城市建设带来的新增费用百分比。

按照此逻辑，依次测算市政道路、公园绿地、公共建筑、住宅小区等城市常见项目类型的新增费用及百分比，并选取典型城市片区，整体评估海绵城市在城市层面的增量运维管理费用。

3. 测算示例

以道路类项目为例，海绵城市的建设内容主要包括慢行系统采用透水铺装、绿化带设置为下沉式绿地、雨水口采用环保型雨水口，各海绵措施运维责任主体主要为城管及交通部门，运维费用的差异主要来源于透水铺装维修更换以及绿地下沉所带来的垃圾清扫、植物修剪难度的提升（环保型雨水口等水务设施的运维费用差异暂不做考虑）（图 7-3）。

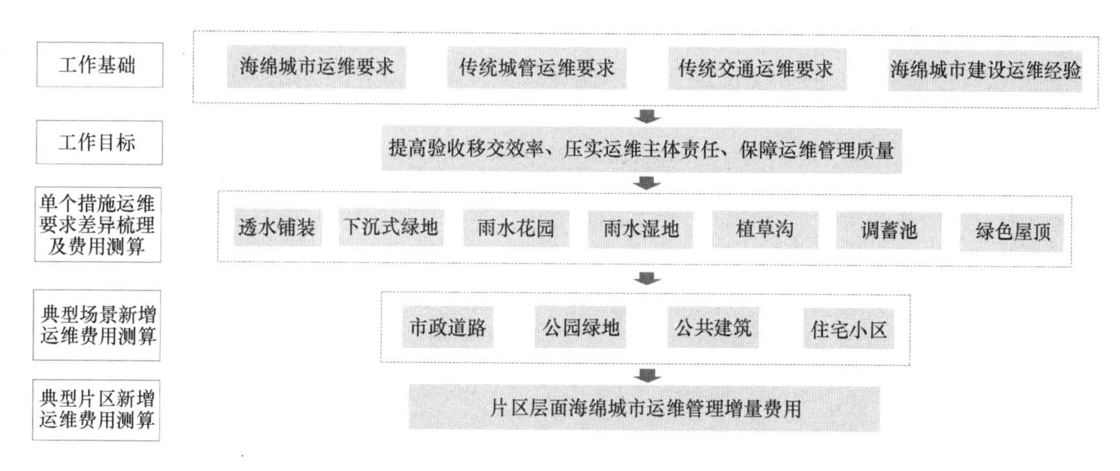

图7-3 海绵城市运维管理计费标准技术路线图

查阅《2020年光明区清扫保洁管养单价一览表》(深光城管〔2020〕3号)、《2021年光明区园林绿化管养定级调价和养护标准》(深光城管〔2020〕67号)、《深圳市绿道管养维护经费测算指引》(2017),以明确城管、交通部门传统管养的内容及单价,传统道路管养费用服务标准可参考表7-5。

传统管养服务费用标准参考　　表7-5

城管部门传统管养服务				交通部门传统管养服务	
清扫保洁[元/(m^2·年)][①]		绿化管养[元/(m^2·年)][②]		道路、设施零星修缮[元/(m^2·年)][③]	
市政道路特级	26.62	道路绿地特级	24.79	沥青路面	13.44
市政道路一级	18.05	道路绿地一级	17.06	混凝土路面	9.88
市政道路二级	14.83	道路绿地二级	11.79	预制块路面	8.92
城中村一类	24.96	道路绿地三级	4.77	石材路面	11.74
城中村二类	20.25	公园绿地特级	24.64	石粉渣路面	4.29
绿地保洁特级	3.98	公园绿地一级	14.05	—	—
绿地保洁一级	3.27	公园绿地二级	12.22	—	—
绿地保洁二级	3.18	公园绿地三级	6.95	—	—

注:①《2020年光明区清扫保洁管养单价一览表》(深光城管〔2020〕3号)。
②《2021年光明区园林绿化管养定级调价和养护标准》(深光城管〔2020〕67号)。
③参照《深圳市绿道管养维护经费测算指引》(2017)。

若某条道路的慢行系统采用石材铺装,按照上表,其慢行系统运维费用标准应为:18.05+11.74=29.79元/(m^2·年)(按市政道路一级管养标准考虑)。假设将慢行系统铺装更换为透水铺装,参照《深圳市绿道管养维护经费测算指引》(2017)及光明区实际经验,石材路面及透水铺装的破损率分别按3%及7%考虑,维修单价分别按350元/m^2及250元/m^2考虑,则更换铺装材料后的年新增运维费用单价约为:250元/m^2×7%−350元/m^2×3%=7元/m^2。类似地,由于破损率与传统材料相近,透水混凝土、透水沥青的年新增运维费用分别为0.5元/m^2及0.3元/m^2。

对于道路绿化新增运维费用,参照《深圳市园林建筑绿化工程消耗量定额》(2017)、

《深圳市环卫工程消耗定额》，绿地下沉所带来的垃圾清扫及植物修剪人工降效系数按 1.1 考虑（即降效子项人工费乘以系数 1.1），绿地保洁及绿化管养因人工降效而产生的新增费用可参考表 7-6。

绿地保洁及绿化管养新增管养费用表　　表 7-6

费用 人工降效	运维等级	管养单价[元/(m^2·年)]	人工费占比	降效幅度	增量单价[元/(m^2·年)]
绿地保洁	绿地保洁特级	3.98	100.00%	10.00%	0.4
	绿地保洁一级	3.27	100.00%	10.00%	0.33
	绿地保洁二级	3.18	100.00%	10.00%	0.32
绿化管养	道路绿地特级	24.79	62.35%	10.00%	1.55
	道路绿地一级	17.06	62.35%	10.00%	1.06
	道路绿地二级	11.79	62.35%	10.00%	0.74
	道路绿地三级	4.77	62.35%	10.00%	0.3
	公园绿地特级	24.64	70.66%	10.00%	1.74
	公园绿地一级	14.05	70.66%	10.00%	0.99
	公园绿地二级	12.22	70.66%	10.00%	0.86
	公园绿地三级	6.95	70.66%	10.00%	0.49

注：参照《关于进一步完善深圳市市属公园和市管道路绿地管养定级调价机制的调研报告》，道路绿地管养人工成本占比 62.35%，公园绿地管养人工成本占比 70.66%。

以某核心区域道路为例（一级市政道路管养标准），其道路断面如图 7-4 所示。参考传统管养服务费用标准，其机动车道运维费用标准为：18.05＋13.44＝31.49 元/(m^2·年)，两侧树池及中央绿化带管养费用标准为 3.27＋17.06＝20.33 元/(m^2·年)，人行道透水铺装运维费用标准为：29.79＋7＝36.79 元/(m^2·年)，非机动车道运维费用标准为：31.49＋0.3＝31.79 元/(m^2·年)，下沉式绿地运维费用标准为：20.33＋0.33＋1.06＝21.72 元/(m^2·年)。按照标准横断面取单位长度的一段道路，则该段道路按照传统做法的运维费用标准约为 1335.42 元/(m·年)，采用海绵做法后的运维费用标准约为 1390.04/(m·年)，增幅约为 4.1%。

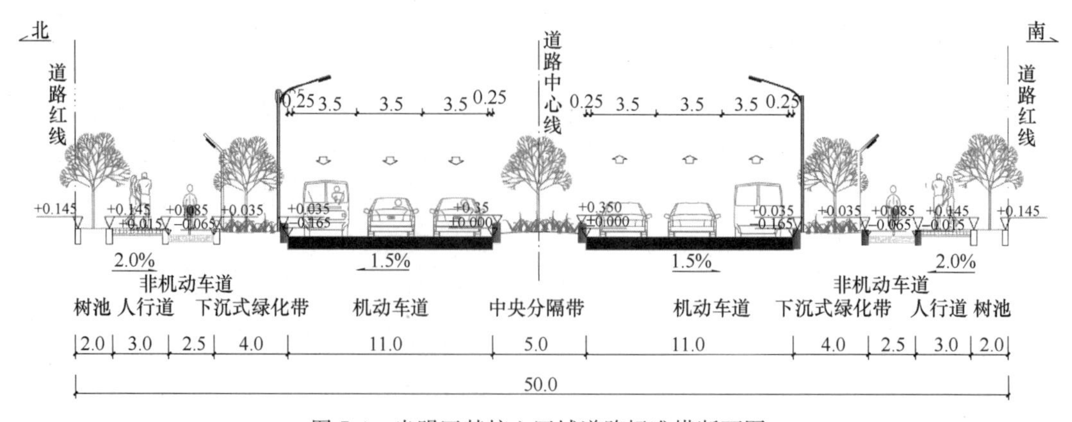

图 7-4　光明区某核心区域道路标准横断面图

第 8 章　效果监测与绩效评估

按照《国家海绵城市建设试点绩效考核指标》《海绵城市建设效果监测技术指南》《海绵城市建设评价标准》等文件要求，光明区建立了从自然本底—典型下垫面—典型设施—典型地块—排水分区—河流水系的全流程监测体系。考虑海绵试点区域实际数据采集和模型系统构建的要求，按照技术合理、经济可行、实施方便等原则，考虑监测点位分布代表性、地块相对集中性、项目选择典型性、监测条件适宜性等维度，选择了具体的 155 个监测点位。监测包括流量、液位、水质、降雨、土壤渗透性等关键指标，做到设施类型全覆盖、监测指标全覆盖、排水分区全覆盖，监测流程完整，监测体系完善，为模型系统构建、模型参数率定及海绵城市建设效果精确评估提供了有效的支撑。

在满足监测技术和数据总量要求的前提下，对流量监测频率不高的典型设施、下垫面、地块以及管网关键节点等，采取设备移动使用的方法；对水质监测频率要求不高的监测点，采用人工采样、实验室检测的方法，有效节省了对监测设备的需求①。

8.1　区域监测体系构建

8.1.1　监测目标

评价与考核工作对关键指标的量化要求使传统的静态图纸和计算结果已无法满足需求，实时可靠的在线监测技术成为新的有效考核方式，长期连续的监测数据是模型率定的重要数据基础，对于考核和评价海绵城市建设绩效具有重要的作用。

（1）为海绵城市绩效考核提供真实的量化指标和数据；

（2）为绩效评估模型的应用提供率定数据和验证数据；

（3）为海绵城市设施建设与改造提供基础数据；

（4）为海绵城市设施运行维护提供基础数据；

（5）为智慧水务平台建设提供支撑数据。

8.1.2　监测内容

根据《海绵城市建设绩效评价与考核指标（试行）》《国家海绵城市建设试点绩效考核指标》《国家海绵城市建设试点绩效考核指标评分细则》《海绵城市建设典型设施设计参数与监测效果要求》等文件提出的考核要求，以及海绵城市建设效果和绩效考核实际需求出

---

① 陆利杰，李亚，张亮，等．水环境问题导向下的海绵城市系统化案例探讨［J］．中国给水排水，2021，37（8）：43-47.

发，从自然本底—下垫面—设施—地块—分区—水系等方面，重点对监测对象的水质和水量进行监测，主要监测内容包括：

（1）降雨量监测；

（2）河流水质水量监测；

（3）雨水管网排水口水质水量监测；

（4）截流式管网溢流口水质水量监测；

（5）雨水管网关键节点和污水管网关键节点水质水量监测；

（6）易涝点液位和视频监测；

（7）典型下垫面水质水量监测；

（8）典型设施水质水量监测；

（9）典型项目水质水量监测；

（10）雨水利用和再生水利用量监测；

（11）土壤渗透性监测。

8.1.3 监测技术方法

1. 流量监测

（1）流量监测方法

流量监测方法包括电磁、超声波、涡轮、薄壁堰、超声多普勒流速-面积法等，流量监测设备需符合下列规定：

有一定竖向落差且较小流量的建筑雨落管出流、地面径流、设施的入流与出流，宜选择薄壁堰在线流量计；排水管道或明渠径流，宜选择流速-面积法中的多普勒超声波流量计或雷达流量计①。

设备的流量监测范围不应低于进水与出水口设计重现期标准下的过流能力及人工模拟降雨径流的峰值流量；监测流量范围较大且精度要求较高时，也可采用组合流量计进行监测。

连续流量监测数据的自动记录和上报步长不应大于5min。

（2）水位监测方法

水位可采用压力、超声波、雷达、浮筒、磁质伸缩、磁阻、电容等传感器或视频图像辅助标尺等方式进行监测，连续监测数据的自动记录和上报步长不应大于5min，在预期水位变化较快的区域，不宜大于2min。

2. 水质监测

水质监测通常采取在线采样与人工采样相结合的方式。其中，悬浮物SS、pH值、溶解氧DO、氧化还原电位ORP等水质指标可选择在线监测方式，径流污染严重且易干扰

① 常应祥，马荣昌，胡彦彬，等．用于城市排水管网水位和流量监测系统及方法［P］．湖南省：CN113324594A，2021-08-31.

在线监测设备导致监测误差较大时，应采用人工采样方法①。

（1）人工采样

对于地面径流、分流制雨水管网与合流制管网径流的采样，每场降雨每个监测点前 2h 采集的水样不宜少于 8 个。应自监测点产（出）流开始进行采样（即首瓶水样必须采集），并宜于第 5 分钟、10 分钟、15 分钟、30 分钟、60 分钟、90 分钟、120 分钟进行后续采样，直至出流结束；采样时间点可根据实际降雨情况进行灵活调整，以真实反映“降雨—径流—水质”变化过程。若降雨历时较长，可根据实际情况调整采样时间点，2h 以后的采样间隔可适当增大；为反映降雨过程完整的径流污染变化特征，可采用固定时间步长（如 5min）进行采样；为降低水质检测成本，可舍去浓度相近的样品。

对河流水体的监测，自管渠排放口出流开始，各监测点宜于第 12 小时、24 小时、48 小时、72 小时、96 小时进行采样，且在降雨量等级不低于中雨的降雨结束后 1d 内应至少取样 1 次，以评估降雨过程对河流水质的影响过程。采样点应设置于水面下 0.5m 处，当水深不足 0.5m 时，应设置在水深的 1/2 处。

（2）在线水质监测

在线水质监测设备选型安装应符合以下要求：悬浮物 SS 传感器测量范围应为 0～2000mg/L，分辨率不应大于 1mg/L，测量误差不应大于 2%，传感器宜有保护测量窗口装置；溶解氧监测传感器应测量范围应为 $0 \sim 20 \times 10^{-6}$ mg/L，分辨率不应大于 0.01×10^{-6} mg/L，测量误差不应大于 2%；水质监测传感器安装位置应具有稳定淹没水深的条件，并符合国家现行标准《城镇污水水质标准检验方法》CJ/T 51 的规定②。

3. 其他监测

（1）雨量监测

对降雨量进行连续监测，记录总降雨量、降雨开始和结束时刻③。

所有降雨场次均进行监测，降雨监测数据的时间间隔不超过 1min，雨量计的测量精度为 0.1mm。

（2）土壤监测

参照《海绵城市建设技术指南——低影响开发雨水系统构建（试行）》《海绵地勘资料深圳南太云创谷园区勘探报告》等文件要求，透水垫层监测深度为 0～600mm，下沉式绿地监测深度为 0～250mm，原位土壤监测深度为 0～2000mm。

监测指标通常包含土壤渗透系数、孔隙度、土壤容重。由于土壤本底受外界影响极小，因此本底值监测一次即可。对于海绵设施每半年监测一次。

8.1.4　“自然本底”监测方案

“自然本底”监测是对监测目标区域的自然本底进行监测，为后续监测数据提供背景

① 薛倩．基于海绵城市运行评估的水质评价案例研究［D］．济南：山东建筑大学，2019.

② 谢华．一种环保远程在线数据监控系统［P］．浙江省：CN214097343U，2021-08-31.

③ 姜岩，卢永华，刘林．一种智慧城市用互联网内涝监测预警装置［P］．广东省：CN214042555U，2021-08-24.

值，监测对象包括降雨量、土壤、典型下垫面等。

降雨量数据是海绵城市监测工作中区域径流量分析的重要基础数据。结合试点区域现有气象站分布情况、试点区域条件和《降水量观测规范》SL 21—2015 对雨量计的布置要求进行布设。本方案共设置 8 个雨量监测点（包括深圳市气象站的站点），监测设备为翻斗式雨量计[①]。

低影响开发技术包含多种低影响开发设施，多数设施具有下渗功能，以减少外排径流，例如透水铺装、生物滞留设施、下沉式绿地、植草沟等[②]。因此，在海绵城市监测的要求前提下，需要对试点区域内的土壤下渗能力进行监测，监测指标包括土壤渗透系数、孔隙度、土壤容重等，监测土壤类型包括居住用地、工业用地、商业用地、绿地、水域等区域。同时对海绵设施的下渗能力进行监测，即在掌握区域内本底土壤的自然下渗能力基础上，对比海绵城市建设模式的下垫面下渗雨水量，判断区域内雨水径流削减情况，以达到监测目的（图 8-1）。

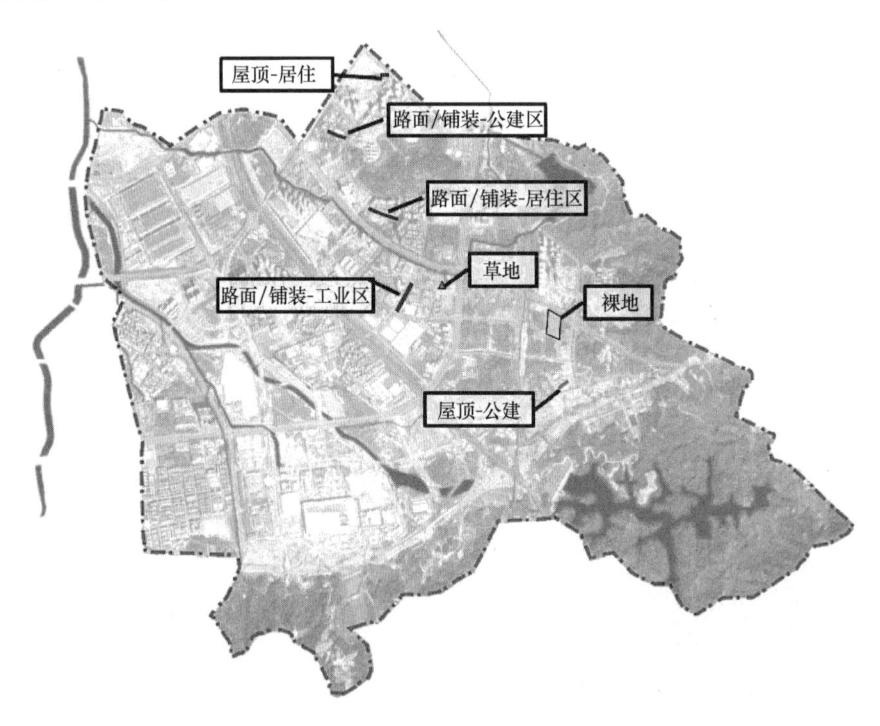

图 8-1 “自然本底”监测项目分布图

对于不同下垫面的监测，目的是基于对海绵城市建设过程下垫面水文水质评估，为海绵城市建设、绩效评估和智慧海绵平台的建设积累基础数据。下垫面监测内容包括裸地、草地、路面、铺装、广场和平顶屋面共 6 类、11 个监测对象。其中路面和铺装由于其面源污染物特征受所在区域的污染排放影响，因此，针对光明区内各种主要的用地类型（居住、公建、工业）分别选取一个监测对象进行监测。

① 中华人民共和国水利部．降水量观测规范 SL 21—2015［S］．北京：中国水利水电出版社，2015.

② 熊俊俊．海绵城市设计理念在市政工程中的应用［J］．交通世界，2021（21）：147-148，150.

8.1.5　“源头减排”监测方案

“源头减排”监测主要包括典型设施的监测和典型地块的监测。通过监测，评估典型海绵设施和典型地块径流的水量水质过程及运行效果，明晰“源头减排”（设施—地块）雨水径流控制量、SS等主要污染物削减率及其过程关系①。主要监测对象为典型设施和海绵地块。

在典型设施中，通过对生物滞留设施、植草沟、绿色屋顶、调蓄设施等的流量、水质和土壤渗透性等指标进行跟踪监测，用以评价具体设施的海绵功能控制效果，评估率定各单项设施的模型选取参数。监测方法的选取坚持分散与集中相结合的原则，通过选取具有代表性且具有较好监测条件的海绵设施和地块，最大程度反映试点区域内海绵设施和地块的整体效果情况（图8-2）。

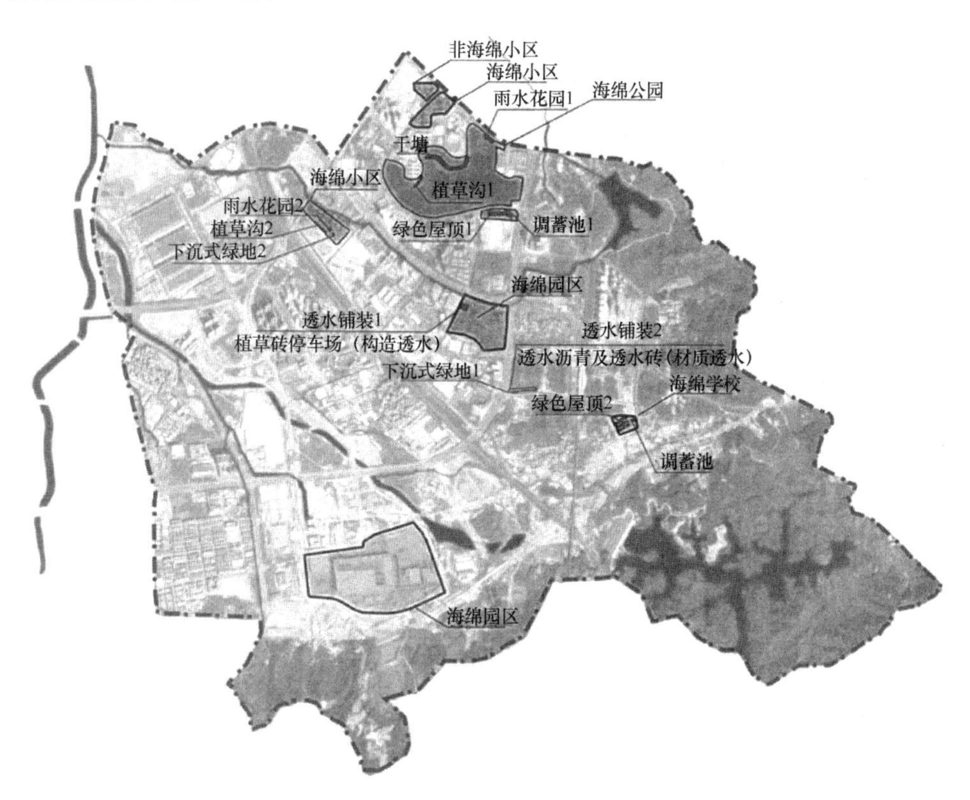

图8-2　“源头减排”监测项目分布图

8.1.6　“过程控制”监测方案

“过程控制”监测包括排水分区雨水管网监测、雨水管网关键节点监测、污水干管监测、截污干管监测、再生水回用量监测、内涝点监测等。基于从雨水管网关键节点、排水

① 王哲晓，徐源，王晨曲，等．海绵城市建设的技术装备应用综述［J］．水资源保护，2021，37（4）：89-96，104.

管末端关键节点、污水干管关键节点、截污干管关键节点等开展的有效监测，监测不同降雨条件下地表产汇流量变化情况，分析径流峰值变化规律，掌握不同频率降雨事件对应排水管道水位和流量变化过程，动态监控试点区域内各排水分区管网排水特征，分析径流污染对水环境污染的贡献率，明晰雨水径流控制量和SS等主要污染物控制量之间的关系，为排水系统现状运行情况评估、日常运行风险识别、雨污混流情况诊断提供数据支撑，为模型评估参数率定提供数据基础，把握雨水径流过程和污水排水特点，为区域雨污分流改造、径流污染控制、黑臭水体整治效果提供监测数据佐证①。

8.1.7 “系统治理”监测方案

“系统治理”监测是通过对主要河道的水量和水位开展长期监测，用以掌握不同频率降雨事件对应河道水位和流量变化的过程，明确径流污染对河道水环境质量的影响程度及其量化关系，评估河道整治前后和黑臭水体治理前后水体水质的改善效果，尤其是黑臭水体整治前后支、干流水质变化情况（图8-3）①。

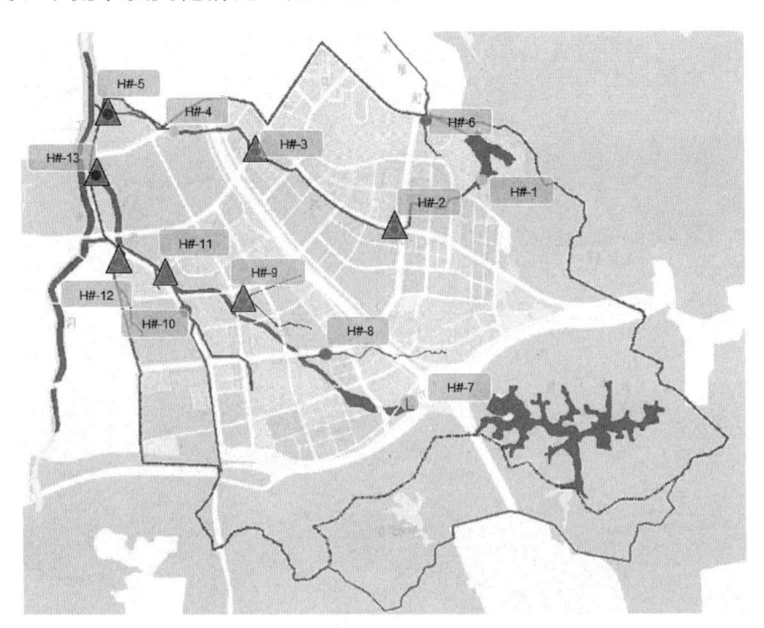

图8-3 “系统治理”监测点位分布图

8.2 海绵城市建设效果评价方法

8.2.1 年径流总量控制率评价

1. 项目年径流总量控制率评价

（1）项目实际年径流总量控制率评价

① 徐凯国．海绵城市与黑臭水体治理共同建设途径探讨［J］．绿色环保建材，2021（8）：54-55.

现场检查各项设施实际的年径流体积控制规模，核算其所对应控制的降雨量，通过查阅“年径流总量控制率与设计降雨量关系曲线图”得到实际的年径流总量控制率。

将不同设施、无设施控制的各下垫面的年径流总量控制率，按包括设施自身面积在内的设施汇水面积、无设施控制的下垫面的占地面积加权平均，得到项目实际年径流总量控制率。

对无设施控制的透水下垫面，应按设计降雨量为其初损后损值（即植物截留、洼蓄量、降雨过程中入渗量之和）获取年径流总量控制率，或按下式估算其年径流总量控制率：

$$\alpha = (1-\psi) \times 100\%$$

式中　α——年径流总量控制率（%）；

ψ——径流系数。

（2）监测项目的年径流总量控制率评价

现场检查各设施通过“渗、滞、蓄、净、用、排”作用达到的径流体积控制设计要求后溢流排放的效果。

在监测项目接入市政管网的溢流排水口或检查井处，连续自动监测至少 1 年，获得“时间—流量”系列监测数据。

筛选至少 2 场降雨量与项目设计降雨量下浮不超过 10%，且与前一场降雨的降雨间隔大于设施设计排空时间的实际降雨，接入市政管网的溢流排水口或检查井处无排泄流量，可判定项目达到设计要求。

2. 排水分区年径流总量控制率评价

（1）排水分区年径流总量控制率评价

采用模型模拟法进行评价，模拟计算排水分区的年径流总量控制率。

模型具有地面产汇流、管道汇流、源头减排设施等模拟功能。

模型建模要求具有源头减排设施参数、管网拓扑与管渠缺陷、下垫面、地形，以及至少近 10 年的步长 1min 或 5min 或 1h 的连续降雨监测数据。

模型参数的率定与验证，选择至少 1 个典型的排水分区，在市政管网末端排放口及上游关键的管网节点处设置流量计，与分区内的监测项目同步进行连续自动监测，获取至少 1 年的市政管网排放口“时间—流量”或泵站池前“时间—水位”系列监测数据。各筛选至少 2 场最大 1h 降雨量接近雨水管渠设计重现期标准的降雨下的监测数据分别进行模型参数率定和验证。模型参数率定与验证的纳什（Nash-Sutcliffe）效率系数不得小于 0.5。

（2）排水分区径流体积控制评价

根据“片区年径流总量控制率评价”模拟分析得到片区的年径流总量控制率和年综合径流系数。片区的年径流控制体积为：

$$V = H \times F \times (1-\Psi_Z)$$

式中　V——年径流控制体积（m^3）；

H——年降雨量（mm）；

F——汇水面积（hm^2）；

Ψ_Z——年综合径流系数。

3. 区域年径流总量控制率评价

将区域内各排水分区的年径流总量控制率按各排水分区的面积加权平均，得到区域的年径流总量控制率。

8.2.2 源头减排项目实施有效性评价

1. 建筑小区项目评价

年径流总量控制率及径流体积控制按 8.2.1 章节所述方法进行评价。

径流污染控制应采用设计施工资料查阅与现场检查相结合的方法进行评价，查看设施的设计构造、径流控制体积、排空时间、运行工况、植物配置等能否保证设施悬浮物去除能力达到设计要求①。设施设计排空时间不得超过植物的耐淹时间。对于除砂、去油污等专用设施，其水质处理能力等应达到设计要求。新建项目的全部不透水下垫面宜有径流污染控制设施，改扩建项目有径流污染控制设施的不透水下垫面面积与不透水下垫面总面积的比值不宜小于 60%。

径流峰值控制采用设计施工、模型模拟评估资料查阅与现场检查相结合的方法进行评价。

硬化地面率采用设计施工资料查阅与现场检查相结合的方法进行评价。

2. 道路广场项目评价

年径流总量控制率及径流体积控制按 8.2.1 章节所述方法进行评价。

径流污染、径流峰值控制按前述方法进行评价。

道路排水行泄功能采用设计施工资料查阅与现场检查相结合的方法进行评价。

3. 公园绿地项目评价

年径流总量控制率及径流体积控制按 8.2.1 章节所述方法进行评价。

公园与防护绿地控制周边区域降雨径流采用设计施工资料查阅与现场检查相结合的方法进行评价，设施汇水面积、设施规模应达到设计要求。

8.2.3 路面积水控制与内涝防治评价

1. 路面积水控制评价

采用设计施工资料和摄像监测资料查阅的方法进行评价，并符合下列规定：

查阅设计施工资料，城市重要易涝点的道路边沟和低洼处排水的设计水深不应大于 15cm。

筛选最大 1h 降雨量不低于现行国家标准《室外排水设计标准》GB 50014 规定的雨水管渠设计重现期标准的降雨，分析该降雨下的摄像监测资料，城市重要易涝点的道路边沟

① 刘明明．基于径流污染控制的海绵城市系统方案研究 [J]．中国建设信息化，2021 (14)：74-75.

和低洼处的径流水深不应大于15cm，且雨后退水时间不应大于30min[①]。

2. 内涝防治评价

采用摄像资料查阅、现场观测与模型模拟相结合的方法进行评价，并符合下列规定：

模型建模具有管网拓扑与管渠缺陷、下垫面、地形，以及重要易涝点积水监测数据和内涝防治设计重现期下的最小时间段为5min总历时为1440min的设计雨型数据。

模型参数的率定与验证，应选择至少1个典型的排水分区，在重要易涝点设置摄像等监测设备，在市政管网末端排放口及上游关键节点处设置流量计，与分区内的监测项目同步进行连续自动监测，获取至少1年的重要易涝点积水范围、积水深度、退水时间、摄像监测资料分析数据，及市政管网排放口“时间—流量”或泵站前池“时间—水位”系列监测数据；应各筛选至少2场最大1h降雨量不低于雨水管渠设计重现期标准的降雨下的监测数据分别进行模型参数率定和验证；模型参数率定与验证的纳什（Nash-Sutcliffe）效率系数不得小于0.5。

模型分析对应内涝防治设计重现期标准的设计暴雨下的地面积水范围、积水深度和退水时间，应符合现行国家标准《室外排水设计标准》GB 50014与《城镇内涝防治技术规范》GB 51222的规定。

查阅至少1年的实际暴雨下的摄像监测资料，当实际暴雨的最大1h降雨量不低于内涝防治设计重现期标准时，分析重要易涝点的积水范围、积水深度、退水时间，应符合现行国家标准《室外排水设计标准》GB 50014与《城镇内涝防治技术规范》GB 51222的规定。

8.2.4 城市水体环境质量评价

1. 污水直排评价

旱天污水、废水直排控制应采用现场检查的方法进行评价，市政管网排水口旱天应无污水、废水直排现象。

2. 溢流污染评价

雨天分流制雨污混接污染和合流制溢流污染控制应采用资料查阅、监测、模型模拟与现场检查相结合的方法进行评价，并符合下列规定：

（1）查阅项目设计施工资料并现场检查溢流污染控制措施实施情况。

（2）监测溢流污染处理设施的悬浮物（SS）排放浓度，且每次出水取样应至少1次。

（3）年溢流体制控制率应采用模型模拟或实测的方法进行评价，模型应具有下垫面产汇流、管道汇流、源头减排设施等模拟功能，模型建模应具有源头减排设施参数、管网拓扑与管渠缺陷、截流干管和污水处理厂运行工况、下垫面、地形，以及至少近10年的步长为1min或5min或1h的连续降雨监测数据；采用实测的方法进行评价时，应至少具有近10年的各溢流排放口“时间—流量”系列监测数据。

---

① 李胜海．关于《室外排水设计规范》雨水径流量设计的几点探讨［J］．中国给水排水，2017，33（14）：37-39.

（4）各筛选至少2场最大1h降雨量接近雨水管渠设计重现期标准的降雨下的溢流排放口“时间—流量”系列监测数据分别进行模型参数率定和验证。应模拟或根据实测数据计算混接改造、截流、调蓄、处理等措施实施前后各溢流排放口至少近10年每年的溢流体积。

3. 水体黑臭及水质监测评价

水质评价指标的监测方法应符合现行行业标准《城镇污水水质标准检验方法》CJ/T 51—2018的有关规定。

沿水体每200～600m间距设置监测点，存在上下游来水的河流水系，应在上游和下游断面设置监测点，且每个水体的监测点不应少于3个。采样点应设置于水面下0.5m处，水深不足0.5m时，应设置在水深的1/2处①。

每1～2周应至少取样1次，且降雨量等级不低于中雨的降雨结束后1d内应至少取样1次，连续测定1年；或在枯水期、丰水期应至少各连续监测40d，每天取样1次。

各监测点、各水质指标的月平均值应符合《海绵城市建设评价标准》GB/T 51345表4.0.1中对应指标的规定②。

8.2.5 区域达标效果评价

区域年径流总量控制率指标可采用模型评估或监测评估方法进行。其中采用模型评估的排水分区，需满足《海绵城市建设评价标准》GB/T 51345—2018中5.1.5章节的要求；采用监测方式评估的排水分区，需开展至少一个雨季的监测，且评估过程合理。

区域雨水面源污染控制率指标应为各排水分区指标按照面积加权平均得到，各排水分区可以采用监测或者模型方式进行评估，如采用监测方式评估的排水分区，需开展至少一个雨季的监测，且评估过程合理；如采用模型方式评估的排水分区，需进行必要的模型参数率定或者参数分析，同时需要典型项目监测数据支撑。

区域内水质监测断面位于水功能区内的，水质需达到国务院批复的全国重要水功能区或各省批复的水功能区水质标准；监测断面不在水功能区的，水质不得劣于传统开发模式的水质，且不得出现黑臭现象。

区域经模型评估，易涝点消除，排水防涝能力达到国家标准要求，且城市防洪能力达到国家标准要求。

区域完成海绵面积比例＝达标的排水分区面积总和/海绵城市建设区域面积。其中，达标的排水分区面积指以排水分区为单位，排水分区内全部工程完工，达到当地海绵相关规划确定的年径流总量控制率目标要求，且达到小雨不积水（《室外排水设计标准》GB 50014明确的雨水管渠设计标准）、大雨不内涝（《室外排水设计标准》GB 50014明确的内涝防治设计标准）、水体不黑臭的要求。

---

① 中华人民共和国住房和城乡建设部．城镇污水水质标准检验方法 CJ/T 51—2018［S］．北京：中国标准出版社，2018.

② 程小文，姜立晖．《海绵城市建设评价标准》主要指标释义［J］．城市住宅，2019，26（8）：13-15.

8.3　海绵城市项目绩效贡献评价

依托开展的海绵城市效果监测的结果，深入系统分析各排水分区内建设项目对分区绩效指标的贡献程度。重点分析雨水径流峰值削减、雨水径流污染控制等绩效，并结合海绵城市监测数据，厘清不同类型建设项目对排水分区绩效指标的贡献度（图8-4）。

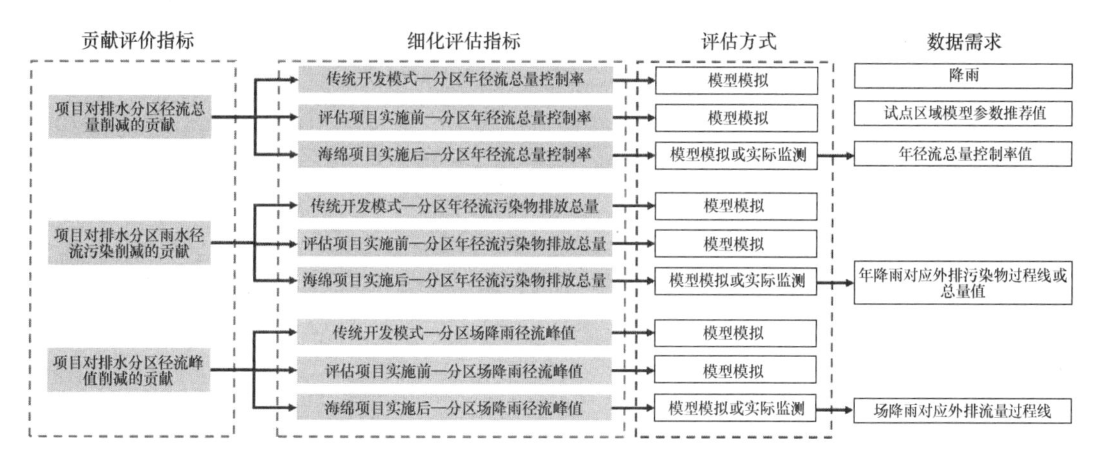

图8-4　分区项目绩效贡献评价方法

8.3.1　项目对排水分区雨水径流总量控制的贡献

建设项目对排水分区雨水径流总量控制效果的贡献，可从以下三个维度进行评估（图8-5），计算方法如下：

（1）项目设施具有的滞蓄容积（m^3）：根据小模型报告或者控制目标值反推；

（2）项目对分区年径流总量控制贡献和径流总量控制效果（m^3/a）=Ⅶ－Ⅷ；

（3）项目对分区总量削减贡献率=（Ⅲ－Ⅱ）/（Ⅲ－Ⅰ）。

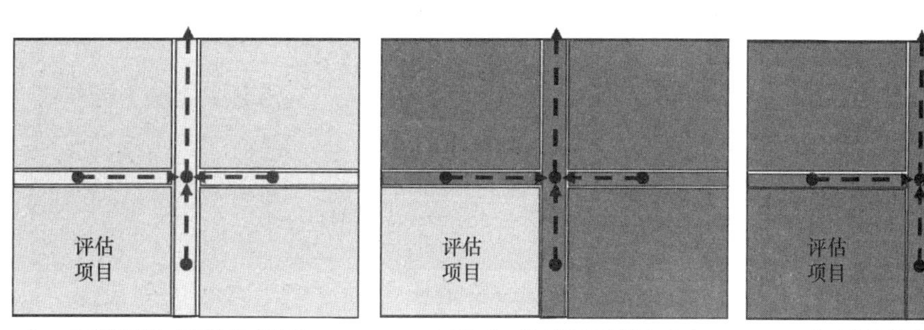

图8-5　项目对排水分区总量控制效果贡献分析图

Ⅰ—所有绩效相关项目均未实施前，排水分区年径流总量控制率，模拟获得；

Ⅱ—评估项目实施前，其他绩效相关措施已实施，排水分区年径流总量控制率，模拟获得；

Ⅲ—所有绩效相关项目已实施，排水分区年径流总量控制率，监测+模拟获得

8.3.2 项目对排水分区雨水径流污染削减的贡献

建设项目对排水分区雨水径流污染削减的贡献，可从以下两个维度进行评估(图 8-6)，计算方法如下：

(1) 点源污染削减贡献率：根据正本清源前后的截流量估算；

(2) 项目雨水径流污染总量削减贡献率＝(B－C)/(A－C)。

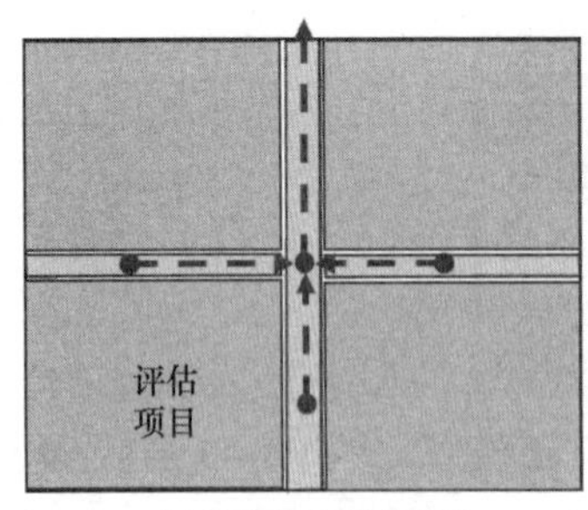

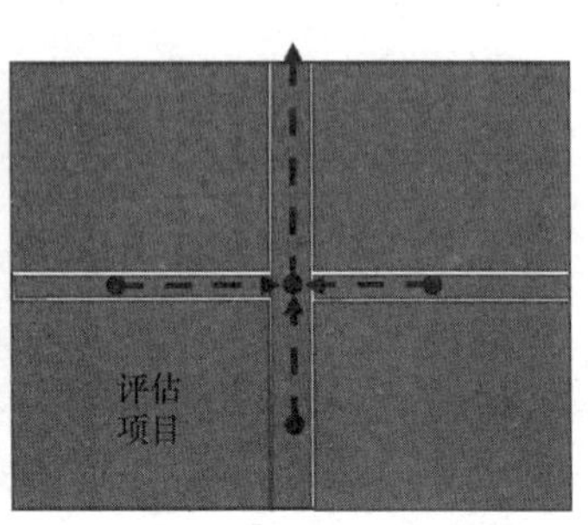

A: 分区绩效项目均未实施　　B: 评估项目按照传统建设方式建设，其他绩效项目全部实施完成　　C: 分区绩效相关项目全部建成

图 8-6　项目对排水分区雨水径流污染削减的贡献分析图

A—分区绩效项目实施前，排水分区污染物年排放量本底值（t/a），模拟获得；

B—评估项目按照传统方式建设或不实施、其他分区绩效相关项目全部完成，排水分区污染物年排放量(t/a)，模拟获得；

C—分区绩效相关项目全部建成后，排水分区污染物年排放量（t/a），监测＋模拟获得。

8.3.3 项目对排水分区雨水径流峰值削减的贡献

建设项目对排水分区雨水径流峰值削减的贡献，可从以下维度进行评估（图 8-7），计算方法如下：

项目峰值削减分区贡献＝(b－c)/(a－c)。

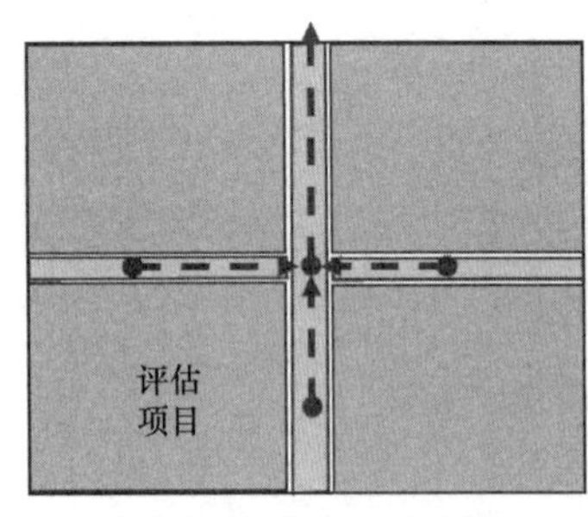

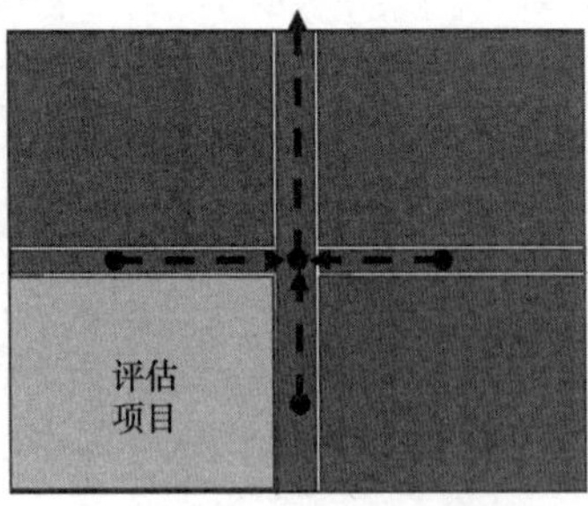

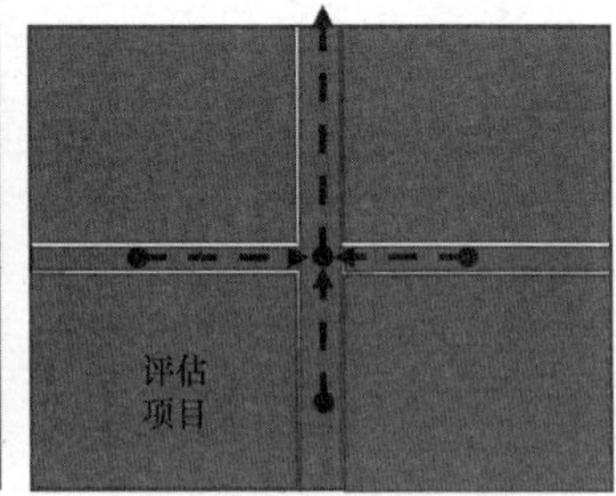

a: 全部按照传统建设方式建设　　b: 评估项目按照传统建设方式建设，其他绩效项目全部实施完成　　c: 分区绩效相关项目全部建成

图 8-7　项目对排水分区径流峰值削减的贡献分析图

a—某典型实测暴雨（某重现期设计降雨）下，传统建设方式下排水分区径流峰值（新建为主的分区）(m^3/s)，监测或模拟获得；

b—评估项目按照传统方式建设，其他分区绩效相关项目全部完成，某典型实测暴雨（某重现期设计降雨）下排水分区径流峰值（m^3/s），监测或模拟获得；

c—分区绩效相关项目全部建成后，某典型实测暴雨（某重现期设计降雨）下排水分区径流峰值监测值(m^3/s)，监测或模拟获得。

8.3.4 项目海绵城市建设绩效评估案例分析

以光明区凤凰城东坑水流域2号排水分区为例，进行建设项目海绵城市建设绩效贡献的案例分析。

1. 问题与目标

根据现场调查和模型模拟可知，2号排水分区内存在公园路（公安局门前路段）、光明大道（高速桥底至观光路段）两处现状内涝点（表8-1）。华夏路与公园路交叉口怡景花园小区存在雨污水合流问题。

2号排水分区现状内涝点及其成因分析 **表8-1**

编号	内涝点位置	影响程度	成因
1	光明大道（高速桥底至观光路段）	内涝面积500m²，积水深度0.4m，持续时间3h	垃圾树叶堵塞雨水口
2	公园路（公安局门前路段）	内涝面积500m²，积水深度0.3m，持续时间2h	高新路未修，排水系统不完善

根据试点建设批复目标及现状存在问题，综合确定2号排水分区海绵城市主要建设目标，参见表8-2。

2号排水分区海绵城市建设目标表 **表8-2**

分区总面积	102.3hm²			
分区特点	新建区域，无旧村，无旧工业区			
分区绩效	试点前	目标	目标完成情况	完成评价
年径流总量控制率	63%	72%	78%	达标
内涝风险控制	2处积水点	消除积水点	已消除积水点，无新增	达标
雨污管网分流比例	98%	100%	100%	达标
新建雨水管渠设计标准	3年一遇	5年一遇	5年一遇	达标

2. 技术路线

根据2号排水分区存在问题和建设目标，建立以问题和目标为导向的技术路线（图8-8）。针对存在问题，以问题为导向，在内涝、雨污混流成因分析的基础上，提出系统治理、加强日常管理、雨污分流改造等策略，并以此明确提出具体措施和建设项目；针对建设目标，以目标为导向，在系统模型模拟分析的基础上，将雨水年径流总量控制率、初雨污染控制率等目标分解到具体地块，按照近远期建设时序分别进行建设管控，并提出内涝防治系统方案，明确具体建设项目。

3. 系统化实施方案

（1）解决现状问题

光明大道（高速桥底至观光路段）内涝点内涝面积约500m²，积水深度0.4m，持续时间3h。根据调查主要由道路管养不到位，导致暴雨天垃圾树叶堵塞雨水口产生积水。

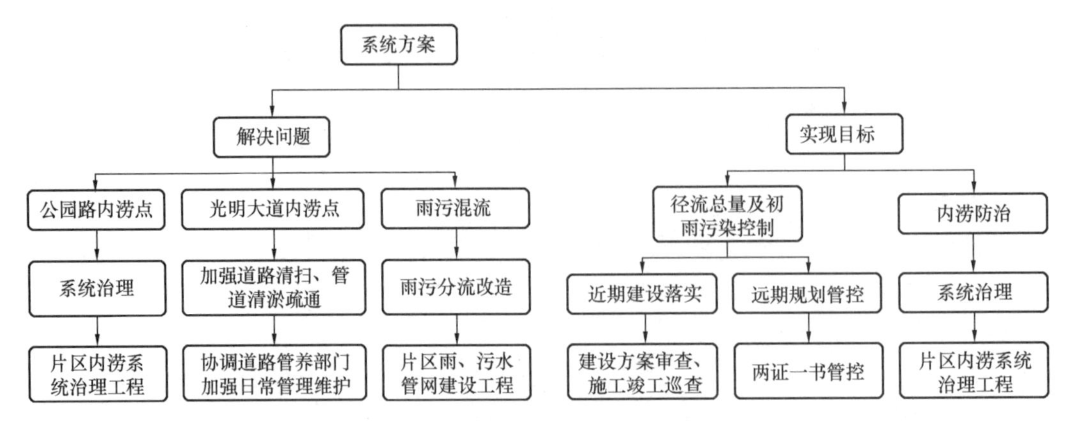

图 8-8　分区海绵城市建设技术路线图

针对以上原因，建议加强光明大道日常养护，通过暴雨天气前及时清扫、疏通雨水口排水管道等非工程性措施，解决内涝积水问题（图 8-9）。

图 8-9　2 号排水分区内涝系统治理示意图

公园路（公安局门前路段）内涝点内涝面积约 500m^2，积水深度 0.3m，持续时间 2h。根据调查，主要由于周边雨水行泄通道华裕路（高新路）未修建，导致周边排水系统不完善，雨水排放不畅。针对以上原因，提出及时实施华裕路（高新路）市政工程，打通公园路至光明大道雨水行泄通道，形成公园路 $d1200+d1350$ 至华裕路 $d1200+d1500$ 至光明大道 A2.0×1.5～A1.6×1.5 雨水行泄通道，完善排水系统，保障排水安全。

现状华夏路与公园路交叉口怡景花园小区，由于建设时间较早，小区排水管网采用合流制。针对以上原因，提出开展小区雨污水改造工程，建设污水管道、雨水管道，开展建筑合流立管分流改造，实现片区雨污水分流比例达到 100%的目标。

（2）年径流总量控制及初雨污染控制

对于区内近期建设的万丈坡拆迁安置房、光明社会福利院、深圳市第十高级中学等建设项目，按照分解指标，严格落实年径流总量控制及初雨污染控制要求，并进行设计审查及现场建设巡查工作，确保海绵城市建设效果（图 8-10）。

对于区内远期建设的侨明路、启德一路、光明万丈坡片区城市更新等建设项目，依靠海绵城市建设项目管理办法，将年径流总量控制及初雨污染控制率等海绵城市建设要求写入“两证一书”审批文件中，进行严格管控。

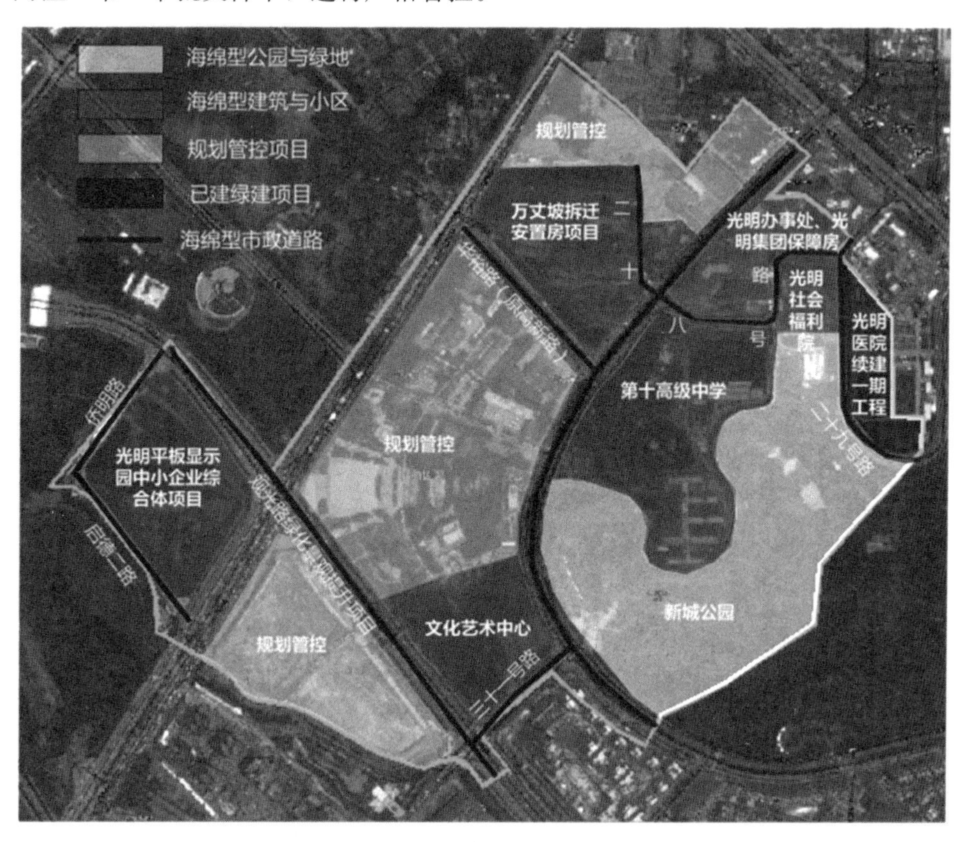

图 8-10　2 号排水分区海绵城市建设项目分布图

（3）开展内涝防治

在现有公园路、三十一号路、碧眼路、光明大道、观光路等雨水行泄通道的基础上，按照 5 年一遇设计标准建设华裕路、泉鸣路等道路工程，完善雨水排放系统。形成公园路 $d1200+d1350$ 至华裕路 $d1200+d1500$ 至光明大道 A2.0×1.5～A1.6×1.5 雨水行泄通道和泉鸣路 $d1200$ 至龙光支路 A2.2×1.8 雨水行泄通道。

4. 预期效果

2 号排水分区共有 10 个海绵型建筑与小区项目、8 个海绵型道路与广场项目、1 个海绵型绿地与公园项目、1 个绿色建筑项目。通过有效落实海绵城市建设要求，并对远期建设项目和地块进行规划管控。经 EPA-SWMM 模型模拟，2 号排水分区年径流总量控制率可达 72%，面源污染控制率（以 SS 计）可达 46.9%。

通过有效实施内涝治理项目，在 50 年一遇暴雨条件下，经 Mike Flood 平台内涝情况模拟，显示 2 号排水分区内涝点及风险区均得到消除。

5. 建设任务安排

根据项目建设时序，梳理、筛选试点建设期间可实施、可完工的建设项目，组成 2 号排水分区近期建设项目库，项目分布情况详见图 8-11。

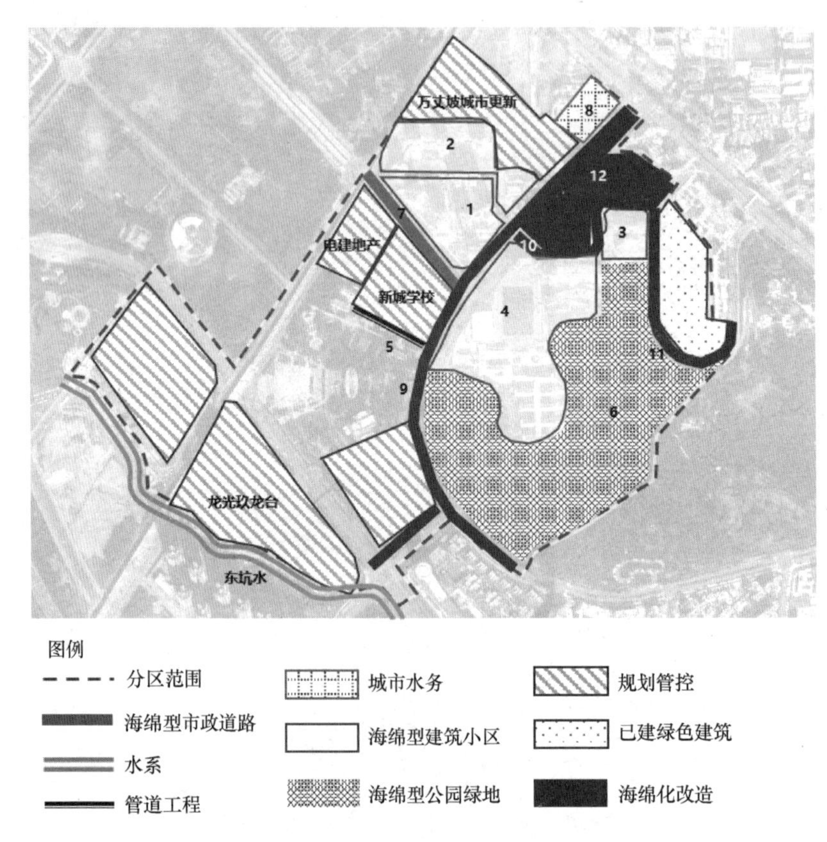

图 8-11　排水分区建设任务分布图

6. 项目绩效分析

依托海绵城市监测的结果，按照本章节所述方法厘清不同建设项目对排水分区绩效的贡献情况，具体如表 8-3 所示。

2 号排水分区建设项目绩效分析结果表　　　　**表 8-3**

序号	项目名称	面积（hm^2）	面积占排水分区比例（%）	类型	径流总量		径流峰值	径流污染	
					具有的滞蓄容积（m^3）	径流总量削减贡献率	径流峰值削减贡献率	点源污染削减贡献率	雨水污染总量削减贡献率（以 SS 计）
1	万丈坡拆迁安置房（一期）	2.98	2.9%	建筑小区	930	9.3%	13.0%	—	8.8%

续表

序号	项目名称	面积（hm²）	面积占排水分区比例（%）	类型	径流总量		径流峰值	径流污染	
					具有的滞蓄容积（m³）	径流总量削减贡献率	径流峰值削减贡献率	点源污染削减贡献率	雨水污染总量削减贡献率（以 SS 计）
2	万丈坡拆迁安置房（二期）	2.51	2.5%	建筑小区	780	2.9%	4.3%	—	5.4%
3	光明社会福利院	0.4	0.4%	建筑小区	120	2.0%	4.3%	—	2.1%
4	深圳市实验学校	7.45	7.3%	建筑小区	2330	13.6%	18.0%	—	15.9%
5	污水管网（碧眼路）接驳完善	—	—	管道工程	—	0.9%	0.2%	9.6%	1.1%
6	新城公园低影响开发雨水综合利用示范工程（2 号排水分区）	20.65	20.2%	公园绿地	6460	48.6%	41.1%	—	34.6%
7	华裕路（光明大道-公园路）市政工程	1.0	1.0%	道路广场	310	2.5%	0.6%	—	3.9%
8	光明核心片区污水支管网工程（2 号排水分区）	5.9km	—	城市水务	—	—	—	68.5%	—
9	和润家园	2.35	2.3%	建筑小区	780	5.2%	6.8%	—	4.2%
10	光明集团保障性住房	1.37	1.34%	建筑小区	500	2.3%	2.0%	—	2.9%
11	仁安路	1.1	1.1%	道路广场	340	2.8%	4.8%	—	4.6%
12	牛山路（2 号排水分区）	5.8	5.7%	道路广场	1810	8.0%	2.3%	—	13.5%
13	碧明路	0.8	0.8%	道路广场	250	1.8%	1.6%	—	3.0%
14-1	全面消黑工程——怡景小区正本清源	2.8	2.7%	城市水务	—	—	—	21.3%	—
14-2	全面消黑工程——光明街道错接乱排整治	—	—	城市水务	—	—	—	10.2%	—

8.4 海绵城市建设效费评估分析

8.4.1 效费分析方法

海绵城市建设效费评估主要是指基于生命周期费用（LCC）评估方法，该方法是在分析各种可供选择投资的长期经济效益的基础上建立起来的一种技术方法。生命周期费用评估方法可以找出暴雨控制的最佳费用效益分析点。生命周期成本主要包括初始成本和运行维护成本，以及在工程寿命末期低于现值的残值[①]。

通常，可采用费用现值法（Present Value of Future Costs，PVC）计算海绵城市工程措施在整个生命周期内的总费用。即把生命周期或分析周期内不同时间投入和发生的各种费用，按某一预定的贴现率转换为现在的费用（费用现值）。通过转换成单一的现值，便可在等值的基础上比较各个方案的效益。

$$PVC_{X_i,n} = ICC_{X_i} + \sum_{t=0}^{n} f_{\mathrm{r,t}} \times COM - f_{\mathrm{r,n}} \times SV$$

式中 $PVC_{X_i,n}$——在分析周期 n 年内的总费用现值；

ICC_{X_i}——LID 措施 x_i 在建设初期的初始资金费用；

COM——年运行维护费用；

$f_{\mathrm{r,t}}$——贴现率 r 在年份 t 的现值系数；

SV——残值。

费用效益分析是通过权衡各种备选项目的全部预期费用和全部预期效益的现值来评价这些备选项目，以作为决策者进行选择和决策的一种方法。费用效益分析方法通常是以项目的效益现值（Present Value of Benefit，PVB）与该项目的费用现值（PVC）相比较。

$$\frac{B}{C} = PVB/PVC$$

在某一贴现率条件下，若效费比比值较大，则此项目具有比该贴现率更高的收益水平，此时该措施可采纳；若效费比比值较小，则说明费用超出效益，净现值为负数，此项目的收益水平要低于贴现率，则该措施不宜采纳。

8.4.2 海绵设施的效费分析

海绵设施效费分析方法首先参考建设成本法，构建海绵设施的 10 项建设成本函数，然后根据产生的效益构建效益函数，综合成本与效益进行完整的分析。构建效益函数时，综合考虑国民经济效益、社会效益、环境效益。海绵城市建设所产生的效益总结如表 8-4 所示。

---

① 章国美．装配式建筑全生命周期成本分析［J］．项目管理技术，2021，19（8）：44-48.

海绵城市建设效益分析总结表 **表 8-4**

效益分析	主要内容
直接经济效益（B_1）	直接经济效益指一些有收集回用雨水作用的 LID 设施对雨水收集回用，可以替代部分自来水，其替代自来水的价值即其直接经济效益
节水带来的财政收益（B_2）	文献表明，全国城市日均用水量缺口约 1000 万 m^3，造成财政损失 200 亿元。相当于缺少 $1m^3$ 的水，就要损失 5.48 元人民币，即节约 $1m^3$ 水等于创造了 5.48 元的收益
因消除污染而减少的社会损失效益（B_3）	文献资料表明，每投入 1 元用来消除污染物的费用，相当于减少环境资源损失费用 1.5 元，LID 设施项目均能够对雨水进行净化、蓄渗等，减少了污染雨水的转输径流量，从而减少了污染物进入自然水体的数量，避免了因污染雨水对水体环境的破坏
减少城市排水设施运行的费用效益（B_4）	进入市政管网的流量被大大减少，减轻了管网运行的负荷，同时也减少了管网清淤、日常巡检等维护费用。查阅相关资料，排水管网的日常维护费用约为每立方米 0.08 元
防洪作用降低城市河湖改扩建费用效益（B_5）	大量雨水被渗透、截留或收集，减少了流入河湖的雨水，相当于增加了河湖的体积，在没有进行改扩建的前提下，增强了河湖防洪的能力，大大节省了改扩建费用。资料表明，河湖改扩建费用约为 6.84 万元/hm^2 汇流面积
防洪作用减少的防洪概率和损失效益（B_6）	可以减少洪水泛滥的概率，从而减少由此带来的洪水损失。资料表明，对泛洪区域避免洪水破坏和财产损失的效益大约为 15 万元/hm^2
补充地下水，增加水资源量的效益（B_7）	补充地下水可以产生多方面的效益，如防止地面沉降、增加农作物产量、增加地下水资源可利用量，但有些效益无法用数字量化，因此，仅计取可量化的地下水资源可利用量这一项目，根据水资源费用进行计算
减少能源费用消耗（B_8）	夏天，有绿化植被区域的温度比没有植被的区域要低 1～3℃，冬天则要高出 0.1～1℃。因此有植被覆盖的 LID 设施可以降低能源消耗
改善大气质量（B_9）	每 15 亩绿地每天能吸收 900kg CO_2，产生 600kg O_2，是天然的空气调节器和净化器。因此，有植被覆盖的 LID 设施可以改善大气质量
增加美学价值及邻近地产价值（B_{10}）	一般认为，有植被、水体覆盖的 LID 设施均能增加美学价值。此项尚未有统一的公式。一般认为增加美学价值后即会增加相应的地产价值

以上这些效益函数是计算经济评价报表中现金流量的来源和基础。运用光明区海绵城市建设成本以及文献数据，构建光明区海绵城市建设成本费用函数和效益函数，从而实现对海绵设施进行成本费用和效益分析计算。经过计算，得出九种典型海绵设施的效费比（收益/成本）均大于 1，具有良好的效益（表 8-5）。

不同类型海绵设施效费计算表 **表 8-5**

类别		透水砖	透水混凝土/沥青	雨水调蓄池	下沉式绿地	生物滞留设施	生态树池	植草沟	人工湿地	初期雨水弃流
单位		m^2	m^2	m^3	m^2	m^2	m^2	m	m^2	个
成本	建设成本	100	200	800	100	200	250	100	600	5000
	运行成本	10	20	80	10	20	25	10	60	500

续表

类别		透水砖	透水混凝土/沥青	雨水调蓄池	下沉式绿地	生物滞留设施	生态树池	植草沟	人工湿地	初期雨水弃流
单位		m^2	m^2	m^3	m^2	m^2	m^2	m	m^2	个
效益	直接经济效益（B_1）	0	0	650	0	0	0	0	0	0
	节水带来的财政收益（B_2）	10	15	200	10	50	15	15	80	0
	因消除污染而减少的社会损失效益（B_3）	60	80	0	120	250	180	100	450	5500
	减少城市排水设施运行的费用效益（B_4）	80	100	350	40	40	80	30	100	1000
	防洪作用降低城市河湖改扩建费用效益（B_5）	80	100	450	100	200	150	100	450	0
	防洪作用减少的防洪概率和损失效益（B_6）	100	150	660	100	220	200	50	500	0
	补充地下水，增加水资源量的效益（B_7）	60	80	0	80	250	180	50	120	0
	减少能源费用消耗（B_8）	0	0	150	5	10	10	5	20	0
	改善大气质量（B_9）	0	0	0	5	10	10	5	20	0
	增加美学价值及邻近地产价值（B_{10}）	0	0	0	5	15	20	0	50	0
效费比（收益/成本）		3.55	2.39	2.80	4.23	4.75	3.07	3.23	2.71	1.18

8.4.3 建设项目海绵城市效费评估分析

建设项目海绵城市效费评估是以典型项目和典型流域作为研究对象，对比常规开发和海绵开发模式，对比分析增加的成本收回时间，进行效费评估。具体评估思路如图 8-12 及表 8-6 所示。

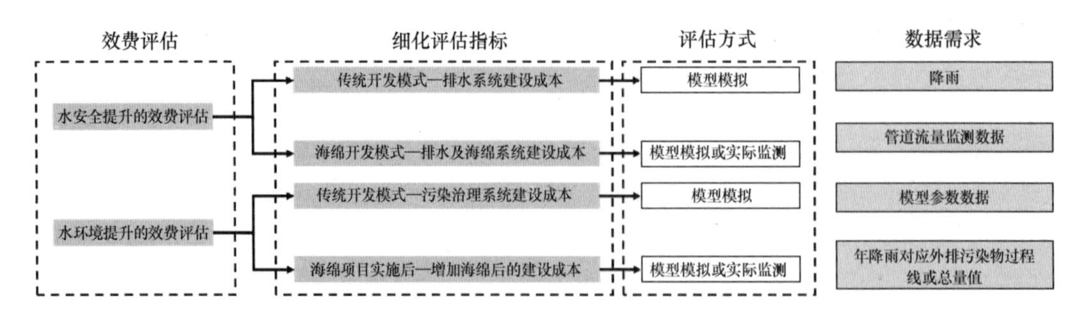

图 8-12　海绵城市效费评估与计算思路图

海绵城市建设项目效费计算总表　　表 8-6

类别		建筑小区		公园绿地		城市水务（河道治理）		内涝治理	
		常规开发	海绵开发	常规开发	海绵开发	常规开发	海绵开发	常规开发	海绵开发
单位		hm^2	hm^2	hm^2	hm^2	km	km	个	个
成本	建设成本	10500	11700	4800	5500	5000	6600	300	500
	运行成本	500	600	300	450	300	500	20	40
效益	直接经济效益（B_1）	—	—	—	—	—	—	—	—
	节水带来的财政收益（B_2）	—	20	—	30	—	10	—	—
	因消除污染而减少的社会损失效益（B_3）	—	50	—	60	—	70	—	5
	减少城市排水设施运行的费用效益（B_4）	—	50	—	40	—	30	—	5
	防洪作用降低城市河湖改扩建费用效益（B_5）	—	20	—	35	—	30	—	8
	防洪作用减少的防洪概率和损失效益（B_6）	—	25	—	40	—	40	—	5
	补充地下水，增加水资源量的效益（B_7）	—	5	—	10	—	10	—	—
	减少能源费用消耗（B_8）	—	5	—	2	—	—	—	—
	改善大气质量（B_9）	—	2	—	5	—	—	—	—
	增加美学价值及邻近地产价值（B_{10}）	—	80	—	70	—	50	—	—
效费比（增加成本收回时间）（年）		5.1		2.9		7.5		9.6	

经分析，典型项目海绵城市建设增加的投入成本均能在 10 年内得到收回，具有良好的效益。其中，公园绿地和建筑小区类海绵城市建设项目的效费比最高。

8.4.4　试点区域海绵城市效费评估分析

根据前述方法全面开展综合评价，研究光明区凤凰城试点区域在不同开发模式下的总投资和总效益情况（表 8-7、图 8-13）。

分析研究结果显示，在达到同样的雨水控制效果的前提下，凤凰城海绵城市开发模式节约投资约 15.5 亿元，避免了大型调蓄池的建设投资。相较于常规开发模式，海绵城市开发模式增加约 5.3 亿元投资，但是带动约 18.3 亿元的生态综合效益。因环境品质、生活质量等提升而带来的社会综合效益高达 25 亿元。因海绵城市建设实施土地整备等带来的土地价值释放约 40 亿元。

试点区域海绵城市效费估算表 **表 8-7**

类别	常规模式（不落实海绵城市相关要求）	工程生态开发（通过工程措施基本达到海绵城市同等建设指标）	海绵开发模式
总投资	64.80	85.60	70.10
运行费用	3.89	5.99	5.61
直接经济效益（B_1）	—	—	—
节水带来的财政收益（B_2）	—	0.34	0.35
因消除污染而减少的社会损失效益（B_3）	—	1.03	1.33
减少城市排水设施运行的费用效益（B_4）	—	2.14	2.66
防洪作用降低城市河湖改扩建费用效益（B_5）	—	2.82	2.87
防洪作用减少的防洪概率和损失效益（B_6）	—	3.34	3.43
补充地下水，增加水资源量的效益（B_7）	—	—	0.77
减少能源费用消耗（B_8）	—	—	0.63
改善大气质量（B_9）	—	—	0.49
增加美学价值及邻近地产价值（B_{10}）	—	—	5.75
总计（投资-生态效益）	68.69	81.92	57.41

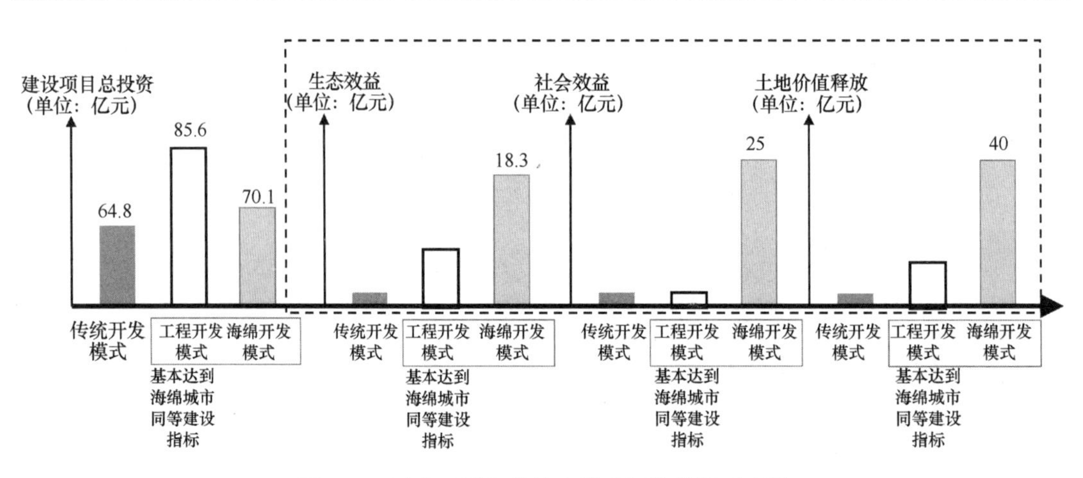

图 8-13 试点区域海绵城市效费评估结果对比图

第3部分

成 效 篇

光明区通过将海绵城市理念和要求融入城市规划、建设、管理等各个层面，以解决快速城镇化过程中带来的城市水体黑臭、内涝、生态受损等问题。在宏观尺度上，海绵城市涉及山、水、林、田、湖、草等生命共同体的保护，对国土空间进行有效优化，通过生态红线的有效管控保护蓝绿本底；在中观尺度上，构建和完善城市防洪排涝、水污染治理、水生态修复等骨干工程；在微观尺度上，通过雨水花园、下沉绿地、透水铺装等绿色源头设施，调整径流组织模式，从而实现海绵城市的“源头减量、过程控制、系统治理”全过程和“渗、滞、蓄、净、用、排”全链条管控。

在系统化全域推进海绵城市的指导和要求下，光明区扭转试点区域本底差的局势，全面完成试点批复的10项海绵城市指标。实现了“小雨不积水、大雨不内涝、水体不黑臭、热岛有缓解”的综合海绵绩效。通过3年的先行探索，海绵城市建设“十大坚持”光明模式成为全市乃至全国海绵城市建设样板。本部分主要从总体成效、典型达标片区、典型项目等方面对光明区的建设成效进行介绍。

第9章　光明区海绵推进与总体成效概况

9.1　区域概况

9.1.1　基础情况

试点区域位于深圳市光明区南部，较完整地覆盖了茅洲河两条支流流域，即东坑水流域和鹅颈水流域（图9-1），面积约24.65km²，包括建设用地16.39km²（占比66.5%）、生态用地8.26km²（占比33.5%）。试点区域排水分区完整，新老城区并存，试点前存在突出的水体黑臭和城市内涝问题。

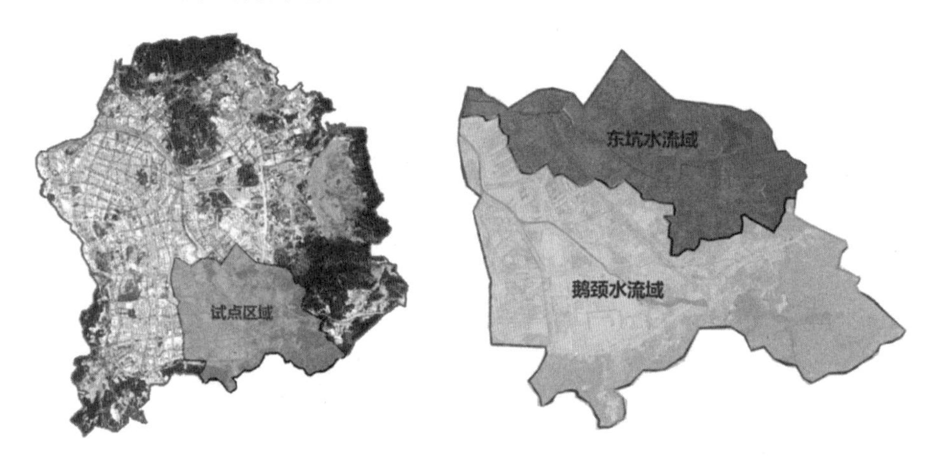

图9-1　试点区域区位及范围示意图

9.1.2　建设本底

1. 降雨规律

试点区域属东南亚热带海洋性季风气候区，根据距试点区域最近（5km）的石岩水库近60年雨量资料统计，多年平均年降水量为1600mm，且年内分配不均，降雨主要集中在汛期，其中4～10月降水量占全年降水量的87.6%。降雨事件多以短历时、高强度为特征，峰值出现时间早（图9-2）。

试点区域所处的茅洲河流域位于珠江三角洲地区，选用珠江三角洲地区雨型分配，2～10年重现期下24h雨型分配如图9-3所示。

对石岩水库近60年的降雨资料进行统计分析，得到年径流总量控制率—设计降雨量关系曲线。试点区域海绵城市规划设计均以该条曲线为依据（图9-4、表9-1）。

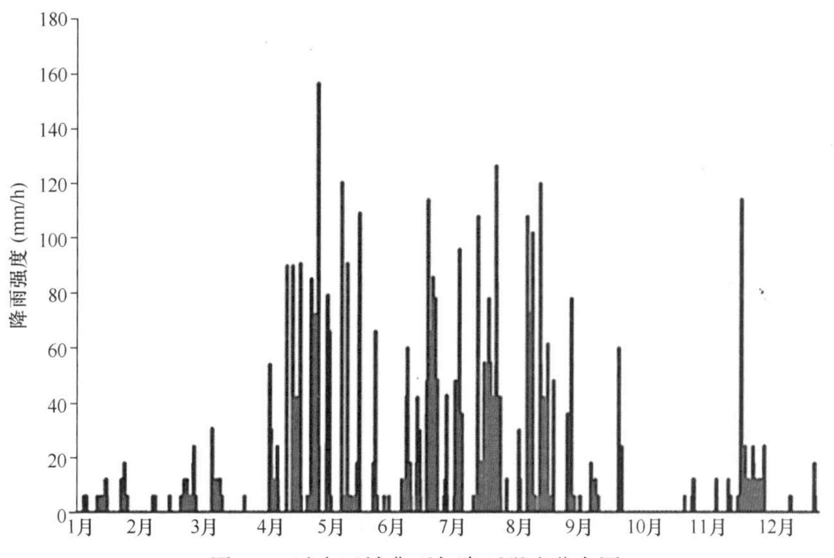

图 9-2 试点区域典型年降雨强度分布图

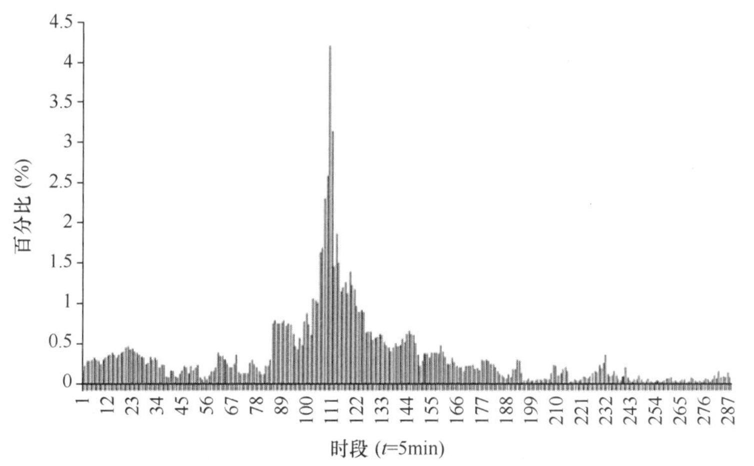

图 9-3 珠江三角洲地区 2～10 年重现期雨型分配比例示意图

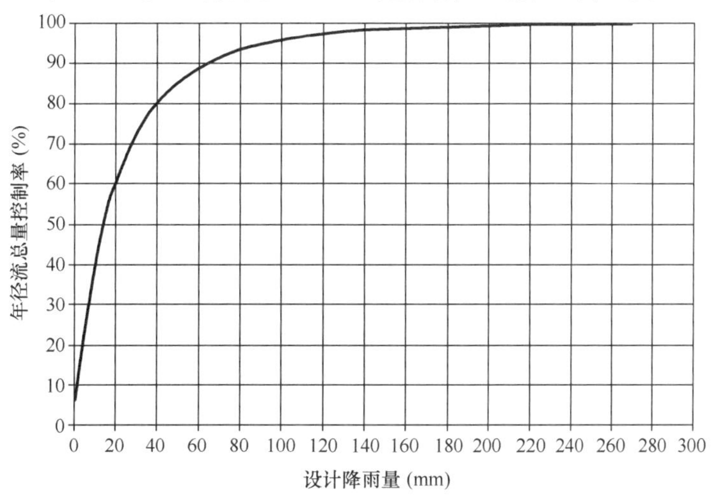

图 9-4 试点区域年径流总量控制率—设计降雨量关系曲线

设计降雨量与年径流总量控制率关系 **表 9-1**

年径流总量控制率（%）	50	60	70	75	80	85
设计降雨量（mm）	14.3	20.0	27.8	33.1	40.2	49.5

2. 土壤和地下水

试点区域总体地势东南高、西北低，其中外环高速以北区域地形地貌属于低丘盆地与平原，外环高速以南区域地形地貌以低山丘陵区为主；土壤类型为第四系松散堆积层覆盖，以粉质黏土、淤泥质土和淤泥等土类为主，原位土壤渗透系数在 3×10^{-7}m/s 左右，土壤渗透性能较差。

选取试点区域绿色屋顶、雨水花园等典型人工海绵设施进行人工改良土壤渗透性能检测，结果表明渗透系数区间为 $1\times10^{-6}\sim3\times10^{-6}$ m/s，基本满足海绵城市建设要求(表 9-2)。

原位土壤与人工结构渗透监测数据 **表 9-2**

采样点	位置	渗透系数（m/s）
绿色屋顶种植土（3 号）	光明区德雅路与牛山路交叉口附近	2.56×10^{-6}
雨水花园种植土（19 号）	光明区华夏路	1.026×10^{-6}
生态树池（2 号）	光明区二十九号路	4.234×10^{-7}
下沉式绿地（7 号）	光明新区长凤路 101 号	6.675×10^{-7}
原位土壤（12 号）	汇业路 9 正西方向 84m	3.672×10^{-7}
原位土壤（15 号）	光明区融汇路与同仁路交叉口附近	2.951×10^{-7}

试点区域地下水主要靠降水补给，其埋深与地势相关。试点区域北侧地势较低、地下水埋深较浅，一般为 2～4m；中部地下水埋深基本处于 4～8m；南部靠近山体部分地下水（滞水层）埋深处大于 8m（图 9-5）。

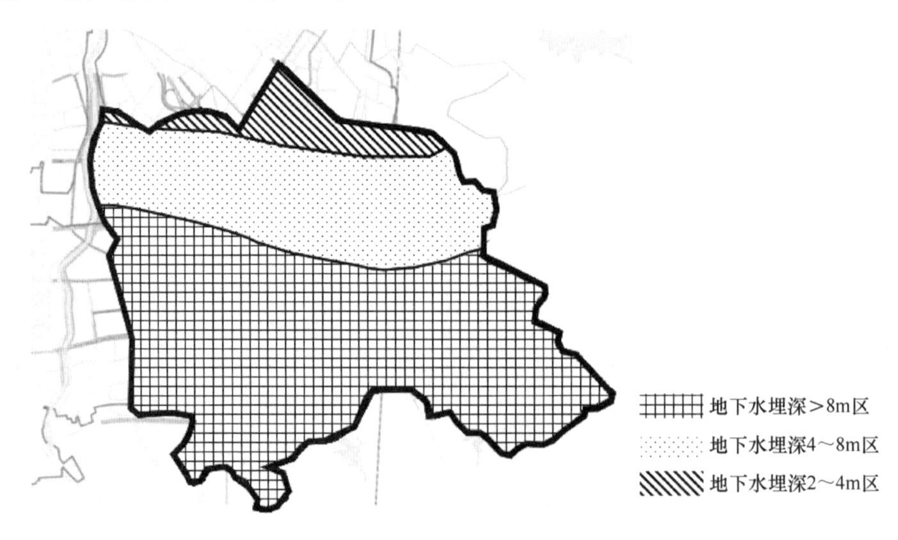

图 9-5 试点区域地下水埋深分布图

3. 蓝绿空间

深圳市在2005年就划定了基本生态控制线，试点区域生态用地主要位于试点区域南侧和东侧，面积8.26km²，占试点区域总面积的33.5%，主要为山体林地和水库，根据基本生态控制线管理规定进行严格管控，防止城市建设无序蔓延，保护绿色海绵生态空间。

试点区域主要河道（鹅颈水、东坑水）、水库（鹅颈水库、碧眼水库）、湿地（鹅颈水湿地、东坑水湿地）等均已划定蓝线，蓝线范围占地面积为3.8km²，占试点区域总面积的15.4%，按照蓝线管理要求对滨水生态空间进行保护与控制（图9-6）。

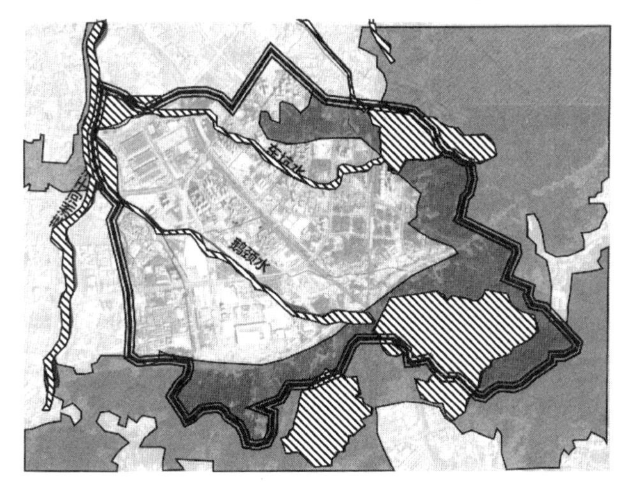

图9-6 试点区域基本生态控制区域与蓝线保护区域分布图（2016年）

4. 地表水系

试点区域主要水系包括东坑水、鹅颈水及其支流、碧眼水库、鹅颈水库等，试点前天然水域面积1.09km²，占试点区域总面积的4.4%（表9-3、表9-4、图9-7）。其中，鹅颈水支流包括鹅颈水北支、鹅颈水南支（两支）、塘家面前陇、甲子塘排洪渠（两支）等6条；东坑水、鹅颈水为茅洲河的一级支流；鹅颈水库为中型水库、碧眼水库为小（二）型水库。

试点区域河流特征表 **表9-3**

序号	河流	河长（km）	流域面积（km²）	防洪标准	平均比降	试点前岸线
1	鹅颈水	5.6	16.1	50年一遇	6.29‰	自然驳岸为主
2	东坑水	5.2	7.1	50年一遇	4.56‰	硬质护岸为主

试点区域试点前供水水库基本情况表 **表9-4**

特性 / 名称	集雨面积（km²）	总库容（万m³）	正常库容（万m³）	97%可供水量（万m³/年）	水库类型
碧眼水库	0.95	97.00	83.00	37.2	小（二）型
鹅颈水库	5.30	1512.60	1376.00	369.5	中型
合计	6.25	1609.9	1459.0	406.7	—

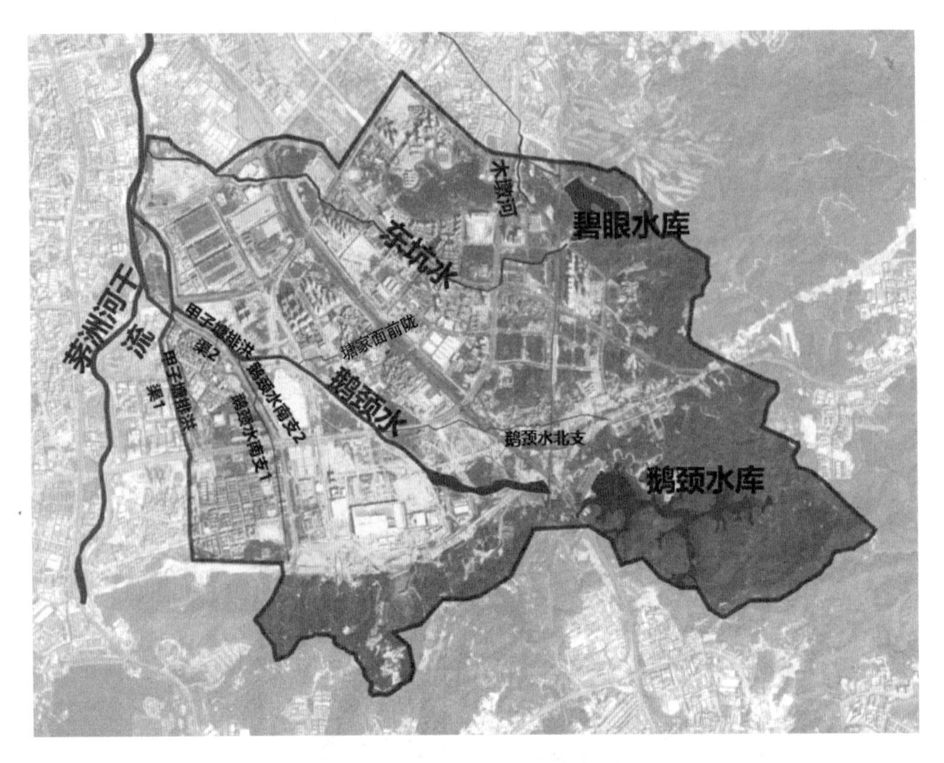

图 9-7 试点区域水系分布图

5. 城市下垫面

试点区域总面积 24.65km²，试点前绿地（含生态控制线内绿地和城市绿地）面积 10.83km²，约占试点区域总面积的 44.0%；鹅颈水和东坑水流域屋面、道路、铺装等不透水下垫面分别占流域面积的 36.9%和 53.0%（表 9-5、图 9-8）。

光明区下垫面解析统计表（2016 年初） **表 9-5**

序号	下垫面类型	东坑水流域		鹅颈水流域		合计
		面积（km²）	占比	面积（km²）	占比	
1	屋面	146.52	18.0%	213.98	13.0%	14.6%
2	道路	130.24	16.0%	148.14	9.0%	11.3%
3	铺装（不透水）	154.66	19.0%	246.9	15.0%	16.3%
不透水下垫面统计		431.42	53.0%	609.02	36.9%	42.2%
4	绿地	227.92	28.0%	855.92	51.8%	44.0%
5	裸土	89.54	11.0%	65.84	4.0%	6.3%
透水下垫面统计		317.46	39.0%	921.76	55.8%	50.3%
水体及其他		1.85				7.5%

6. 污水系统

（1）水质净化厂

试点区域污水经管网收集后输送至光明水质净化厂进行处理。光明水质净化厂一期于

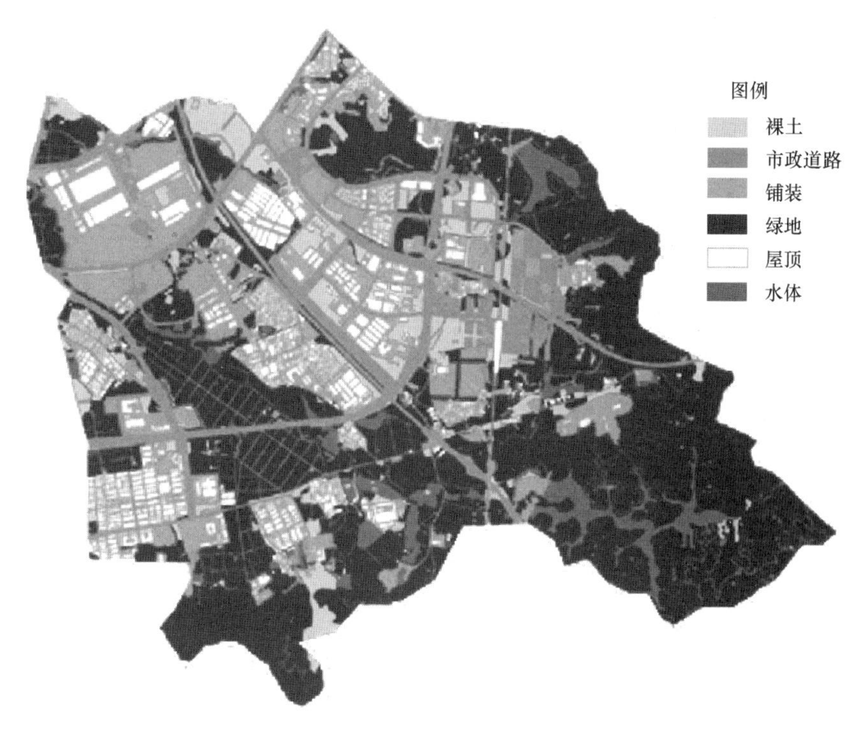

图9-8　试点区域下垫面分析图（2016年初）

2010年6月建成通水，规模为15万m^3/d；试点前已启动水质净化厂二期扩建提标工程，扩建后总规模为30万m^3/d（已于2018年完工并开始运行）。光明水质净化厂污水处理采用强化脱氮改良A^2O工艺，出水水质执行国家《城镇污水处理厂污染物排放标准》GB 18918—2002一级A标准，实际出水指标达到准Ⅳ类标准（TN和大肠杆菌指标除外）①。

（2）污水进厂浓度

试点前由于排水管网系统不完善、运行管理不佳，光明水质净化厂污水处理系统运行效率低。以2016年全年的进水水量和水质监测数据来看，进水平均COD_{Cr}浓度为120mg/L（图9-9）。其中，进水COD_{Cr}浓度低于100mg/L的天数为136d，高于200mg/L的天数仅35d，高于300mg/L的天数仅11d。

（3）污水管网系统

试点区域属于光明水质净化厂及其配套管网系统，主要收集光明区茅洲河以东及上游玉田河流域内的污水。试点前整体污水系统不完善，鹅颈水流域存在较为普遍的雨污合流及混接现象、东坑水流域存在雨污混接。茅洲河截污系统沿茅洲河两侧布管，收集茅洲河两岸及东坑水、鹅颈水、玉田河支干管的污水，管径为$DN600 \sim DN1500$。试点区域污水经由鹅颈水两岸$d800 \sim d1200$污水干管和观光路$d800 \sim d1200$污水干管收集排入茅洲河截污系统，最后进入光明水质净化厂（图9-10）。

① 杨晨宵，盛铭军，黄继会，等．"准Ⅳ类"标准下城镇污水厂提标改造的难点与举措[J]．工业水处理，2020，40(11)：15-21.

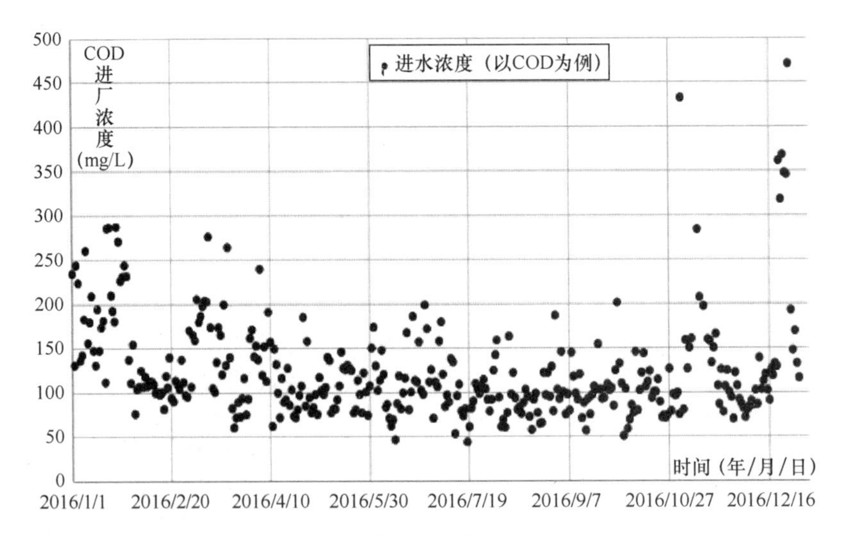

图 9-9　2016 年光明水质净化厂进水浓度分布图

图 9-10　试点区域试点前污水管网示意图

7. 雨水系统

试点区域雨水排水系统均采用重力流排水方式，无泵站抽排情况。试点前雨水管渠总长为 52.5km，管网密度为 $3.2km/km^2$，远低于深圳市南山区、福田区等成熟建成区（约

10km/km²），塘家社区、甲子塘社区、长圳社区等旧村为雨污合流排水体制，工业区普遍存在雨污水错接、混流现象，其中合流制排水系统区域面积约 2.13km^2，雨污混接区域面积约 2.37km^2，雨水系统不完善。

8. 河道排口

经逐一排查，鹅颈水干流沿线排水口共 42 个，其中合流管排出口 29 个、混流管排出口 13 个，平均直排及溢流污水量约 1.48 万 m^3/d，污水直接入河是导致鹅颈水水体黑臭的主要原因。

鹅颈水各支流中，鹅颈水北支、塘家面前陇、甲子塘排洪渠 1 沿线污水直排口、雨污混接排口较多；甲子塘排洪渠 2、鹅颈水南支（两支）流域内已实施雨污分流，沿线均为雨水排口，详细情况见表 9-6。

鹅颈水支流河道排口整体概况　　表 9-6

支流名称	河道整治情况	沿河排口情况
鹅颈水北支	塘家南路以西已截污、总口截污	排水口 19 个，其中混流制排口 8 个，合流制排口 9 个，雨水排口 2 个
塘家面前陇	沿河未整治、总口截污	排水口共 92 个，包括 12 个雨水排口，39 个混流排口，41 个周边用户（工厂和居民）污水直排口
甲子塘排洪渠 1	下游沿河部分截污、总口截污	入河排水口 97 个，包括 19 个雨水排口，48 个混流排口，30 个污水直排口
甲子塘排洪渠 2	已整治，沿线无污水直排	分流制，沿岸排口均为雨水排口
鹅颈水南支 1	已整治，沿线无污水直排	分流制，沿岸排口均为雨水排口
鹅颈水南支 2	已整治、沿线无污水直排	分流制，沿岸排口均为雨水排口

东坑水共有 35 个分流制混流排水口，主要集中在下游东坑社区及周边厂房，漏排污水量较少，约 2750m^3/d。水质监测结果显示，试点前水质为劣Ⅴ类，主要是总氮和 BOD_5 超标，但水体不黑不臭。

9.1.3　存在问题及成因

1. 水环境污染

（1）试点前水环境质量

试点前鹅颈水干流光侨路至入茅洲河河口段（4.14km）纳入了住房和城乡建设部黑臭水体名单（2016 年），鹅颈水支流中塘家面前陇排洪渠、甲子塘排洪渠等小微水体的水环境亟待提升（表 9-7）。试点前东坑水水质为劣Ⅴ类，但不黑不臭（表 9-8）。

鹅颈水水质监测数据（2016 年）　　表 9-7

特征指标（单位）	轻度黑臭标准值	重度黑臭标准值	实际值
溶解氧（mg/L）	0.2～2.0	$<$0.2	2.04
氨氮（mg/L）	8.0～15	$>$15	10.00

续表

特征指标（单位）	轻度黑臭标准值	重度黑臭标准值	实际值
透明度（cm）	25～10	<10	26.50
氧化还原电位（mV）	−200～50	<−200	121.00

东坑水水质监测数据（2016 年） **表 9-8**

水质指标	溶解氧（mg/L）	COD_{Cr}（mg/L）	BOD_5（mg/L）	氨氮（mg/L）	TN（mg/L）	TP（mg/L）
地表水Ⅴ类	2	40	10	2	2	0.4
东坑水水质	6.4	29	17.8	1.93	16.5	1.93

由于旧村、雨污分流不彻底等原因，试点前存在降雨时溢流入河现象，根据模型分析鹅颈水年均溢流频次为 44 次/a，东坑水年均溢流频次为 25 次/a（表 9-9）。入河的污染物造成试点区域水质恶化。

试点区域年溢流频次 **表 9-9**

年份 溢流频次	2006	2007	2008	2009	2010	2011	2012	2013	2014	2015	2016	平均
鹅颈水	37	22	45	45	44	35	47	58	48	40	63	44
东坑水	22	12	26	28	30	21	26	33	18	21	42	25

（2）黑臭成因分析

鹅颈水干流水体黑臭原因主要有以下两个方面：

1）外源污染排入。塘家片区、甲子塘片区、长圳片区、金环宇工业园等区域雨污混接以及河道沿线污水直排是造成河道水体黑臭的主要原因。经监测及评估，鹅颈水流域点源污染负荷量分别为 968.2t/a（以 SS 计）、760.4t/a（以 COD 计），面源污染负荷量分别为 770.5t/a（以 SS 计）、214.7t/a（以 COD 计）。

2）生态修复能力较差。河道两岸景观效果差，杂草丛生，植被单一、生物多样性较为单一。

2. 城市积水内涝

（1）管网排水能力评估

采用 Mike Urban 模型对区域试点前排水管网系统进行评估，分析管网系统的实际排水能力。分别采用 1 年一遇、2 年一遇、3 年一遇和 5 年一遇的 2h 典型暴雨作为边界条件，利用模型进行管网排水能力评估的降雨数据。经评估，试点前试点区域排水管网排水能力低于 5 年一遇的占 46.3%，各管段排水能力如图 9-11 所示。

（2）历史内涝点

试点前试点区域排水系统不完善，存在 6 处历史内涝点（图 9-12、表 9-10）。经梳理分析，内涝主要原因为城市排水系统不成体系、局部地势低洼、运维管养不足等(图 9-13)。

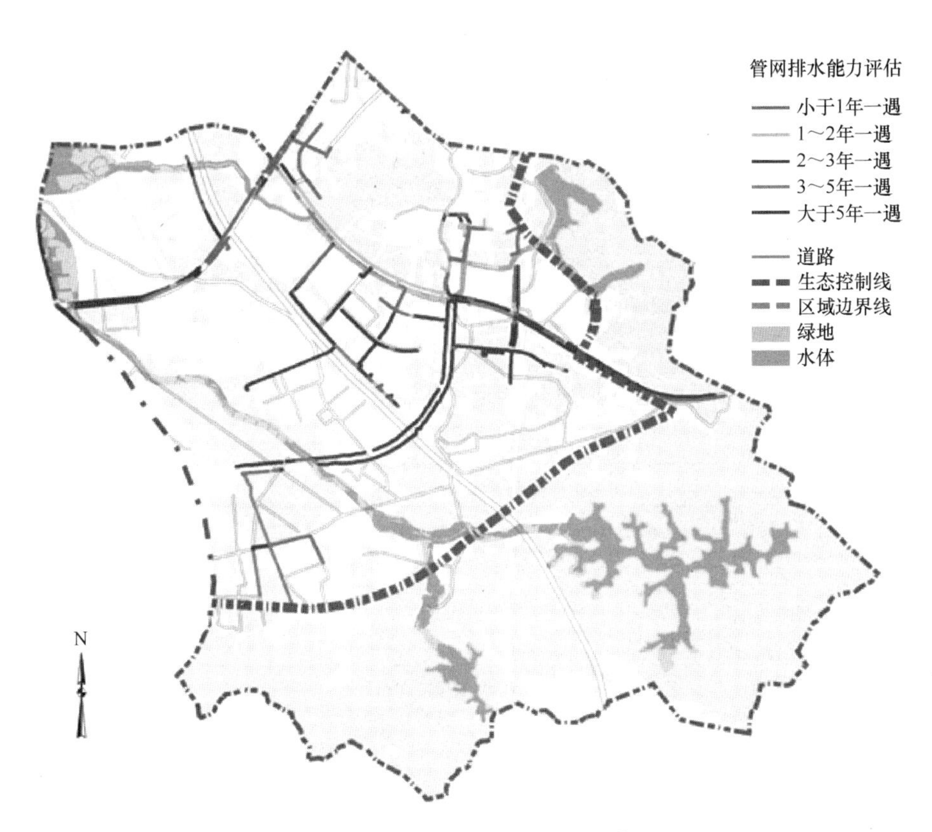

图 9-11　试点前管网排水能力评估图

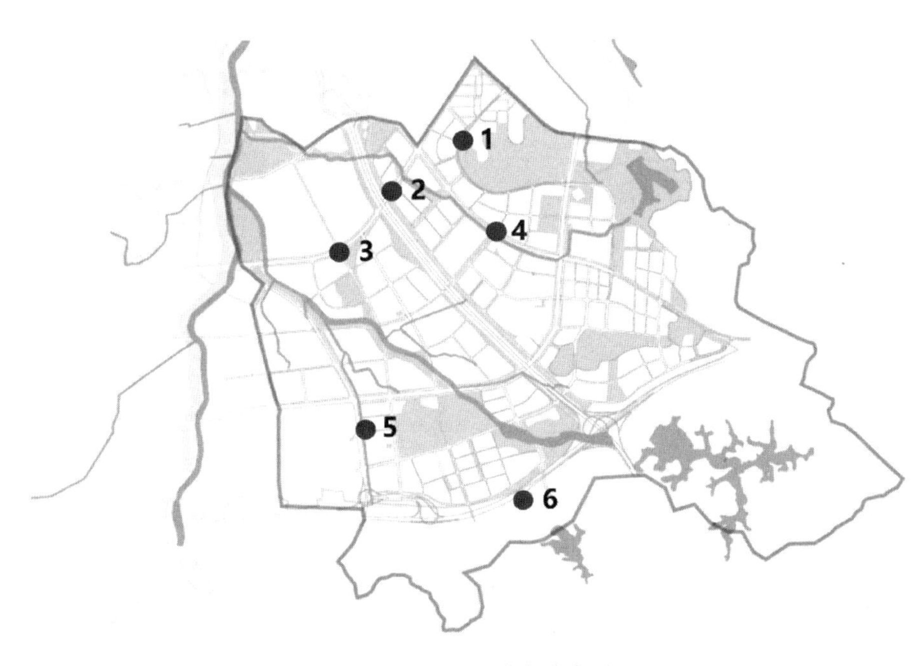

图 9-12　历史内涝点分布图

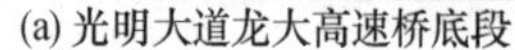
(a) 光明大道龙大高速桥底段

(b) 长凤路红坳市场

图 9-13　历史内涝点实景图

历史内涝点一览表　　　　表 9-10

编号	易涝点位置	影响程度	内涝成因
1	公园路公安局门前路段	内涝面积 500m²，积水深度 0.3m，持续时间 2h	排水管网不完善、低处雨水管网未实施
2	光明大道（高速桥底至观光路）	内涝面积 2000m²，积水深度 0.4m，持续时间 3h	垃圾树叶堵塞雨水口
3	光明大道塘家路段	内涝面积 1000m²，积水深度 0.3m，持续时间 1h	路面太低，没有排水沟
4	观光路与邦凯二路交界处	内涝面积 1000m²，积水深度 0.4m，持续时间 4h	周边地块开发，市政管网刚建成，管养不到位
5	东长路（光侨路—长凤路）	内涝面积 3000m²，积水深度 0.6m，持续时间 4h	地势低洼
6	长凤路红坳市场	内涝面积 1500m²，积水深度 0.3m，持续时间 4h	道路地势较低，道路排水管网不完善

3. 岸线生态化不足

受早期城市建设管理理念和做法等历史原因影响，试点前试点区域内重要河道的水生态遭到了一定程度的破坏。

东坑水流经居住区、工业区等区域，河道驳岸以混凝土直立挡墙及石笼挡墙为主，河道硬质化严重，两岸绿化用地局限性较大，河岸形态及水流形态较为单一，下河台阶少。生态岸线长度约 2.4km，占河道岸线比例约 30%，河道沿线大部分地段杂草丛生，水土流失严重，植物种类单一。

鹅颈水试点前以自然驳岸为主，生态岸线长度约 10.1km，占河道岸线比例约 90%，但驳岸荒草丛生、植物种类单一、生态价值较低。

9.2　总体推进情况

9.2.1　系统谋划

一是作为光明区推进海绵城市建设的顶层设计，《光明区海绵城市专项规划》于 2019

年 1 月通过深圳市城市规划委员会发展策略委员会审议。二是《光明区海绵城市建设管理工作规程（试行）》印发实施，实现项目全流程的管控，同步配套出台《光明区海绵城市规划设计导则》《光明区建设项目海绵城市审查细则》等 6 项技术文件，涵盖规划、设计、审查、施工、验收和运行维护各个阶段。三是按照住房和城乡建设部验收要求和试点区域实际，重点以生态保育、水环境提升和水安全保障为导向开展试点区域系统化方案编制，系统厘清工程任务与绩效目标的关联，优化试点项目。

9.2.2　建设实施

按照分区考核要求，将试点区域划分为 19 个排水分区，并梳理形成 131 个子项目服务区开展海绵城市建设，取得了良好的阶段性成效。一是水环境治理显著改善，鹅颈水全面消除黑臭，东坑水水质明显优于试点前。二是 6 个历史内涝积水点全部消除，且未出现"返潮"问题。三是涌现了一批优秀的海绵城市建设项目。经评估，试点区域 19 个排水分区全部达到绩效目标要求，占比 100%，满足考核各项指标要求，并于 2019 年 7 月、12 月顺利通过住房和城乡建设部、财政部和水利部专家组的两次现场核查。

9.2.3　监测评估

一是智慧海绵城市信息化建设项目，完成全部 147 台在线监测设备安装，持续收集一个雨季监测数据，累积持续收集降雨场次 80 场以上，并已形成监测分析报告，作为年度绩效考核重要支撑。二是试点区域东坑水、鹅颈水及其支流水质监测已纳入日常的环境监测和黑臭水体第三方检测范畴，已获取 2017 年至今连续水质监测数据，有效评估试点区域水环境质量。三是试点区域模型评估工作，完成涵盖设施、项目、分区等不同尺度模型的建模工作，完成累计 400 场降雨的水量和水质参数率定工作，满足评估要求。四是完成信息化软件平台的建设工作，实现监测数据的实时传输和查看、建设项目全生命周期管理、考核指标的在线动态评估等功能。

9.2.4　模式创新

光明区海绵城市 PPP 试点项目为深圳市第一个按照财政部要求规范实施的 PPP 项目，已成功入选财政部第四批 PPP 示范项目库，成为海绵城市建设的亮点。已完成全部的建设任务，并已全面进入运营期。该项目创新性地将进水污染物浓度纳入绩效考核体系，并于 2019 年 5 月印发绩效考核管理办法，明确考核对象、考核频次、组织形式等内容。

9.3　总体成效情况

9.3.1　建立全部门参与、专职团队推进的工作机制

一是成立光明区海绵城市建设实施工作领导小组。成员单位涵盖全区各职能部门及 6 个办事处和区属国有企业，通过区海绵城市领导小组会议、区海绵城市工作例会、市区联

动工作例会，不断完善工作推进机制。

二是成立海绵城市建设专职工作团队。通过设立海绵城市建设实施工作领导小组办公室及引进技术支撑团队，构建“政府＋职能部门＋技术咨询顾问”的综合执行团队，全力推进光明区海绵城市建设。

三是将海绵城市建设行为纳入政府绩效考核。先行对全区 6 个街道办事处开展考核，要求在城市品质提升、城中村综合治理中同步落实海绵城市要求，每年完成不少于 6 个落实海绵城市理念的项目。

9.3.2 全域推进，海绵城市建设全覆盖

一是规划引领，多层次系统谋划。以《深圳市国家海绵城市试点区域海绵城市建设详细规划》为基础，开展全区范围内规划编制。在总体规划层面，将海绵城市理念写入《光明区国土空间规划》等顶层城市规划，实现海绵城市建设有据可依、有理可循。在专项规划层面，谋划“区、试点区域、排水分区”三级规划传导体系。在全区层面编制《光明区海绵城市专项规划》，通过《光明区试点区域海绵城市系统化方案》进一步细化试点区域各排水分区的任务和绩效。

二是全区建设项目落实海绵理念，“点—线—面结合”全面实施。“点”上，除豁免清单外共计 400 余个项目全部入库管理；“线”上，以河道综合整治、道路建设为依托，提升周边区域整体品质；“面”上，试点区域连片效应凸显，全区累计新增海绵城市建设完工面积 16.77km^2，连续五年在深圳市海绵城市政府实绩考评中排名第一。

9.3.3 建立全流程建设项目管控机制

一是全国首创“两证一书”、专项技术审查的建设管控制度。2014 年，配合国家低影响开发雨水综合利用示范区创建，首创在建设项目选址意见书、建设用地规划许可证和建设工程规划许可证中载明低影响开发建设要求和指标，在方案设计阶段进行低影响开发技术审查。

二是持续完善海绵城市规划建设管理办法，出台配套文件。2016 年成功申报国家海绵城市建设试点后，根据实施经验，总结提炼形成《深圳市光明区海绵城市规划建设管理办法（试行）》。之后，结合“深圳 90”行政审批改革文件，印发《光明区海绵城市建设管理工作规程（试行）》，实现项目全流程的管控，同步配套出台《光明区建设项目海绵城市审查细则》等 6 项技术文件。

三是严格过程管控，提升项目建设质量。针对建设过程中出现的具体问题，建立项目巡查、整改督办、月报通报等制度，有效推动了海绵城市建设速度和建设质量的提升。

9.3.4 试点区域建设效果显著

完成工程项目数量 75 个，排水管网 93.48km。通过海绵城市建设，消除易涝点 6 个，完成治理黑臭水体 1 个。经评估，包括年径流总量控制率在内的水生态、水环境、水资源、水安全等指标均已达到批复目标要求，并于 2019 年 12 月圆满通过国家海绵城市试点

验收。

一是水生态显著改善。经监测和模型评估，19 个排水分区径流总量控制效果均满足要求；试点区域总体年径流总量控制率为 72%，满足 70%的批复指标要求。试点区域内鹅颈水和东坑水生态岸线恢复比例达 100%，总长度 15.4km。试点区域内水域面积比试点前增加 0.26km²。

二是排水防涝能力显著提高。试点区域历史 6 个内涝点已全部消除，试点区域防涝能力达到 50 年一遇，近 3 年监控视频及三防平台数据显示，试点区域未新增内涝点。

三是水环境质量明显提升。源头正本清源效果显著，雨水径流 SS 总量削减率达到 62%。鹅颈水已于 2017 年彻底消除黑臭，顺利通过 2018 年 5 月中央环保黑臭水体督查，稳定实现不黑不臭，水质逐渐向Ⅳ类水好转；东坑水水质优于试点前并逐渐向Ⅳ类水好转。

四是防洪与非传统水资源利用得到保障。东坑水和鹅颈水防洪标准达到 50 年一遇标准，试点区域水面率达到 5.4%，区域内生态区和城市建设区年雨水利用量 164.45 万 m³，污水再生利用率达到 100%。

9.3.5　全市第一个 PPP 项目顺利实施

一是流域打包，探索“厂网一体”的建设运营模式。将拟建成处理能力为 30 万 m³/d 的光明水质净化厂及其服务范围内超过 1000km 的排水管网整体打包运作，全市率先采取 PPP 模式实施，通过引入优质社会资本、创新公共管理模式，从而提高排水设施的管理水平，并成功入选财政部第四批 PPP 示范项目库。

二是建立了以效果为导向的绩效考核体系。项目创新性地设置了无保底水量和进水污染物浓度考核两项重要绩效指标，倒逼社会资本更加注重项目的实施质量和系统运行的合理性，进而实现运营效益最大化。编制了《深圳市光明区海绵城市建设 PPP 试点项目绩效指标与考核办法》，明确了具体考核方式、组织形式和考核频率等内容。

三是水质水量双提升，实施效果显著。自 2017 年 8 月项目实施以来，光明水质净化厂服务范围污水处理系统提质增效明显。进水水量和水质监测数据显示，2019 年光明水质净化厂平均进水水量、进水 COD_{Cr}浓度、BOD_5浓度、进水氨氮浓度比 2017 年同期增长分别达到 94.1%、145.6%、113%和 60.6%。

第10章 典范达标片区

10.1 典范片区概况及目标完成情况

2号排水分区位于试点区域东坑水流域中下游，总面积102.3hm²，以新建区域为主，用地类型主要为公园绿地、行政办公、教育及居住用地，无旧村和旧工业区，存在公园路原公安局门前路段、光明大道（高速桥底至观光路）两处历史内涝点，华夏路与公园路交叉口怡景花园小区存在雨污水混接问题。

该分区绩效指标完成情况如表10-1所示。

排水分区绩效指标完成情况一览表　　表10-1

分区绩效	试点前	目标	目标完成情况	完成评价
年径流总量控制率	63%	72%	78%	达标
内涝风险控制	2处积水点	消除积水点	已消除积水点，无新增	达标
雨污管网分流比例	98%	100%	100%	达标
新建雨水管渠设计标准	3年一遇	5年一遇	5年一遇	达标

10.2 建设项目安排及绩效监测方案

10.2.1 建设项目安排

为达到2号排水分区绩效目标，结合分区内试点前问题及项目建设时序，梳理、筛选出分区项目20项（图10-1、表10-2）。

排水分区海绵城市建设相关工程一览表　　表10-2

序号	项目名称	面积/长度	类型
1	万丈坡拆迁安置房（一期）	2.98hm²	建筑小区
2	万丈坡拆迁安置房（二期）	2.51hm²	建筑小区
3	光明社会福利院	0.4hm²	建筑小区
4	深圳市第十高级中学	9.05hm²	建筑小区
5	深圳市海绵城市建设PPP试点项目 [污水管网（碧眼路）接驳完善]	—	管道工程
6	新城公园低影响开发雨水综合利用示范工程（2号分区）	20.65hm²	公园绿地
7	华裕路（光明大道—公园路）市政工程	1.0hm²	道路广场
8	光明核心片区污水支管网工程（2号分区）	5.9km	城市水务

续表

序号	项目名称	面积/长度	类型
9	试点区域海绵化改造（牛山路）	5.2hm^2	道路广场
10	试点区域海绵化改造（碧明路）	1.1hm^2	道路广场
11	试点区域海绵化改造（仁安路）	1.6hm^2	道路广场
12	新城和润家园	4.1hm^2	建筑小区
13-1	全面消黑工程（怡景小区正本清源）	2.8hm^2	城市水务
13-2	全面消黑工程（光明街道错接乱排整治）	—	城市水务
14	现状保留区域（道路和已建绿建等）	27.16hm^2	现状保留
15	万丈坡城市更新项目	4.95hm^2	建筑小区
16	电建地产	1.85hm^2	建筑小区
17	新城学校	2.86hm^2	建筑小区
18	龙光玖龙台（三期）	6.38hm^2	建筑小区
19	乐府广场	5.2hm^2	建筑小区
20	光明文化艺术中心	2.89hm^2	建筑小区

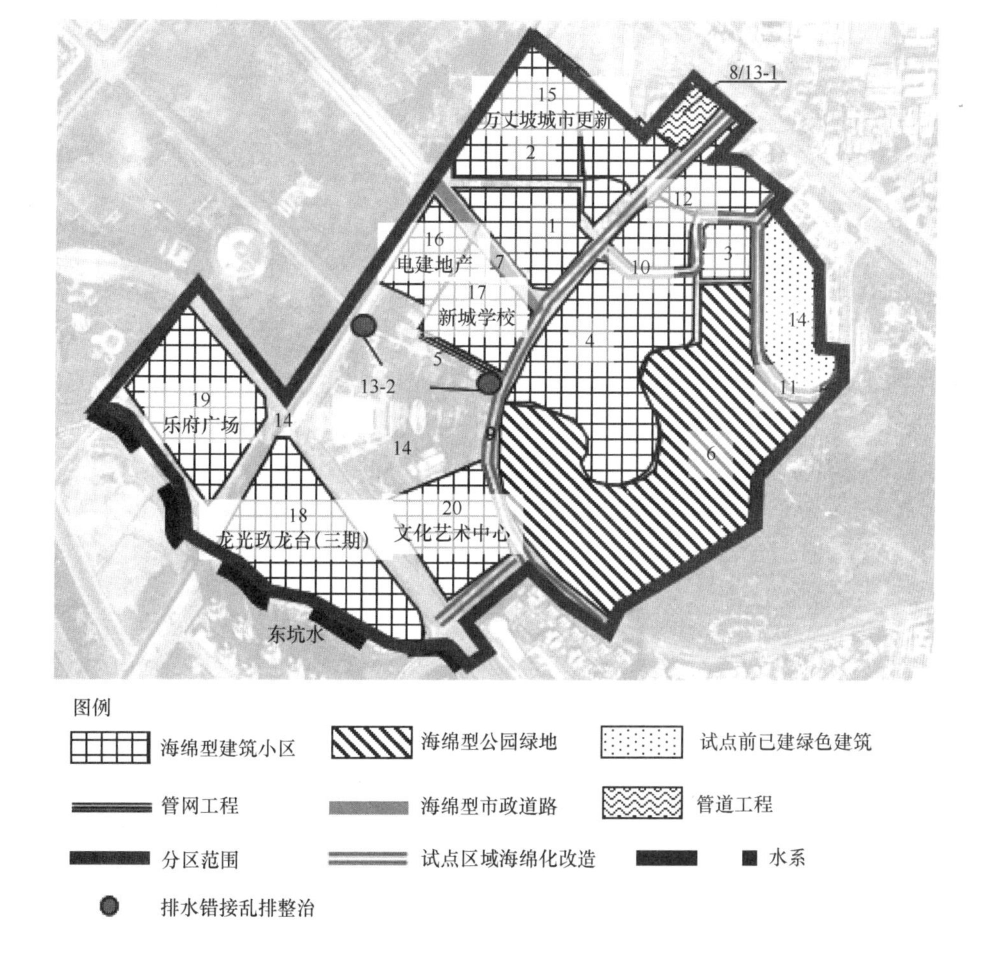

图 10-1　2 号排水分区项目分布图

10.2.2 绩效监测方案

1. 排口监测

该分区内已建成主要排口有 2 个，均作为监测点。监测内容为流量、SS 自动监测；水质进行人工采样检测，监测大、中、小型降雨至少 1 次，共监测 4 次（图 10-2）。

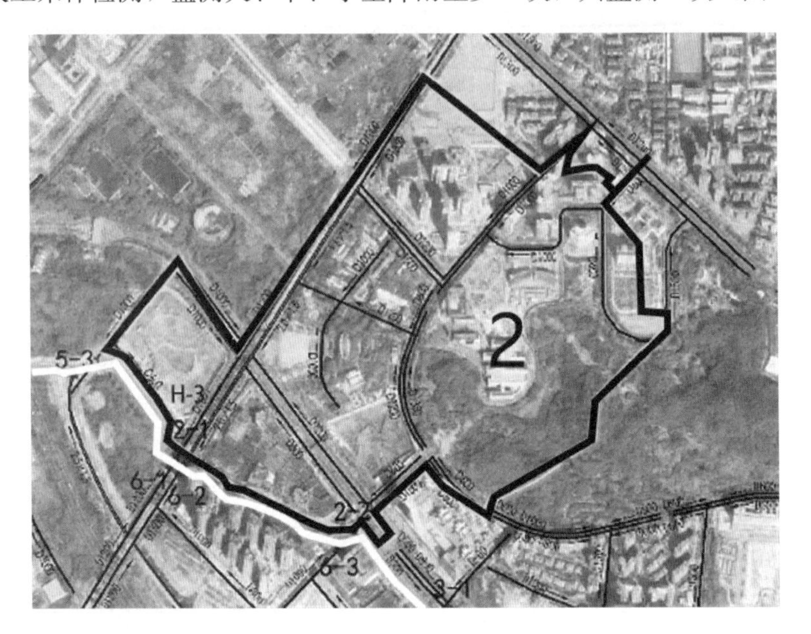

图 10-2　2 号排水分区雨水管网及主要排口分布图

2. 典型项目监测

该分区内共监测 2 个典型项目，分别为海绵小区和润家园、海绵公园新城公园。

和润家园位于华夏路南侧、公园路东侧，规划年径流总量控制率目标为 70%（对应降雨量为 28mm），占地面积 4.88hm^2（图 10-3、图 10-4）。该项目为海绵住宅小区，海绵

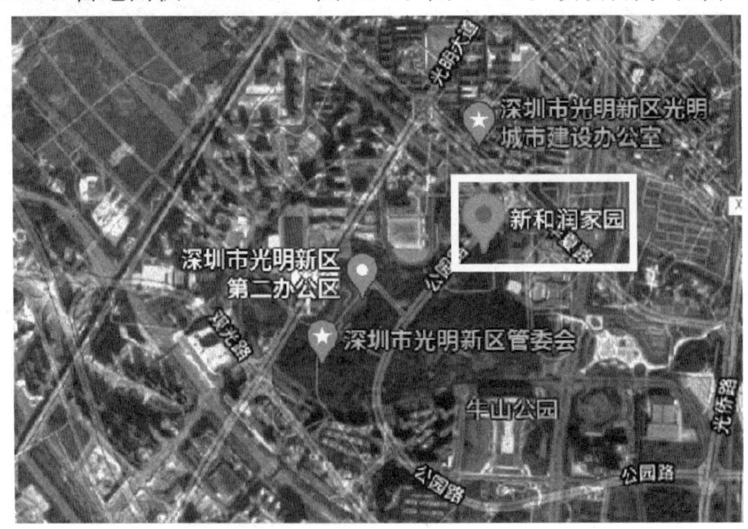

图 10-3　已建海绵小区（和润家园）位置图

设施类型多样，已建成运行多年。小区雨污分流、管网结构明晰，有较为集中的排入市政雨水管网入口 3 个，其中 2 个接入公园路市政雨水管、1 个接入华夏路市政雨水管。监测内容为流量自动监测；水质进行人工采样检测，监测大、中、小型降雨至少 1 次，共监测 4 次。

图 10-4　已建海绵小区（和润家园）监测点位置现状图

新城公园原始地貌属残丘坡地及冲沟地貌，地势西北高，东南低，地形特征复杂。公园中部偏南有一个小山丘，最大高差约 70m。建成后的新城公园经人工开挖、堆填、平整后，总体较平坦。新城公园为试点区域内面积最大的公园，示范教育意义重大、海绵设施种类多、汇水边界清晰、监测施工条件好。新城公园的规划年径流总量控制率目标为 85%（对应设计降雨量为 50mm），分区汇水面积为 1.8hm^2。综合考虑新城公园雨水汇水分区、雨水管渠现状及排水出口现状，监测点布局共 6 处（图 10-5、图 10-6）。监测内容

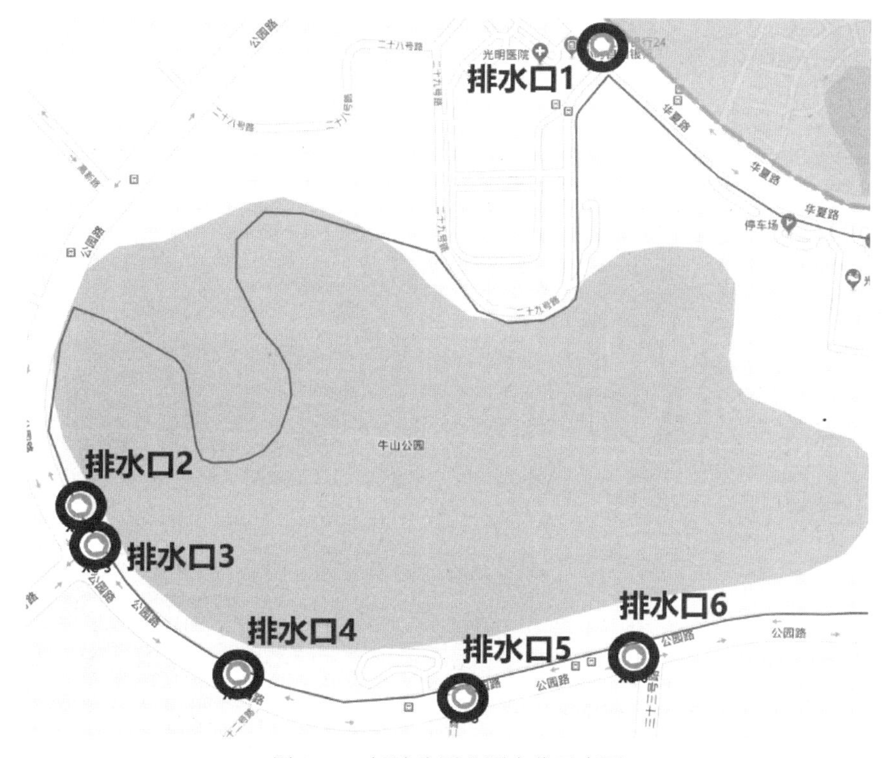

图 10-5　新城公园监测点位示意图

为流量自动监测；水质进行人工采样检测，监测大、中、小型降雨至少 1 次，共监测 4 次。

图 10-6　新城公园主要排放口示意图

该分区内共监测两个典型设施，分别为生态树池、植草沟。其中生态树池位于仁安路中心医院西北侧，面积 9m²，选择该设施进水口和出水口两个点进行监测（图 10-7）。监

图 10-7　仁安路生态树池现场监测图

测内容为流量自动监测；水质进行人工采样检测，监测大、中、小型降雨至少 1 次，共监测 4 次。

选取新城公园北侧长为 30m 的渗排型植草沟，作为典型公园广场类型植草沟开展监测（图 10-8）。作为转输型海绵设施，该设施长度适宜，具有代表性，汇水边界明晰，选择进水口和出水口两个监测点位。监测内容为流量自动监测；水质进行人工采样检测，监测大、中、小型降雨至少 1 次，共监测 4 次。

图 10-8　新城公园植草沟现场监测图

3. 监测设备布置

该分区内共布置 18 套监测设备，分别为 4 套明渠流量计、12 套多普勒流量计、2 套 SS 在线监测设备（表 10-3）。

2 号排水分区监测点位信息表　　**表 10-3**

监测对象	监测点位	位置描述	设备类型	项目面积（m^2）	汇水面积（m^2）
2 号排水分区	2-1	光明大道—东坑水桥下，河道右岸	明渠流量计/SS 在线监仪	1023000	1023000
	2-2	创投路—东坑水桥下，河道右岸	明渠流量计/SS 在线监测		
和润家园	HR-1	和润家园西北外排口	多普勒流量计	48800	48800
	HR-2	和润家园西中外排口	多普勒流量计		
	HR-3	和润家园西南外排口	多普勒流量计		
新城公园	XC-1	新城公园医院旁外排口	多普勒流量计	570000	180000（监测汇水面积）
	XC-2	新城公园西门 1 外排口	多普勒流量计		
	XC-3	新城公园西门 2 外排口	多普勒流量计		
	XC-4	新城公园光源四路路口外排口	多普勒流量计		
	XC-5	新城公园外光源五路路口排口	多普勒流量计		
	XC-6	新城公园外排口	多普勒流量计		
生态树池	STSC-1	仁安路中心医院西北，生态树池	明渠流量计	9	—
	STSC-2	仁安路中心医院西北，生态树池	明渠流量计		
植草沟	C1-1	新城公园北侧，植草沟进口	多普勒流量计	24	—
	C1-2	新城公园北侧，植草沟排口	多普勒流量计		
	C1-3	新城公园北侧，植草沟出口	多普勒流量计		

10.3 径流控制效果监测及模型评价

针对典型设施，采用进出口流量监测数据对单个海绵设施的径流控制效果进行分析。针对项目和排水分区，采用监测数据和模拟得到的传统开发模式数据对海绵建设的径流控制效果进行分析。

10.3.1 典型设施分析评价

1. 生态树池

根据生态树池的进口及出口流量监测结果分析，生态树池作为典型海绵设施具有较好的径流控制效果，在中到大雨情况下，减排效果显著；在暴雨及以上降雨情况下，效果较弱（表10-4、图10-9～图10-12）。

不用降雨条件生态树池径流控制效果　　表10-4

时间	降雨量(mm)	峰值雨量(mm/h)	降雨历时(min)	总进水量(m^3)	总外排量(m^3)	径流控制率	控制容积(m^3)	峰值削减率	排水出流时间(min)	排水径流峰值较降雨峰值的延迟时间(min)
2019年5月20日	81.1	68.9	97	9.04	7.81	13.3%	1.2	42.2%		
2019年6月1日	26.3	17.7	122	2.61	0.96	64%	1.65	70.5%	6	10
2020年4月4日（模拟）	33.8	15.1	138	2.94（2.40）	1.09（0.97）	62.8%（59.8%）	1.85	67%		16
2020年6月7日（模拟）	71.1	40.8	144	8.41（7.24）	6.83（5.76）	18.8%（20.4%）	1.58	53.2%		10

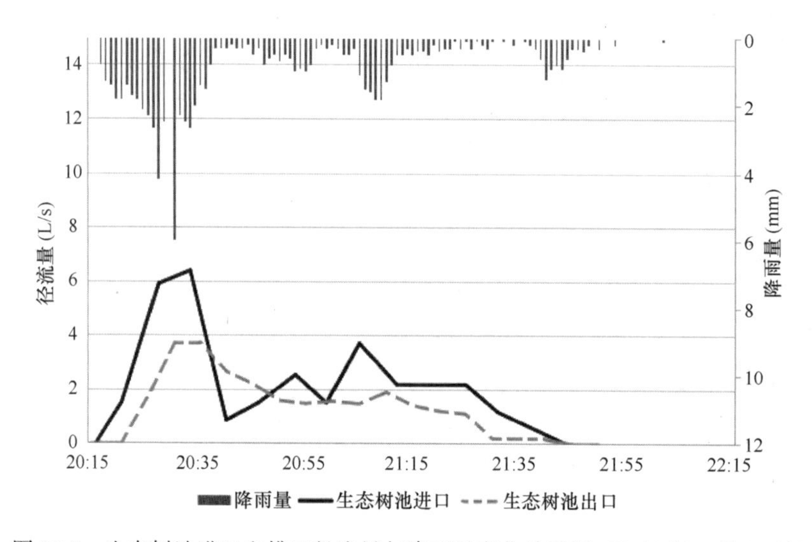

图10-9　生态树池进口和排口径流量与降雨量变化关系图（2019年5月20日）

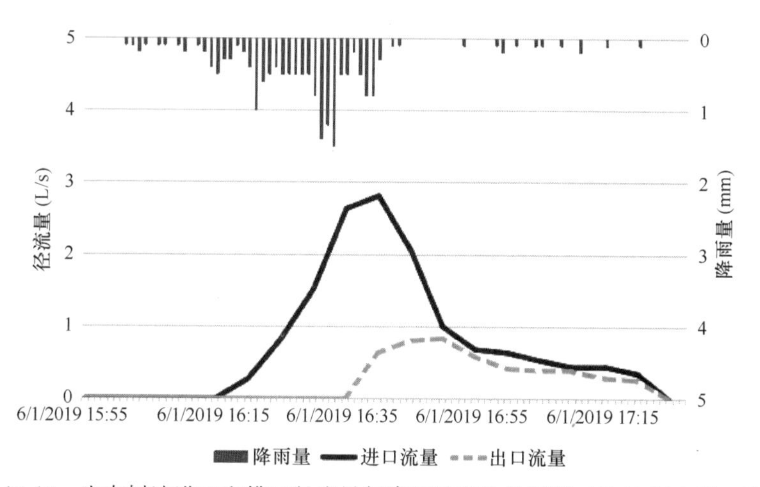

图 10-10　生态树池进口和排口径流量与降雨量变化关系图（2019 年 6 月 1 日）

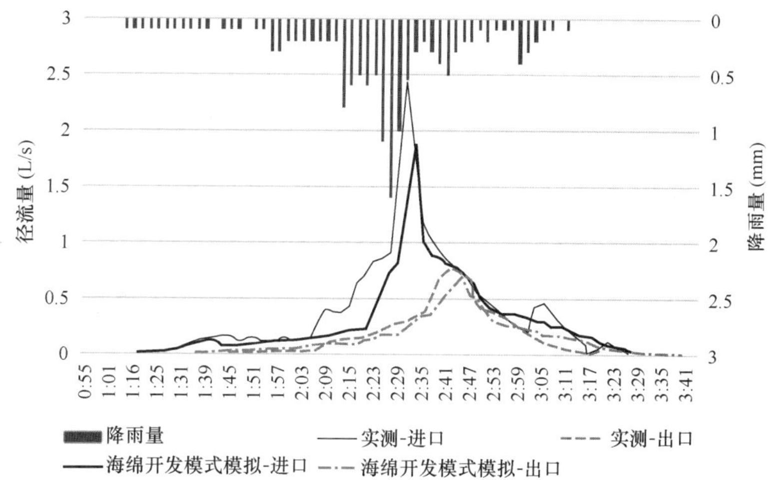

图 10-11　生态树池实测进出口径流量、海绵开发模式模拟进出口径流量与降雨量变化关系图（2020 年 4 月 4 日）

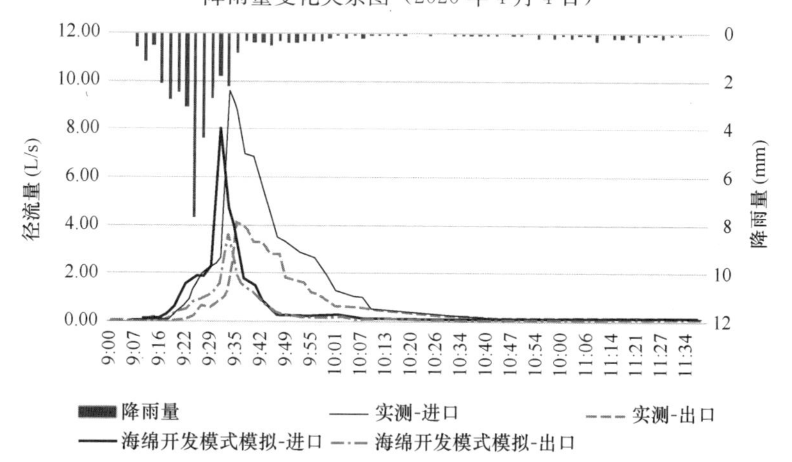

图 10-12　生态树池实测进出口径流量、海绵开发模式模拟进出口径流量与降雨量变化关系图（2020 年 6 月 7 日）

2. 植草沟

根据植草沟的进口及出口流量监测结果分析，植草沟作为典型海绵设施具有较好的径流控制效果（表 10-5、图 10-13～图 10-16）。在不同降雨条件下，减排效果基本均维持在30%左右。

不用降雨条件植草沟径流控制效果　　表 10-5

时间	降雨量（mm）	峰值雨量（mm/h）	降雨历时（min）	总进水量（m³）	总外排量（m³）	径流控制率	控制容积（m³）	峰值削减率	排水出流时间（min）	排水径流峰值较降雨峰值的延迟时间（min）
2019 年 7 月 31 日	32.3	19.5	145	2.8	1.8	35.7%	1.0	39%		5
2019 年 8 月 1 日	63.2	17.8		23	16	30.7%	7	29%		3
2020 年 4 月 4 日（模拟）	33.8	15.1	138	3.0（2.7）	2.0（1.7）	33%（37.7）	1.0	38.1%		6
2020 年 6 月 7 日（模拟）	71.1	40.8	144	25（22.4）	18（16.9）	28%（24.6%）	7	27.2%		2

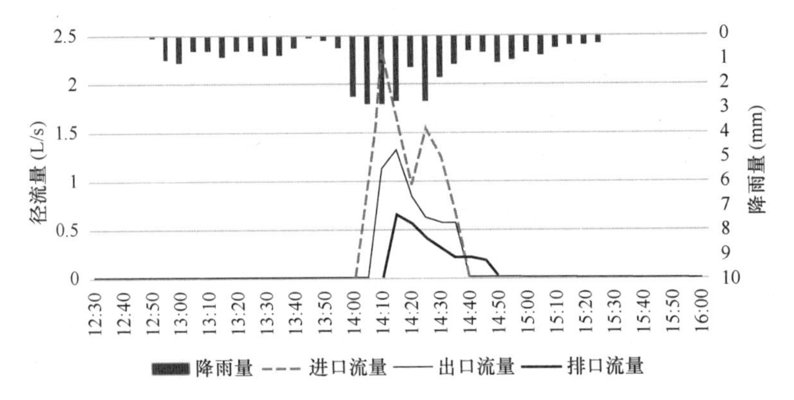

图 10-13　植草沟进口、出口和排口径流量与降雨量变化图（2019 年 7 月 31 日）

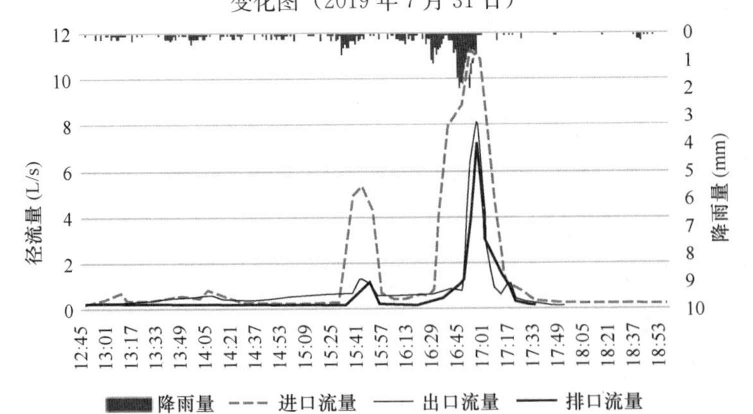

图 10-14　植草沟进口、出口和排口径流量与降雨量变化图（2019 年 8 月 1 日）

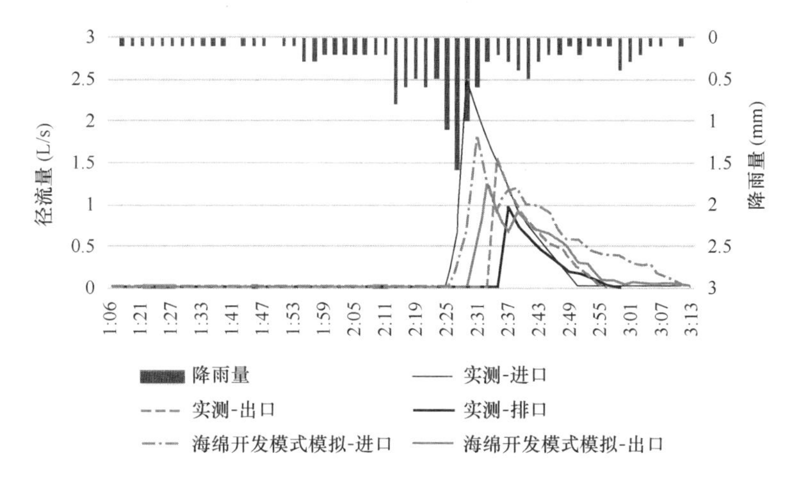

图 10-15 植草沟实测进口/出口/排口径流量，海绵开发模式模拟进出口径流量与降雨量变化图（2020 年 4 月 4 日）

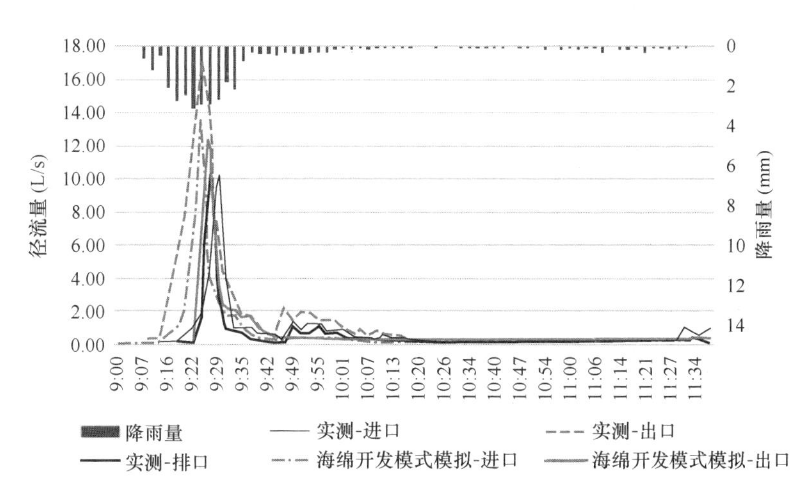

图 10-16 植草沟实测进口/出口/排口径流量，海绵开发模式模拟进出口径流量与降雨量变化图（2020 年 6 月 7 日）

10.3.2 典型项目分析评价

1. 和润家园

和润家园设计年径流总量控制率为 70%（对应降雨量为 28mm）。在 2019 年 6 月 1 日的降雨事件中，降雨量为 26.3mm，降雨等级达到大雨，峰值雨量为 17.7mm/h，降雨历时为 122min。降雨开始后第 13 分钟监测到首次出流，径流量在第 38 分钟达到峰值，峰值为 23.1L/s。与传统开发模式相比较，海绵建设模式径流量峰值延迟 5min，峰值流量削减 95.1%（图 10-17）。在本场降雨中，传统开发模式径流系数为 0.38，径流控制率 62%，海绵建设模式径流系数为 0.012，径流控制率 98.8%（模拟得到海绵建设模式径流控制率为 87.8%）。

在 2019 年 5 月 20 日的降雨事件中，降雨量为 81.1mm，降雨等级达到暴雨，峰值雨

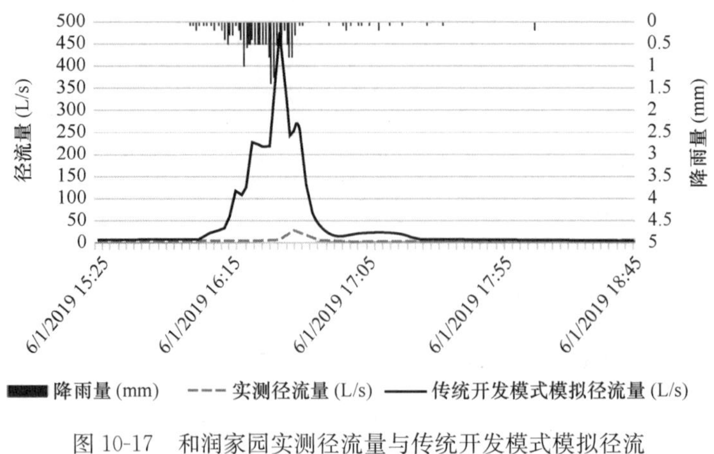

图 10-17　和润家园实测径流量与传统开发模式模拟径流对比图（2019 年 6 月 1 日）

量为 68.9mm/h，降雨历时为 97min（图 10-18）。降雨开始后第 8 分钟监测到首次出流，径流量在第 20 分钟达到峰值，峰值为 710.6L/s。与传统开发模式相比较，海绵建设模式径流量峰值延迟 4min，峰值流量削减 41.5%。在本场降雨中，传统开发模式径流系数为 0.5，径流控制率 50%，海绵建设模式径流系数为 0.262，径流控制率 73.8%（模拟得到海绵建设模式径流控制率为 68%）。

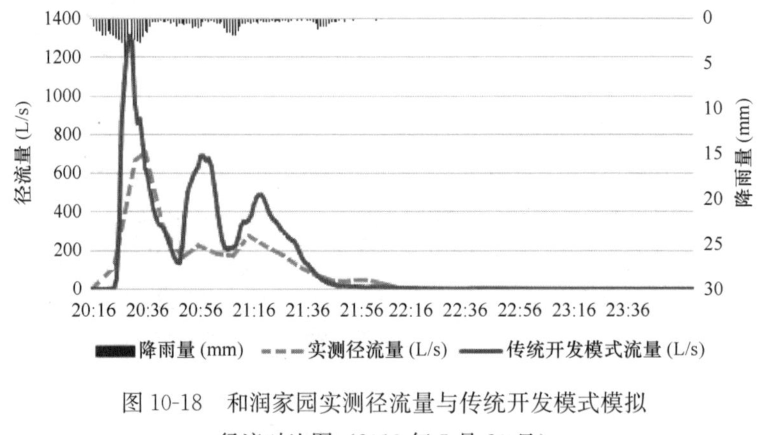

图 10-18　和润家园实测径流量与传统开发模式模拟径流对比图（2019 年 5 月 20 日）

在 2020 年 4 月 4 日的降雨事件中，降雨量为 33.8mm，降雨等级达到大雨，峰值雨量为 15.1mm/h，降雨历时为 138min，总降雨量为 1622m^3（图 10-19）。降雨开始后第 30 分钟监测到首次出流，径流量在第 92 分钟达到峰值，峰值为 47.8L/s。与传统开发模式相比较，海绵建设模式径流量峰值延迟 4min，峰值流量削减 87.6%。在本场降雨中，传统开发模式径流系数为 0.402，径流控制率 59.8%，海绵建设模式模拟径流系数 0.128，径流控制率 87.2%；实测径流系数为 0.056，径流控制率 94.4%。

在 2020 年 6 月 7 日的降雨事件中，降雨量为 71.1mm，降雨等级达到暴雨，峰值雨量为 40.8mm/h，降雨历时为 144min，总降雨量为 3413m^3（图 10-20）。降雨开始后第 9 分钟监测到首次出流，径流量在第 23 分钟达到峰值，峰值为 768.3L/s。与传统开发模式

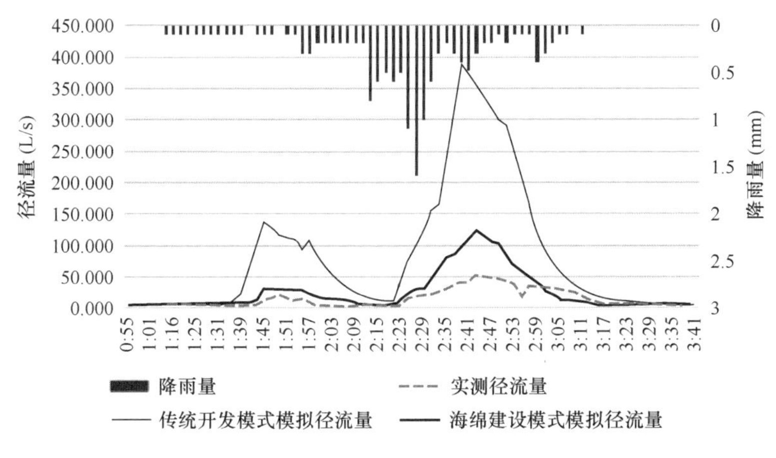

图 10-19　和润家园实测径流量、传统开发模式模拟径流与海绵建设模式模拟径流对比图（2020 年 4 月 4 日）

相比较，海绵建设模式径流量峰值延迟 2min，峰值流量削减 44.6%。在本场降雨中，传统开发模式径流系数为 0.461，径流控制率 53.9%，海绵建设模式模拟径流系数为 0.267，径流控制率 73.3%；实测径流系数为 0.236，径流控制率 76.4%。

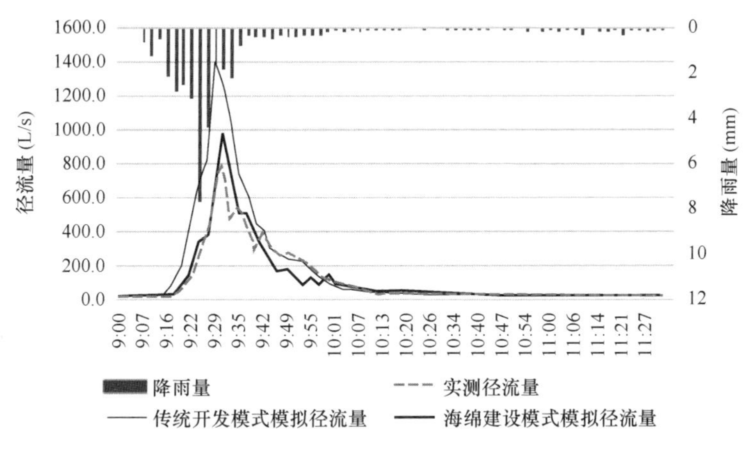

图 10-20　和润家园实测径流量、传统开发模式模拟径流与海绵建设模式模拟径流对比图（2020 年 6 月 7 日）

2. 新城公园

新城公园设计降雨量为 50mm，对应年降雨总量控制率为 85%。在 2019 年 5 月 28 日的降雨事件中，降雨量为 46.6mm，降雨等级达到大雨，峰值雨量为 35mm/h，降雨历时为 198min，总降雨量为 8388m³（图 10-21）。降雨开始后第 5 分钟监测到首次出流，径流量在第 54 分钟达到峰值，峰值为 225.5L/s，较雨量峰值延迟 15min，总外排量为 525m³，径流控制率为 93.7%。

在 2019 年 5 月 20 日的降雨事件中，降雨量为 81.1mm，降雨等级达到暴雨，峰值雨量为 68.9mm/h，降雨历时为 97min，总降雨量为 1.5 万 m³（图 10-22）。降雨开始后第 5 分钟监测到首次出流，径流量在第 15 分钟达到峰值，峰值为 1510.71L/s，较雨量峰值延

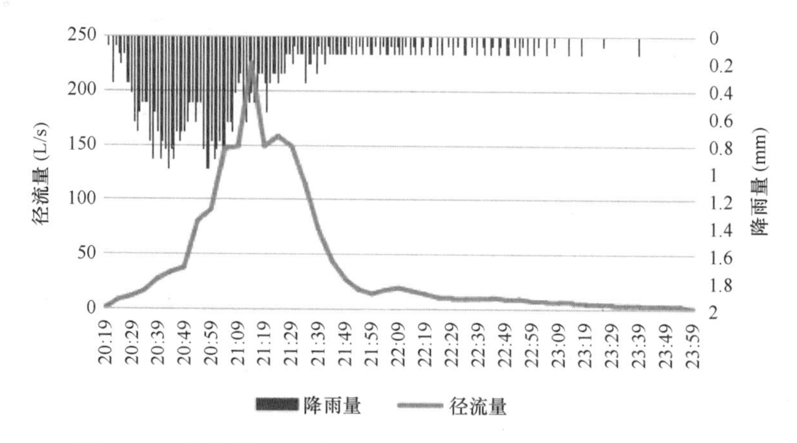

图 10-21　新城公园降雨量与径流量变化图（2019 年 5 月 28 日）

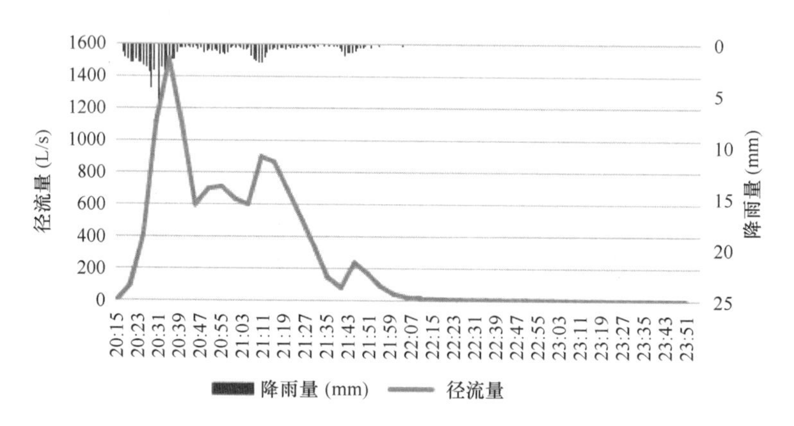

图 10-22　新城公园降雨量与径流量变化图（2019 年 5 月 20 日）

迟 5min，径流系数为 0.241，径流控制率 75.9%。

10.3.3　排水分区分析评价

1. 场次降雨分析评价

在 2019 年 5 月 20 日的降雨事件中，降雨量为 81.1mm，降雨等级达到暴雨，峰值雨量为 68.9mm/h，降雨历时为 97min（图 10-23）。降雨开始后第 3 分钟监测到首次出流，径流量在第 18 分钟达到峰值，峰值为 3286.8L/s。与传统开发模式相比较，海绵建设模式径流量峰值延迟 4min，峰值流量削减 60.3%。本场降雨中，传统开发模式径流系数为 0.42，径流控制率 58.1%，海绵建设模式径流系数为 0.446，径流控制率 75.8%（模拟得到海绵建设模式径流控制率为 74.6%）。

2 号排水分区位于东坑水流域中下游，规划年径流总量控制率目标为 72%（对应设计降雨量 30mm），故选取 2019 年 6 月 1 日的降雨事件，降雨量为 26.3mm，降雨等级达到大雨，峰值雨量为 17.7mm/h，降雨历时为 122min（图 10-24）。降雨开始后第 15 分钟监测到首次出流，径流量在第 45 分钟达到峰值，峰值为 169.6L/s。与传统开发模式相比较，海绵建设模式径流量峰值延迟 10min，峰值流量削减 93.4%。传统开发模式径流系数

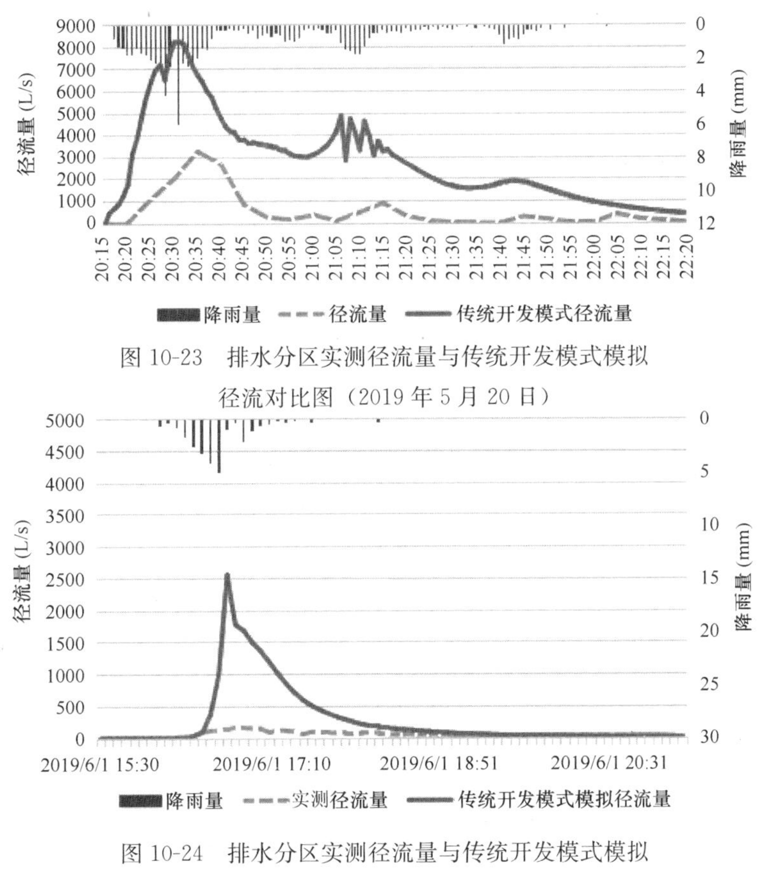

图 10-23　排水分区实测径流量与传统开发模式模拟径流对比图（2019 年 5 月 20 日）

图 10-24　排水分区实测径流量与传统开发模式模拟径流对比图（2019 年 6 月 1 日）

为 0.34，径流控制率 66%，海绵建设模式径流系数为 0.039，径流控制率 96.1%（模拟得到海绵建设模式径流控制率为 86.7%）。

在 2020 年 6 月 7 日的降雨事件中，降雨量为 71.1mm，降雨等级达到暴雨，峰值雨量为 40.8mm/h，降雨历时为 144min（图 10-25）。降雨开始后第 7 分钟监测到首次出流，

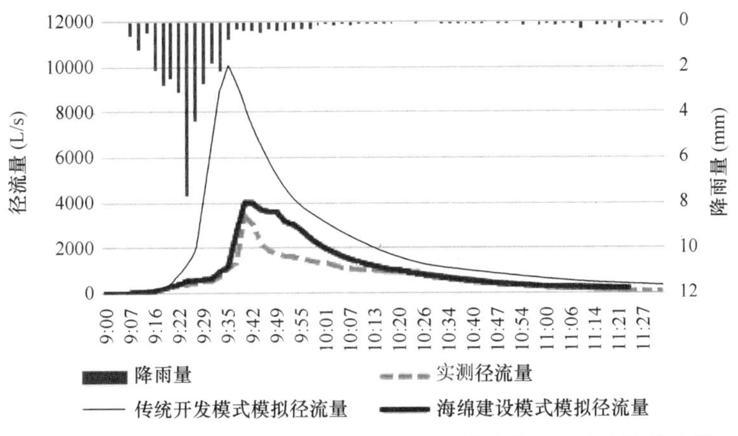

图 10-25　排水分区实测径流量、传统开发模式模拟径流与海绵建设模式模拟径流量对比图（2020 年 6 月 7 日）

径流量在第 33 分钟达到峰值，峰值为 3426.89L/s，与传统开发模式相比较，海绵建设模式下实测径流量峰值延迟 5min，峰值流量削减 65.9%。本场降雨中，传统开发模式径流系数为 0.399，径流控制率 60.1%；海绵建设模式模拟径流系数 0.279，径流控制率 72.1%；实测径流系数为 0.225，径流控制率 77.5%。

在 2020 年 4 月 4 日的降雨事件中，降雨量为 33.8mm，降雨等级达到大雨，峰值雨量为 15.1mm/h，降雨历时为 138min（图 10-26）。降雨开始后第 15 分钟监测到首次出流，径流量在第 93 分钟达到峰值，峰值为 179.05L/s，与传统开发模式相比较，海绵建设模式径流量峰值延迟 8min，峰值流量削减 91.9%。传统开发模式径流系数为 0.362，径流控制率 63.8%，海绵建设模式模拟径流系数 0.129，径流控制率 87.1%；实测径流系数为 0.054，径流控制率 94.6%。

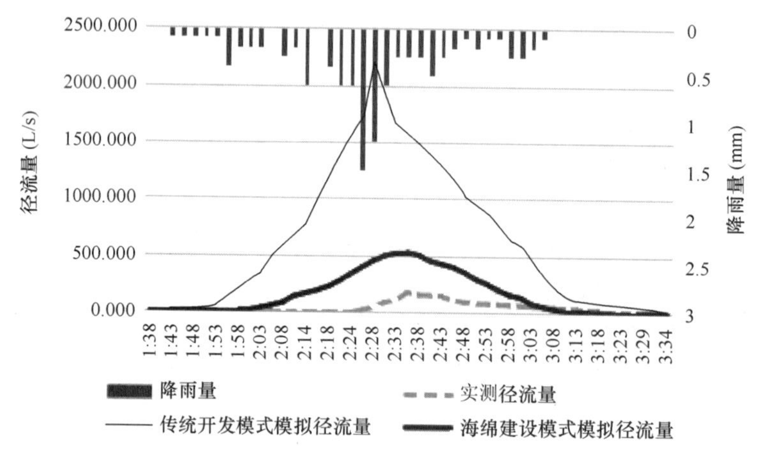

图 10-26　排水分区实测径流量、传统开发模式模拟径流与海绵建设模式模拟径流量对比图（2020 年 4 月 4 日）

2. 雨季过程分析评价

2019 年 3～9 月，2 号排水分区总降雨量 38.7 万 m^3，总排水量 7.6 万 m^3，径流总量控制率为 80.2%，其中各月径流量控制率为 63.5%～97.5%（图 10-27）。根据规划目标，该排水分

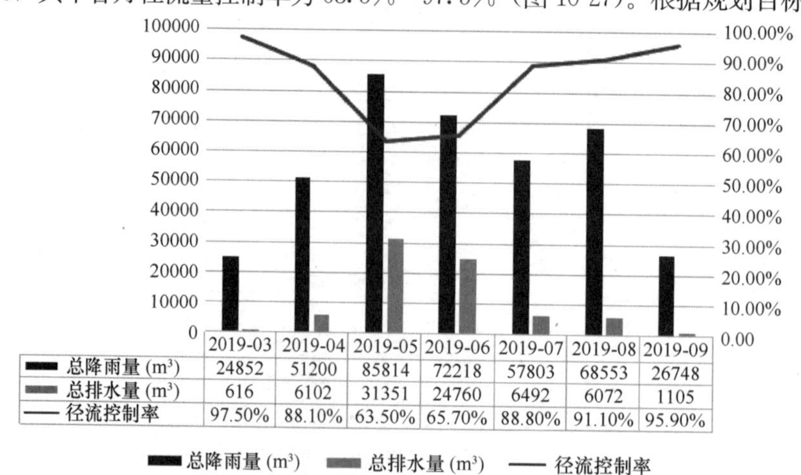

	2019-03	2019-04	2019-05	2019-06	2019-07	2019-08	2019-09
总降雨量 (m^3)	24852	51200	85814	72218	57803	68553	26748
总排水量 (m^3)	616	6102	31351	24760	6492	6072	1105
径流控制率	97.50%	88.10%	63.50%	65.70%	88.80%	91.10%	95.90%

图 10-27　排水分区 2019 年 3～9 月雨季实测径流量控制率柱状图

区的设计年径流总量控制率为72%，2019年雨季的实际径流量控制率高于规划目标。

3. 历年降雨模拟分析

根据2008～2017年连续降雨历史数据的模拟结果（图10-28），2号排水分区的年径流总量控制率为78%，控制容积为932万m^3，径流系数为0.22（表10-6）。

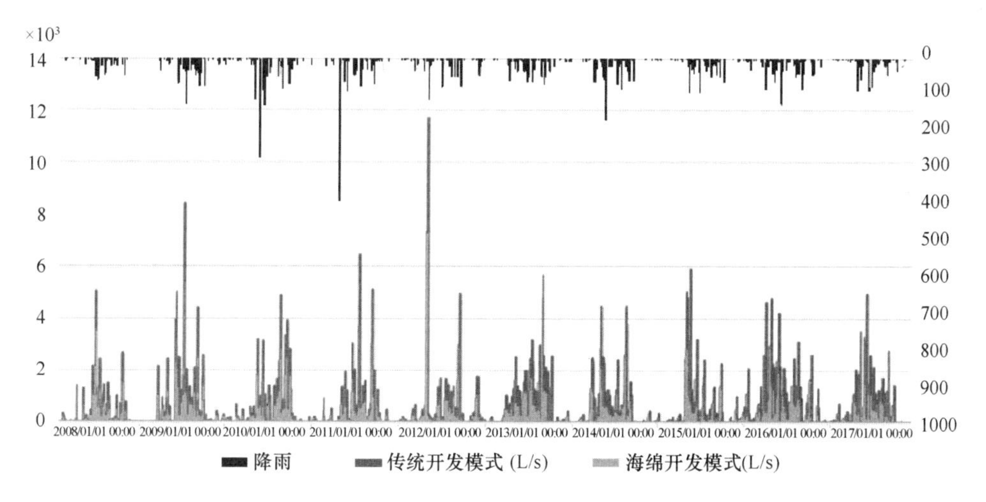

图10-28 排水分区2008～2017年连续降雨历史数据模拟结果

排水分区2008～2017年连续降雨传统一海绵城市建设效果对比 **表10-6**

年份	径流系数		年径流总量控制率		控制容积（万m^3）	
	传统开发模式	海绵建设模式	传统开发模式	海绵建设模式	传统开发模式	海绵建设模式
2008	0.36	0.26	64%	74%	69	80
2009	0.37	0.26	63%	74%	72	85
2010	0.31	0.2	69%	80%	68	79
2011	0.31	0.2	69%	80%	67	78
2012	0.32	0.22	68%	78%	76	87
2013	0.33	0.22	67%	78%	97	113
2014	0.33	0.22	67%	78%	79	92
2015	0.32	0.21	68%	79%	78	91
2016	0.33	0.22	67%	78%	126	146
2017	0.31	0.2	69%	80%	67	78
总计	0.33	0.22	67%	78%	801	932

10.4 径流污染控制监测及模型评价

10.4.1 典型设施分析评价

1. 生态树池

（1）单场降雨监测径流污染特征分析

针对生态树池中雨情景，选取2019年4月12日降雨事件，降雨量为10.9mm，降雨等级达到中雨；出流开始后第30分钟悬浮物浓度达到峰值，较径流量峰值提前30min，峰值浓度为18mg/L，随后浓度逐渐下降，且在第180分钟监测到最后一次有效浓度为6mg/L（此时径流量为9.36m³/s），本场降雨总排放悬浮物2.50kg（图10-29）。

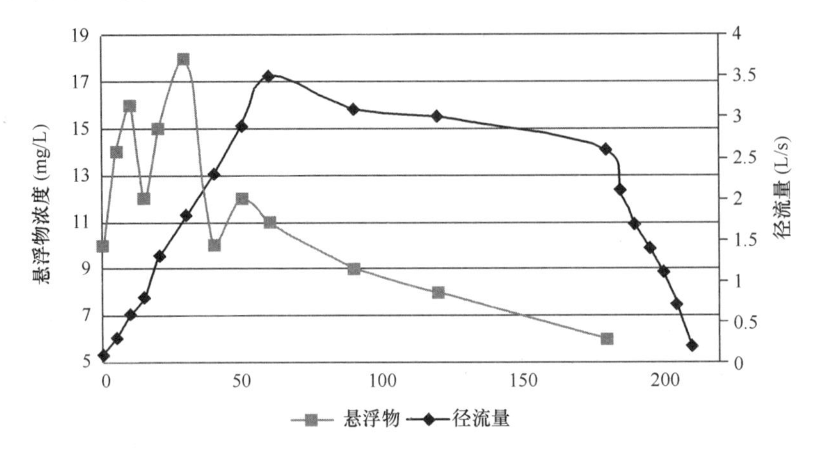

图10-29　生态树池排口径流量与SS浓度变化曲线图（2019年4月12日）

针对生态树池大雨情景，选取2018年11月25日降雨事件，降雨量为35.9mm，降雨等级达到大雨；出流开始后第5分钟悬浮物浓度达到峰值，较径流量峰值提前20min，峰值浓度为30mg/L，随后浓度逐渐下降，且在第130分钟监测到最后一次有效浓度为13mg/L（此时径流量为6.156m³/s），本场降雨总排放悬浮物5.10kg（图10-30）。

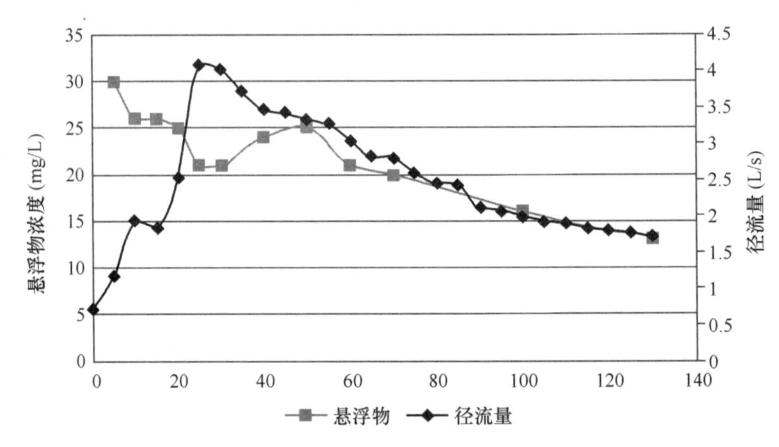

图10-30　生态树池排口径流量与SS浓度变化曲线图（2018年11月25日）

（2）单场降雨模拟径流污染特征分析

为了对典型设施的径流污染控制效果进行评价，选取2019年5月20日监测降雨，降雨量为81.2mm，分别对传统开发模式和海绵建设模式的降雨一径流SS浓度关系进行模拟，考察SS控制率的变化。模拟结果如图10-31所示。

传统开发模式出流开始后第0分钟悬浮物浓度达到峰值，峰值浓度为45mg/L，随后趋于稳定，在4mg/L左右的浓度水平变化。海绵建设模式出流开始后第0分钟悬浮物浓度达到峰值，峰值浓度为21mg/L，随后趋于稳定，在4mg/L左右的浓度水平变化，本

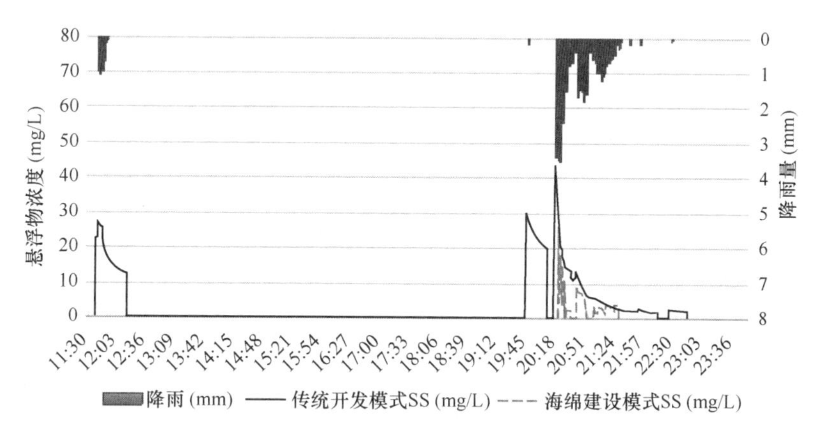

图 10-31　典型生态树池降雨 SS 关系模拟结果（2019 年 5 月 20 日）

次降雨 SS 总外排量为 9.33kg。

2. 植草沟

（1）单场降雨监测径流污染特征分析

针对新城公园植草沟排口大雨情景，选取 2019 年 7 月 31 日降雨事件，降雨量为 32.3mm，降雨等级达到大雨；出流开始后第 5 分钟悬浮物浓度达到峰值，与径流量峰值一致，峰值浓度为 15mg/L，随后浓度与径流量变化相对一致（图 10-32）。经分析，本场降雨总进入悬浮物 4.14kg，总外排悬浮物 1.62kg，悬浮物削减率为 60.8%。

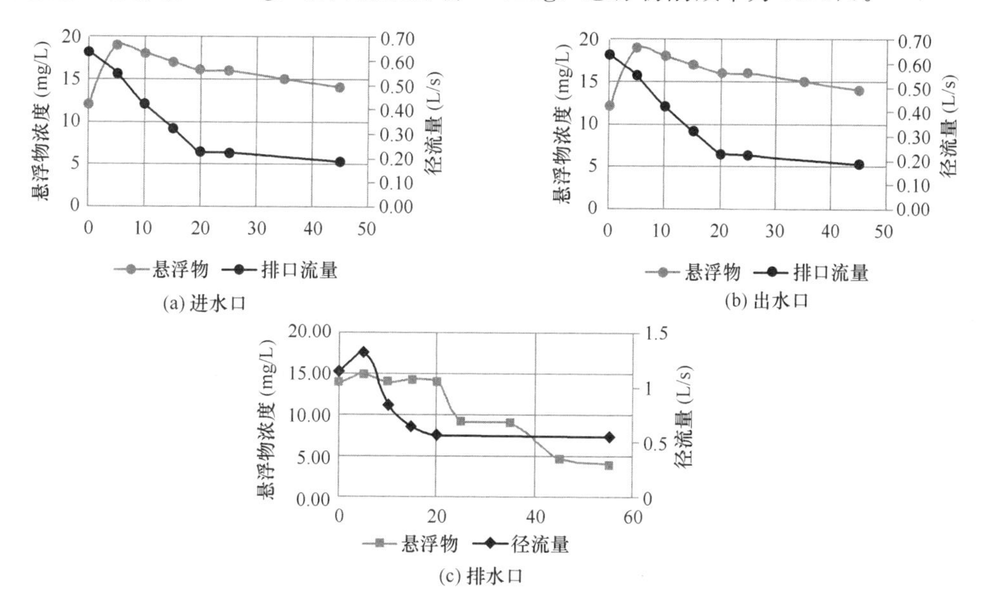

图 10-32　新城公园植草沟径流量与 SS 浓度变化曲线图（2019 年 7 月 31 日）

新城公园植草沟选取 2019 年 8 月 20 日降雨事件，分析径流污染特征。降雨量为 19.9mm，降雨等级达到中雨；出流开始后第 25 分钟悬浮物浓度达到峰值，与径流量峰值一致，峰值浓度为 18mg/L，随后浓度与径流量变化相对一致，在 55min 监测到最后一次有效浓度为 4mg/L（此时径流量为 0.3L/S）（图 10-33）。经分析，本场降雨总进入悬浮物 1.13kg，总外排悬浮物 0.26kg，悬浮物削减率为 76.9%。

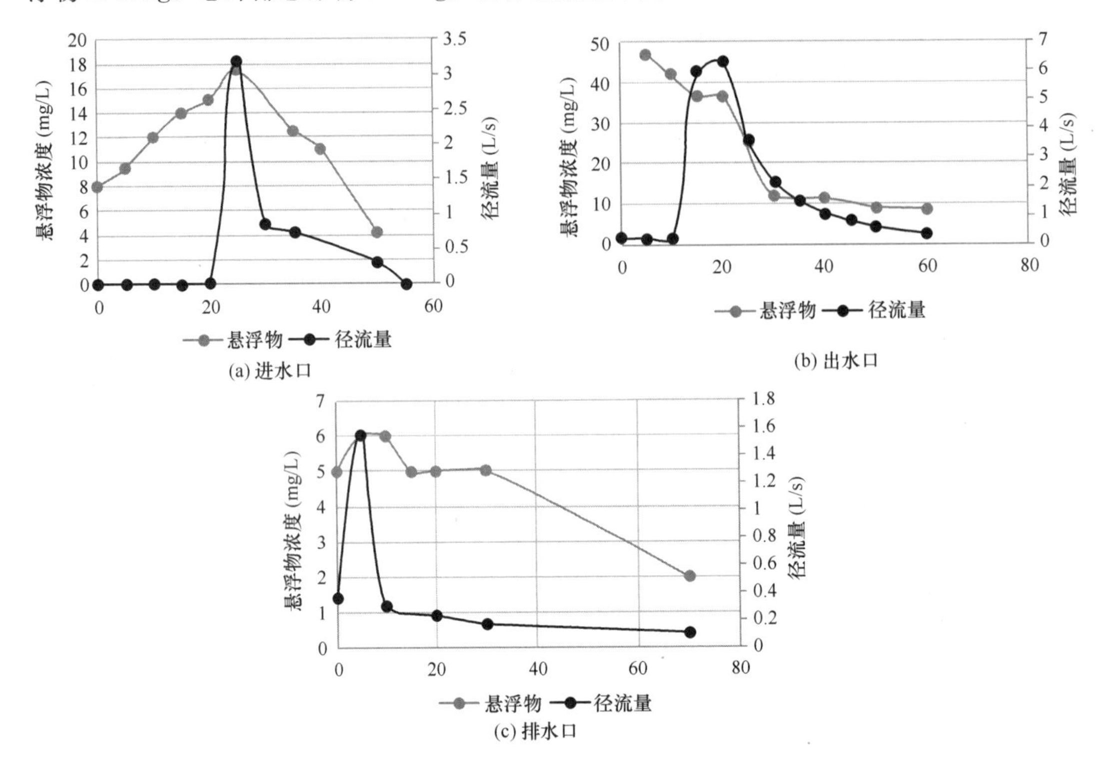

图 10-33 新城公园植草沟径流量与
SS 浓度变化曲线图（2019 年 8 月 20 日）

（2）单场降雨模拟径流污染特征分析

为了对典型设施的径流污染控制效果进行评价，选取 2019 年 5 月 20 日监测降雨，降雨量为 81.2mm，分别对传统开发模式和海绵建设模式的降雨一径流 SS 浓度关系进行模拟，考察 SS 控制率的变化。模拟结果如图 10-34 所示。

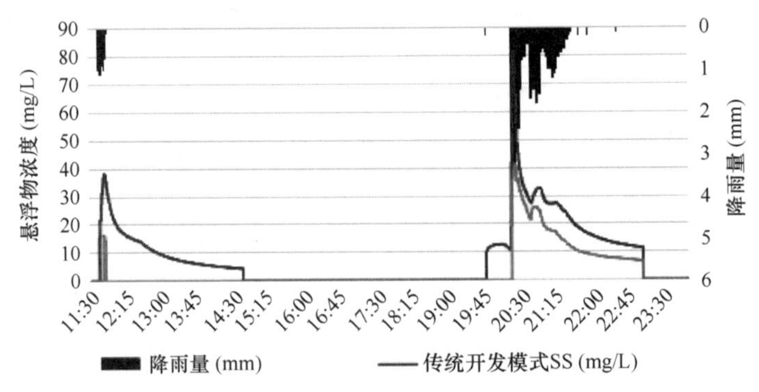

图 10-34 典型植草沟降雨 SS 关系模拟结果（2019 年 5 月 20 日）

传统开发模式出流开始后第 0 分钟悬浮物浓度达到峰值，峰值浓度为 81mg/L，随后趋于稳定，在 15mg/L 左右的浓度水平变化。海绵建设模式出流开始后第 0 分钟悬浮物浓度达到峰值，峰值浓度为 40mg/L，随后趋于稳定，在 8mg/L 左右的浓度水平变化，本场降雨 SS 总进入量为 5.01kg，本次降雨 SS 总外排量为 2.53kg，削减率为 49.4%。

10.4.2 典型项目分析评价

1. 和润家园

(1) 单场降雨监测径流污染特征分析

因和润家园监测点位中小雨场次人工采样检测结果均为未检出 SS，无法进行分析，故选一场大雨开展分析。

针对和润家园排口大雨情景，选取 2018 年 11 月 25 日降雨事件，降雨量为 62.1mm，降雨等级达到大雨；出流开始后第 15 分钟悬浮物浓度达到峰值，较径流量峰值提前 15min，峰值浓度为 276mg/L，之后浓度逐渐下降，在 75min 监测到最后一次有效浓度为 10mg/L（此时径流量为 7L/s），本场降雨 SS 总排放量 3.5kg（图 10-35）。

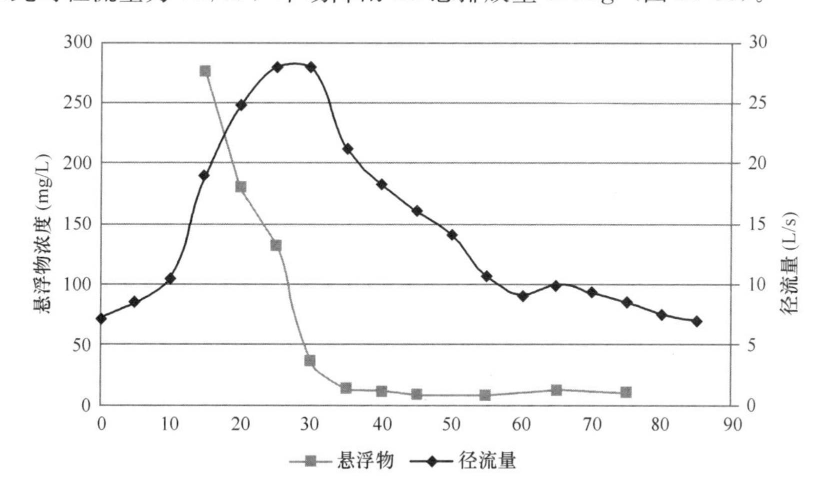

图 10-35 和润家园径流量与 SS 浓度变化曲线图（2018 年 11 月 25 日）

(2) 单场降雨模拟径流污染特征分析

为了对典型地块的污染控制效果进行评价，选取 2019 年 5 月 20 日监测降雨，降雨量为 81.2mm，分别对传统开发模式和海绵建设模式的降雨—径流 SS 浓度关系进行模拟，考察 SS 控制率的变化。模拟结果如图 10-36 所示。

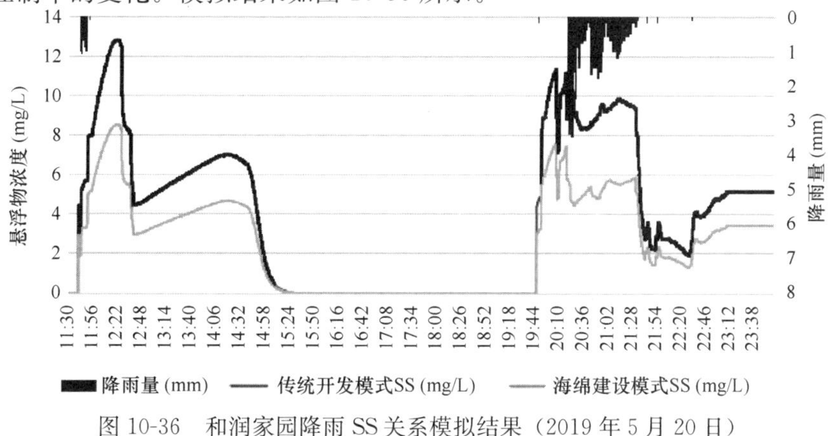

图 10-36 和润家园降雨 SS 关系模拟结果（2019 年 5 月 20 日）

传统开发模式出流开始后第 0 分钟的 SS 浓度达到峰值，峰值浓度为 13mg/L，随后趋于稳定，在 5mg/L 左右的浓度水平变化。海绵建设模式出流开始后第 0 分钟的 SS 浓度达到峰值，峰值浓度为 8mg/L，随后趋于稳定，在 4mg/L 左右的浓度水平变化，本次降雨 SS 总外排量为 11.13kg，SS 削减率为 58%。

2. 新城公园

（1）单场降雨监测径流污染特征分析

新城公园选取 2019 年 6 月 12 日降雨事件，分析径流污染特征。6 月 12 日降雨量为 13mm，降雨等级达到中雨；出流开始后第 10 分钟的 SS 浓度达到峰值，较径流量峰值提前 10min，峰值浓度为 55mg/L，之后浓度逐渐下降，在第 140 分钟监测到最后一次有效浓度为 4mg/L（此时径流量为 4.9L/s），本场降雨 SS 总排放量 7.5kg（图 10-37）。

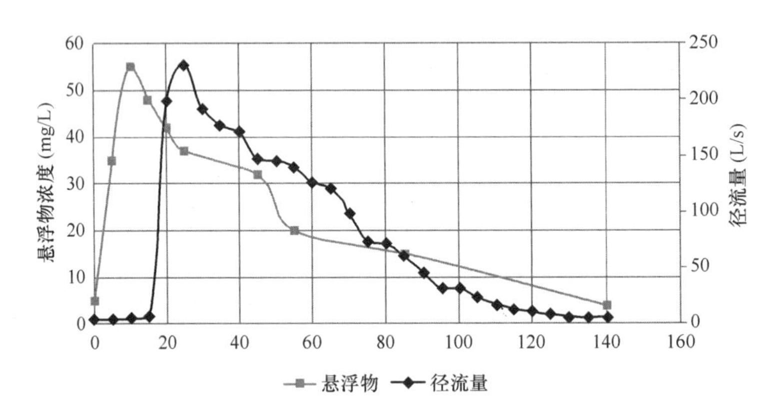

图 10-37 新城公园径流量与 SS 浓度变化曲线图（2019 年 6 月 12 日）

（2）单场降雨模拟径流污染特征分析

为了对典型地块的污染控制效果进行评价，选取 2019 年 5 月 20 日监测降雨，分别对传统开发模式和海绵建设模式的降雨一径流 SS 浓度关系进行模拟，考察 SS 控制率的变化。模拟结果如图 10-38 所示。

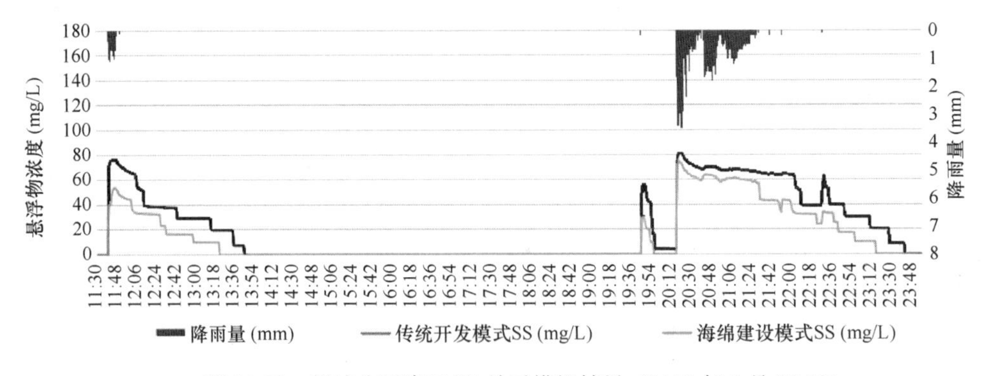

图 10-38 新城公园降雨 SS 关系模拟结果（2019 年 5 月 20 日）

选取 2019 年 5 月 20 日降雨事件，降雨量为 81.2mm，降雨等级达到大雨；传统开发模式出流开始后第 0 分钟的 SS 浓度达到峰值，峰值浓度为 81mg/L，随后趋于稳定，在

15mg/L 左右的浓度水平变化。海绵建设模式出流开始后第 0 分钟的 SS 浓度达到峰值，峰值浓度为 51mg/L，随后趋于稳定，在 10mg/L 左右的浓度水平变化。本次降雨 SS 总外排量为 85.27kg，SS 削减率为 34%。

10.4.3 排水分区分析评价

1. 单场降雨海绵建设成效分析

2 号排水分区位于东坑水流域中下游，规划年径流总量控制率目标为 72%（对应设计降雨量为 30mm），故选取 2019 年 6 月 1 日的降雨事件，降雨量为 26.3mm。SS 峰值浓度为 211.9mg/L，单位面积产泥量为 1.27kg/hm^2（图 10-39）。与传统开发模式相比较，SS 总量削减 97.2%。

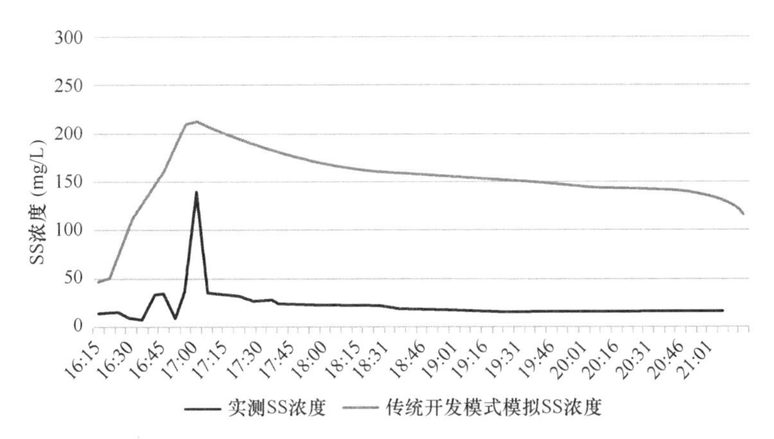

图 10-39 排水分区实测 SS 浓度与传统开发模式模拟 SS 浓度对比图（2019 年 6 月 1 日）

2. 历年连续降雨模拟污染物控制特征分析

为对 2 号排水分区的海绵实施面源污染控制效果进行科学评估，建立了光明区海绵城市数学模型，通过模型模拟可以初步得出结论，2 号分区的海绵城市建设后 SS 削减率为 68%（图 10-40）。

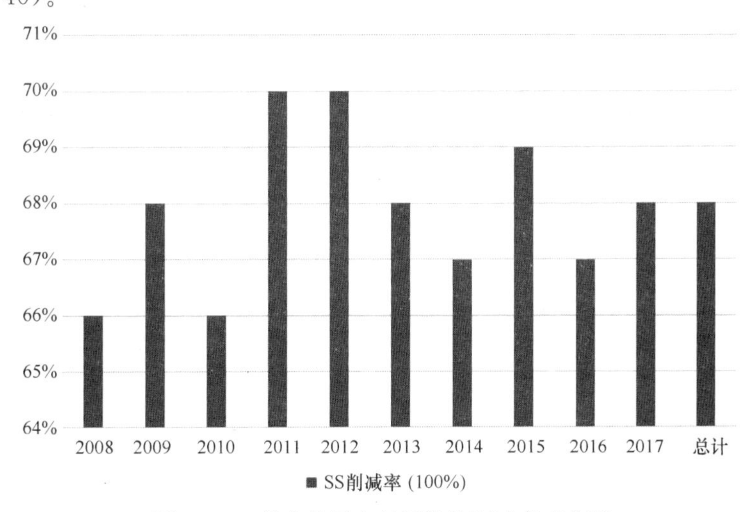

图 10-40 排水分区十年污染物削减率变化图

10.5 水体环境质量评价

在2号排水分区的东坑水流域下游设置一个监测点H-3，监测了该点位2018年7月～2019年9月的COD_{cr}、NH_3-N和TP等指标，通过水质监测评价海绵城市建设后与海绵城市建设前的东坑水水质变化情况。

10.5.1 海绵城市建设前

具备CMA资质的第三方检测机构在2015年对东坑水开展日常的水质检测，结果如表10-7所示。

2015年东坑水水质情况（单位：mg/L） **表10-7**

项目	4月	5月	6月	7月	9月	10月	11月		12月
高锰酸盐指数	16.5	7.53			4.99		8.40		
化学需氧量	81.2	28.00	12.70	10.00	11.70	39.60	32.90	22.00	18.10
生化需氧量	29.3	8.30			5.90		5.70		
氨氮	18.80	19.00			7.70		7.16		
总氮	20.6	19.00			10.00		8.29		
总磷	1.600	1.32	0.48	0.34	0.52	0.54	0.21	0.50	0.58
悬浮物	11.0				8.00		5.00		
铜	0.02L	<0.02			<0.01		<0.02		
锌	0.02L	<0.02	<0.02	0.06	0.03	<0.02	<0.02	0.04	0.03
镍	0.01L	<0.0010			<0.01		<0.02		
锰	0.294	<0.02			0.01		<0.02		
氟化物	0.44	0.59	0.89	1.33	1.47	0.97	0.65	0.75	0.51
镉	0.0005L	<0.0005			<0.0005		<0.00050		
六价铬	0.000	0.00			0.00		0.00		
铅	0.003	<0.0025			<0.0025		<0.00250		
挥发酚	0.004	0.0010			0.0032		0.0058		
石油类	0.36	0.21			0.11		0.05		
阴离子表面活性剂	1.32	0.05			0.05		0.05		
硫化物	0.203	0.01			<0.005		<0.005		

检测结果表明，2015年东坑水水质较差，氨氮和总氮等指标各月份监测数据均高于《地表水环境质量标准》GB 3838—2002中Ⅴ类水体的限值，因此，海绵城市建设前东坑水的水质为劣Ⅴ类。

10.5.2 海绵城市建设后

自2018年7月～2019年7月在东坑水下游（H-3）开展水质监测，化学需氧量、总磷和氨氮水质变化情况如图 10-41 所示。

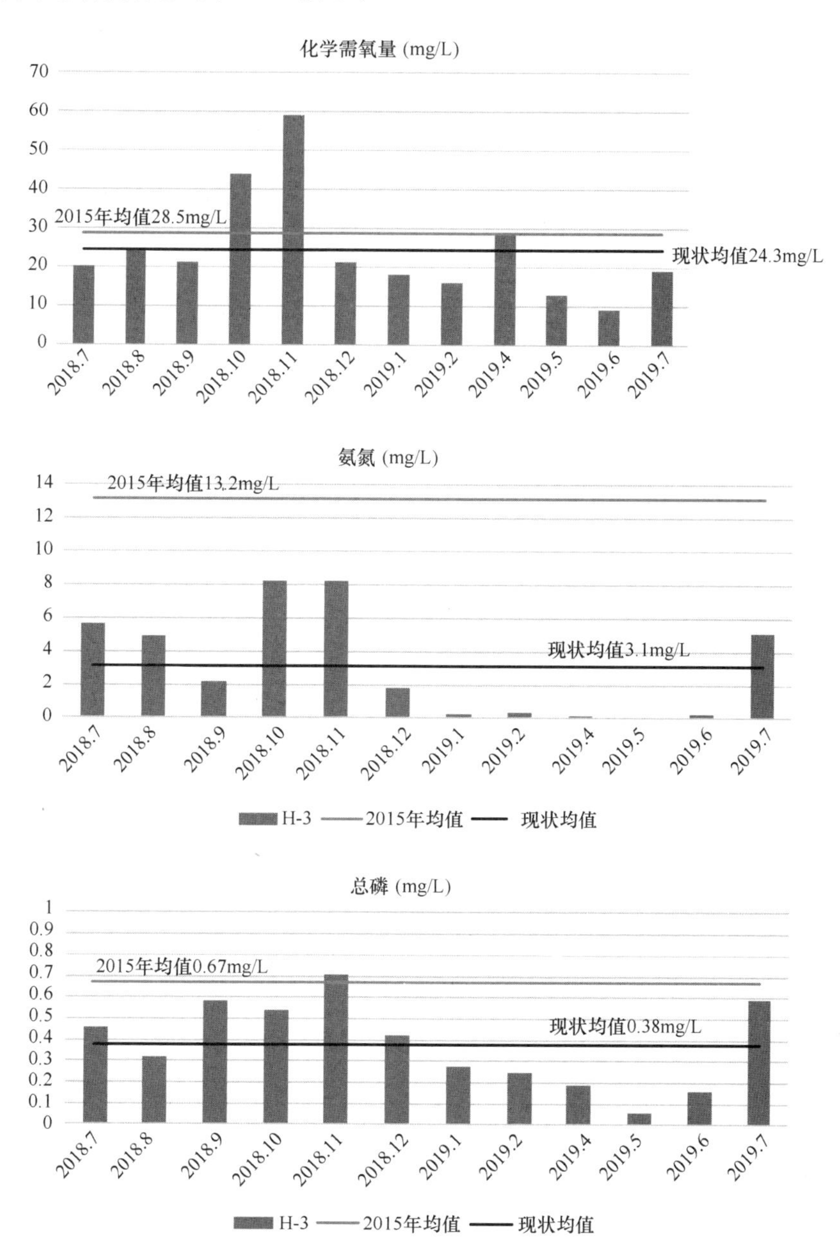

图 10-41　海绵城市建设前后东坑水主要水质指标对比柱状图

从监测结果可以看出，2018 年 7 月～2019 年 7 月 H-3 水质逐渐改善，2019 年水质基本达到《地表水环境质量标准》Ⅳ类水质，COD_{cr}、TP 和 NH_3-N 指标的检测结果明显优于 2015 年。其中化学需氧量除 2 次监测结果相对较差外，其他均优于Ⅳ类标准，COD_{cr} 均值 24.3mg/L，低于 2015 年均值 28.5mg/L。TP 除 2018 年 11 月检测结果高于 2015 年均值外，其他检测结果均低于 2015 年均值；TP 均值为 0.38mg/L，远低于 2015 年均值 0.67mg/L。NH_3-N 平均浓度为 3.1mg/L，远低于 2015 年均值 13.2mg/L。

10.6 绩效监测及模型评价总结

根据2号排水分区监测及模型评价结果，年径流总量控制率、内涝防治标准、雨污管网分流、新建雨水管渠设计标准4项建设目标的建设成效如下：

年径流总量控制率建设目标为72%，根据模型利用2008～2017年连续降雨模拟的结果，2号排水分区的年径流总量控制率为78%，达到目标要求。

内涝防治建设目标为“消除积水点”，根据实际监测以及模型模拟结果，在50年一遇降雨条件下，试点前的2处积水点已消除，且未出现新增积水点。

雨污管网分流比例目标为100%，通过实施污水支管网工程和接驳完善等工程，已消除雨污混接；根据监测结果，2号排水分区已实现雨污分流。

新建雨水管渠设计标准建设目标为“5年一遇”，根据管网排水模型对排水能力评估的结果，新建雨水管渠已达到该目标要求。

第11章　典　范　项　目

11.1　深圳实验学校光明部

11.1.1　项目概况

深圳实验学校光明部（原名深圳光明第十高级中学）位于深圳市光明区东坑水流域中下游片区，毗邻光明大道、华裕路，属光明区海绵试点区域2号排水分区。深圳实验学校光明部东面和南面为新城公园，西南面隔公园路为光明区政府，西北面、北面隔城市道路均为保障性住房。项目用地面积90493.06m^2，建设工程包含教学楼、食堂、宿舍楼、体育馆、图书馆、行政办公楼等（图11-1）。该项目海绵城市建设主要以初期雨水处理及分散式雨水回收利用为主，通过落实海绵城市建设理念，大大提升区域人居环境。

该项目海绵城市建设工程通过改变传统雨水排水方式，因地制宜布设下沉式绿地、透水铺装等雨水净化、收集、存储设施，同时也利用传统雨水系统进行雨水的溢流排放。

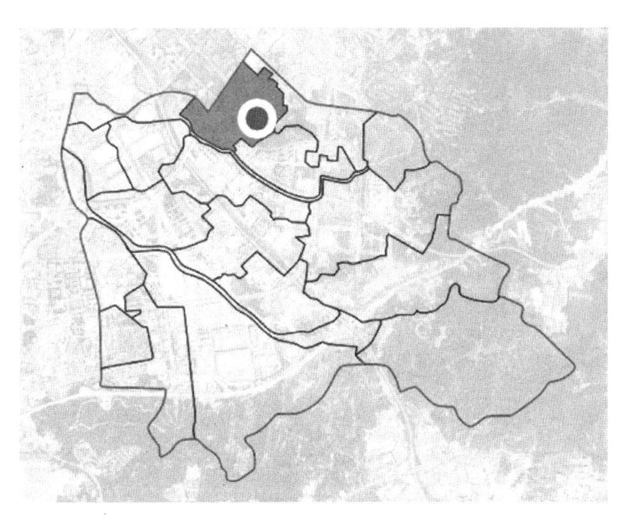

图11-1　项目区位图

11.1.2　项目技术方案

项目具体设计方案如下：

（1）项目区域中的道路结合景观设计，在绿地中布置下沉式绿地；区块内的雨水优先流入海绵设施，净化后流入市政管网；

（2）教学办公区内部庭院铺设透水铺装；

（3）操场北侧设置雨水回用池，回用雨水浇洒绿化及冲洗操场；

（4）遵循暴雨处理为主、景观设计为辅的设计方针。

综合考虑地形、周边市政条件及本项目室外雨水管网图进行汇水分区划定，将地块划分为3个汇水分区，如图11-2所示，雨水径流实现分区控制。综合考虑汇水分区各方面优缺点因素，每个汇水分区主要从绿地、道路、排水系统三方面考虑，可采用的海绵技术措施有绿色屋顶、透水铺装以及下沉式绿地等。

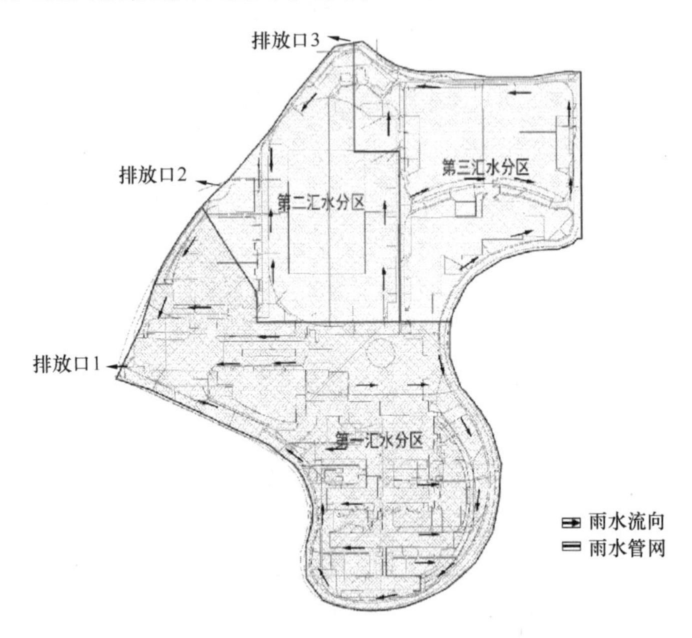

图11-2　雨水汇水分区和雨水流向图

本项目海绵城市建设方案主要以雨水净化、入渗为主，应用海绵城市设施，削减道路面源污染（图11-3）。

1. 建筑屋面雨水

主要径流组织路径如下：

（1）屋面排水立管→下沉式绿地→市政雨水管网；

（2）屋面排水立管→绿地→下沉式绿地→市政雨水管网；

（3）屋面排水立管→下沉式绿地→调蓄池→市政雨水管网；

（4）屋面排水立管→绿地→下沉式绿地→调蓄池→市政雨水管网。

2. 道路雨水

项目内部铺装采用透水铺装，透水铺装结构从上到下分别为50mm厚石材平铺、50mm粗砂夯实、200mm透水级配碎石、土工布、压实土基。垫层中设置排水管将入渗雨水引入雨水管中。主要径流组织路径如下：

（1）降雨→沥青路面→市政雨水管网；

（2）降雨→透水铺装入渗→市政雨水管网；

（3）降雨→透水铺装入渗→调蓄池→市政雨水管网；

（4）降雨→沥青路面→调蓄池→市政雨水管网。

3. 绿地雨水

项目内部集中绿地采用下沉式绿地设计，下沉深度为100～200mm，溢流口顶部标高一般应高于绿地120mm。

主要径流组织路径如下：

（1）绿地雨水→下沉式绿地→市政雨水管网；

（2）绿地雨水→市政雨水管网。

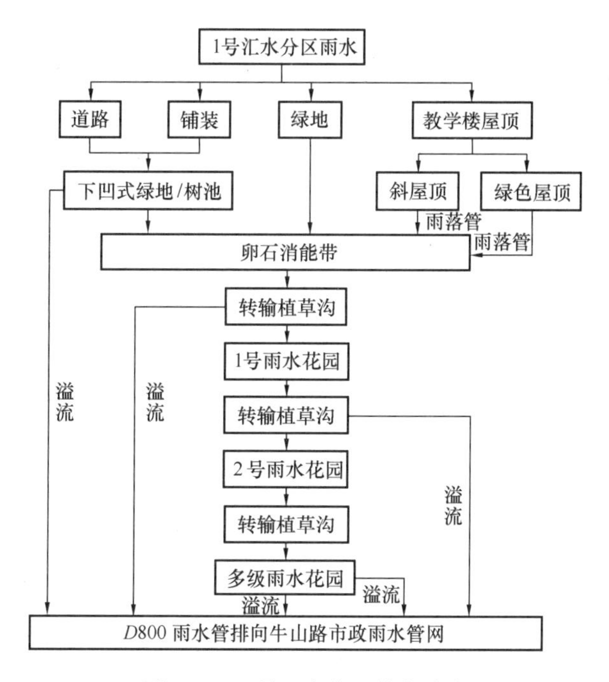

图11-3 1号汇水分区技术路线

本项目主要海绵技术特色总结如下：

（1）通过海绵城市建设，将山体雨水与场地雨水进行分流排放；

（2）将海绵设计与景观设计进行充分融合，实现功能与美观双提升；

（3）通过打造海绵型校园典范项目，有助于开展海绵和节水的科普、教育示范；

（4）景观设计以打造学校景观门户为目标，因地制宜地设计阶梯花园，以凤凰木和太湖石为主景，结合花境组团、砾石铺地等景观设计形成层次丰富、干净简洁的校园门户景观；

（5）多级雨水花园设于校门口陡坡下方，总面积为178m^2，承接周边约800m^{2}硬化地面雨水，设计控制降雨量约为44mm。

11.1.3 项目实施效果

该项目海绵城市实施效果主要体现在三个方面（图11-4）：

第一，绩效目标方面，根据模型模拟评估结果，该项目通过落实海绵城市建设理念，年径流总量控制率约为70.3%，污染物削减率（以SS计）为58%，满足海绵城市系统化方案的目标要求，径流总量削减分区贡献率为11.2%；

第二，内涝消除方面，该项目在3年一遇设计重现期下的外排雨水峰值削减率为18%，峰值延后8min，减缓了对原牛山路历史内涝点的影响；

第三，社会和环境效益方面，借助该项目开展“校园处处见海绵”宣传，对在校学生起到良好的教育示范作用。

图11-4　深圳实验学校光明部海绵城市建成效果实景图（一）

图 11-4　深圳实验学校光明部海绵城市建成效果实景图（二）

11.2 光明文化艺术中心

11.2.1 项目概况

光明文化艺术中心位于深圳市光明区观光路东北侧，东南侧为汇新路，东北侧为公园路。项目用地红线呈近似正方形，占地面积为 37871.53m²，用地类型为文化设施用地（A2），地势东高西低，靠近观光路侧地势较低，高度差为 11～12m。建筑体量为地上七层、地下二层。建筑高度为 50m。建筑的使用功能为演艺中心、图书馆、文化综合中心和美术馆。地下室为设备用房及汽车库。建筑周边规划有绿化、道路和广场，屋顶规划有屋顶绿化花园。

该项目是深圳市光明区最重要的文化艺术地标，致力于打造“光明海绵艺术园”，将海绵城市理念和技术融入光明区标志性的特色田园景观中，形成具有前瞻性的特色公共文化艺术空间，实现项目的多重价值叠加效应。

11.2.2 项目技术方案

项目具体技术方案如下：

（1）采用下设渗管的绿色屋顶、生物滞留池、雨水花园和地下蓄水箱，作为控制雨水径流的海绵措施，根据周边建筑分布情况，划分成两个子汇水区进行分散式雨水径流消纳处理。场地东北高、西南低，通过利用场地自然坡度进行雨水漫流收集，在高差较大的地方采用台地雨水花园和挡水坎等设计实现收水。

（2）采用屋顶花园、透水铺装、植草沟、生物滞留池、雨水花园和地下蓄水箱等海绵设施，进行区域雨水的滞留、调蓄、净化和储存回用。雨水径流通过屋顶花园、透水铺装、植草沟初步过滤和下渗，再排入生物滞留池（复杂型海绵设施）进行净化，通过形成系统的雨水径流净化过程，干净的雨水收集到地下蓄水箱，回用到场地水景和绿化浇灌，最终达到场地雨水资源回用最大化的功效。暴雨时超标雨水通过溢流雨水口直接排至市政雨水管。

（3）在满足海绵城市建设目标指标要求的同时，在市民科普方面进行景观化处理，其中台地型雨水花园通过玻璃展示结构，可以直观展示海绵设施基础雨水净化和收集的原理，通过搭配耐淹耐旱的植物进行景观设计。

具体的海绵城市建设内容如下：

（1）生物滞留设施

下沉式生物滞留池（含雨水花园）面积为 1031m²，与铺装采用平道牙衔接，绿地表面较硬质铺装下凹 200mm，周边雨水通过进入生物滞留池滞蓄净化后收集到地下蓄水箱。在项目基地西北角专门设置台地型雨水花园，直观地进行雨水花园结构的展示与科普。

（2）透水铺装

透水铺装面积为 4980.03m²，采用仿石材透水砖材料，与石材铺装混铺，达到广场高品质景观与生态高透水功能的要求。

（3）雨水回用系统

在地下室设置一套雨水收集回用设备，项目屋面及室外的大部分雨水通过该系统收集处理后，回用于项目基地的绿化和水景补水，蓄水池总规模为730m^3。

（4）屋顶绿化

屋顶绿化面积为3021.2m^2，有效削减硬质屋顶径流系数，对区域雨水起到了较好的控制作用。

项目主要海绵技术特色总结如下：

（1）通过海绵城市与景观设计的深度结合，实现良好的景观品质。

（2）通过新型海绵城市设施、材料、工艺的应用，探索海绵城市建设路径的更多可能性。

（3）采用绿色屋顶及雨水管断接技术，屋面雨水通过地面雨水调蓄设施进行生态净化，再进入地下蓄水箱，实现雨水就地收集回用。

（4）增加海绵城市生态科普展示性设计。通过一系列海绵城市展板、互动装置和玻璃结构箱体，直观展示海绵城市雨洪控制的过程及其结构，社会和环境效益显著。

（5）运用独特的超标雨水控制设计。水景自动控制系统可在暴雨灾害到来之前排空地面水景中的水，将水景作为临时蓄水池，相当于额外增加648m^3的雨水调蓄容积，大大提升雨水管理能力。

11.2.3　项目实施效果

项目通过布设生物滞留设施、透水铺装、屋顶绿化、雨水调蓄池等灰绿结合的海绵设施，有效控制地块雨水径流的排放，减小市政排水系统的排水压力，因地制宜实现了对项目基地雨水径流的峰值和流量控制，达到了源头控制的效果，提升了整体环境品质效果①。同时，雨水回用系统也提高了项目的雨水利用率。经模型模拟评估，该项目年径流总量控制率可达到70%的海绵城市建设目标（图11-5）。

图11-5　文化艺术中心海绵城市建成效果实景图（一）

① 史志广，由阳，杨柳．技术标准在海绵城市建设中的支撑作用［J］．给水排水，2019，55（4）：63-66，71.

图 11-5　文化艺术中心海绵城市建成效果实景图（二）

11.3　开明公园

11.3.1　项目概况

开明公园位于深圳市光明区东坑水流域下游片区，龙大高速光明出口右侧，属于光明区海绵试点区域 1 号排水分区。项目用地面积为 9.6hm^2，占排水分区比例为 14.9%。项目于 2018 年 3 月开工建设，2018 年 8 月完工，是深圳光明海绵试点建设中的海绵型公园绿地建设项目的典范之一（图 11-6、表 11-1）。

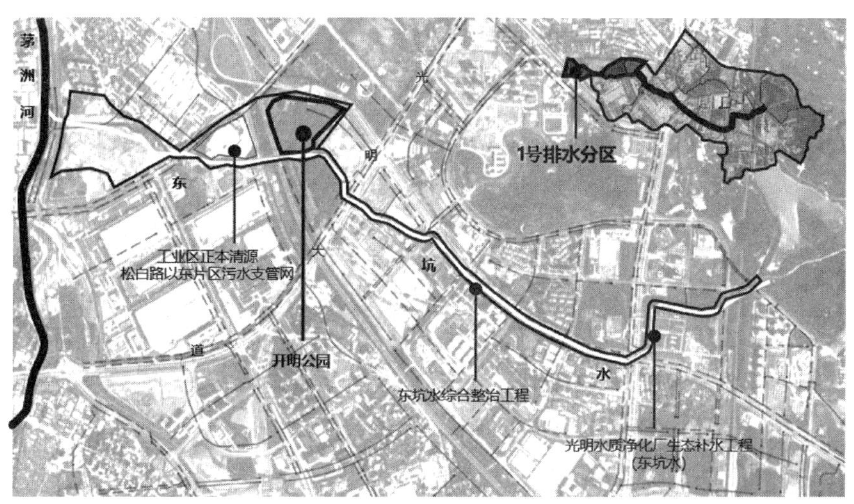

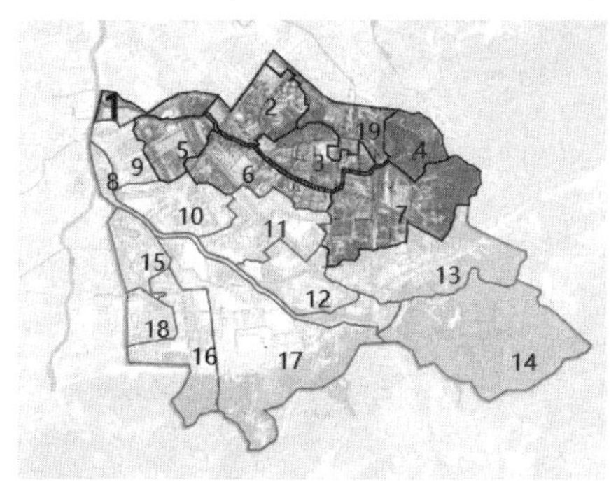

图 11-6 项目区位图

开明公园基本情况表 **表 11-1**

分区总面积	64.32hm²	
分区特点	水土流失问题严重，水质较差，生态破坏问题严重，排洪压力巨大	
是否消除黑臭、内涝	是	
绩效指标	试点前	目标
天然水域面积保持程度	现状水域面积 10.5hm²	100%（10.5hm²）
生态岸线恢复比例	现状生态岸线 2.44km	100%（5.30km）
地表水环境质量标准	不黑不臭	不黑不臭且优于试点前
直排污水控制	漏排污水约 2750m³/d	旱天污水无直排
防洪标准	基本满足 50 年一遇	50 年一遇
防洪堤达标率	未达标	100%

11.3.2 项目技术方案

项目所在地块开发建设前为弃土高地，紧邻东坑水，每逢降雨冲刷裸土后，产生严重的水土流失问题，对东坑水水质造成影响并淤堵河道，对区域防洪安全十分不利（图 11-7、图 11-8）。对此，项目建设提出以生态修复、固土复绿保水为主要目标，同时

建设前为荒地杂草丛生

位于东坑水下游水质污染严重

图 11-7　开明公园建设前照片

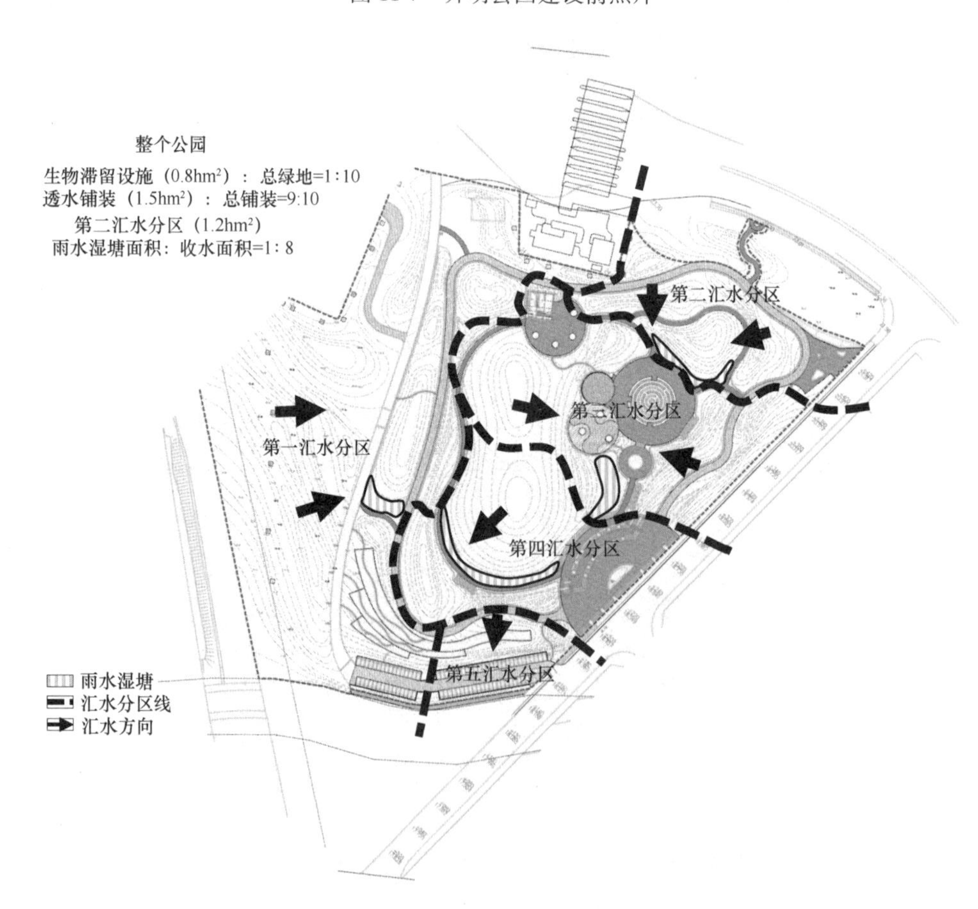

图 11-8　开明公园平面图

作为源头减排类项目，需严格落实海绵管控要求，力争实现70%年径流总量控制及SS削减率为48.5%的初雨污染控制要求。基于以上建设目标，项目方案设计过程对海绵设施规模、汇水面积、场地竖向均进行了精细化设计（图11-9）。

图11-9　开明公园建成后航拍照片

具体的海绵城市建设内容如下：

（1）以雨水湿塘为核心进行海绵设施布局。结合场地竖向设计，划分为5个汇水分区，每个汇水分区的最低点设置一处核心生物滞留设施即雨水湿塘。项目基地内雨水经地表或植草沟转输汇入雨水湿塘，塘内设有溢流口，以此形成系统完善的雨水径流组织。同时，加强对设施靠路基一侧的防渗处理。进一步探索湿塘维护经验，并写入光明区海绵型公园运维细则。

（2）构建完整的海绵生态骨架及节点。将弃土场打造为休闲公园的同时，实现复合的海绵生态功能，对已经受损的建成区域进行生态修复和提升，成为“光明绿环”公园规划体系中的重要节点，形成系统完善的海绵生态骨架（图11-10）。

图11-10　开明公园在光明绿环建设中的定位

11.3.3 项目实施效果

在海绵城市整体实施成效方面，项目建成后生态修复效果显著，不仅很好地解决了区域水土流失问题，对东坑水水质改善也起到显著作用；在自身基地径流控制方面，经评估，年平均径流总量控制率为 82.5%，径流污染去除率可以达到 67.5%；在减轻降雨峰值影响方面，3 年一遇降雨峰值可削减到接近 1 年一遇，减少了对周边排水管网的压力。同时，基于本项目的建设和运维，积累了丰富的后期维护经验。同类规模的海绵型公园维护要求需达到：植物修剪与杂草清理 1 次/月；对溢流口沉积物清理、防冲刷设施维护每 3 个月 1 次；调蓄空间底泥（超过 8cm）清淤 1 次/a；特殊天气后，判断雨水排空时间是否小于 24h，若不满足，需更换土工布每 3 个月 1 次。

11.4 鹅颈水生态湿地公园

11.4.1 项目概况

鹅颈水生态湿地公园位于深圳市光明区鹅颈水流域（图 11-11），鹅颈水与茅洲河干流交汇处，西邻茅洲河，东临鹅颈水，南临光明大道，总用地面积为 7.05hm^2，属于光明区海绵试点区域 8 号分区，是光明绿环的重要节点之一，也是鹅颈水汇入茅洲河的最后关口。项目建设周期为 12 个月，于 2018 年 7 月开工，2019 年 6 月完工，试运行半年。

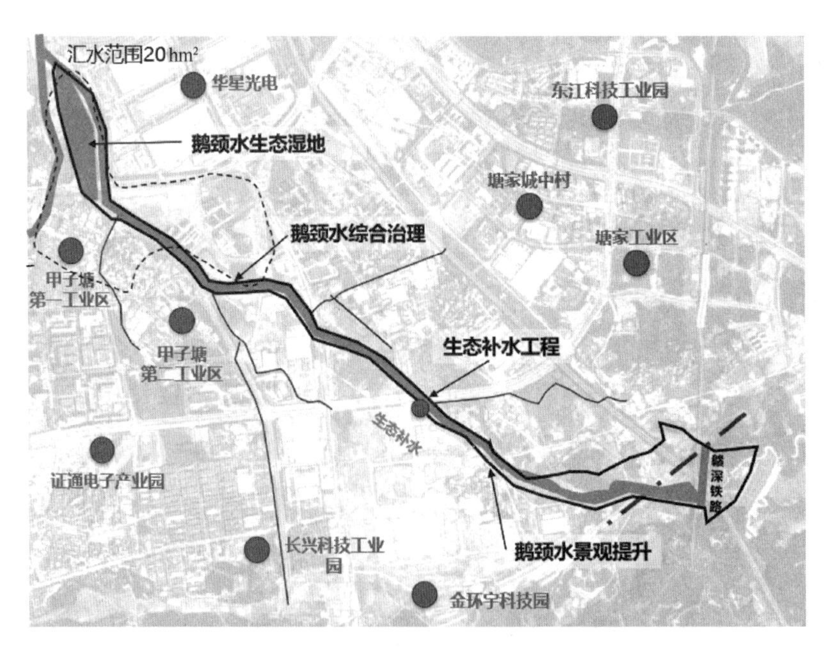

图 11-11 项目区位图

11.4.2　项目技术方案

该项目建设之前所在地块地势低洼，周边道路易积水。原有功能为苗圃、菜地用地，雨季农药、化肥等大量面源污染经冲刷后直排入河（图 11-12）。地块周边为工业区及城中村，缺少绿地公共空间，既有绿化物种单调，生态效益低。对此，项目提出建设具有源头径流控制、流域面源污染削减、雨洪滞蓄调节、生态本底保护及生态修复提升、游憩休闲、科普教育等复合功能的海绵型湿地公园。

图 11-12　鹅颈水湿地原始地貌与建设前积水情况

具体的海绵城市建设内容如下：

湿地公园建设分为初沉池、潜流湿地、表流湿地三部分（图 11-13、表 11-2）。其中，潜流湿地面积为 1.2hm²，含 7 个垂直潜流湿地和 3 个水平潜流湿地；表流湿地面积为 5.0hm²。总处理规模为 2 万 m³/d。

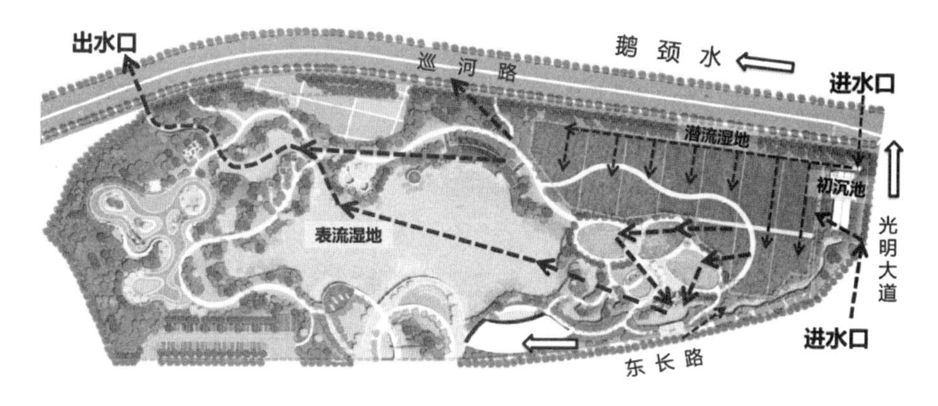

图 11-13　鹅颈水湿地公园海绵方案设计示意图

海绵城市建设目标　　表 11-2

分区总面积	82.4hm²	
分区特点	鹅颈水干流独立汇水分区，试点前鹅颈水为黑臭水体，列入国家黑臭名录	
是否消除黑臭、内涝	是	
绩效指标	试点前	目标
天然水域面积保持程度	试点前水域面积 16.32hm²	100%（16.32hm²）

续表

生态岸线恢复比例	10.1km 自然岸线，但生态价值差	100%（10.1km）
地表水环境质量标准	水体黑臭	不黑不臭
直排污水控制	漏排污水 1.48 万 m^3/d	旱天污水无直排
防洪标准	10 年一遇	50 年一遇
防洪堤达标率	不达标	100%

11.4.3 项目实施效果

（1）保障水安全方面（表 11-3）。鹅颈水湿地建成后，为周边 20hm^2 汇水范围提供 3.2 万 m^3 雨水调蓄滞洪容积，接纳周边超标雨水径流，削减洪峰、减轻管网压力；确保周边区域达到 50 年一遇内涝防治标准。采用多类型复合海绵设施，有效组织场地径流与自然下渗，实现消纳自身雨水、存蓄与净化雨水的作用。

水安全保障实施效果 **表 11-3**

项目名称	面积	分区面积占比	调蓄容积	径流峰值削减贡献率
鹅颈水湿地	7.05hm^2	8.56%	3.2 万 m^3	33.2%

（2）提升水环境方面。鹅颈水湿地设计进水水质为《地表水环境质量标准》GB 3838—2002 中地表水Ⅴ类；设计出水水质标准为地表水Ⅳ类，实际 COD、BOD_5、氨氮可达到Ⅲ类标准；主要削减指标 COD、BOD_5、氨氮、总磷的设计去除率均不小于 50%。雨季超标雨水径流净化后入河，有效削减了面源污染，为维持茅洲河国控断面的雨季稳定达标（地表水Ⅳ类）发挥很好的效果（表 11-4）。经评估，污染削减量（氨氮）为 1800kg/a。

水环境提升效果 **表 11-4**

指标	COD_{Cr}	BOD_5	氨氮	TP
设计进水水质	40	10	2.0	0.4
设计出水水质	≤30	≤6	≤1.5	≤0.3
实际出水水质（2019.12.08）	12	4	0.48	0.13
茅洲河国控 2018	29.3	—	0.847	0.2
茅洲河国控 2019	20.8	—	0.503	0.18
国控考核Ⅴ类水标准	40	10	2.0	0.4

（3）恢复水生态方面。鹅颈水湿地建成后，大大助力区域生态本底的有效保护，其中湿地内现存乔灌木及地被 100 余种、水生植物 30 余种以及丰富的水生动物，通过营造舒适栖息生境，吸引了白鹭、野鸭等多种鸟类，提升生物多样性和区域的生态服务功能及生态价值（图 11-14）。此外，作为生态与景观效果极佳的开放性湿地公园，为周边居民提供了一个休闲游憩公共活动场地，对面向公众开展海绵城市、生态湿地科普宣传示范教育发挥重要作用。

图 11-14　水生态恢复效果

11.5　甲子塘城中村综合治理工程

11.5.1　片区概况

甲子塘城中村位于深圳市光明区鹅颈水中下游区域，属于光明区海绵试点区域 19 个排水分区的 15 号分区（图 11-15）。2013～2014 年期间，光明区面临产业大发展，外来务工人员大幅度增加，甲子塘村迎来了无序扩建的小高峰，原本低矮的砖瓦房变成十几层的电梯房。据统计，甲子塘片区总面积约 70hm²，社区居住人口约 22000 人，人口密度（3 万人/km²）远高于深圳市平均水平（1.1 万人/km²），其中 90%以上都是外来务工人口，同时社区还存有工业企业 65 家，主要是加工类、金属制品类和塑料制品类，因此，甲子塘城中村是鹅颈水流域典型的旧村和旧工业区密集并存的老旧区域。

图 11-15　甲子塘城中村区位图

由于无序的扩张和粗放的管理，导致甲子塘片区在 2016 年国家海绵城市建设试点前存在典型的水环境质量差、水安全不达标、水生态功能缺失、绿化公共空间不足以及社区综合环境差等诸多问题。为此，光明区联合水务、城管、街道等各部门对甲子塘片区开展地毯式排查，并逐一建立问题台账（表 11-5、图 11-16）。

甲子塘城中村问题排查情况一览表 **表 11-5**

存在问题	原因分析		具体描述
水环境	排水户雨污合流	约 279 栋楼房仅建设一套建筑雨水立管，未实现雨污分流	甲子塘排洪渠沿线共 22 个污水直排口，每天入河漏排污水量 $4320m^3$（占鹅颈水入河污水量的 30%）
	错接乱排现象严重	城中村无序发展导致排水户见到排水管就接驳	
		工业园存在污水直排、漏排现象	
	排水管网运行效率低	城中村排水管网无日常管养队伍，部分管道出现堵塞、损漏等问题	
水安全	防洪能力不达标	排洪渠成为主要纳污通道，淤堵严重，部分断面损坏	平均淤堵 0.6m，防洪能力不足 20 年一遇（增加鹅颈水干流的行洪压力）
水生态	岸线生态功能缺失	上游为自然驳岸的断面损坏严重，生态价值低	生态岸线比例不足 40%
绿化公共空间不足	改造空间有限，基础设施欠账多、绿地面积约 $10hm^2$，且多为空地，品质较低		人均公园绿地率 $4.5m^2$/人，远低于深圳市 $15.15m^2$/人的目标
社区综合环境较差	人口组成复杂、管理难度大、建筑密度高		握手楼，不是不见天，就是一线天

图 11-16 甲子塘城中村综合治理之前

（a）雨污建筑立管；（b）污水直排口；（c）建筑密度高；（d）排洪渠水质不佳

11.5.2　项目技术路线

甲子塘片区依托国家海绵城市试点建设契机，在海绵城市建设系统化方案的指导下，拟通过实施甲子塘城中村综合治理工程，完成以下目标：区内主要河道甲子塘排洪渠的水环境质量要不黑不臭且水质不低于试点前，直排污水控制率达到 100%，雨污管网分流比例达到 100%，天然水域面积保持程度不能减少，雨水管渠设计标准要达到 5 年一遇，甲子塘排洪渠的防洪能力要达到规划的 20 年一遇，生态岸线恢复比例在可改造段要实现 100%（表 11-6）。

甲子塘片区海绵城市绩效目标一览表　　　　表 11-6

分区绩效指标	目标
水环境质量标准	不黑不臭且不低于试点前
直排污水控制	100%
雨污管网分流比例	100%
天然水域面积保持程度	100%（0.74hm²）
雨水管渠系统设计标准	5 年一遇
防洪标准	20 年一遇
生态岸线恢复比例	可改造比例 100%

光明区以甲子塘城中村综合治理 12 项任务为核心，“集群策、汇群力”探索城中村系统治理思路，创新建立“街道吹哨、部门报到”工作机制，及时掌握居民需求，把需求转化为具体任务；按照“先地下、后地面、再地上”原则，统一绘制地下管线“一张图”，科学安排施工时序，避免反复开挖，反复扰民；因地制宜落实源头海绵设施，多听老百姓的建议和意见，共建共享，以居民迫切需要解决的问题为出发点，提高节点品质，解决公共空间不足、综合环境脏乱差等问题。

为彻底改善社区综合环境，项目抓住地下管网先天不足的短板，按照“治水先行、地下先行”工作原则，根据问题台账，合理制定整治方案，以“灰色基础设施强基、绿色基础设施提标”的总体思路，理顺社区排水系统，提升社区综合品质（图 11-17）。针对工

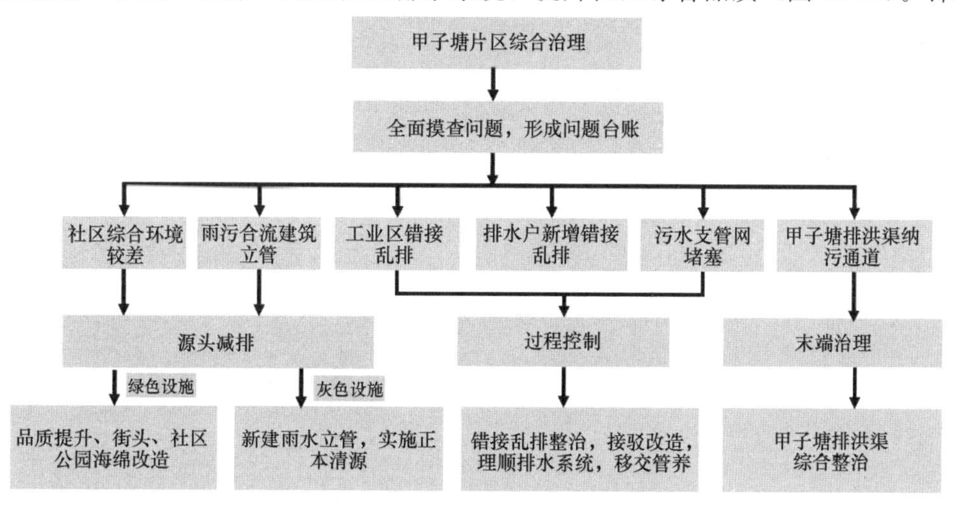

图 11-17　甲子塘城中村综合治理工程技术路线图

业区雨污合流、混流问题，纳入工业区正本清源实施工程；针对排水户仅有一套雨污合流建筑立管问题，开展建筑立管改造；针对居民区排水户错接乱排问题，开展排水户接驳完善；针对市政排水管网不完善、堵塞、漏损等问题，开展清掏、更换和优化完善；针对排洪渠黑臭问题，实施河道清淤、岸线改造、排口整治、生态补水等措施，提升水环境质量，打造亲水空间。同时最大化挖掘社区公共空间，融合海绵理念，因地制宜地落实源头海绵设施，提升公共空间品质，美化社区居住环境，极大提升居民的幸福感。

11.5.3 项目技术方案

在上述技术路线的指引下，具体制定了可量化实施的建设项目，通过区、街道、社区多部门联动，推进甲子塘城中村的系统治理，主要成功做法如下：

1. 建立以居民需求为导向的工作机制

一是创新建立“街道吹哨、部门报道”的工作联动机制，借助区和各街道城中村综合治理“1+6”工作群，马上吹响“应急哨”，12 项任务牵头单位及责任部门指定专人第一时间积极响应，及时到现场“报到”，核实问题，集中汇办，社区发现施工管理、反复扰民、污水反冒、错接乱排等问题，立即“吹哨”，各责任单位即来即办，立行整改，形成快速的问题响应机制，真正把问题解决在一线。二是按照“治水先行、地下先行”工作原则，优先开展城中村排水、供水管网接驳改造工作。为防止道路反复开挖，科学统筹安排道路开挖计划，按照“雨污分流—供水改迁—燃气地下管—三线管道”先深后浅的顺序，统一绘制地下管线“一张图”，整合同一道路同期挖掘的工程，避免重复开挖，最大限度降低了施工对群众生产生活造成的负面影响。

2. 统筹源头—过程—末端的治理体系

充分运用海绵城市建设理念，统筹源头减排、过程控制、末端治理的全过程系统治理思维，通过共商、共享、共建，从居民最紧迫的需求出发，因地制宜制定具体工程建设任务。

（1）源头减排

① 绿色设施：对社区存有的空地、闲散地、停车场、破旧公园等因地制宜落实海绵设施，打造海绵型公园绿地，提升社区居民生活品质，累计改造绿地面积约 10hm^2。

② 灰色设施：对建筑立管实现 100%改造，从源头实现雨污分流，累计改造建筑雨水立管 3640 根，其中城中村 2280 根、工业区 1360 根。

（2）过程控制

① 错接乱排整治：对城中村和工业区错接乱排改造 15 处，实现漏排污水全收集，涉及 708m 污水管和 63m 雨水管。

② 提高排水系统运行效率：片区内 41km 的排水管网全部移交 PPP 项目公司接管运维，有效提升管网的运行效率，污水通过甲子塘大道 DN800 的干管输送至光明水质净化厂。

（3）末端治理

甲子塘排洪渠综合整治：清淤 5900m^3，生态岸线改造 1.4km，开展岸线护坡修复，生态补水 2700m³/d，同时栽种菖蒲、美人蕉等水生植物，提升河道景观效果，打造亲水生态空间（图 11-18、表 11-7）。

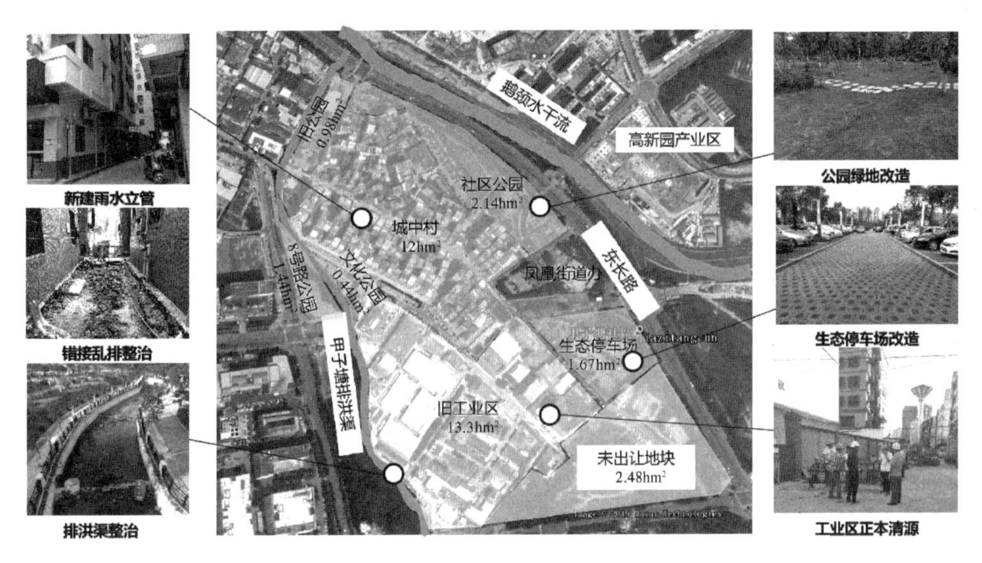

图 11-18　甲子塘城中村系统治理项目分布图

甲子塘城中村综合整治项目列表　　表 11-7

序号	项目名称	面积（hm²）	项目类型	分类
1	甲子塘社区公园改造项目工程	0.98	海绵型公园绿地	源头减排
2	甲子塘 8 号路公园建设工程	1.44	海绵型公园绿地	
3	甲子塘幼儿园周边环境提升工程	2.14	海绵型公园绿地	
4	东长路	7.2	海绵型道路广场	
5	光明区污水支管网（二期）建设工程（甲子塘社区）	12	城市水务	过程控制
6	深圳市海绵城市建设 PPP 试点项目（甲子塘社区污水接驳完善工程）	12	城市水务	
7	工业区正本清源（甲子塘片区 B2-1、B2-2、B2-3、B2-4、B2-5、B2-6、B2-7）	13.3	正本清源	
8-1	全面消黑工程（凤凰街道办点源整治）	—	城市水务	
8-2	全面消黑工程（凤凰街道错接乱排整治）	—	城市水务	
8-3	全面消黑工程（甲子塘排洪渠生态补水工程）	2700m³/d	城市水务	末端治理
9	甲子塘社区综合环境提升试点项目	12	综合环境提升	
10	甲子塘排洪渠综合整治工程	0.98km	城市水务	

3. 实施保障长久效益的创新管理措施

除工程措施外，通过创新管理措施促进整治工程效益的长效发挥。光明区从机制着手创新“水务管养进社区”新模式，将全区划分成 34 个网格，甲子塘城中村就是其中一个网格，通过派驻管养人员进水务，配备巡查车、抢修车、清疏车全面承担城中村排水设施日常巡查、养护、排水户登记管理、排水宣传、涉水违法事件上报、协同处置等工作，实现了“划片管理、网格服务、定点管控、责任到人”。此外，联合水务、城管、查违、生态等职能部门以及街道、社区、水务网格等，建立专项行动常态化联动机制，对七大类13种违法排水行为开展专项排查，严厉打击各种违法排水行为。通过这一系列的工程+管理的举措，最终实现纠正不良的排水行为、转变传统的排水意识、养成良好的排水习惯的目标（图11-19）。

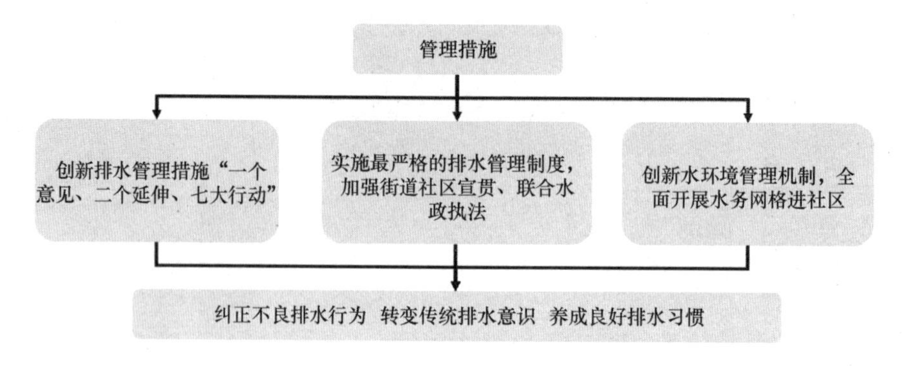

图11-19 甲子塘城中村系统治理管理措施

11.5.4 项目实施效果

通过有效开展甲子塘城中村综合治理工程，以及积极落实海绵城市建设理念，项目建成效果显著（表11-8）。一是实现甲子塘排洪渠水质不黑不臭，水质达到Ⅴ类，对鹅颈水黑臭消除贡献率达30%；二是实现片区漏排污水全收集，污水直排控制比例达到100%；三是通过实施正本清源工程，实现片区雨污分流比例100%；四是通过拓宽河道断面，实现河道水面率增加至125.7%；五是实现新建雨水管渠达到5年一遇的标准；六是通过布设源头设施，增加近3000m³的滞蓄空间，片区防洪标准达到20年一遇，实现对鹅颈水干流洪峰延长时间约3min；七是可改造段岸线已100%实现生态岸线改造（图11-20）。

甲子塘片区绩效目标完成情况一览表 表11-8

分区绩效指标	目标	目标完成情况
甲子塘排洪渠水质	不低于试点前，且不黑不臭	不黑不臭，水质达到Ⅴ类，对鹅颈水黑臭消除贡献达30%
直排污水控制	100%	漏排污水全收集、污水直排控制达到100%
雨污管网分流比例	100%	通过正本清源，实现雨污分流比例100%
天然水域面积保持程度	100%（0.74hm²）	通过拓宽河道断面，增加河道水面率至125.7%（0.93hm²）
雨水管渠系统设计标准	雨水管渠设计标准：5年一遇	新建管渠达到5年一遇
防洪标准	20年一遇	通过源头设施，增加近3000m³的滞蓄空间，防洪标准达到20年一遇，实现延迟洪峰时间约3min
生态岸线恢复比例	可改造段100%进行改造	可改造段已100%实现生态岸线

图 11-20　甲子塘城中村综合治理前后对比图

11.6　光明水质净化厂 PPP 项目

11.6.1　项目概况

深圳市光明区凤凰城海绵城市试点区域，在试点前存在典型的基础设施薄弱、水体黑臭、排水体制复杂、综合环境较差等问题。为破解上述问题，光明区加大财政投入，积极推进各项整治工作，取得丰硕成果。同时为鼓励社会资金投入，发挥社会力量参与，提高建设效率及运营质量，共同推进水环境质量持续改善，光明区采用创新投融资模式，以"引入优质社会资本、创新公共管理模式、探索排水新型技术、提高城市治理水平"为原则，借助海绵城市试点建设契机，提出将 30 万 m^3/d 处理能力的光明水质净化厂和总长度为 982km 的配套排水管网采取"厂网一体化"打包 PPP 模式运作，项目名称为"深圳市光明新区海绵城市建设 PPP 试点项目"。

该 PPP 试点项目统筹考虑了光明水质净化厂及其服务范围内的存量和新增排水管网，将整个范围内的污水收集和处理系统统一打包运作实施。该项目"厂网一体、同步运作"的机制，赋予了社会资本更多的灵活性，统筹安排资金与工程实施计划，切实做到配套管网与污水处理厂同步设计、同步建设、同步投运，有效解决了"厂网分离""建管分离"

问题，确保污水处理设施充分发挥治污能效。此外，此举进一步压实了社会主体责任，有效地统筹了项目进度和质量。

11.6.2 项目 PPP 运作模式

为构建协调高效的政府和社会资本合作机制，厘清政府和社区资本的项目边界，在项目合作期限内，根据各子项目建设实施阶段不同，分别采用了 5 种不同的交易模式，充分发挥了政府在 PPP 项目中的监管职能、社会资本的专业技能和运营管理能力。此外，为切实体现厂网一体化，提高污水收集和处理效率，实现高效的厂网运营模式，项目合理设置了以效果为导向的绩效考核体系，实现按效付费。

本项目采取 PPP 模式实施，由光明区人民政府授权光明区环境保护和水务局（现光明区水务局）作为本项目的实施机构，采用竞争性磋商方式选择同时具备相应投资能力、施工能力及运营能力的社会资本。政府指定深圳市光明区建设发展集团有限公司与成交社会资本在光明区合资成立项目公司。成交社会资本货币出资 2.55 亿元，持有项目公司 51%的股份，政府方出资 2.45 亿元，持有项目公司 49%的股份（图 11-21、图 11-22）。项目合作期限暂定 30 年（含建设期），期满后项目所有设施无偿移交给政府或其指定机构。

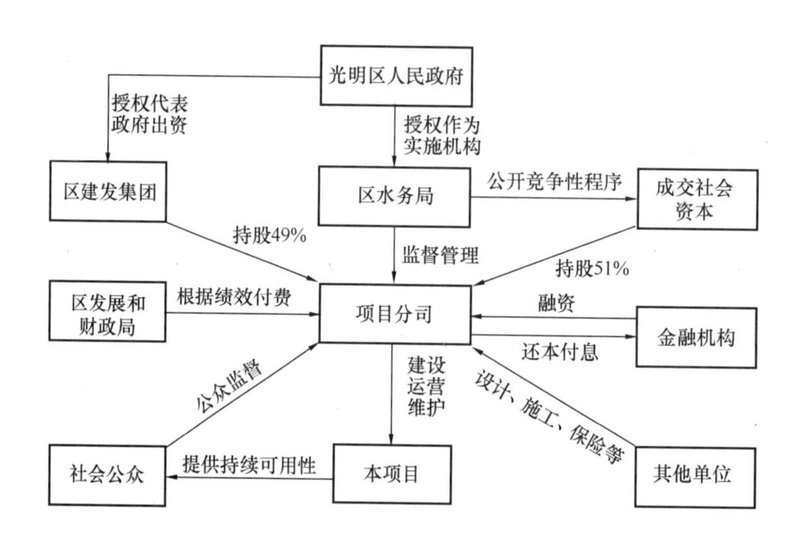

图 11-21　PPP 项目交易结构图

不同子项目建设分别采用不同的交易模式，具体如下：

（1）光明水质净化厂改扩建工程采用 DROT＋DBOT（设计改造运营移交＋设计建设运营移交）模式。即：一期工程按 DROT 模式运作，该厂原委托运营合同期满后当月移交 PPP 项目公司进行提标改造，并负责后续运营；深圳市光明水质净化厂二期工程采用 DBOT 方式由项目公司负责设计、投资、建设、运营。政府按成交污水处理单价及污水处理量付费。项目公司通过向政府收取污水处理服务费的方式，收回一期工程升级改造和二期新建投资及运营维护成本，并获得合理利润。

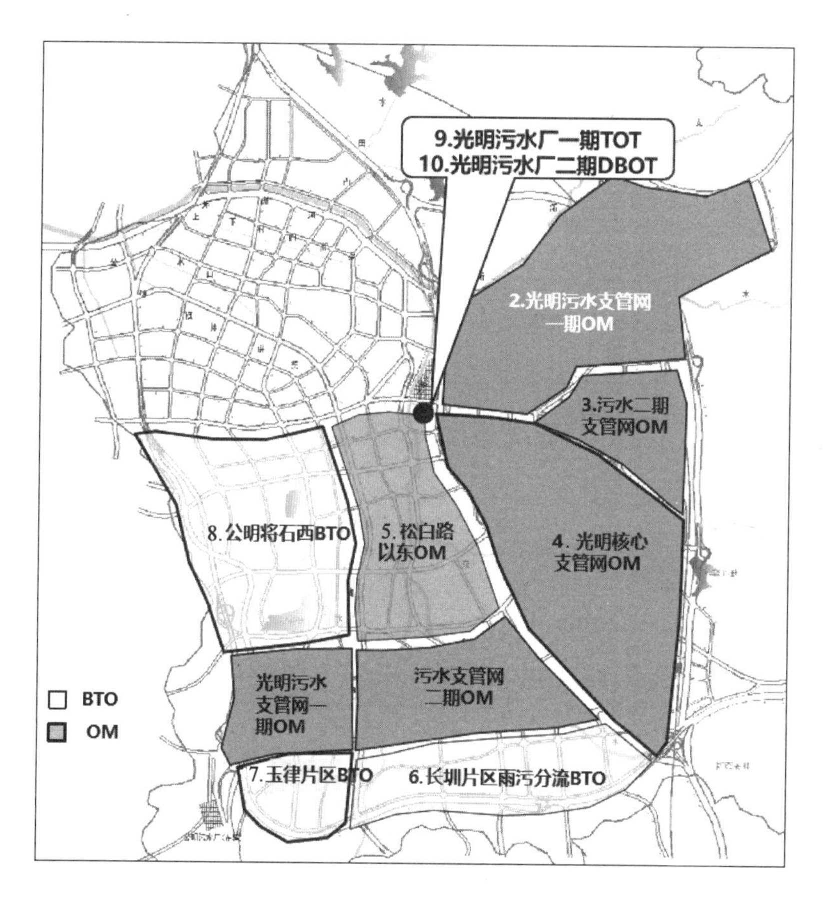

图 11-22　PPP 项目分布图

（2）光明水质净化厂配套存量排水管网包括污水干管、光明污水支管网一期工程（圳美、新羌、白花、楼村、田寮）、市政排水管网及已建成城中村污水管网项目等，合计约700km，采用 O&M（委托运营）方式交由项目公司负责运营维护；由政府投资建设，处于在建状态的光明污水支管网二期工程（塘家、甲子塘、红星）、光明污水支管网二期工程（迳口、翠湖）、光明核心片区污水支管网工程、光明区公明街道松白路以东片区污水支管网工程等 4 个在建管网项目，管网合计约 141km，将在建成后采用 O&M（委托运营）方式交由项目公司负责运营维护。政府按月支付管网运营维护费。

（3）光明区公明办事处长圳片区雨污分流管网工程、光明区公明办事处玉律片区雨污分流改造工程、光明区公明办事处石西片区雨污分流改造工程及华星光电 G11 项目污水管道工程 4 个子项目，采取 EPCO 方式交由项目公司负责投资、建设及运营。项目公司通过向政府收取可用性服务费方式收回投资，并通过向政府收取管网运营维护费收回管网运营维护成本，并获得合理利润。

（4）光明水质净化厂已建污水管网接驳完善工程采用 DBTO 方式交由项目公司负责设计、建设及运营。项目公司通过向政府收取可用性服务费方式收回投资，并通过向政府收取管网运营维护费收回管网运营维护成本，并获得合理利润。

具体见表 11-9。

光明新区海绵城市建设 PPP 试点项目包　　　表 11-9

序号	项目名称	后续投资（亿元）	存量/增量	规模	具体运作模式	备注
1	光明水质净化厂存量配套排水管网[包括污水干管、光明污水支管网一期工程（圳美、新羌、白花、楼村、田寮）及其他市政排水管网、已建成城中村污水管网项目等]	0	存量	700km	O&M	项目公司组建完成，具备接收条件便可移交运营
2	光明污水支管网二期工程（塘家、甲子塘、红星）	0	在建	141km	O&M	已开工。建成后，移交项目公司运营
3	光明污水支管网二期工程（径口、翠湖）	0				
4	光明核心片区污水支管网工程	0				
5	光明新区公明街道松白路以东片区污水支管网	0				
6	光明新区公明办事处长圳片区雨污分流管网工程	6.36	新建	141km	EPCO	施工图设计阶段
7	光明新区公明办事处玉律片区雨污分流改造工程					
8	光明新区公明办事处将石西片区雨污分流改造工程					
9	华星光电 G11 项目污水管道工程					取得可研批复
10	光明水质净化厂已建污水管网接驳完善工程	2.9	接驳完善		DBTO	对存量管网进行接驳完善
11	深圳市光明水质净化厂改扩建工程	1.71	一期提标改造	15 万 m^3/d	DROT	提标改造已取得可研批复；2020 年 1 月原合同到期，可移交项目公司运营
		4.85	二期新建	15 万 m^3/d	DBOT	取得可研批复
合计		15.82	污（雨）水管网 982km；污水处理能力 30 万 m^3/d			

注：1. 管网数据按区水务部门统计得出。

2. 社会资本采购完成后，应对流入光明水质净化厂的雨污水管网进行全面摸查，对其系统性、功能完备性和结构稳定性做出分析，并建立较先进的管网信息管理系统。项目公司运营维护管网总长度以经业主书面确认的摸查结果为准，并作为运营维护费计费的依据。

3. 后续新建的流入光明水质净化厂的管网，在建成后也将全部交由项目公司运营。

11.6.3　项目实施效果

1. 光明水质净化厂实现水质水量双提升

自 2017 年 8 月项目实施以来，在政府和社会资本方的共同配合和努力下，光明水质净化厂服务范围内污水处理系统提质增效明显。进水水量和水质监测数据显示：2020 年处理水量较 2018 年增加 70.9%；2020 年进水 BOD_5 浓度较 2018 年增加 60.8%（图 11-23）。

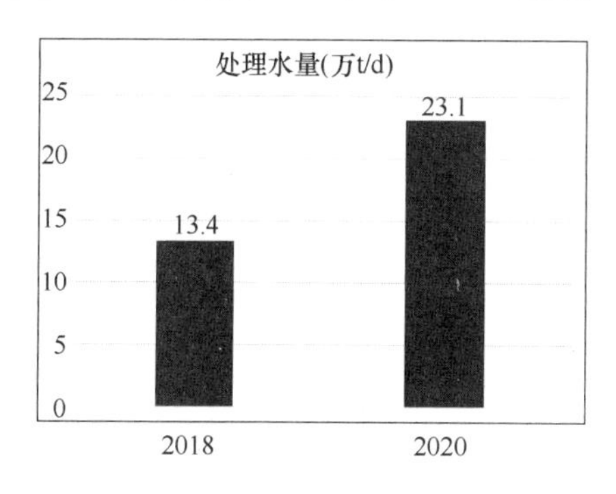

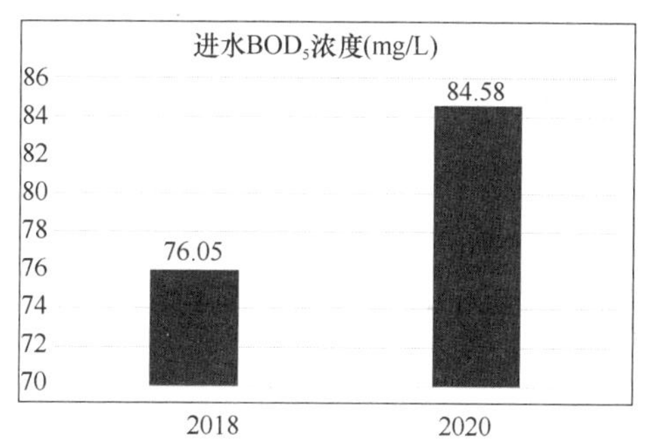

图 11-23　光明水质净化厂进水水质和水量变化情况

2. 水环境质量改善显著

茅洲河光明段水质全部提前达到地表水Ⅴ类及以上标准，148 个小微黑臭水体在全市率先销号，水质达 20 多年来最高水平。

3. 水安全保障大幅提升

项目实施以来，光明水质净化厂服务范围内基本实现雨污分流，雨水排放系统不断完善，有效解决了试点区域存在的 6 个历史内涝问题。

4. 助力社会经济发展

五年来，光明区常住人口增长 29%，GDP 增长 61%；PM2.5 浓度下降 50%，河流综合指数下降 78%，形成了“绿水青山就是金山银山”的美丽画卷。

5. 探索水务治理现代化路径

试点实施光明区水务设施由一家公司统管，实行“全链条、全要素”管理；深化水务设施一体化管理，构建供排水“全科网格”，压实水质保障、防汛管理、设施管养责任，实现全覆盖、专业化的高效管养。助力光明区以水务综合改革示范区和水生态修复示范区为契机，创建深圳区域治水典范。本项目的成功实施并取得预期绩效，进一步验证了水务设施一体化建设运营的可行性，对深圳及其他城市开展“厂网河”一体化建设运营提供了经验借鉴。

11.6.4　项目经验总结

1. 社会资本应选择具备投资能力的运营商

PPP 项目建设和运营周期较长，且以项目实施效果为导向，并非传统的工程项目以工程量计费。财政部也多次强调政府花钱买好的服务而非买工程。为了保障长达 10 年以上的合作期项目实施效果仍能得到维系，良好的运营是关键。因此，在社会资本的遴选上，建议选择以具备投资能力的运营公司为主体的社会资本，而非设计单位，亦非施工单位，一方面可保障项目建设的资金问题，另一方面可保障项目实施效果问题。以本项目为例，中标社会资本由以运营为主体的深圳市水务集团作为牵头单位，上海市政院、中铁十五局参与联合体。通过投融资结构的优化设计和充分竞争，在综合权衡 11 个项目 5 种交易模式的盈利点、资金成本、示范效应等多种因素后，中选社会资本最终提出的报价较实施方案阶段下降逾40%，降低中长期财政支出近20亿元。

2. 保障PPP项目财政可持续

PPP项目建设和运营周期一般都要求超过10年，政府每年均需支付一定比例的可用性服务费、运营服务费、可行性缺口补助和贷款利息。因此，应严格按照财政部《政府和社会资本合作项目财政承受能力论证指引》开展财政承受能力评价，并严格遵守“每一年度全部PPP项目需要从预算中安排的支出责任，占一般公共预算支出比例应当不超过10%”的底线，保障PPP项目财务可持续，不造成地方政府债务。本PPP项目全生命周期内，2017年政府支出责任占光明区一般公共财政支出比例5.12%（实际成交后比例降低约4.6%），往后逐年降低，2021年以后，政府支出责任占光明区一般公共财政支出比例均小于1%。

3. 重视PPP项目打包的系统性和边界清晰

PPP项目打包要求项目边界清晰、政府与社会资本权责明确、存量项目与新增项目兼顾、绩效目标明确。因此，PPP项目应打包片区或者分区打包，并形成独立的系统，与其他系统或者项目边界清晰，便于分清政府和社会资本责任边界，便于开展绩效考核和按效付费。本PPP项目将光明水质净化厂及其服务范围内排水管网整体打包，项目边界清晰，独立成系统，项目绩效目标明确，光明区政府和项目公司责权明确。

4. 注重强化“绩效考核、按效付费”机制设计

PPP项目要求政府对社会资本实施“绩效考核、按效付费”，因此必须完善考核机制的设计，才能有效倒逼社会资本加大技术投入，保障项目实施绩效。本PPP项目设置了无保底水量（政府不兜底最小水量）和进水污染物浓度两项重要绩效考核指标，并设置了相应的按效付费机制进而倒逼中标社会资本发挥技术优势，加大投入力度，加强运营管理，进而实现了压实责任主体，撬动社会资本，提升了项目质量和进度等多方面的综合效益。

5. PPP项目的实施目标需政府和社会资本共同推进

本项目的成功实践表明，PPP项目绩效目标的实现既需要社会资本技术力量的投入，也需要政府发挥好公共管理职能，切实做好资金保障、机制保障和组织保障等。通过政府和社会资本的合作，各自发挥优势，实现“互利共赢”的目标。本PPP项目以实现光明水质净化厂污水系统的提质增效为主要目标，项目公司在加快推进水质净化厂和增量管网项目的建设和存量管网项目的排查和整改方面加大投入，政府则在组织协调、排水系统的资金投入、环保水务管理等方面予以大力支持，最终有效保障了项目的实施效果。

第12章 未 来 展 望

12.1 光明模式总结

深圳市光明区深刻认识到海绵城市是一种发展理念，将其融入城市规划、建设、管理等各个层面，以解决快速城镇化过程带来的城市水体黑臭、内涝、生态受损等问题①。在宏观尺度上，海绵城市涉及山、水、林、田、湖、草等生命共同体的保护，需要对国土生态空间格局进行优化，通过生态红线的有效管控保护蓝绿本底②。在中观尺度上，构建和完善城市防洪排涝、水污染治理、水生态修复等骨干工程。在微观尺度上，通过雨水花园、下沉绿地、透水铺装等绿色源头设施，调整径流组织模式，从而实现海绵城市的“源头减量、过程控制、系统治理”全过程和“渗、滞、蓄、净、用、排”复合功能管控③。

作为深圳市海绵城市试点的主战场，光明凤凰城自2016年4月起先试先行，积极探索形成了海绵城市建设“十大坚持”的光明模式，成为全国海绵建设样板（图12-1）④。

一是坚持理念先行。对光明区内领导干部先后进行宣贯11次，对区内政府工作人员培训20次，送技术进企业46次，进社区进学校40次，培育18个海绵城市试点项目。通过全方位、立体式长期宣贯，让海绵城市建设理念深入人心，成为政府、社会和个人的自觉行动。

二是坚持规划引领。创新城市建设模式，把土地整备、城市更新、城中村综合治理、市政基础设施建设纳入规划范畴，实施流域统筹、多级互联、系统治理。具体包括谋划三级规划体系，统筹14个重大产业项目、213hm^{2}产业园区、3个城中村，全面落实海绵城市建设理念；划定基本生态控制管控面积8.3km^2，城市蓝线内管控面积3.8km^2，建设碧道47km，累计释放40hm^{2}滨水生态空间。

三是坚持问题导向。针对试点区域水体黑臭、城市内涝等问题，全面强化源头“渗、滞、蓄”，狠抓过程管网系统，梳理完善、末端河流综合整治“净、用、排”，实现防涝达标、黑涝全消。具体包括改造69个小区和工业区、5个城中村，消除6个历史内涝点；新建设排水管网282km，整治28km，全面消除1条一级支流、7条二级支流和3个小微水体黑臭问题。

---

① 陆利杰，李亚，张亮，等. 水环境问题导向下的海绵城市系统化案例探讨［J］. 中国给水排水，2021，37（8）：43-47.

② 田菊. 贵安：绘绿色图景筑生态之城［N］. 贵州日报，2021-09-07（006）.

③ 董镇彦，曹华杰，李孟徽. 城市群区域中高铁新城的绿色出行模式探讨——以深圳光明地区实践为例［A］//中国城市规划学会. 共享与品质——2018中国城市规划年会论文集［C］. 北京：中国建筑工业出版社，2018：11.

④ 卢巧慧，黄奕龙，彭知任. 基于SWMM的海绵建设对降雨径流和污染控制模拟研究——以深圳市光明区海绵示范点为例［J］. 人民珠江，2021，42（8）：17-25.

图 12-1　光明区鹅颈水河口段实景图

四是坚持最严管控。首创“两证一书”和技术审查前期管控机制，完善巡查、整改督办、月报通报等管控机制和完工验收机制，实现海绵城市建设从项目管控向行为管控转变。具体包括完成方案和施工图阶段海绵城市技术审查 275 项，发放列有海绵城市建设要求的建设项目选址意见书 291 项、建设用地规划许可证 297 项、建设工程规划许可证 321 项。

五是坚持建管并重。强化指挥体系，创新排水管理和管养机制，提升部门协作水平，夯实海绵城市建设成效。派驻 417 名水务网格人员下沉至 31 个社区，摸排排水户 7459 家，整改 434 个排水问题，查处排水户 255 家。

六是坚持流域统筹。试点“厂网一体化”PPP 模式，完善多功能的综合海绵体系。2019 年光明水质净化厂平均进水水量、进水 COD_{Cr}浓度、BOD_5 浓度、进水氨氮浓度比 2017 年同期增长分别达到 94.1%、145.6%、113%和 60.6%。

七是坚持数据说话。通过全面系统监测各类指标，智慧分析、动态评估，让海绵城市建设的结果反映在监测中，让海绵城市建设的成效体现在数据上。具体包括设置在线监测点 155 个，日收集数据 5 万条，完成人工采样送检水样量 3976 个，校正各项本地参数，模拟区域年径流总量控制率达 72%、面源污染（以 SS 计）削减率达 62%（图 12-2）。

八是坚持海绵惠民。建立以居民需求为导向的工作机制，攻克高密度难改造片区的城中村海绵建设难题，强化最贴近民众生活的海绵绩效（图 12-3）。解决全区 114 个城中村雨污混流、错接乱排、建而不用等历史遗留问题。以面积为 $70hm^2$ 的甲子塘片区为例，改造绿地面积 $10hm^2$、改造建筑雨水立管 3640 根、错接乱排改造 15 处、改造生态岸线 1.4km（图 12-4）。

九是坚持务实节奏。因地制宜、追本溯源、行之有效、量力而为，使海绵建设与本底特征匹配、与问题成因对应、工程预期绩效明确、与片区开发节奏协同。形成一套符合本地化特征的模型率定成果，对 10 种源头控制设施进行水质水量分析评价；对干流、支流

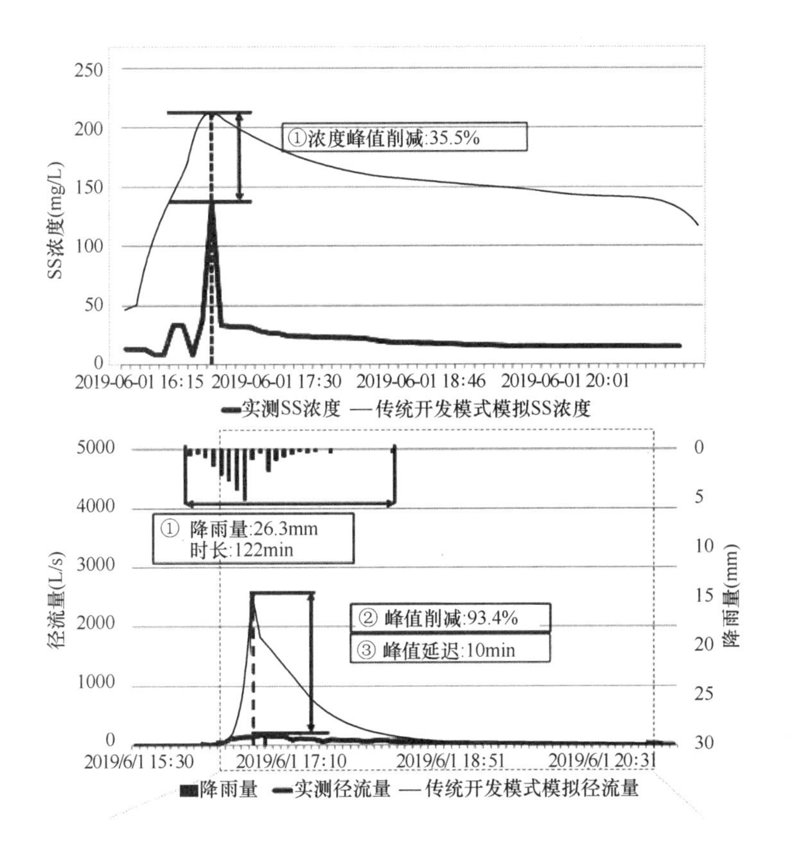

图 12-2　某典型排水分区单场降雨径流峰值及污染物削减效果

图 12-3　雨后光明新村

所有排放口开展动态监测；量化 75 项建设任务与建设目标的关系和贡献程度；坚持因地制宜、循序渐进、量力而行，坚持“不为了海绵而海绵”。

十是坚持综合见效。将海绵城市与涉水污染源整治、蓝天保卫战、国家绿色生态示范城区创建、滨水蓝绿生态空间监察等生态环境相关行动结合，保障海绵城市理念融入生态文明建设的大框架、大系统中。包括全力整治涉水污染源，立案查处 145 宗、整治工业废水排放企业 858 家、推进涉水污染源排查整改 4486 家、指导企业规范化处理小废水 1000 余家、完成“散乱污”企业整治 1767 家；打好蓝天保卫战，完成餐饮油烟整治 1870 家、

图 12-4　甲子塘村及甲子塘排洪渠

监测机动车尾气 60686 辆；创建国家绿色生态示范城区，建设绿色建筑 91 项 633.94 万 m^2、建成绿色主干道路 17 条、省级绿道 20km、城市及社区绿道 70km；严格管控蓝绿生态空间，释放 40hm^2 滨水生态空间、清拆涉河违法建（构）筑物 7 处 630.77m^2、清拆水源保护区违法建筑 7 处 774.14m^2。

12.2　精细化设计指引

12.2.1　精细化建设必要性

“十三五”期间，光明区以国家海绵城市建设试点为契机，全域推进海绵城市建设，新增海绵城市建设面积 24.27km^2，累计达 26.27km^2，占辖区城市建成区面积的 36.7%，完成海绵化改造项目 142 项。然而，部分项目仍存在海绵功能与景观品质融合欠佳等问题。究其原因，主要有以下四个方面：

（1）标准不生动。现行标准通常以水专业视角，将各项设施的逐一介绍作为编写主线，缺乏对典型场景下设施选择、搭配、衔接的明确要求，且多采用单一剖面的黑白图示，容易造成理解偏差。

（2）设计不精细。不少设计者往往以年径流总量控制率为唯一目标，在脱离土壤分析、竖向调查的情况下，无视适用性与经济性，随意布置海绵措施，并且缺乏与景观、建筑、给水排水、绿化等专业的有效沟通，导致设计方案难以落地。

（3）施工不合规。一方面，由于造价问题，施工单位常常将海绵措施的施工重点放在部分设施底部的砾石层，对于种植土层的改良与换土工作较为忽视，导致种植土层过薄或质量过差等情况时常发生，极大影响植物长势。另一方面，不少施工人员对海绵城市的理解仍有偏差，容易按照固化思维臆断场地径流组织及设施衔接方式，造成项目既无海绵功能又无景观品质的局面。

（4）运维不到位。海绵城市建设“两分设计、六分施工、两分维护”，部分项目因缺乏长效的运维管理，导致出现绿地下凹处垃圾堆积、边坡竖向坍塌、调蓄设备弃用等现象，严重影响周边环境以及大众对海绵城市理念的认可度。

针对这些问题，亟需总结已有项目的建设、管理经验，提出海绵城市精细化建设方案，供同类地区参考借鉴。一是充分考虑项目实际，因地制宜，从地形竖向、水文气候、土壤渗透性等条件出发，确定整体建设策略和建设目标；二是充分吸纳现行海绵城市及其他相关专业标准规范，结合实际经验，对各专业标准规范之间存在的矛盾点做出判断与取舍，并明确专业衔接要点；三是针对不同的项目类型与景观品质需求，提供精细化建设及增量成本分析，便于决策；四是直观展示各项措施规模计算过程，避免造成设计失衡与投资浪费。

12.2.2　精细化建设策略与流程

1. 整体策略

（1）灰绿结合

需统筹考虑绿色、灰色基础设施。绿色基础设施主要运用自然力量或其他生态功能应对外界的变化，最大限度保护原有的湖泊、湿地、坑塘等水生态敏感区，减少对城市开发前的水文特征和生态环境的破坏。灰色基础设施主要包括调蓄工程、管网、泵站等人工强化设施，其效率高并可应对高负荷，缺点是成本高且对生态系统有干扰。海绵城市建设中应避免过度工程化，适度控制灰色设施的建设规模，构建灰绿设施有机结合的治水布局[①]。

（2）因地制宜

与传统雨水设施不同，海绵设施虽然也是以水文学与水力学为基础，但是更加强调场景适用的合理性与功能搭配的灵活性，设计者应在深入了解当地气候、土壤、地下水水位等自然条件的基础上，结合项目定位、节点功能、景观需求，合理选择落地性强的海绵城市技术手段与工程措施。根据场地周边原有竖向、是否有天然水体等条件，因地制宜、科学布局，促进雨水的“自然积存、自然渗透、自然净化”。

（3）经济适用

设计阶段应对设施的规模、材料进行比选，综合考虑品质需求、生态效益及经济因素，确定最优方案，鼓励使用本地材料与植物。设施的收水能力、收水范围应结合竖向设计，通过计算分析而得，设计时应明确各项设施对应的汇水范围，按需设计，避免尺度失衡。

（4）多专业融合

海绵城市的设计应基于上位规划指标要求，综合考虑行业主管部门、项目建设单位及其他部门的相关要求，结合景观、建筑、给水排水、绿化等专业的标准规范，形成建设目

---

① 冯玉杰，刘国宏，黄琳琳，等．一种基于灰绿融合的海绵建设效果评价方法［P］．黑龙江省：CN111881537A，2020-11-03.

标丰富、专业衔接顺畅的建设策略。设计者应与其他专业设计人员做好沟通工作，重点把控设施平面布局、雨水管网布置、绿化种植平面、场地竖向设计等成果的一致性。对于建筑小区类项目，设计者还应在布置下沉式绿地、植草沟等设施时，考虑地下室顶板覆土厚度、消防登高面范围等因素。

（5）加强施工、运维交底

设计者应在施工前与施工单位做好交底工作，通过详细介绍项目雨水径流组织情况、设施布局思路，确保施工人员在理解海绵城市建设理念的基础上开展地形营造、雨水口布置等工作。对于雨水花园等设施结构层，应督促施工单位做好土壤改良、换填等工作，确保植物的正常生长。在运维阶段前，设计者应向行业主管部门及运维单位明确运维标准、频次、做法等要求，保障海绵设施长期发挥效用。

2. 设计流程

根据光明区实践经验，海绵城市设计工作可以按照以下步骤开展，包括项目前期策划、场地评估、确定海绵城市建设目标、方案设计等阶段，设计流程如图 12-5 所示。

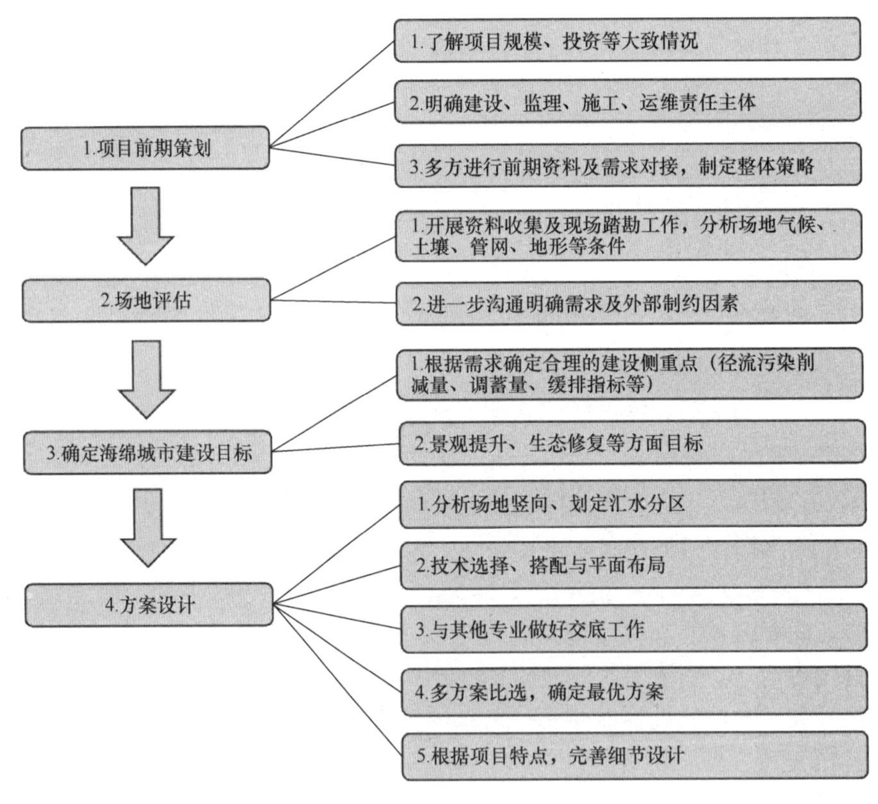

图 12-5　海绵城市精细化设计流程图

（1）项目前期策划

项目建设前，项目管理部门应联系相关单位，组织召开项目启动会议，让海绵城市设计者对项目性质、定位、规模、投资有初步了解，并明确项目建设、设计、施工、监理、运维管养等单位责任分工，方便后续材料收集、需求对接等工作的开展。

（2）场地评估

① 集雨特征及水文数据

收集当地水文气象、地形地貌等相关资料，对汇水分区内的地形进行梳理分析，根据分析结果进行排水方式的选择以及径流量的计算，对于重要区域还应进行内涝风险分析。

② 地质与土壤信息

收集土壤特性、地质条件等相关资料，根据资料选择适宜的下渗措施，必要时需要进行现场检测（如渗透实验），确定土壤下渗系数。

③ 用地规划情况

收集土地利用资料，一是可以帮助预判潜在的径流污染源是集中的还是分散的；二是明确海绵设计的用地边界条件，如蓝线、绿线等；三是可以帮助统筹考虑各专业规划控制指标、土地出让条件，如在一些公园项目中，设计者可采用碎石铺装代替透水铺装以满足用地规划要求。

④ 地下设施情况

收集项目方案总平面图、市政管网等基础资料，明确接入市政管网的适宜接口详细信息作为备选，若场地内有自然水体而地下无排水管网，雨水可在削减污染后散排至水体。

⑤ 受众分析

对项目建成后的受众数量、可能造成的污染等进行分析，便于确定海绵城市建设方案的侧重点，以及管养频次、标准等要求。

（3）确定海绵城市建设目标

根据上位规划要求，结合资料收集及现场踏勘情况，考虑建设项目雨水回用需求和水质保护目标，参照场地周边用地规划，确定海绵城市建设的整体目标。

根据各节点的海绵城市功能目标（峰值控制目标、径流污染削减目标、缓排目标），确定各项措施的建设目标。根据建设单位及管理部门要求，结合城市风貌，确定项目各个节点海绵城市景观打造目标。

（4）方案设计

① 分析场地竖向，划定排水分区。场地竖向应参照自然汇流路径进行设计，查明现有排水通道的使用情况，并对现有低洼区域的滞蓄能力进行分析，尽可能地保留现状排水系统及滞蓄空间，以减小开挖及土方量。结合资料收集情况，选择合适的市政管网接口，以接口信息作为反推海绵措施设计竖向的支撑。

② 根据规划要求及降雨特征，确定径流控制需求。按照上位规划要求，选取合理的年径流总量控制率、面源污染削减率、透水铺装比例、下凹式绿地率等指标，结合当地降雨数据及水文计算，得出各汇水分区内径流量控制需求，以此确定各项措施的设计规模。

③ 技术选择和平面布局。结合区域水文地质、雨水回用、下垫面特征、景观品质需求等情况，综合考虑海绵措施的适用范围、成本、生态效益，选择合适的海绵措施及其组合方式，并进行布局与规模计算。

④ 多方案比选，确定最优方案。项目策划、建设、设计、施工、监理、运维应就建设成本、景观效果、施工运维难度等方面进行方案比选，最终确定最优方案。在设计方案

获评通过后，应组织更加深化的初步设计及施工图设计，重点把控各项措施的细节尺寸、竖向衔接要点、景观营造要点等方面。

12.2.3 典型场景精细化设计要点

1. 道路类项目

由于道路项目的建设通常涉及交通、城管、水务等多个部门，因此，设计者应充分考虑道路自身交通、景观、环卫等核心功能上的需求，在利用机非分隔绿化带建设下沉式绿地的同时，进一步细化绿地内的微地形打造以及植物搭配，提升景观品质，并与周边街区整体风貌保持和谐①。

（1）慢行系统

① 自行车道、人行道在建设透水铺装时，应充分考虑其在遭遇电瓶车等碾压时的稳定性。透水面砖的有效孔隙率应不小于 8%，渗透系数应不小于 1×10^{-2} cm/s，外观质量、尺寸偏差、力学性能、物理性能等其他要求应符合《透水路面砖和透水路面板》GB/T 25993等规定；透水混凝土的有效孔隙率应不小于 10%，透水找平层、透水基层、透水底基层的渗透系数、有效孔隙率应大于面层。

② 透水砖尺寸不宜过小，厚度通常为 60～80mm，透水找平层厚度宜为 20～50mm，透水基层厚度应根据蓄存水量要求及雨水排空时间确定，透水底基层厚度一般不宜小于150mm；底层土透水能力低于 1.27cm/h，应在透水基层设置盲管；基层排水时间在 24～48h 范围内，最长不超过 72h，时间过长容易导致内部蓄积雨水从而造成失稳；当透水路面的坡度大于 2.0%时，其透水垫层延长度方向应设置隔断。

③ 绿化带靠自行车道或人行道侧道牙宜采用平道牙，当立道牙或绿化带采用龟背式设计时，应在慢行系统上设置必要的雨水排放设施，以免造成积水（图 12-6）。

图 12-6　自行车道上设置线性排水沟排放径流

① 张亮，汤钟，李亚，等．深圳市《海绵城市设计图集》的编制及思考［J］．中国给水排水，2021，37（10）：16-22.

（2）绿化带

① 对于宽度小于3m的机非分隔绿化带，绿化带可设为微丘或与人行道平齐，不再收集机动车道雨水，绿化带坡脚处设置植草沟收边，植草沟底低于硬化面5～8cm、宽度20～50cm；对于宽度大于或等于3m的机非分隔绿化带，机动车道可设置开孔道牙，开孔周边绿地应采取强化处理措施，处理初雨污染，绿地内局部下沉滞蓄净化后的雨水，下沉式绿地应缓坡衔接相应堆坡区域，并注意植物选择与布置（图12-7、图12-8）。

图12-7　绿化带改造时可根据原有土方条件营造微地形

图12-8　局部增加植物组团进行点缀提升视觉感受

② 开孔道牙宜采用预制及安装方式施工，开孔底深宜低于机动车道路面3～5cm，确保雨水可以顺利汇入下沉式绿地；当道路纵坡大于1.5%时，道牙开孔周边应设置导流措施（图12-9）。

图 12-9　道牙开口周边范围宜设置导流措施

③ 下沉式绿地、雨水花园底部砾石结构层应根据土壤渗透性及乔木种植平面位置合理核减，并按照现行行业标准《绿化种植土壤》CJ/T 340 要求严格控制下沉式绿地溢流口周边土壤渗透性能，宜在场外与一定量的粗砂、腐殖质、椰糠等拌匀后再回填，保障植物健康生长。

④ 若人行道外侧有较大范围绿地，可考虑在绿地内设置下沉式绿地、雨水花园等海绵措施的方式，承担来自道路外侧地块的雨水径流，缓解道路排水系统压力。

（3）环保型雨水口

① 环保型雨水口的规模选型与布置方案应通过水力计算分析确定，在削减初期雨水径流污染的同时，确保道路排水能力不低于使用传统雨水口的方案；环保型雨水口箱体承重应满足道路设计要求[①]。

② 环保型雨水口应采用过滤的方式处理汇水面内前 10mm 的初期雨水，初期雨水的污染物去除率应大于 70%（以 SS 计算）；公交车站等人流密集区域的环保型雨水口内应配备防蚊闸等措施，实现防蚊蝇、防老鼠的功能（图 12-10）。

① 范卓越．海绵城市理念在市政道路工程中的应用探析［J］．安徽建筑，2021，28（9）：97-98，108.

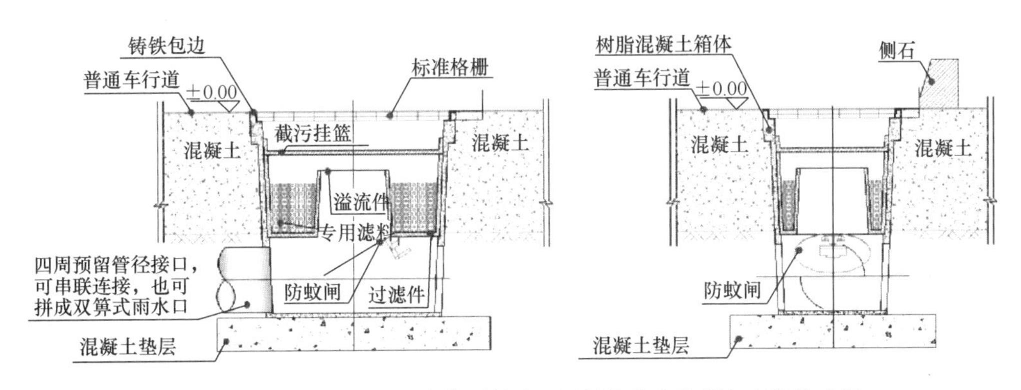

图 12-10　环保型雨水口应兼顾削减面源污染及防蚊蝇与老鼠的功能

③ 对于改造类项目，可对机动车道原有雨水口进行“加装截污挂篮＋微截留改造”，如图 12-11 所示，小雨时，雨水优先通过浅沟截留，经道牙开孔汇入下沉式绿地内；随着雨量增大，雨水经机动车道环保型雨水口处理后进入市政管道，既实现了海绵理念，又节省了改造成本。

图 12-11　环保型雨水口前的微截留改造

2. 公园与绿地类项目

光明区辖区总面积为 156.1km^2，其中生态区总面积约为 89.33km^2，占比 57.2%。辖区自然生态资源丰富，山体总占地 17.7km^2，大小河道共计 15 条，水库 16 宗，大小公园 160 个。丰富优质的生态资源造就了光明公园多依山傍水的天然景象，这也对海绵城市的设计、施工、运维管养提出了更高的要求，减少开发后可能出现的水土流失与面源污染问题也是海绵城市建设的重要目标。

（1）设计时宜优先选用简单、非结构性、低成本的措施，建设中应通过土壤改良和表土保护保障土壤渗透性，新建公园绿地土壤渗透性系数不应低于 5×10^{-6}m/s，改建公园绿地土壤渗透系数不应低于 3×10^{-6}m/s。土壤改良宜通过绿化废弃物、草炭、有机肥等有机介质促进土壤团粒形成。日常维护管理中应减少对土壤的机械压实，并定期进行中耕松土。

（2）充分结合基址竖向塑造地形，地形塑造应保持水土稳定，高程设置应利于雨水就地消纳，地形改造的坡度宜控制在 10%左右，保证土壤入渗率达到最大值；设计时建议采用自然缓坡形，并通过多线方式反映不同截面坡度。图纸上应表达上口线（与场地衔接线）、完成面对应线、开挖面底部对应线，以便于开挖坡度的准确性。绿地标高应与相邻用地标高相协调，为周边来自市政道路、广场等的雨水径流汇入绿地预留空间和通道，结合周边排水防涝设施共同达到区域内涝防治标准和区域雨水径流控制目标（图 12-12）。

图 12-12　结合地形因地制宜设置雨水花园

（3）雨水口宜布置在绿地内，标高宜高于绿化地面 50mm 以上。当下沉绿地距离道路有一定距离时，绿地与铺装交界处应用植草沟收边，路面雨水经植草沟收集传输至雨水花园或下沉式绿地。植草沟面积宜为拟定汇水区的 15%以内，底边宽度宜为 0.5～2.5m，顶边宽度根据设计流量确定，边坡坡度不宜大于 1∶3，纵坡宜为 1%～5%，纵坡过大时宜设置为阶梯型或设置消能台坎，植草沟内植被高度宜控制在 100～200mm，设计流速应小于 0.8m/s；雨水花园边坡坡度宜为 1∶4，种植土层厚度宜大于 600mm，长宽比多大于 3∶2；公园内的游客中心、管理用房等建筑宜采用绿色屋顶及雨落管断接做法，绿色屋顶宜采用滴灌或微喷灌系统，雨落管断接处宜放置适量卵石以防冲刷（图 12-13）。

图 12-13　绿地与道路交界处以植草沟收边并将雨水口布置其中

(4) 停车场宜采用生态停车场方式建设，停车位可采用透水沥青增强稳定性，整体竖向坡向邻近下沉式绿地等海绵措施，并设置开孔道牙或平道牙，开孔宽度 200～300mm，间距 1.5～3m；当生态停车场周边绿地较远时，可设置排水渠引导至就近的下沉式绿地内(图 12-14)。

图 12-14　生态停车场典型布局

(5) 对于山体公园，设计时应充分利用原有地形传输、滞蓄雨水，山坡宜设计为梯田形，分段消能，使雨水能就地渗透，涵养山林。在满足山体排洪需求的前提下，截洪沟可采用碎石渠、植草沟等形式。下沉式绿地等滞蓄型海绵措施的规模，应与周边地形及汇水范围协调，切勿失衡 (图 12-15)。

(6) 对于涉水公园，宜采用复式生态断面 (图 12-16)，避免水底硬质化，并充分构建绿色排水系统，切忌来自大面积硬化面的径流直排进入水体。做法上可采用“前端植草沟＋坡面植被缓冲带净化＋末端雨水花园”的方式净化初雨污染，植被缓冲带坡度宜为 2%～6%。部分重要节点由于整块硬化面积过大，可采用“线性排水沟＋绿色排水系统”

图 12-15　碎石渠配合花径营造，实现海绵功能与景观品质兼容

图 12-16　复式生态断面，有效削减面源污染

的组合方式，必要时，还可考虑在末端设置人工湿地等强化处理措施。

3. 建筑与小区类项目

在粤港澳大湾区和中国特色社会主义先行示范区的“双区”驱动下，光明区被赋予了“建设世界一流科学城和深圳北部中心”的新使命和新定位，大量地标性文体中心、博物馆、学校、医院、人才安居房相继开工，这些项目往往工期紧、标准高，各专业间的紧密配合、扎实的施工跟进、设施间的精细衔接显得尤为重要。

（1）设计者应做好与建筑、给水排水、景观、道路等专业的衔接工作。道路纵坡及横断面的设计应有利于雨水进入周边绿地，当下凹绿地距离道路有一定距离时，绿地与道路

图 12-17　无地下室区域绿地可在较大范围采用下沉式做法

交界处以植草沟收边，雨水经开口道牙或平道牙汇入植草沟，再传输至下沉式绿地或雨水花园；下沉式绿地、雨水花园等海绵措施及其溢流口的布置应与乔木、地下管线位置以及地下室顶板范围等相协调，海绵措施过滤层中的雨水连接管应与雨水主管做好竖向衔接（图 12-17）；地下室顶板宜有 1.2m 以上的覆土，并应设置过滤层和蓄排水层，当透水铺装设置在地下室顶板上时，顶板覆土厚度不应小于 600mm；透水铺装及植草沟收边的运用，应充分考虑行驶机动车的种类及频率，优先满足道路功能及强度要求（如消防登高面）。

（2）海绵措施的设计应与常规排水设计统筹考虑，不应因海绵措施设计而降低自身常规排水系统的设计标准，设计时应充分考虑超标降雨时的雨水外排路径，避免海绵措施超负荷后可能发生的内涝。同时，应注意海绵措施与雨水管网的平面衔接及竖向合理性；地块内海绵设施应与项目建设地块红线外绿地、水体等实现有效合理的衔接，必要时，宜统筹考虑红线外雨水对本地块的影响。

（3）建设过程中需按照《城市绿地土壤改良技术规范》SZDBZ 225 中土壤质地及渗透性能相应要求，对过黏、过紧实的绿化种植土壤进行适当改良，以控制雨水排空时间；溢流口可设置在下沉式绿地放坡位置，设置标高根据集水深度需求确定，并做好溢流口周边植物搭配，确保景观效果和谐不突兀（图 12-18）。溢流口应具有防堵塞功能，不应用 *de*110～*de*160mm 排水管替代溢流井，以免造成堵塞。

（4）雨水回用系统的设计应参照《建筑与小区雨水控制及利用工程技术规范》GB 50400—2016 等规范，根据能够汇入调蓄池的径流量以及回用水需求量综合分析确定调蓄池设计规模。根据回用水水质需求配建净化设备，并提供详细的使用运维说明，避免造成“只建不用”的投资浪费。此外，由于光明区具有“雨热同期”的气候特征，回用的雨水宜被用于空调冷却水补水、景观水体补水、车辆冲洗等方面。

（5）透水砖的选材应结合节点景观品质要求确定，必要时可采用仿石材透水砖或透水材料与非透水材料交错或多种大小、形状、颜色透水砖组合等方式来提升景观层次感；儿童游玩区可考虑使用沙地，减少雨水径流；对于使用非透水铺装的重要景观节点，可采用

图 12-18　做好溢流口周边植物景观搭配

线性排水沟收集路面雨水，再接入周边下沉式绿地或雨水花园；对于坡度较大的绿地，可将其设计为阶梯形式，并逐级设置溢流口排放到下一级；对于学校、文体中心等人流量大的场所，可在其海绵措施处设置讲解展示牌，对来往师生、游客进行海绵科普教育(图 12-19)①。

图 12-19　透水铺装与传统石材混铺技术实现功能和美学的统一

12.2.4　典型措施计算方法与示例②

本章节中透水铺装、雨水花园、植草沟的计算方法参考《海绵城市典型设施建设技术

① 林杭超．“海绵城市”理念在市政道路设计中的应用［J］．四川水泥，2021（9）：249-250.
② 谢映霞，章卫军，等．海绵城市典型设施建设技术指引［M］．北京：中国建筑工业出版社，2020.

指引》，并根据光明区实际使用情况和使用条件进行了优化与调整。

1. 透水铺装

（1）计算方法

透水铺装的计算方法基于达西定律，此定律通常用于计算通过多孔介质的水流。设计面积（A_s）和渗透容量（V_t）的计算过程如下：

① 确定年径流总量控制率对应的设计降雨量（h_y）；

② 计算综合径流系数（Ψ_{zc}），根据汇水面积 F，得到控制容积 $V=F\cdot\Psi_{zc}\cdot h_y$；

③ 计算设计面积：

$$A_s=\frac{V}{f_d\cdot i\cdot t-h_y}$$

式中 A_s——设计面积（m^2）；

V——控制容积（m^3）；

f_d——渗流速度（m/h），实测下渗率乘以综合安全系数（一般取0.5～0.6）；

i——水力梯度，一般取为1；

t——渗流时间（h），从满流计算，最大为48h；

h_y——设计降雨量（m）。

④ 确定需要提供37%渗流容积的储水空间：

$$V_t=0.37\cdot A_s\cdot f_d\cdot i\cdot t/n$$

式中 V_t——下渗层填料容积（m^3）；

n——孔隙率，通常为0.35。

（2）计算示例

现有一块占地面积0.5hm^2，下垫面为50%不透水铺装和50%草皮壤土的二类居住用地。年径流总量控制率为68%，实测渗透率为14mm/h，使用1/2下渗速率以确保安全，即7mm/h。

① 根据《光明区海绵城市专项规划》，对应设计降雨量为26mm。

② 参考《深圳市房屋建筑工程海绵设施设计规程》SJG 38—2017对不同下垫面径流系数取值，综合径流系数 $\Psi_{zc}=0.5\times0.15+0.5\times0.85=0.5$，控制容积 $V=0.5\times10000\times0.5\times0.026=65m^3$。

（3）计算面积

$$A_s=\frac{65m^3}{0.007m/h\times1\times48h-0.026m}\approx210m^2$$

（4）计算容积

$$V_t=0.37\times210m^2\times0.007m/h\times1\times48h/0.35\approx75m^3$$

需要的最小深度为 $75m^3/210m^2\approx0.36m$。

2. 雨水花园

（1）计算方法

① 确定年径流总量控制率对应的设计降雨量、综合径流系数及控制容积。

② 最小有效容积为控制容积的40%。

③ 计算雨水花园设计面积。设计面积主要由蓄水深度、处理的雨水径流量、土壤渗透系数等因素决定。

具体公式如下：

$$A_f = \frac{V \cdot d_f}{k(h + d_f) \cdot t_f}$$

式中 A_f——设计面积（m^2）；

V——控制容积（m^3）；

d_f——过滤层（种植土）深度（m），一般取1m；

k——土壤渗透系数（m/d），一般取0.3m/d；

h——平均蓄水深度，为1/2最大蓄水深度（m），一般取0.11m；

t_f——控制容积通过土壤层的时间（一般居住区用1d来进行计算，非居住区用1.5d来计算）。

（2）计算示例

某地区的一个居民区建造了一个雨水花园，其汇水总面积为1000m^2，其中200m^2为不透水面积。

① 其年径流总量控制率对应设计降雨量为26mm，综合径流系数Ψ_{zc}=0.2×0.85+0.8×0.15=0.29，控制容积V=0.29×1000×0.026=7.54m^3。

② 最小有效容积=7.54×40%=3.016m^3。

③ 设施面积要求：

$$A_f = \frac{7.54m^3 \times 1m}{\frac{0.3m}{d} \times (0.11m + 1m) \times 1d} \approx 23\ m^2$$

3. 植草沟

（1）计算方法

① 确定年径流总量控制率对应的设计降雨量。

② 计算降雨峰值强度：

$$I_{24max} = A \cdot h_y / 24$$

式中 I_{24max}——降雨峰值强度（mm/hr）；

A——本地降雨峰值强度I_{24max}与24h设计降雨平均强度的比值；

h_y——设计降雨量（mm）。

③ 计算透水面积的土壤储水量：

$$S = 25.4 \times \left(\frac{1000}{CN} - 10\right)$$

式中，CN为加权径流曲线参数，其值介于0～100之间，0代表降雨没有径流产生，100代表降雨无扣损全部转化为径流。CN值由土壤和下垫面特性决定，取值可参考表12-1。

城市地区 *CN* 值　　　　表 12-1

地表类型和水文状况	不同土壤类型的 *CN* 值			
	A	B	C	D
开放空间（草地、公园、高尔夫球场、墓地等）				
草地覆盖率<50%	68	79	86	89
草地覆盖率 50%～75%	49	69	79	84
草地覆盖率>75%	39	61	74	80
不透水区域				
停车场、屋顶、私人车道	98	98	98	98
街道道路				
铺设好的道路、路缘和雨水渠	98	98	98	98
铺设好的明渠	83	89	92	93
碎石路面	76	85	89	91
泥土路	72	82	87	89

土壤类型说明：A组土壤入渗率高，即使在彻底浸湿的情况下仍有较高入渗率，主要为下渗极好的粗糙沙砾或砾石、沙砾土、沙土、壤质砂土、砂质壤土；B组土壤颗粒中度细腻至中度粗糙，在彻底浸湿时具有中度入渗率，主要为下渗较好的粉土或壤土；C组土壤在彻底湿润时入渗速率较低，主要为粉质黏土，土壤中有一层阻碍水分渗入的土层，土壤质地中度细腻至细腻；D组土壤细腻紧实，在彻底湿润时入渗速率非常低，主要为黏土、具有永久高地下水位的土壤，或在靠近地表处具有黏土层的土壤，以及不透水材料上的浅层土壤。

④ 计算透水面积峰值径流量，降雨初始扣损 $I_a=5\text{mm}$：

$$\frac{\text{径流量}}{\text{降雨量}}=\frac{(h_y-2I_a)\cdot(h_y-2I_a+4S)}{(h_y-2I_a+2S)^2}$$

$$\text{峰值径流量}=I_{24\max}\cdot\text{透水面积}\cdot\frac{\text{径流量}}{\text{降雨量}}\ (\text{单位：m}^3/\text{s})$$

⑤ 重复步骤③和④，计算不透水面积峰值径流量，使用 $CN=98$（$S=5.2\text{mm}$）和 $I_a=0$。

⑥ 将上述透水面积和不透水面积峰值流量相加，得出汇水区域总峰值径流量。

⑦ 将总峰值流量乘以折减系数 m 得到植草沟入口设计流量。

⑧ 确定曼宁系数 n 值。

下列曼宁公式 n 取值来自2003年奥克兰植草沟研究项目。

150mm 高的草，若 $d<60\text{mm}$，$n=0.153d^{-0.33}/(0.75+25s)$

若 $d>60\text{mm}$，$n=0.013d^{-1.2}/(0.75+25s)$

50mm 高的草，若 $d<75\text{mm}$，$n=(0.54-228d^{2.5})/(0.75+25s)$

若 $d>75\text{mm}$，$n=0.009d^{-1.2}/(0.75+25s)$

式中　d——植草沟内水流深度；

s——纵坡坡度。

⑨ 计算植草沟大概的宽度：

以梯形植草沟为例（图 12-20）：

顶宽 $L=b+2e$

横截面积 $A=(L+b)\cdot d/2$

水力半径 $R=A/[b+2(e^2+d^2)^{0.5}]$

由曼宁公式 $V=R^{2/3}s^{0.5}/n$ 得出设计径流量：

$$Q=AR^{2/3}s^{0.5}/n$$

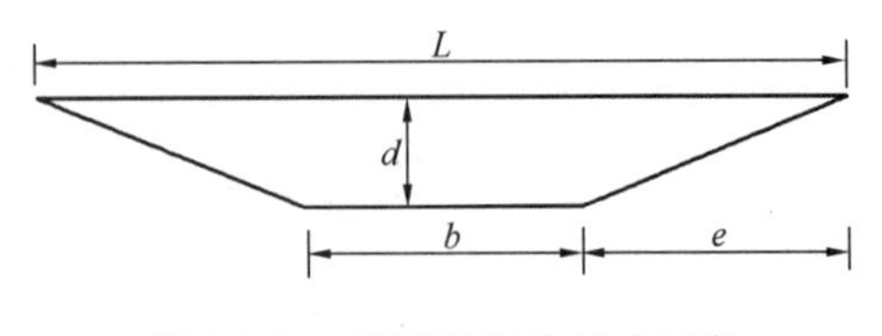

图 12-20　梯形植草沟尺寸示意

因此，对于梯形植草沟近似解为：

$$R=d, b=(Qn/d^{5/3}s^{0.5})-e$$

（2）计算示例

某植草沟位于居住区道路分隔带，汇水面积约为 $2\mathrm{hm}^2$，汇水区下垫面不透水率为 40%，土壤土质为黏土。

① 设计降雨量按 $h_y=26\mathrm{mm}$ 考虑。

② 参考深圳市重现期 2～10 年 24h 降雨雨型（$\Delta t=5\mathrm{min}$），$A=14.7$：

$$I_{24\max}=A\cdot\frac{h_y}{24}=14.7\times\frac{26\mathrm{mm}}{24\mathrm{h}}=15.9\mathrm{mm/h}$$

③ 计算透水面积的土壤储水量：

$$S=25.4\times\left(\frac{1000}{CN}-10\right)=25.4\times\left(\frac{1000}{74}-10\right)=89.2\mathrm{mm}$$

④ 计算透水面积峰值径流量，降雨初始扣损 $I_a=5\mathrm{mm}$：

$$\frac{\text{径流量}}{\text{降雨量}}=\frac{(26-10)\times(26-10+4\times89.2)}{(26-10+2\times89.2)^2}=0.158$$

$$\text{峰值径流量}=15.9/1000\times12000\times\frac{0.158}{3600}=0.008\mathrm{m^3/s}$$

⑤ 计算不透水面积峰值径流量，降雨初始扣损＝0mm，CN 取 98，$S=25.4\times(1000/98-10)=5.2\mathrm{mm}$，径流量/雨量＝0.923，峰值流量＝$15.9\times0.923\times8000/3600/1000=0.033\mathrm{m^3/s}$。

⑥ 总峰值径流量＝$0.033+0.008=0.041\mathrm{m^3/s}$。

⑦ 为提高排水安全性，折减系数可取为 1。

⑧ 假设植草沟草高 150mm，坡度为 4%，水流深度为 100mm，则 $n=0.013\times0.1^{-1.2}/(0.75+25\times0.04)=0.118$。

⑨ 取边坡坡比＝3。

底宽 $b=Qn/(d^{5/3}s^{0.5})-e=0.041\times0.118/(0.1^{5/3}\times0.04^{0.5})-3\times0.1=1\mathrm{m}$；

顶宽 $L=1+2\times0.1\times3=1.6\mathrm{m}$；

过流面积 $A=(L+b)\times d/2=0.13\mathrm{m}^2$；

流速 $V=Q/A=0.041/0.13=0.315\mathrm{m/s}<0.8\mathrm{m/s}$，满足要求；

长度 T＝水力停留时间 $t\times V=9\mathrm{min}\times0.315\mathrm{m/s}=170\mathrm{m}$。若现实情况下无足够空间，

则应进一步细化汇水分区，并将雨水引入多段植草沟。

4. 路缘石开口[①]

可采用美国联邦公路管理局提出的偏沟和立箅式雨水口流量计算方法进行计算。对于单向纵坡段路缘石开口，收集全部偏沟流量所需开口长度为：

$$L_{T}=0.817Q^{0.42}S_{L}^{0.3}\left(\frac{1}{nS_{X}}\right)^{0.6}$$

式中　L_T——收集全部偏沟流量所需开口长度（m）；

Q——偏沟流量（m^3/s）；

S_L——道路纵坡；

S_X——道路横坡；

n——路面粗糙系数。

12.2.5　增量成本参考

1. 测算思路

对建设成本的合理预估是海绵城市效费研究的重要一环，建设者可结合项目定位，在不同的建设投入与建成效果之间做出选择与取舍。

结合光明区多个实际建设项目的资金批复资料，评估各类项目增量成本。以道路项目为例，各项海绵城市措施建设成本可参考表12-2取值。

道路类项目海绵城市建设成本参考　　**表12-2**

		简约型景观效果		标准型景观效果		精品型景观效果	
		采用海绵措施	采用传统方式	采用海绵措施	采用传统方式	采用海绵措施	采用传统方式
慢行系统成本	人行道透水砖	320	375	500	600	660	735
	自行车道采用透水混凝土	250	160	300	160	350	160
	自行车道采用透水沥青	350	272	350	272	350	272
绿地成本		80（植草沟建设成本）	60	240（下沉式绿地建设成本）	180	450（道路雨水花园建设成本）	350

注：1. 表中所有单价均包含完整结构层、人工、机械等费用，单位为元/m^2。

2. 绿地海绵措施成本根据其设置比例及结构层是否满铺等实际情况进行了一定调整。

3. 简约型景观效果适用于一般城市次干路、支路，标准型景观效果适用于城市主干路、重点片区次干路，精品型景观效果适用于核心区域重点道路。

2. 测算示例

（1）光明区某非重点地段的城市次干路标准横断面如图12-21所示。

---

① 梁小光．海绵城市建设中路沿石开口水力计算及设计优化［J］．中国给水排水，2018，34（2）：49-52.

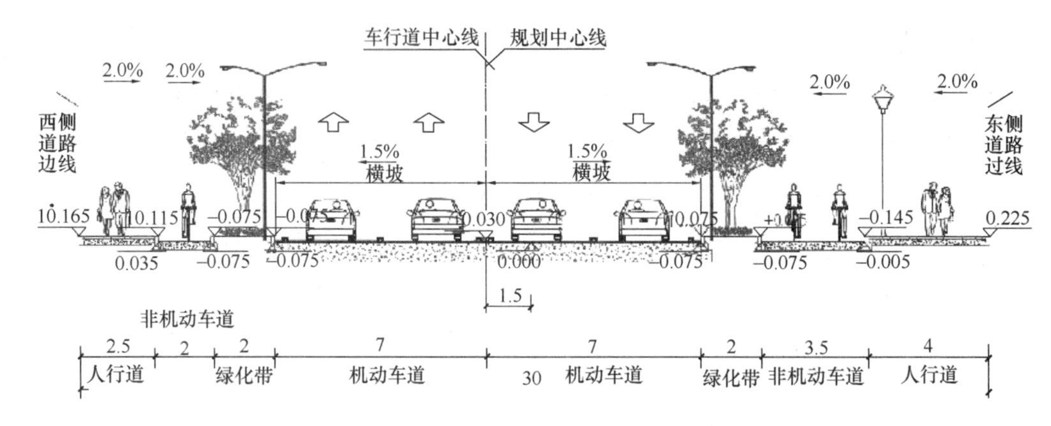

图 12-21　光明区某非重点地段的城市次干路标准横断面

对该道路采用简约型海绵做法，慢行系统采用简约透水铺装、机非分隔绿化带两侧新增 0.3m 宽保水型植草沟。按照此标准横断面布置，取单位长度的道路进行测算，传统做法下，慢行系统、绿化工程成本单价之和约为 222.3 元/m²，增量成本约为 10.1 元/m²，而根据光明区经验数据，道路类项目的慢行系统、绿化工程费用之和约占整个道路、绿化工程之和的 30%。因此，该道路的海绵城市建设增量成本占道路、绿化工程总投资的比例约为：10.1÷(222.3÷30%)＝1.4%。

(2) 光明区某城市主干路标准横断面如图 12-22 所示。

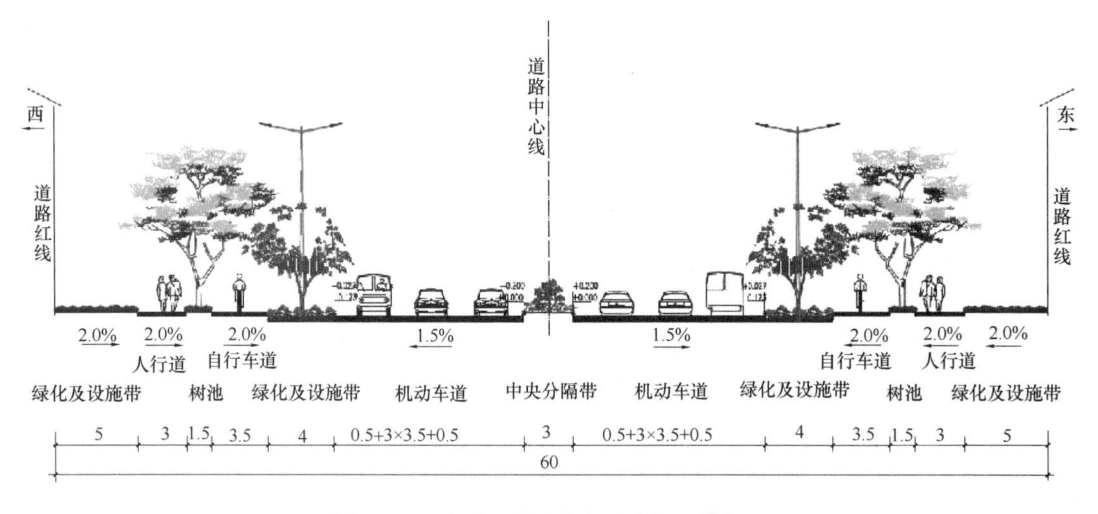

图 12-22　光明区某城市主干路标准横断面

对该道路采用标准型海绵做法，人行道外侧绿化带采用 0.5m 宽草沟收边，慢行系统采用标准景观品质的透水铺装，机非分隔绿化带两侧新增 0.5m 宽简易植草沟配合 3m 宽下沉式绿地，中央绿化带两侧新增 0.3m 简易植草沟。按照此标准横断面布置，取单位长度的道路进行测算，传统做法下，慢行系统、绿化工程成本单价之和约为 211.9 元/m²，增量成本约为 13.3 元/m²，而根据光明区经验数据，道路类项目的慢行系统、绿化工程费用之和约占整个道路、绿化工程之和的 30%，因此，该道路的海绵城市建设增量成本占道路、绿化工程总投资的比例约为：13.3÷（211.9÷30%）=1.9%。

12.3　浅表流建设指引

12.3.1　浅表流排水理念

2020年11月，《中共中央关于制定国民经济和社会发展第十四个五年规划和二〇三五年远景目标的建议》（以下简称《建议》）正式印发，文件要求，广泛形成绿色生产生活方式。海绵城市建设虽然增加了城市的生态性，但更多体现在“源头滞蓄”和“末端治理”，而“过程控制”主要依靠排水管道系统，基本不具备生态效益。《建议》同时提出，“治理城乡生活环境，基本消除城市黑臭水体”工作要求。而城市水体黑臭的主要原因之一便是排水管网的雨污混流、错接乱排。国务院出台的《水污染防治行动计划》也提出，现有合流制排水系统应加快实施雨污分流改造，除干旱地区外，城镇新区建设均实行雨污分流。虽然近年来国内各城市积极推进排水管网雨污分流建设工作，但由于地下空间有限、老旧管网排查困难、精准施工难度大等客观原因，基本无法做到雨污分流100%实施，部分区域排水管网改造后甚至出现返潮现象。此外，排水管道的运营维护往往存在耗资大、检测力度不足、养护技术落后等诸多问题。解决城市排水管网雨污混流、增加排水系统生态效益、降低排水系统运维费用和难度，已经成为政府管理者和相关从业人员的实际诉求。

浅表流排水系统在排放雨水时，采用植草沟或生态排水沟等设施，使雨水在地表排放，由于与地下污水管网系统分离建设，浅表流排水系统的实施在做到真正意义上的雨污分流的同时，也增加了排水系统的生态效益。此外，因雨水排放通道设置于地表，易于管理维护，故浅表流系统的实施也减少了城市排水系统维护成本和安全隐患，实现了区域雨水有效管控（图12-23）。

图12-23　浅表流排水理念示意图

12.3.2 总体规划思路

1. 体系构建

截至目前，国内外在区域级应用浅表流排水理念的案例较少，浅表流系统规划也缺乏体系性①。浅表流系统建设是从源头、过程、末端多层级，构建“场地地表排水—市政明沟排水—河道绿廊排水”三级排水体系（图 12-24）。其中，一级系统利用地块内绿色屋顶、下沉式绿地、雨水花园等海绵设施收集场地雨水，采用植草沟、排水沟等设施输送雨水；二级系统结合市政道路的建设同步打造，采用生态排水沟、地表排水渠等明沟排水方式；三级系统利用区域内河道、绿廊等设置多功能转输、调蓄设施，削减径流峰值，净化面源污染（图 12-25）。

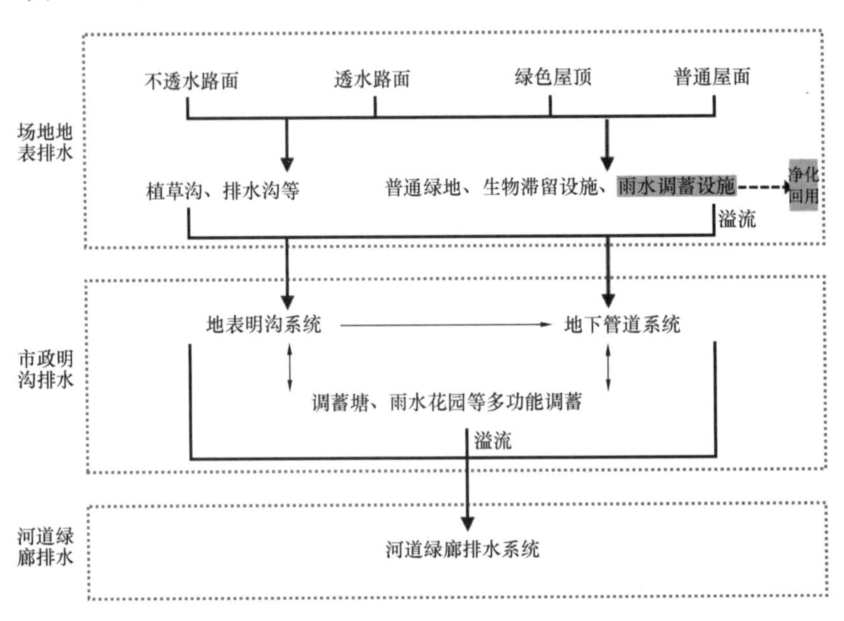

图 12-24 浅表流排水系统技术路线图

2. 区域实施条件分析

结合浅表流系统三级排水体系的构建特点，研究分析得出，浅表流系统的打造需借助一定的区域建设情况和本底条件，其中主要因素有四项，分别为：竖向条件、开发计划、水系情况和建设密度。

（1）竖向条件

因浅表流系统主要依靠重力流排放雨水，故区域竖向条件是系统打造最为重要的因素。所选区域整体需具有一定的地形坡度，且地面单向坡向受纳水体，以便于重力流排水。

（2）开发计划

浅表流系统作为一种新型雨水排放理念，需结合城市建设同步落实，故所选区域应具

① 史建平．基于海绵城市理论的某城市公园改造研究［D］．张家口：河北建筑工程学院，2020.

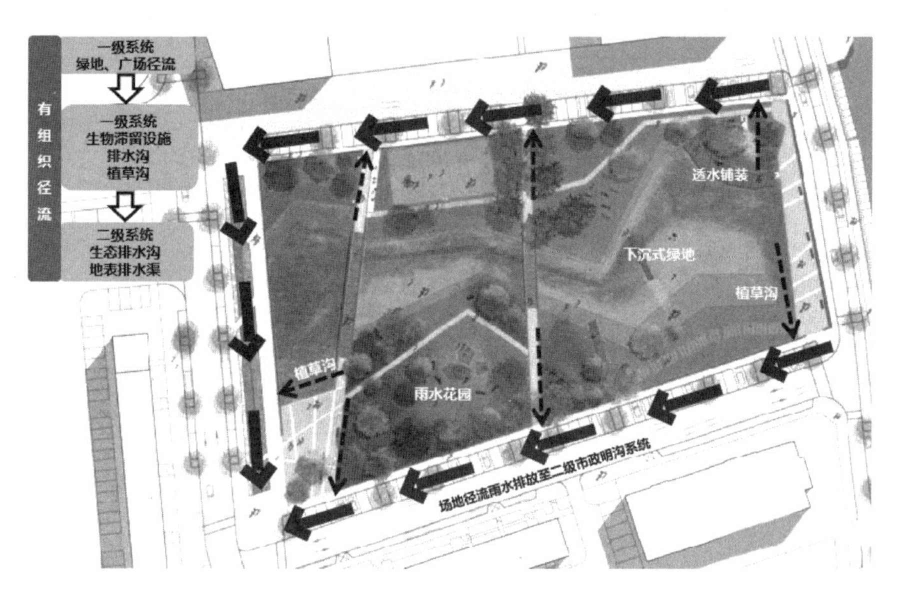

图 12-25 浅表流三级排水系统示意图

有城市开发或更新改造计划，便于浅表流系统的落地实施；此外，所选区域不能存在重度污染风险，区域用地以学校、商业、办公等为宜。

（3）水系情况

浅表流系统以地表排水的方式为主，因此越处于系统下游的排水通道，水安全隐患越大，排水通道所占用的地面空间也越大。故浅表流系统的打造应选择具有现状天然河道、人工渠道或者计划新开河道的区域，且区域河网密度较高，便于雨水就近排放。

（4）建设密度

相较传统地下管道系统，浅表流系统需占用一定的地面空间，故应选择建设密度较小、地面空间充沛的区域进行建设，避免进行城区的大规模改造。

12.3.3 分级规划策略

1. 一级场地地表排水系统

（1）设施选用与雨水径流组织

城市地块作为排水系统的源头，除组织径流雨水合理排放之外，也应注重对雨水的收集利用，优先利用场地内海绵设施进行雨水滞蓄，再通过浅表流系统实施雨水排放①。具体设施选用与径流组织关系为：在场地内较低建筑屋面设置绿色屋顶，建筑雨水立管以断接的方式将屋面雨水排放；利用地块内较低位置的绿地建设雨水花园或下沉式绿地等设施，收集、处理路面及屋面雨水；最后利用合理的竖向设计，将场地内收集到的径流雨水引入植草沟、排水沟等一级浅表流排水设施，进行场地雨水的排放（图 12-26）。

① 陈丰. 城市排水系统内涝与溢流控制性能评价与优化研究 [D]. 北京：清华大学，2016.

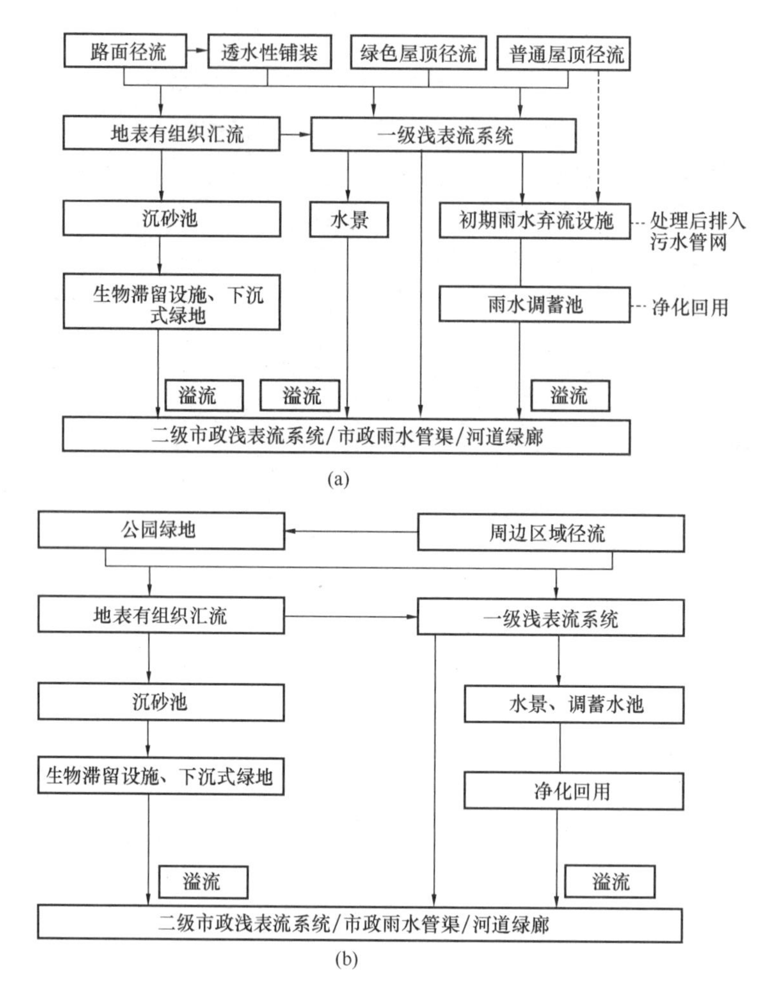

图 12-26　建筑小区类与公园绿地类项目浅表流系统径流组织技术路线图

（a）建筑小区类项目浅表流径流组织技术路线图；（b）公园绿地类项目浅表流径流组织技术路线图

（2）设计形态方案

因浅表流系统占用地上空间，排水设施的设计形态便显得尤为重要。结合一般场地景观设计特点，提出景观化和隐蔽化两种浅表流设施设计形态方案（图 12-27）。当地块内建设空间充足时（如公园绿地项目），宜结合景观设计，在满足功能性的前提下突出景观

图 12-27　浅表流系统景观化、隐蔽化处理示意图

元素，将一级浅表流排水通道以艺术化水景形式展现，提高场地环境品质；当地块内空间条件有限时（如建筑小区项目），可对浅表流设施进行隐蔽化处理，以功能性为主，其装饰性需与环境融合，不宜过分突出①。

（3）地块统筹竖向管控

浅表流系统为重力流地表排水系统，为避免产生城区内涝风险，在开发前应对片区内各个地块的竖向设计进行管控，通过分析地坪高点、地坪低点、雨水径流路径等因素，限制地块和市政道路排水系统接驳点的最低开发标高，以确保地块内的雨水科学地排入市政浅表流系统，防止内涝产生②。

2. 二级市政明沟排水系统

（1）设施选用与基本要求

二级浅表流系统设施一般沿市政道路建设，用于承接周边地块及市政道路产生的径流雨水，排水设施采用生态排水沟和排水沟渠两种形式（图 12-28）。排水沟渠类似于道路明渠，具有运营维护成本低、排水能力高的特点，但生态性能相对较差，建设成本较高；生态排水沟区别于传统工程所用的硬质排水沟渠，是在沟底及沟壁采用植物措施或植物措施结合工程措施防护的地面排水通道，具有造价低、景观效果好、生态效益高等优点；推荐优先采用生态排水沟进行排水。

图 12-28　排水沟渠、生态排水沟示意图

浅表流二级市政明沟排水系统一般为重力流输送雨水，最小设计流速为 0.4m/s，生态排水沟排水断面内不宜采用灌木、乔木等对水流产生明显阻碍的植物；地表排水沟渠最大设计流速为 4m/s，而生态排水沟因沟道中种植地被植物，故需限定最高流速，以防止流速过快冲蚀排水沟植被及土壤，一般设计最大流速为 1.6m/s。当因道路坡度问题导致生态排水沟内流速过大时，通过设置溢流坝、植草格护坡、底部散铺碎石等技术措施进行排水系统加固、减缓水流速度处理③。

浅表流二级市政明沟排水系统沿道路两侧敷设，当道路附属绿化宽度不足且其他建设空间有限时，考虑协调道路两侧地块退线布置，排水明沟也应与其他市政管线预留安全净

① 高雪蕊. 低影响开发下的城市排水系统性能评估方法及应用［D］. 合肥：安徽工业大学，2019.

② 李晓宇. 基于大排水系统构建的城市竖向规划研究［D］. 北京：北京建筑大学，2020.

③ 刘琳燕. 自然社会因素对不同空间形态城市排水系统的影响研究［D］. 北京：清华大学，2012.

距，避免冲突。此外，部分区域因场地竖向条件限制，明沟系统只能逆坡布置而导致沟渠底部埋深较大，建议采用盖板渠的形式建设或在明沟两侧设置防护栏杆，以保证行人安全。

（2）设计标准与方法

浅表流排水系统设计标准根据区域上位规划水安全相关要求确定，暴雨强度公式采用当地政府出台的计算公式，参照《室外排水设计标准》GB 50014—2021，利用以下公式进行规模计算：

$$Q_s = q\psi F;\ Q = Av;\ v = (R^{2/3} I^{1/2})/n$$

式中，Q_s 为雨水设计流量（L/s）；ψ 为径流系数；F 为汇水面积（hm^2）；q 为设计暴雨强度[$L/(s \cdot hm^2)$]；Q 为浅表流输送能力（L/s）；A 为断面面积（m^2）；v 为流速（m/s）；R 为水力半径（m）；I 为水力坡降；n 为曼宁系数。

此外，建议在浅表流下游系统或重要排水通道处设计超标雨水溢流通道，接入周边市政雨水管网或河道、绿廊内，设置雨水排放兜底措施，进一步使水安全得到保障。

（3）浅表流系统路口处穿路布设方案

因浅表流系统主要为地表排水，如何“过路”输送雨水为主要实施难点。在保障区域水安全及景观要求的前提下，经多种浅表流系统过路方案比选，提出“源头地表排水，雨水管网串联”的二级市政明沟排水系统布设思路：即邻近三级浅表流系统（河道、绿廊）的地块，采用地表排水的方式就近排放雨水；距离三级系统较远的地块，源头采用地表排水的方式，过路处及下游系统利用雨水管道输送径流雨水至河道或绿廊内，具体过路方式如图 12-29 所示。

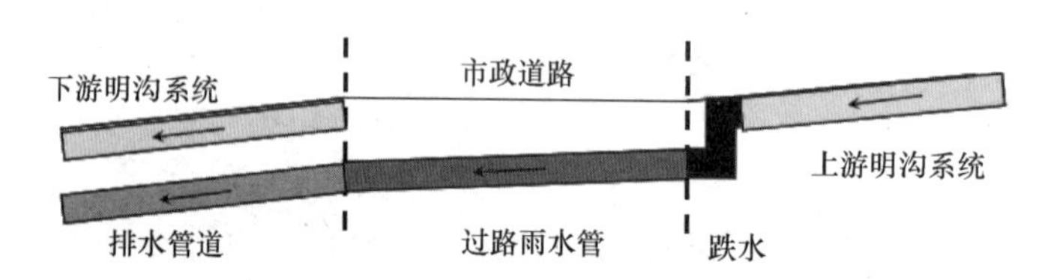

图 12-29　浅表流系统穿路布设方案

（4）设置多功能调蓄空间

浅表流二级系统沿市政道路转输雨水时，可在有条件的道路节点设置调蓄空间，实现雨水滞蓄、净化。多功能雨水调蓄空间结合城市用地规划、公园绿地规划、二级浅表流系统总体布局方案同步设计，调蓄空间在非降雨时期可作为城市公园、绿地、广场等，暴雨时发挥调蓄和净化雨水的作用，超标雨水溢流排至下游河道或浅表流系统中。

3. 三级河道绿廊排水系统

浅表流三级排水系统用于承接浅表流一级、二级系统及周边区域的来水，为系统的终端排水通道，一般结合城区内的河道或绿廊同步打造。

（1）河道排水系统

浅表流三级河道排水系统一般利用区域内现状河道或计划新开河道进行建设，根据不同的过洪断面及景观功能需求，灵活对河岸空间进行平面和竖向布局，在满足防洪要求的前提下，将河道打造为兼具行洪排水、交通慢行、休闲娱乐、生态水处理等多功能的浅表流三级排水系统。

(2) 绿廊排水系统

浅表流三级绿廊排水系统一般参照区域用地规划方案，结合线性绿地空间的建设同步实施。绿廊结构一般采用生态化浅沟的形式，下沉深度一般设置为3～6m，径流雨水经缓冲带层层净化后排入绿廊内。设计形态上结合周边城市设计和区域水安全要求，可打造为起伏错落的谷地空间或视野开阔的泄洪廊道。

绿廊排水系统在满足行洪安全的前提下，结合植物景观工程，塑造场地生态肌理，宜选择适合当地生长，耐旱性强的乔木、地被及湿生植物。

(3) 雨水路径设计

在浅表流二级系统将雨水排放至河道、绿廊前，通过雨水路径的设计，进一步滞蓄和净化上级系统输送来的雨水；在浅表流二级、三级系统排水接驳点处设置雨水净化塘等设施；在河道两岸绿地具有一定宽度的前提下，通过微地形的打造，增加雨水在绿地上排放路径的长度；设置多级梯形生态护坡滞蓄、净化收集到的雨水。

12.3.4 规划实践

深圳市光明区某片区已开始进行浅表流系统试点建设的规划设计，以该片区为例，规划区域浅表流排水系统。

1. 数据资料

片区道路规划断面及标高、排水管网现状及规划情况基于片区法定图则，河道基础水文情况、汇水范围等信息源于现状调研及相关规划。

2. 片区概况

该片区占地面积约2.12km²，规划范围内地势东高西低，区域坡度分布在0°～10.4°，自然排水条件良好，共3条河道穿过区域。规划范围土地开发利用较低，土地储备充足(图12-30)。

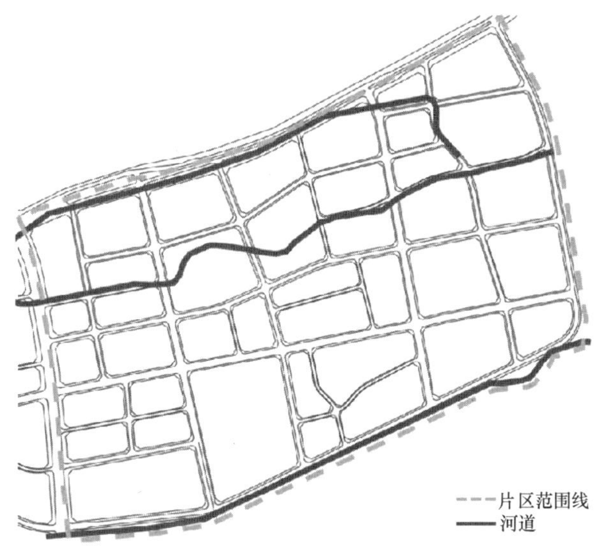

图12-30 规划范围图

3. 浅表流一级系统规划

作为地块开发顶层设计的一部分，浅表流一级系统规划应更多地从竖向管控角度出发，结合水安全相关要求，统筹推进片区内各地块浅表流系统的设计与建设。为避免产生城区内涝风险，对规划范围内各地块雨水径流路径进行水文分析，考虑场地地坪高点、地坪低点、雨水径流路径等因素，提出场地一级浅表流排水系统与市政排水系统接驳的限制标高（最低标高），作为地块开发竖向设计的边界条件，以确保地块内的雨水科学地排入二级浅表流系统，防止内涝问题产生（图 12-31）。

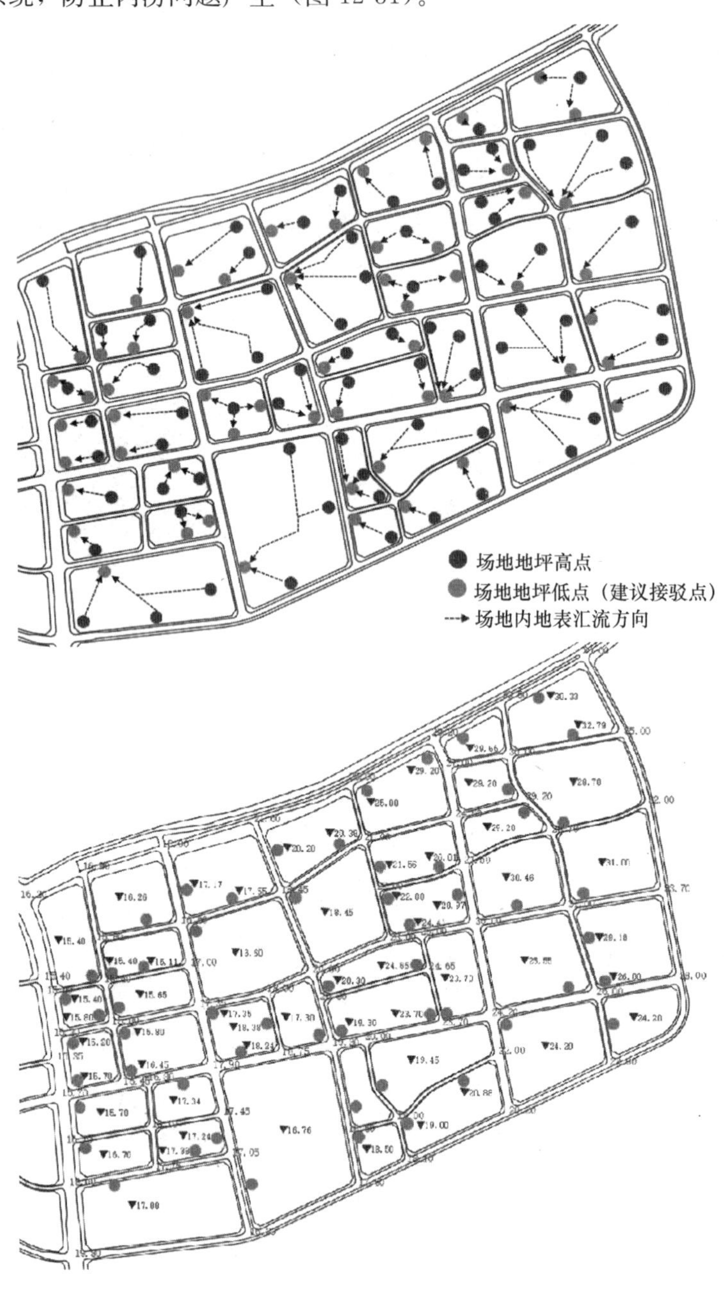

图 12-31　建议接驳点布局与限制标高分析图

4. 浅表流二级系统规划

浅表流二级系统为片区内的市政排水通道，应结合竖向条件，合理规划其排水走向、设施规模与设计形态等。浅表流二级系统的规划与区域市政道路竖向条件紧密相关，综合分析后筛选出适合打造市政道路浅表流二级排水系统的范围，其占地面积约 1.36km²。条件不合适的区域，可在地块内打造浅表流一级系统，地块内径流雨水经收集、滞蓄、净化后直接排入市政雨水管网系统。

根据前文所述，二级浅表流排水系统分为地表明沟系统（源头）和地下管道系统（过路处及下游）。综合考虑道路宽度、河道汇水范围、排水管渠重现期设计标准（结合上位规划要求，浅表流系统设计排水重现期为 10 年一遇）等因素，将该片区地表明沟系统分为三个等级：生态排水沟支沟、生态排水沟干沟、地表排水沟渠干沟。地表明沟系统规模和排水能力分析详见表 12-3。

地表明沟系统排水能力分析　　表 12-3

序号	浅表流明沟规模	过流能力（L/s）
1	生态排水支沟：顶宽 1.5m，深 0.5m，底宽 0.5m	388.41
2	生态排水干沟：顶宽 2.5m，深 0.5m，底宽 1.5m	811.84
3	地表排水沟干沟：顶宽 2.5m，深 0.5m，底宽 1.5m	1686.13

规划片区内邻近河道、绿廊且处于其收水范围内的地块，可通过浅表流系统于地表直接将雨水排放；片区内距离河道、绿廊较远或未处于它们收水范围内的地块，其雨水排至浅表流二级市政明沟系统后，在道路路口处需通过地下雨水连通管将雨水排入浅表流三级系统，雨水连通管的布设结合片区市政详规排水方案设计。浅表流二级排水系统具体布局详见图 12-32、图 12-33。

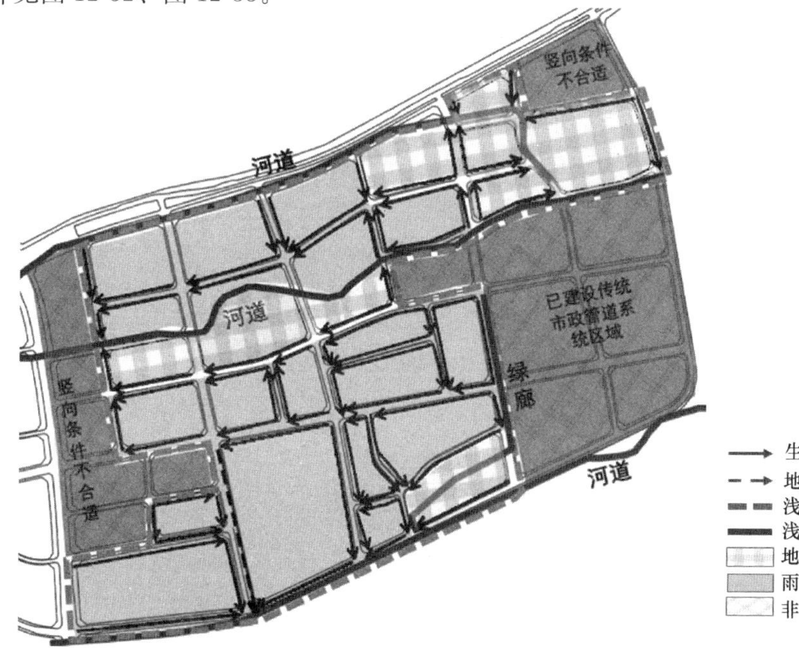

图 12-32　某片区浅表流二级系统（地表明沟系统）布设图

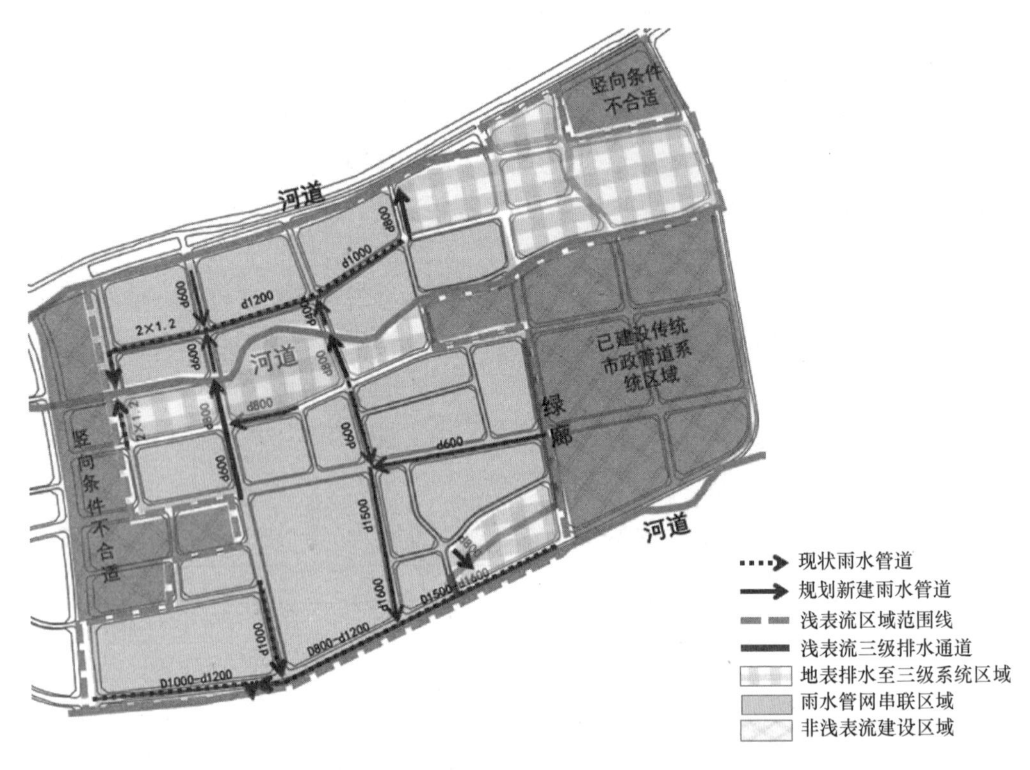

图 12-33　某片区浅表流二级系统（地下管道系统）布设图

5. 浅表流三级系统规划

浅表流三级系统作为排水终端，主要结合片区内已有或计划新建的河道、绿廊同步打造。根据上位规划相关要求，该片区河道排水系统防洪标准为 20 年一遇，城市防洪级别为Ⅳ等。通过利用良好的现状景观资源，沿河道设置海绵城市节点，打造景观河流并实现雨洪调蓄，丰富岸线变化，打造水体与绿地相互交融的生态空间。

绿廊排水通道在满足水安全要求的前提下，结合植物景观工程打造品质绿廊生态环境。根据植物选择原则及景观工程相关要求，推荐绿廊种植植物如下：芦竹、花叶芦竹、铜钱草、薏苡、水葱、旱伞草、千屈菜、鸢尾、路易斯安娜鸢尾、梭鱼草、红莲子草、三白草、再力花、水生美人蕉、灯芯草[①]。

① 薛霞．风景园林人性化设计在城市景观规划中的作用研究［J］．农业与技术，2021，41（16）：135-137.

附　录

深圳市海绵城市建设相关政策和标准文件名录汇编

序号	文件名称	发布日期
1	《深圳市海绵城市规划要点和审查细则》(2019年修订版)	2016年
2	《关于在政府投资项目前期阶段进一步加强海绵城市建设管理工作的通知》	2017年
3	《深圳市海绵型公园绿地建设指引》	2017年
4	《深圳市房屋建筑工程海绵设施施工图设计文件审查要点》	2017年
5	《深圳市房屋建筑工程海绵设施设计规程》SJG 38—2017	2017年
6	《深圳市海绵城市建设管理暂行办法》	2018年
7	《深圳市道路建设工程海绵城市施工图设计审查要点(试行)》	2018年
8	《关于明确我市道路海绵设施运营维护相关责任主体的意见》	2018年
9	《深圳市水务工程项目海绵城市建设技术指引(修订)》	2018年
10	《深圳市建筑工务署政府公共工程海绵城市建设工作指引》SZGWS Z02—2018	2018年
11	《深圳市水务类海绵城市施工图设计审查要点》	2018年
12	《海绵型道路建设技术标准》SJG 66—2019	2019年
13	《深圳市海绵城市设计图集》DB 4403/T 24—2019	2019年
14	《深圳市海绵城市建设项目施工、运行维护技术规程》DB 4403/T 25—2019	2019年
15	《深圳市建设项目海绵设施验收工作要点及技术指引(试行)》	2019年
16	《光明新区建设项目海绵城市审查细则》	2018年
17	《光明新区海绵城市规划设计导则》	2018年
18	《光明新区建设项目海绵城市建设工程设计文件编制指南》	2018年
19	《光明新区建设项目源头类海绵设施竣工验收要求(试行)》	2018年
20	《光明新区海绵城市建设运营维护和绩效测评要点(试行)》	2018年
21	《光明新区强基惠民项目海绵城市建设技术指南(试行)》	2018年